21世纪高职高专教育统编教材

工程力学

主　编　杨慧丽
副主编　叶建海

中国水利水电出版社
www.waterpub.com.cn

内 容 提 要

本教材是21世纪高职高专教育统编教材，针对高等职业技术教育水利水电工程建筑、水利工程施工、农田水利等水利类专业的教学特点编写而成，也适用于工业与民用建筑、道路桥涵等其他土木建筑类专业。

全书共分18章。内容包括绪论、刚体静力学基础、平面力系、空间力系、轴向拉伸和压缩、截面的几何性质、扭转的强度和刚度计算、梁的内力分析、梁的强度和刚度计算、应力状态、组合变形、压杆稳定、结构的计算简图与平面体系的几何组成分析、静定结构的内力分析、静定结构的位移计算、力法、位移法、力矩分配法、影响线。

本教材可用于高职、高专和职大的水利水电类专业及其他土建类专业工程力学课程教学，亦可作为水利水电工程等建筑工程技术人员的参考用书。

前　言

本教材是根据教育部《关于加强高职、高专教育人才培养工作的若干意见》和《面向21世纪教育振兴行动计划》，在中央财政安排的"支持示范性职业技术学院建设"项目经费编写的第一版的基础上改编的。第一版教材从2001年出版，广泛应用于高职高专教学，向社会输送了大量的土建、水利工程等专业的专科毕业生。为适应社会发展对职业技术学院的要求，改编后的教材把造就应用型、技能型人才作为工程力学课程培养的目标，在优化课程体系、重组教学内容上进行了针对性的改进。

1. 注重与专业课程的贯通。以专业课教学大纲需要掌握的内容为编写教材的依据，在例题选择上注重工程实际中的示范性和典型性的示例，使其不仅符合课程的理论教学应服从专业培养目标的要求，也有利于学生掌握理论知识和工程实际应用。

2. 内容安排。结合专业的要求，进行了内容取舍，适度更新，适当降低理论难度，叙述深入浅出，强调本学科的基础性、科学性和时代性。全书分为静力学、材料力学、结构力学三部分。按教学大纲要求对原教材各章节进行了调整，把各种变形的计算放在同一章中。新改编的教材侧重于土建、水工、路桥等专业的使用要求，把原有的动力学、运动学内容删掉。

工程力学是土木、水利、路桥等专业极为重要的专业基础课。教材改编过程中，遵循由浅入深、重点突出、叙述清楚、循序渐进的基本原则，力求做到精选教材内容，紧扣培养目标，从而达到重点掌握基本理论、加强基本技能和基础知识训练的目的。本书共分为18章，每一章后都附有一定数量的思考题和练习题，以助于学习掌握有关知识。

本教材在改编工作中，杨慧丽改编绪论、第一章、第二章、第八章、第九章、第十五章；叶建海改编第三章、第四章；耿亚杰改编第七章、第十一章；高琦改编第五章、第六章；于光恩改编第十章；李舒瑶改编第十二章、第十八章；王俊改编第十三章、第十四章；孙五继改编第十六章、第十七章。

全书由杨慧丽主编，叶建海副主编。

由于我们的水平有限，本教材编写中难免存在缺点和疏漏，恳请广大读者批评指正。

作 者

2006 年 12 月

前言
绪论 ··· 1
第一章　刚体静力学基础 ·· 5
　第一节　力的概念及其性质 ··· 5
　第二节　荷载的分类 ·· 8
　第三节　约束与约束反力 ·· 8
　第四节　物体的受力分析与受力图 ·· 11
　思考题 ·· 14
　习题 ·· 14
第二章　平面力系 ·· 16
　第一节　平面汇交力系 ··· 16
　第二节　力矩·平面力偶系 ··· 20
　第三节　平面一般力系 ··· 24
　第四节　平面平行力系 ··· 29
　第五节　物体系统的平衡 ·· 30
　第六节　考虑摩擦时物体的平衡 ··· 32
　思考题 ·· 35
　习题 ·· 35
第三章　空间力系 ·· 39
　第一节　概述 ··· 39
　第二节　力在空间直角坐标轴上的投影 ·· 40
　第三节　力对轴之矩 ·· 42
　第四节　空间力系的平衡 ·· 44
　第五节　物体的重心 ·· 48
　思考题 ·· 51
　习题 ·· 52
第四章　轴向拉伸和压缩 ··· 55
　第一节　轴向拉伸和压缩的概念 ··· 55
　第二节　内力·截面法·轴力及轴力图 ·· 55
　第三节　应力·拉（压）杆内的应力 ··· 59
　第四节　拉（压）杆的变形·虎克定律 ·· 63
　第五节　材料在拉伸和压缩时的力学性能 ··· 67
　第六节　拉（压）杆的强度计算 ··· 72

第七节	应力集中的概念	76
第八节	连接件的强度计算	77
思考题		83
习题		84

第五章 截面的几何性质 … 87

第一节	面积矩	87
第二节	惯性矩和惯性积	88
第三节	组合截面的惯性矩	91
第四节	主惯性轴和主惯性矩	94
思考题		95
习题		96

第六章 扭转的强度和刚度计算 … 97

第一节	扭转的概念及工程实例	97
第二节	扭矩和扭矩图	98
第三节	圆轴扭转时的应力和变形	100
第四节	圆轴扭转时的强度和刚度计算	103
第五节	矩形截面杆扭转简介	105
思考题		107
习题		107

第七章 梁的内力分析 … 109

第一节	平面弯曲和梁的形式	109
第二节	梁的内力	110
第三节	剪力图和弯矩图	113
第四节	弯矩、剪力、荷载集度间的微分关系	117
第五节	叠加法作剪力图和弯矩图	122
思考题		126
习题		127

第八章 梁的强度和刚度计算 … 129

第一节	梁横截面上的正应力	129
第二节	梁横截面上的剪应力	133
第三节	梁的强度计算	137
第四节	梁的变形和刚度计算	146
思考题		152
习题		152

第九章 应力状态 … 156

第一节	应力状态的概念	156
第二节	平面应力状态分析	157
第三节	主应力迹线的概念	163
第四节	强度理论	164

| 思考题 | 165 |
| 习题 | 166 |

第十章 组合变形 … 168

- 第一节 概述 … 168
- 第二节 斜弯曲 … 169
- 第三节 拉伸（压缩）与弯曲的组合 … 172
- 第四节 偏心压缩（拉伸） … 174
- 思考题 … 178
- 习题 … 178

第十一章 压杆稳定 … 181

- 第一节 压杆稳定的概念 … 181
- 第二节 细长压杆的临界力 … 182
- 第三节 压杆的临界应力 … 183
- 第四节 压杆的稳定计算 … 185
- 第五节 提高压杆稳定性的措施 … 188
- 思考题 … 189
- 习题 … 190

第十二章 结构的计算简图和平面体系的几何组成分析 … 192

- 第一节 结构的计算简图和分类 … 192
- 第二节 体系的几何组成分析概述 … 196
- 第三节 几何不变体系的组成规则 … 199
- 第四节 几何组成分析的方法和举例 … 201
- 第五节 静定结构和超静定结构 … 203
- 思考题 … 204
- 习题 … 204

第十三章 静定结构的内力分析 … 206

- 第一节 多跨静定梁 … 206
- 第二节 静定平面刚架 … 209
- 第三节 三铰拱 … 217
- 第四节 静定平面桁架 … 225
- 第五节 组合结构 … 231
- 第六节 静定结构小结 … 231
- 思考题 … 232
- 习题 … 233

第十四章 静定结构的位移计算 … 237

- 第一节 结构位移计算概述 … 237
- 第二节 虚功和虚功原理 … 237
- 第三节 单位荷载法计算位移 … 239
- 第四节 结构在荷载作用下的位移计算 … 241

第五节　图乘法 ··· 244
　　第六节　静定结构支座移动和温度改变引起的位移计算 ····································· 250
　　第七节　线性变形体系的互等定理 ·· 253
　　思考题 ·· 255
　　习题 ·· 255

第十五章　力法 ·· 259
　　第一节　超静定结构概述 ·· 259
　　第二节　超静定次数的确定 ··· 260
　　第三节　力法基本原理与典型方程 ·· 261
　　第四节　用力法计算超静定梁、刚架、排架、桁架 ·· 264
　　第五节　对称性利用 ·· 269
　　第六节　超静定结构位移计算、内力图校核及特性 ·· 273
　　第七节　等截面单跨超静定梁的杆端内力 ·· 275
　　思考题 ·· 279
　　习题 ·· 279

第十六章　位移法 ·· 282
　　第一节　位移法的基本原理 ··· 282
　　第二节　位移法的基本未知量 ·· 284
　　第三节　用位移法计算超静定结构 ·· 286
　　思考题 ·· 292
　　习题 ·· 293

第十七章　力矩分配法 ··· 295
　　第一节　力矩分配法的基本原理 ··· 295
　　第二节　用力矩分配法计算连续梁和无结点线位移刚架 ····································· 298
　　第三节　无剪力分配法简介 ··· 305
　　第四节　超静定结构在支座移动和温度改变时的计算 ··· 308
　　思考题 ·· 311
　　习题 ·· 311

第十八章　影响线 ·· 314
　　第一节　影响线的概念 ··· 314
　　第二节　静力法作静定梁的影响线 ·· 314
　　第三节　影响线的应用 ··· 317
　　第四节　简支梁的内力包络图和绝对最大弯矩 ·· 319
　　第五节　连续梁的内力包络图 ·· 322
　　思考题 ·· 324
　　习题 ·· 325

附录　型钢规格和截面特性 ··· 327

绪　　论

工程力学是研究工程结构的受力分析、承载能力的基本原理和方法的科学。它是工程技术人员从事结构设计和施工所必须具备的基础。在水利建设、房屋建筑和桥梁工程等方面都涉及到工程力学问题。本书根据工程力学各部分所涉及的研究对象不同，把工程力学分为三部分：静力学、材料力学、结构力学。静力学研究的是刚体静止时的基本规律；材料力学研究的是单根杆件的强度、刚度和稳定性问题；而结构力学则是研究杆件体系的组成规律、强度、刚度和稳定性问题。

第一部分　静　力　学

静力学知识是进行工程力学计算的基础。在静力学中，研究对象是"**刚体**"。所谓刚体是指物体中各点间的距离在任何情形下都不发生改变，即物体在任何情形下都能保持其本身的形状而不发生变形。刚体是对实际存在的各种结构和构件的抽象与简化。

静力学研究作用在刚体上力的简化（即合成）和平衡。它主要解决两类问题：一是将作用在刚体上的很多力进行简化，即用最简单的力系代替较复杂的力系。这类问题简称为"力系的简化问题（或称力系的合成问题）"；二是建立物体在各种力系作用下的平衡条件。这类问题简称为"力系的平衡问题"。所以静力学是一门研究物体平衡规律的科学。

所谓**物体的平衡，是指物体相对于地球保持静止或作匀速直线运动的状态**。如在静荷载作用下工程建筑物中的桥梁、水坝、挡土墙、房屋等均处于平衡状态；还有作匀速直线运动的工程机械，如匀速吊运的重物等。

静力学知识是进行力学计算的基础。本部分将介绍静力学公理、力、力矩、力偶、约束以及约束反力等基本概念；介绍物体受力分析方法、受力图的绘制；研究平面汇交力系、平面力偶系、平面一般力系的合成与平衡问题。

第二部分　材　料　力　学

1. 材料力学的任务

建筑物中用以承受和传递力作用的物体都称为结构，而组成结构的各单独部分称为构件。土木、水利工程中经常遇到的结构，如桥梁、水闸、电站、渡槽、隧道、房屋等，都是由若干构件组成。材料力学就是研究构件承载能力的一门科学。承载能力就是承受荷载的能力。衡量构件是否具有足够的承载能力一般从强度、刚度、稳定性三方面考虑。

强度是指构件抵抗破坏的能力。满足强度要求即要使构件在正常工作时不发生破坏。

刚度是指构件抵抗变形的能力。满足刚度要求即要使构件正常工作时产生的变形不超过允许范围。

稳定性是指构件保持原有平衡状态的能力。满足稳定性要求就是要使构件在正常工作时不突然改变原有平衡状态，以至因变形过大而破坏。

构件在正常工作的同时还应考虑经济条件，应充分发挥材料的性能，不至于产生过大的浪费，即设计构件合理形式。

2. 刚体、变形固体及其基本假设

静力学在研究物体各种力系的平衡问题时，略去物体的变形，将物体看成刚体。而材料力学主要研究物体在力的作用下的变形和破坏规律。变形成为主要研究的内容，所以材料力学把物体视为变形体。由于工程中的构件都是由固体材料制成，如钢、铸铁、木材、混凝土等，则材料力学研究的变形体通常称为变形固体。在进行结构的内力分析和杆件的承载能力计算时，物体变形是不可忽略的主要因素，这时应将物体作为理想变形固体。所谓理想变形固体，是对实际变形固体的材料作出一定假设，将其理想化。理想变形固体材料的基本假设有：

（1）连续均匀假设：连续是指材料内部没有空隙，均匀是指材料的性质各处相同。连续均匀假设即认为物体的材料无空隙的连续分布，且各处性质均相同。

（2）各向同性假设：是指材料的力学性质沿不同方向都一样，即认为材料沿不同方向的力学性质均相同，具有这种性质的材料称为各向同性材料。而各方向力学性质不同的材料称为各向异性材料。

（3）小变形假设：变形固体受力作用产生变形。撤去荷载可完全消失的变形称为**弹性变形**。撤去荷载不能恢复的变形称为**塑性变形或残余变形**。在多数工程问题中，要求构件只发生弹性变形。工程中大多数构件在荷载作用下产生的变形量若与其原始尺寸相比很微小时，称为小变形，否则称为大变形。引用这个假设的用途在于小变形构件受力后在计算平衡问题时，不需考虑构件尺寸的改变，而仍然按原来的尺寸和形状进行计算。

综上所述，材料力学中把所研究的构件作为连续、均匀、各向同性的理想变形固体，小变形情况下，研究其承载能力。由于采用以上假设，大大便利了理论的研究和计算方法的推导。尽管所得结果只具有近似的准确性，但其精确程度可满足一般的工程要求。应该指出：实践是检验真理的唯一标准。任何假设都不是主观臆断的，而必须建立在实践的基础之上。同时，在假设基础上得出的理论结果，也必须经过实践的验证。

3. 构件变形的基本形式

工程力学研究构件的形体，多数是一个方向的尺寸远大于其他两个方向的尺寸，这种构件称为杆件。例如，房屋中的梁、柱、屋架中的各根杆。材料力学中所研究的杆件都是由建筑构件抽象出来的力学模型。在工程结构中，外力常以不同的方式作用在杆件上，因此，杆件的变形也是多种多样的。但是，这些变形总不外乎是以下四种基本变形中的一种，或者是它们中的几种基本变形的组合。

（1）轴向拉伸或压缩。这种变形是由作用线与杆轴重合的外力引起的，杆件的主要变形是长度的改变［图 1（a）］。如起吊构件的钢索、桁架中的杆件、桥墩等。

（2）剪切。这种变形是由一对大小相等、方向相反、作用线很近的横向外力引起的。

杆件的主要变形是横截面沿外力作用方向发生相对错动［图1（b）］。例如，用作连接件的螺栓、销钉、键等都产生剪切变形。

（3）扭转。这种变形是由一对大小相等、方向相反、作用平面垂直于杆轴线的力偶产生的力偶矩引起的［图1（c）］。机械中的传动轴就是受扭杆件。

（4）弯曲。这种变形是由垂直于杆件轴线的横向力或作用在杆件的纵向对称平面内的力偶引起的。在这种受力情况下，杆件的轴线变成曲线［图1（d）］。在建筑工程中，受弯构件是最常见的。例如，梁就是典型的受弯构件。

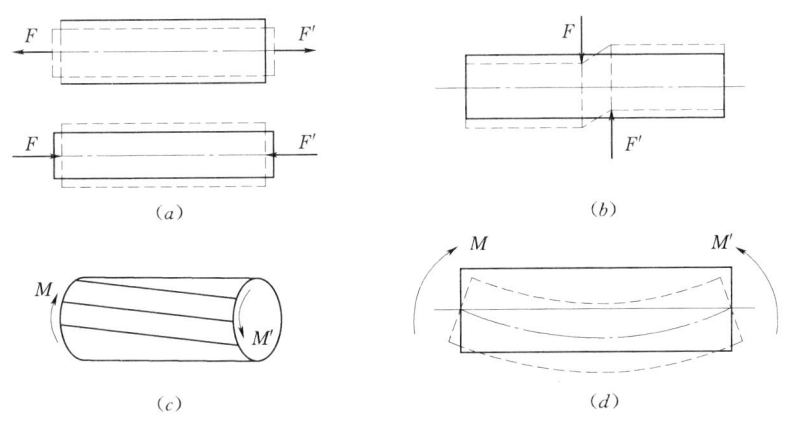

图 1

(a) 轴向拉伸与压缩；(b) 剪切；(c) 扭转；(d) 弯曲

还有一些构件同时产生两种或两种以上的基本变形，这种情况称为组合变形。材料力学将分别研究杆件在各种基本变形时的强度、刚度以及压杆的稳定性问题。

第三部分 结 构 力 学

1. 结构力学的研究对象

结构力学的研究对象是结构。**建筑物中能承受荷载而起骨架作用的物体或体系称为结构**。如水利工程中的水闸、水坝、水电站厂房、渡槽、桥梁、隧道等；工业与民用建筑中的屋架、梁、板、柱和塔架等。例如：图2（a）所示的厂房结构就是由屋架、柱、吊车梁及基础等构件组成的结构，它们起着支承荷载的骨架作用。

结构按其几何特征可分为三种类型：

（1）**杆系结构**：由若干杆件组成，杆件的几何特征是杆件的长度远远大于其横截面的宽度和厚度。如图2所示的厂房结构。

（2）**薄壁结构**：由薄板或薄壳构成。板或壳的几何特征是厚度远小于另两个方向的尺寸。如图3（a）所示的连拱坝中的拱。

（3）**实体结构**：其几何特征是三个方向的尺寸基本为同一数量级。如图3（b）所示的挡土墙。

结构力学的研究对象主要是杆系结构。

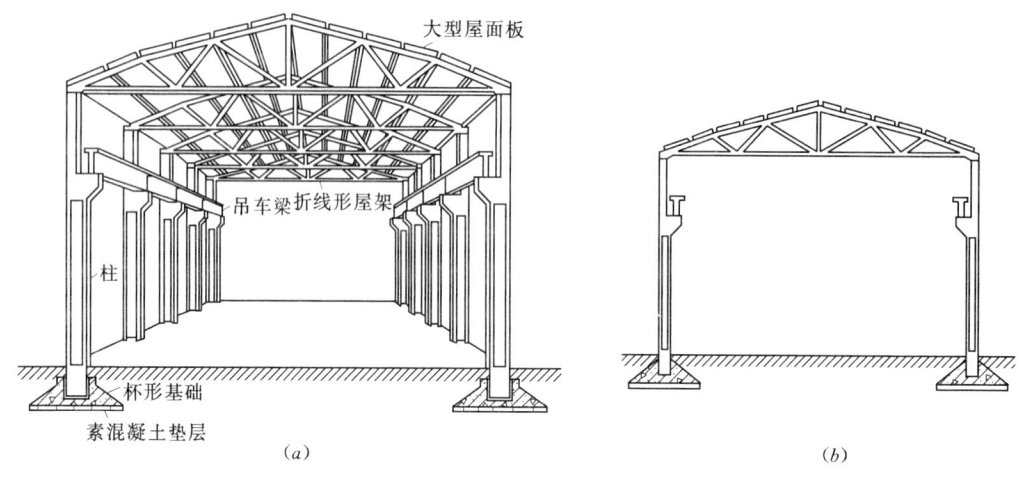

图 2
(a) 立体图；(b) 平面图

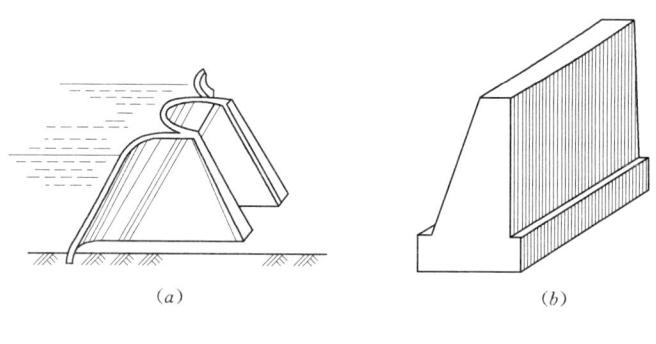

图 3
(a) 连拱坝；(b) 挡土墙

2. 结构力学的研究任务

结构力学是静力学和材料力学的后续课程。材料力学研究单个杆件的强度、刚度和稳定性。结构力学仍研究上述三方面的问题，但所考虑的对象则是由若干杆件组成的体系。当然，这种区分并不是绝对的，结构的形式是多种多样的。它可以是一个单一的整体（例如，挡土墙和整体式基础），也可以是由多个构件组装而成的体系（例如屋架，以至整个房屋的骨架）。

根据高职高专水利水电工程等专业的教学大纲要求，本教材结构力学研究的主要任务是：

（1）研究杆系结构的组成规律、受力特性和合理形式，以及结构计算简图的合理选择。

（2）在外界因素影响下研究结构的内力和位移的计算方法。为结构的强度设计和刚度校核提供依据。

在学习结构力学的过程中经常要运用数学、理论力学、材料力学等选修课程的知识。并在后续课程中，又为钢筋混凝土结构、钢木结构、水工结构等专业课程提供力学基础。

第一章　刚体静力学基础

第一节　力的概念及其性质

一、力的概念

1. 力的概念

力是物体之间相互的机械作用，这种作用会使物体的机械运动状态发生变化，或使物体产生变形。例如，水力发电是靠水流的冲力推动水轮机旋转；轧钢机的机械力使高温的钢锭变形等。

力作用于物体将同时产生两种效应：一是使物体的机械运动状态发生变化，称为力的外效应（平衡则是其特殊情形）；另一是使物体产生变形，称为力的内效应（刚体不发生变形则是在特定条件下的一种简化）。静力学中只研究力的外效应，故将研究对象作为刚体，也称为**刚体静力学**。

2. 力的三要素

实践证明，力对物体的作用效应取决于力的大小、方向和作用点三个因素（力对刚体的作用效应则取决于力的大小、方向和作用线的位置），通常称之为**力的三要素**。三要素中任何一个的改变，都会使力对物体的作用效应发生变化，只有三个要素完全相同的力，对物体的作用效应才会相同。

3. 力的表示方法

力是矢量，矢量的模为力的大小，矢量的始端或末端为力的作用点，矢量所在的直线为力的作用线，矢量的指向即为力的方向；如图 1-1 所示。力一般用文字符号黑体字如 **F** 代表力矢量。并以同一字母非黑体字 F 代表力的大小。力的大小是指物体间相互机械作用的强弱程度。衡量力大小的单位，在国际单位制中采用牛顿（N）或千牛（kN）。

二、力系的概念

作用于物体上的一组力称为**力系**。

对同一物体作用效应完全相同的两力系，彼此称为等效力系。若一个力与一个力系等效，则此力称为该力系的**合力**，而力系中所有各力都称为这个合力的**分力**。把力系的作用效应用一个力表示的过程，称为**力系的合成**；把一个力作用效应用几个分力表示的过程，称为**力的分解**。

刚体静力学中为便于进行物体的受力分析，通常先

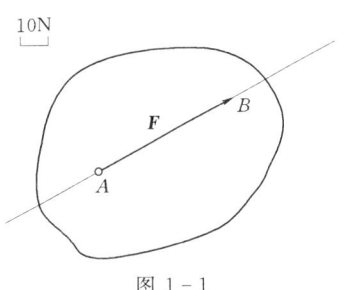

图 1-1

将力系进行简化，即用简单的力系代替复杂的力系。当然这种替代必须是完全等效的，即等效力系间的代换。

使某物体处于平衡状态的力系称为平衡力系。欲使物体处于平衡状态，则作用于物体上的力系必须满足一定条件，这些条件称为力系的平衡条件。研究力系的平衡条件及其应用是刚体静力学的主要任务。

三、力的性质

力的性质是人们从长期的生活和生产实践中，对客观现实经过观察、分析、抽象、归纳和总结而得出的结论。力的性质是静力学的理论基础，所以也称**静力学公理**。

1. 公理一（二力平衡公理）

作用于同一刚体上的两个力，使刚体保持平衡的必要和充分条件是：**这两个力大小相等，方向相反，且作用在同一直线上**（图 1-2）。

公理一说明，两个等值、反向、共线的力构成最简单的平衡力系，这是推证其他力系平衡条件的基础。

在建筑结构中常常会遇到承受两个力的作用而处于平衡的各种形状的构件，它们必须满足二力平衡条件，这类构件称为"**二力构件**"或"**二力杆**"。对于二力杆，如果已知二力的作用点，即可根据二力平衡条件确定二力的作用线，如图 1-3(a) 所示支架中，不计杆件自重作用时，AC、BC 杆均为二力杆[图 1-3(b)、(c)]。

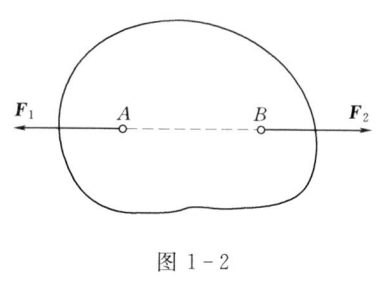

图 1-2

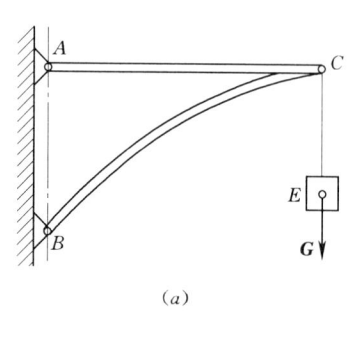

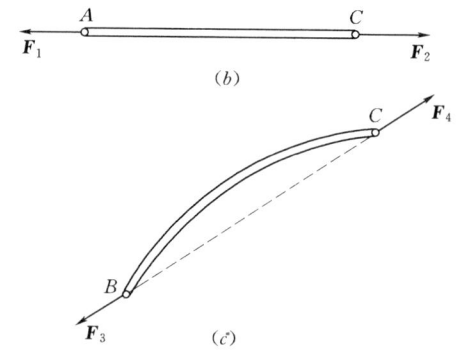

图 1-3

2. 公理二（加减平衡力系公理）

在作用于刚体上的任一力系中，加上或减去任意一个平衡力系，都不改变原力系对刚体的作用效应。

此公理表明，加减平衡力系后，新力系与原力系等效。公理二常被用来简化已知力系和推导一些定理。

推论（力的可传性原理）：作用于刚体上的力，可以沿其作用线滑移至该刚体上任一点，而不改变该力对刚体的作用效应。

证明：设刚体上 A 点作用一力 F，见图 1-4(a)。根据公理二，在力 F 作用线上任一点 B 加上一个平衡力系（F_1、F_2），且使 $F_1 = F_2 = F$，如图 1-4(b) 所示。由于力 F 与 F_1 等值、反向、共线,形成一个新的平衡力系,由公理二,减去平衡力系(F_1、F),则刚体上所剩力 F_2 的作用,就相当于将 A 点作用力 F 沿其作用线滑移到任意点 B,如图 1-4(c)所示。

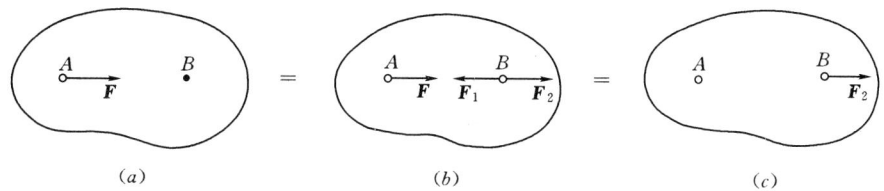

图 1-4

必须注意:公理二及其推论,都是针对运动效应而言的,因而只适用于刚体。如图 1-5 所示的直杆($F=F'$),当研究其平衡时,图 1-5(a)、图 1-5(b)两种情况都是等效的,即运动效应皆为零;但当研究变形效应时,图 1-5(a)杆件产生压缩变形,而图 1-5(b)杆件则将产生拉伸变形。

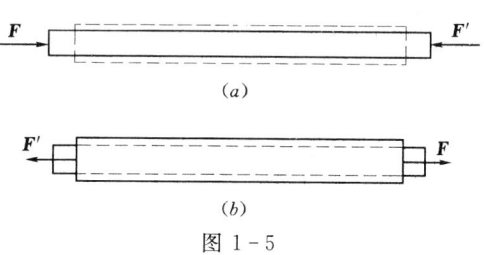

图 1-5

3. 公理三(力的平行四边形法则)

作用于物体上同一点的两个力,可以合成为一个合力,其合力亦作用于该点,合力的大小与方向可由这两个力所构成的平行四边形的对角线来表示,如图 1-6(a)所示。

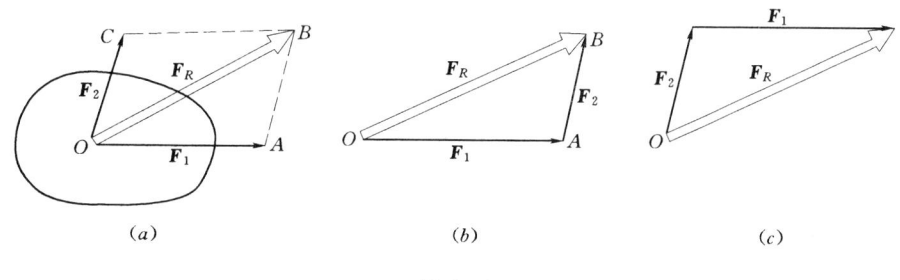

图 1-6

其矢量表达式为
$$F_R = F_1 + F_2 \tag{1-1}$$
用合力代替分力和,则刚体运动效果不变,即它们是等效的。

根据这一公理,已知两个分力的大小和方向,可以求得合力的大小和方向;反之,已知合力亦可求得它在两个已知方向上的分力的大小。

为计算方便,用矢量加法求合力时,可将力的平行四边形法则简化为**三角形法则**,即只取力平行四边形其中一个三角形求合力。方法是先从汇交点 O 作力 F_1 的矢量 $\overline{OA}$,再从 A 点作力 F_2 的矢量 $\overline{AB}$,则矢量 $\overline{OB}$ 即 F_1、F_2 的合力 F_R。F_R 的方向为从 F_1 的起点指向 F_2 的终点方向[图 1-6(b)]。如果先从 O 点作力矢量 F_2,再作力矢量 F_1,同样可得合力 F_R[图 1-6(c)]。

4. 公理四(作用与反作用定律)

两个物体间相互作用的力,总是同时存在,并且必定等值、反向、共线,分别作用在

这两个相互作用的物体上。

本公理阐明了力是物体间的相互作用，相互作用力永远是成对出现的，同时存在，同时消失，性质也完全相同。例如作用力为拉力，反作用力必为拉力；作用力为摩擦力，反作用力也必为摩擦力，等等。应该注意的是，作用力和反作用力分别作用在两个不同物体上，不是平衡力。因此，必须将公理四与公理一严格区分开来。

第二节　荷载的分类

结构工作时所承受的其他物体作用的主动外力称为荷载。荷载可分为不同类型。

1. 按作用的性质可分为静荷载和动荷载

缓慢地加到结构上的荷载称为静荷载。静荷载作用下结构不产生明显的加速度。大小、方向随时间而变的荷载称为动荷载。地震力、冲击力、惯性力等都为动荷载。动荷载作用下，结构上各点产生明显的加速度，结构的内力和变形都随时间而发生变化。

2. 按作用时间的长短可分为恒荷载和活荷载

永久作用在结构上大小、方向不变的荷载称为恒荷载。固定设备、结构的自重等都为恒荷载。暂时作用在结构上的荷载称为活荷载。风、雪荷载等都为活荷载。

3. 按作用的范围可分为集中荷载和分布荷载

若荷载作用的范围与构件的尺寸相比很小时，可认为荷载集中作用于一点，称为集中荷载。车轮对地面的压力、柱子对面积较大的基础的压力等都为集中荷载。分布作用在体积、面积和线段上的荷载称为分布荷载。结构自重、风、雪等荷载都为分布荷载。

结构作为刚体为研究对象时，作用在结构上的分布荷载可用其合力（集中荷载）代替，以简化计算；但结构作为变形体为研究对象时，作用在结构上的分布荷载不能用其合力代替。

第三节　约束与约束反力

一、约束与约束反力

物体无论是处于平衡或运动状态，总是与周围其他物体相互联系而又相互制约的，它们之间存在着相互作用力。为了分析物体的受力情况，需要对物体间相互联系的方式进行研究。

某些物体可以在空间不受限制地作任意运动，这样的物体称为**自由体**，例如，飞行的鸟类、昆虫、飞行的飞机等。某些物体受到周围其他物体的限制，使其沿某些方向不能运动，这样的物体，称为**非自由体**。**一个物体的运动受到周围物体的限制时，这些周围的物体就称为该物体的约束**。如图 1-7 中，灯是非自由体，绳子是灯的约束。

物体受到的力一般可以分为两类。一类是使物体运动（或使物体有运动趋势）的力称为主动力。例如地球引力、风力、水压力、土压力以及施加于物体上的力等，由上节知，这类力又称为荷载。另一类是约束对物体的运动起限制作用的力，称为**约束反力**或**约束力**，简称**反力**。约束反力属于作用于物体上的主动力引起的被动力。图 1-7 中，重力 G

是灯的主动力,而绳子给灯的拉力 F_1 则是灯的约束反力。

二、工程上常见的约束

因为约束反力是限制物体运动的力,所以它一定作用在约束与被约束物体相互连接或接触之处,其方向恒与该约束所能阻止物体的运动方向相反。这是确定约束反力作用点位置和方向的基本依据。

工程实际中,约束的形式很多,这里只介绍常见的几种约束类型。

1. 柔性约束

由绳索、链条或胶带等柔性物体形成的约束称为柔性约束。它们都是非刚性体,只能受拉不能受压,因此它也只能给物体以沿柔索方向的拉力。所以柔性约束的约束反力,其作用线沿柔体,指向背离物体。如图 1-8 所示,起重机用钢丝绳起吊重物。这种约束的约束反力常用 F_T 来表示。

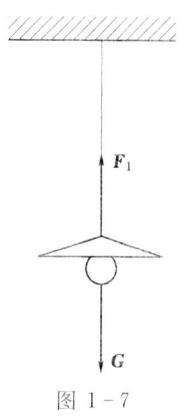

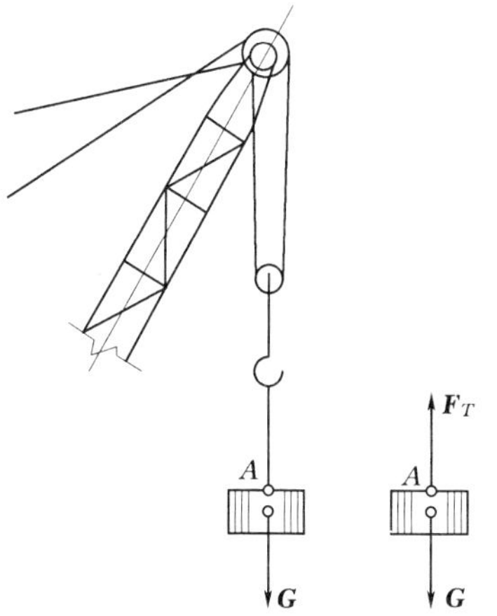

图 1-7

2. 光滑面约束

当约束和非自由体由点、线、面接触,且接触处摩擦力很小可以略去不计时,称为光滑面约束。这种约束只能限制物体沿接触处的公法线向约束内部的移动,而不能限制物体沿接触面切线方向的运动。因此,光滑接触面的约束反力,其作用线沿接触面的公法线方向,指向被约束物体。通常用 F_N 来表示,如图 1-9 所示。

3. 光滑圆柱铰链约束

光滑圆柱铰链也称为中间铰,是工程结构和机械中通常用来连接构件或零部件的一种约束。理想的光滑圆柱铰链约束是用圆柱形销轴 C 插入两个构件 A、B 的圆孔中构成的,并认为销轴和圆孔都是光滑的,如图 1-10 (a) 所示。其结构简图如图 1-10 (d) 所示。这种约束

图 1-8

不能限制物体绕销轴转动,能限制物体在垂直于销轴轴线平面内任意方向的移动。当物体有运动趋势时,销钉与圆孔将在某处接触,约束反力通过销轴与圆孔的接触点 D 的公法线,即过销轴中心并与销轴轴线垂直的方向 [图 1-10 (b)]。由于接触点在圆上的位置随物体所受的主动力变化,故约束反力 F_R 的方向不能确定,一般将其分解为互相垂直的

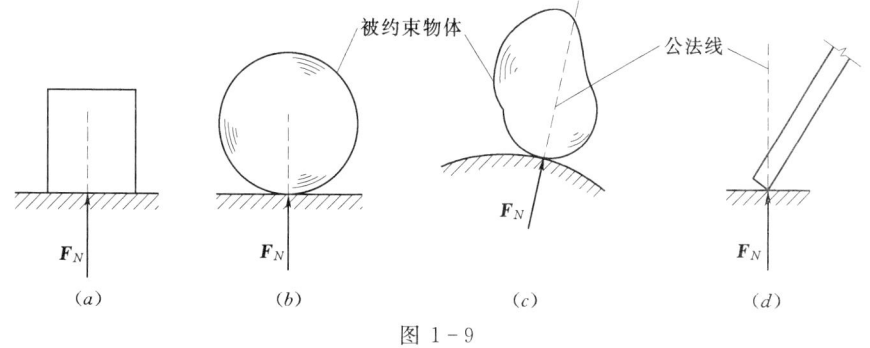

图 1-9

两个分力 F_x 和 F_y [图 1-10 (c)]。

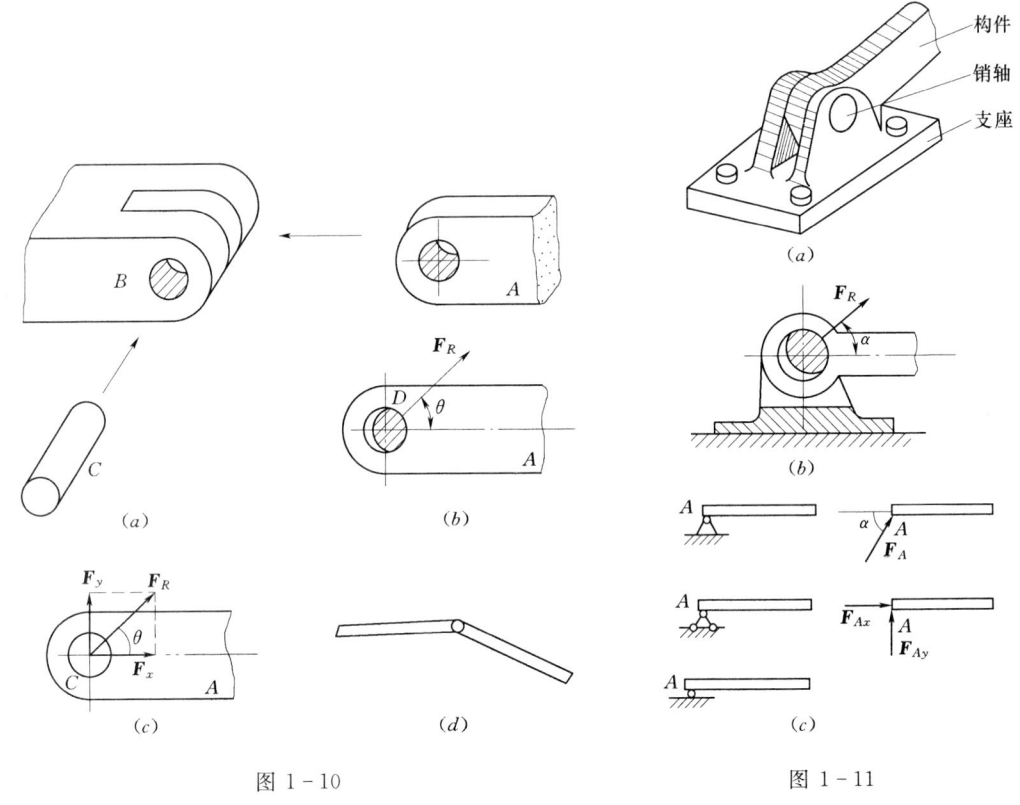

图 1-10　　　　　　　　　图 1-11

4. 铰链支座约束

(1) 固定铰支座。用圆柱铰链连接的两个构件中，若其中一个构件（支座）固定在地面上或固定在某一支承面上，称为固定铰支座 [图 1-11 (a)]。这种支座允许构件绕销轴转动，但不能在垂直销轴平面内任意方向移动。由固定铰支座的构造特点可见，其约束反力的表示方法和圆柱铰链应该是相同的。固定铰支座对构件的支座反力也通过铰中心且方向不定 [图 1-11 (b)]，一般将其分解为互相垂直的两个分力来表示。其简图通常如图 1-11 (c) 所示。

(2) 可动铰支座。如果把固定铰支座体与支承面间加装滚轮，就成为可动铰支座 [图 1-12 (a)]。这种支座只能阻止构件沿垂直于支承面方向移动，不能阻止构件沿绕销轴转动和沿支承面方向的移动。所以可动铰支座的约束反力必垂直于支承面且通过铰链中心，指向未知（离开或指向支承面）。图 1-12 (b) 是可动铰支座的简图。

5. 链杆约束

两端各以铰链与物体连接自重不计且中间不受力的直杆称为链杆 [图 1-13 (a)]。链杆只能阻止被约束物体沿链杆两端铰链中心的连线方向运动而不能阻止物体沿其他方向的运动。故链杆对物体的约束反力必沿两端铰链中心连线，指向未定，可假定为拉力也可假定为压力 [图 1-13 (b)]。由于链杆只在两端各有一个力作用而处于平衡状态，故链杆为二力杆。

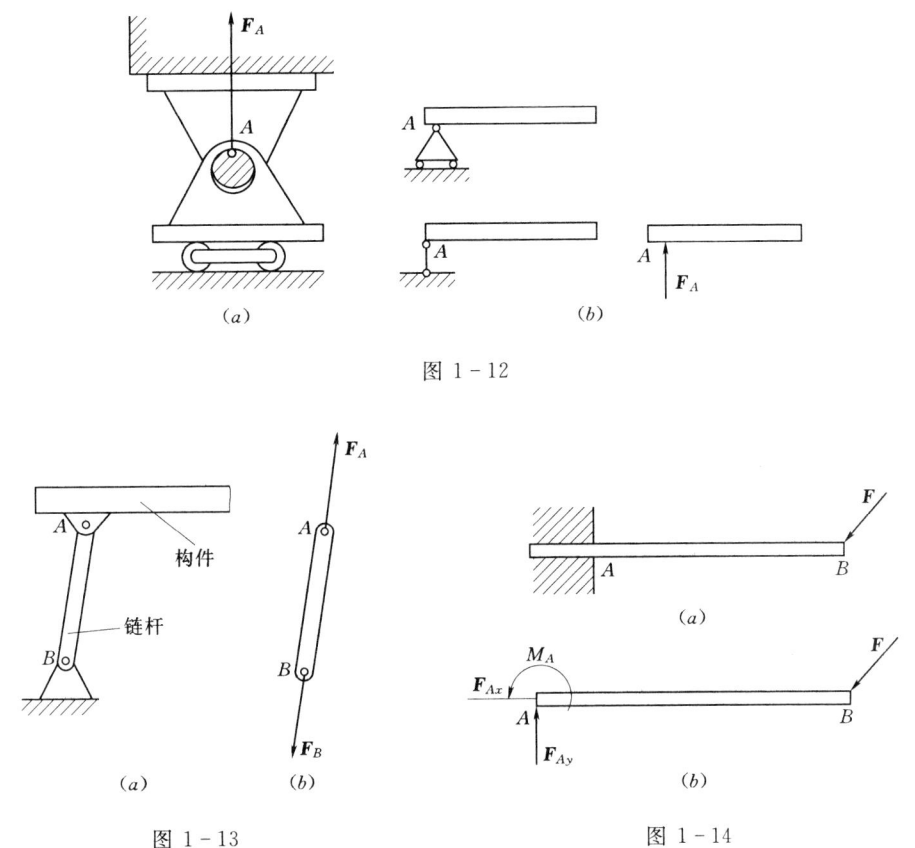

图 1-12

图 1-13　　　　　　　　　　图 1-14

6. 固定端支座

工程建筑中还有一种常见的约束，如楼房阳台雨篷的挑梁与墙体浇铸在一起等。这种约束称为固定端支座，其结构简图如图 1-14（a）所示。固定端约束可限制物体沿任何方向的移动和在荷载作用面内的转动。因而固定端支座的反力为一个力和一个力偶。通常用约束反力的两个正交的分力和一个约束力偶表示 [图 1-14（b）]。其中，两个约束反力限制杆件任何方向的移动，约束力偶限制杆件的转动。

第四节　物体的受力分析与受力图

受力分析时所研究的物体称为**研究对象**。在解决工程实际问题时，为了清楚地表示物体受力情况，需要把研究对象从周围的物体中分离出来单独画出其轮廓简图，称为**分离体**（或脱离体）简图。然后将其所受的全部主动力和约束反力画在分离体简图上，这种表示物体受力状态的图形称为**受力图**。

画物体受力图的一般步骤为：

（1）明确研究对象，画出其分离体简图。把研究对象从周围的约束中分离出来（解除全部约束），使之成假想的自由体。

（2）画出作用在分离体上的主动力。如重力及分离体上已知的其他荷载等，主动力按已知方向及作用位置画出。

(3) 画出作用在分离体上全部的约束反力，即在简图上解除约束之处用约束反力代替被解除的约束对分离体的作用，约束反力的作用线与指向要根据约束的性质确定。

下面分别举例说明受力图的画法。

【例 1-1】 梁 AB，A 端为固定铰支座，B 端为可动铰支座，梁中点 C 受主动力 F 作用，如图 1-15 (a) 所示，梁重不计。试分析梁的受力情况。

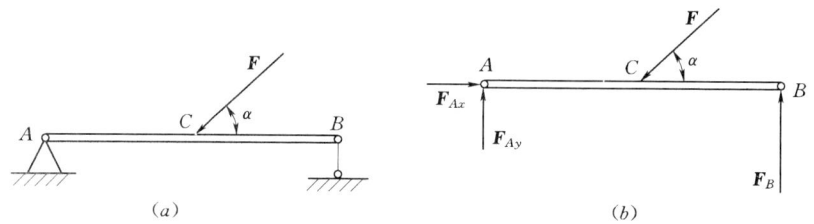

图 1-15

解：(1) 以梁 AB 为研究对象画出其分离体图 [图 1-15 (b)]。

(2) 画出作用在分离体上的主动力，按主动力 F 的已知方向和作用点画。

(3) 画出作用在分离体上的约束反力。固定铰支座 A 的反力用大小未知的水平分力 F_{Ax} 和铅垂分力 F_{Ay} 表示，方向假设。可动铰支座反力 F_B 假设铅垂向上且通过铰链中心。

受力图上的约束反力一定要根据解除的约束及其性质正确表示。

【例 1-2】 两跨静定梁由 AC 和 CD 两部分组成 [图 1-16 (a)]，C 处用铰链连接。梁的 A 端为固定端，在 B 处为可动铰支座。作用在梁上的主动力有 F_1、F_2、均布荷载 q，外伸端 D 作用有集中力 F_3。试画出 CD、AC 及整体梁的受力图。

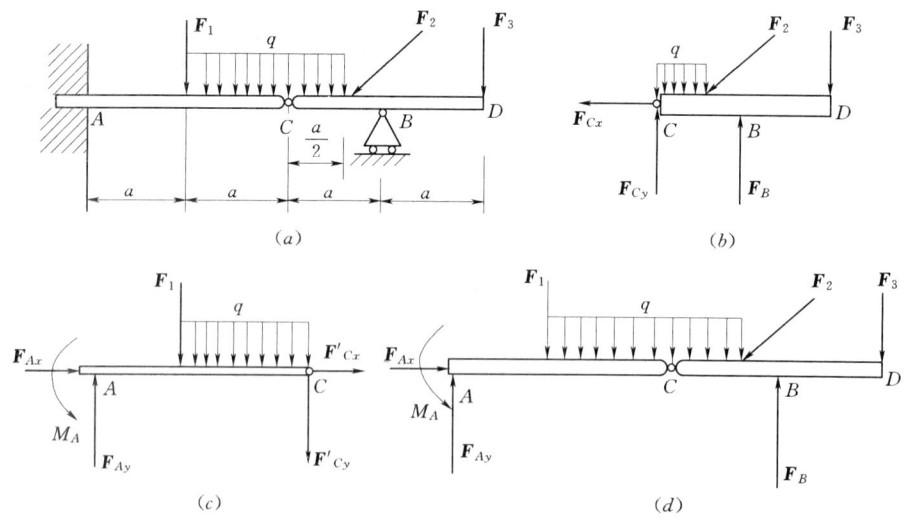

图 1-16

解：(1) 取 CD 部分为研究对象，画出分离体图。主动力为 F_2、F_3、CD 梁段上的均布荷载 q。B 处约束反力 F_B 垂直支承面，指向假设向上。铰链 C 处用两个相互垂直的分力 F_{Cx}、F_{Cy} 表示，指向假设如图 1-16 (b) 所示。

(2) 取 AC 部分为研究对象，画出分离体图。主动力 F_1 和 AC 梁段上的均布荷载 q。铰链 C 处约束反力为 CD 部分 C 处约束反力的反作用力，在 CD 梁受力图上已假设了 F_{Cx}、F_{Cy} 的指向，则在 AC 梁的受力图上 F'_{Cx}、F'_{Cy} 的指向应分别与 F_{Cx}、F_{Cy} 的指向相反，不能再另外任意假设。固定端 A 用正交分力 F_{Ax}、F_{Ay} 和约束力偶 M_A 表示，如图 1-16(c) 所示。

(3) 取整体梁为研究对象，解除 A、B 两处约束画出分离体图。各主动力、力偶、均布荷载照画。铰链 C 处相互作用力为内力不画出。A、B 处约束反力已在 CD、AC 部分显示，仍用原表示方法，如图 1-16（d）所示。

从以上例题中对物系的受力分析不难看出，在物系中内力总是成对出现的，且各对内力均为等值、反向、共线的关系。在研究物体系统的外效应时，每对内力的外效应刚好相互抵消，所以受力图中只画外力，内力不必画出。需要指出的是，所谓内力，是指系统内部各物体之间的相互作用力；所谓外力，是指系统以外的其他物体对系统的作用力。内力与外力的概念是相对的，当所取的研究对象不同时，内力与外力是可以互相转化的。当要分析物系中某一物体的受力情况时，物系中其他物体对所要研究物体的作用力（原物系中的内力）就转化为研究对象上的外力。取该物体为研究对象，画受力图时，应把它所受的全部主动力和约束反力都画上，其中包括原物系中的内力。

【例 1-3】 图 1-17（a）所示三铰刚架，自重不计，A、B、C 三处都是铰链约束，在主动力 F_1 和 F_2 作用下平衡。试分别画出 AC、BC 和整个系统的受力图。

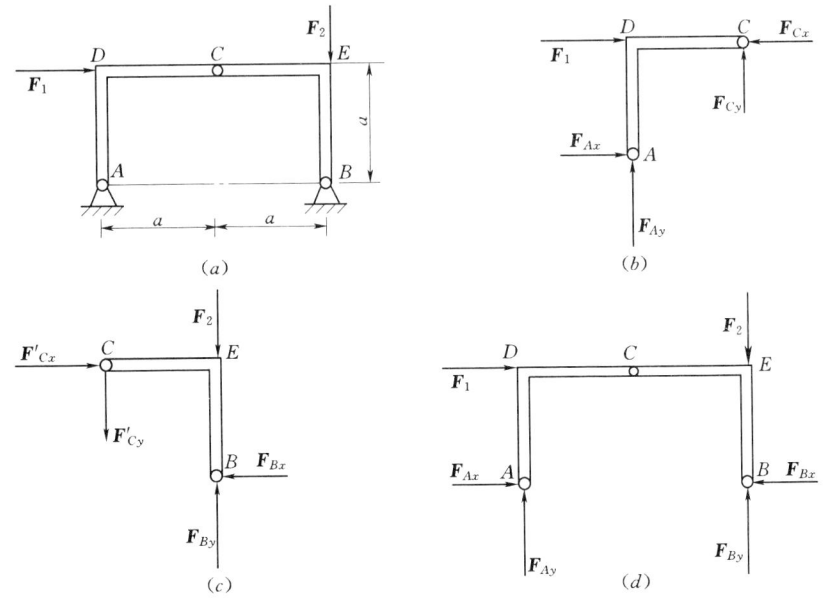

图 1-17

解：三铰结构中的 AC、BC 构件均不是二力构件，因此，A、B、C 三处约束反力作用线的方位都不能确定。

(1) 取 AC 为研究对象，如图 1-17（b）所示。先画主动力 F_1，再将约束反力用正交分力 F_{Cx}、F_{Cy} 和 F_{Ax}、F_{Ay} 表示，指向假设。

(2) 取 BC 为研究对象，如图 1-17（c）所示。先画主动力 F_2，C 点的约束反力为

F'_{Cx}、F'_{Cy}，指向与 F_{Cx}、F_{Cy} 方向相反。B 点的约束反力用 F_{Bx}、F_{By} 表示，指向假设。

（3）取整个系统为研究对象。C 处内力不必画出。A、B 两处约束反力和主动力已在 AC、BC 的受力图中显示，依然为物系的外力，照画即可，系统受力图如图 1-17(d) 所示。

综合以上例题，画受力图应注意以下几点：

（1）首先确定研究对象并画出分离体图，分离体的大小、形状、方位必须和原物体保持一致。

（2）分离体上作用的主动力应按已知的位置、方向表示，不要画上分离体对其他物体的作用力。

（3）凡是和研究对象直接相关的物体均有约束反力作用其上，要根据各种约束性质，画出相应的约束反力，约束反力的方向应与物体可能的运动方向相反。

（4）不直接作用在研究对象上的其他主动力和约束反力以及物系内力均不能画出。研究对象上所受力既不要多画，也不要漏画。

（5）画物系中单个物体受力图时，必须满足作用和反作用关系，作用力的方向一旦假设，反作用力必须与之相反。

（6）同一约束处的约束反力在不同的受力图中表示方法应保持一致。

思 考 题

思 1-1　什么叫物体的平衡状态？为什么说物体的平衡是相对的？

思 1-2　图中在 A 点作用一已知力 F，如果在 B 点加一个力，能否使物体平衡？为什么？

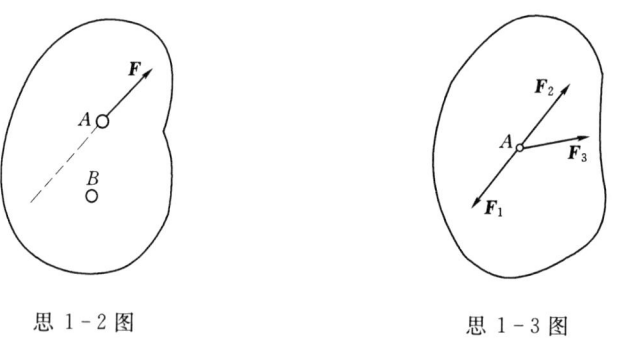

思 1-2 图　　　　　　思 1-3 图

思 1-3　图示三个力的大小都不等于零，其中 F_1 与 F_2 沿同一作用线，问这三个力能否互相平衡？为什么？

思 1-4　能不能说合力一定比分力大？试作图说明。

思 1-5　什么是约束？工程上常见的约束有哪几种类型？

思 1-6　固定铰支座和活动铰约束反力沿什么方向？

思 1-7　什么是受力图？试述作受力图的方法和步骤。

习 题

题 1-1　图中 $F_1=10\text{N}$、$F_2=6\text{N}$、$F_3=8\text{N}$、$F_4=12\text{N}$，求该力系的合力。

题 1-2　曲臂杠杆 ABC 处于平衡状态，已知 $F_1=100\text{N}$，$F_2=20\text{N}$，求 F_1、F_2 的

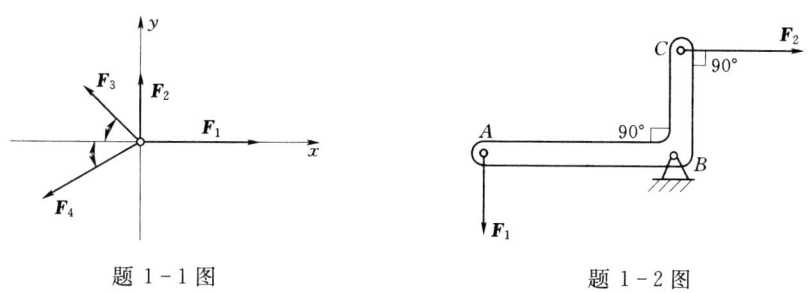

题 1-1 图　　　　　　　题 1-2 图

合力。

题 1-3　画出各图中 AB 杆的受力图。

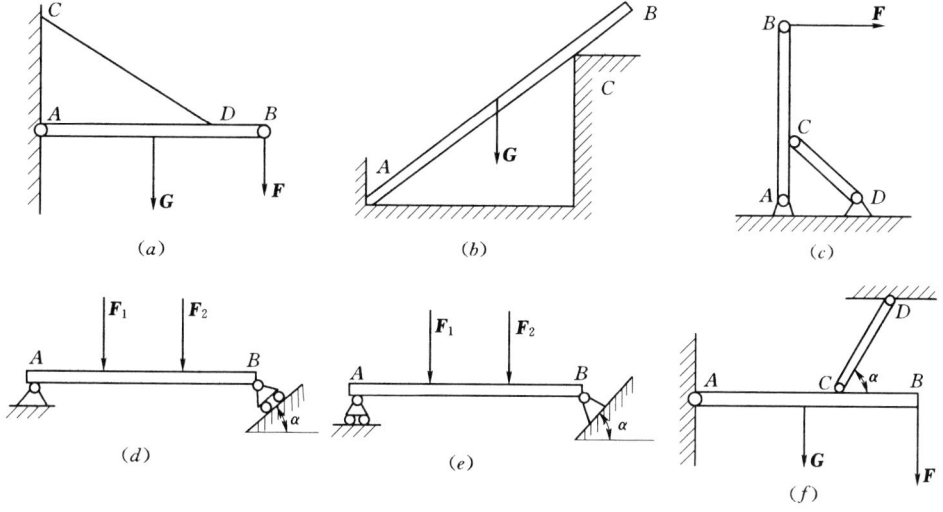

题 1-3 图

题 1-4　画出整个物系和物系中每个物体的受力图。

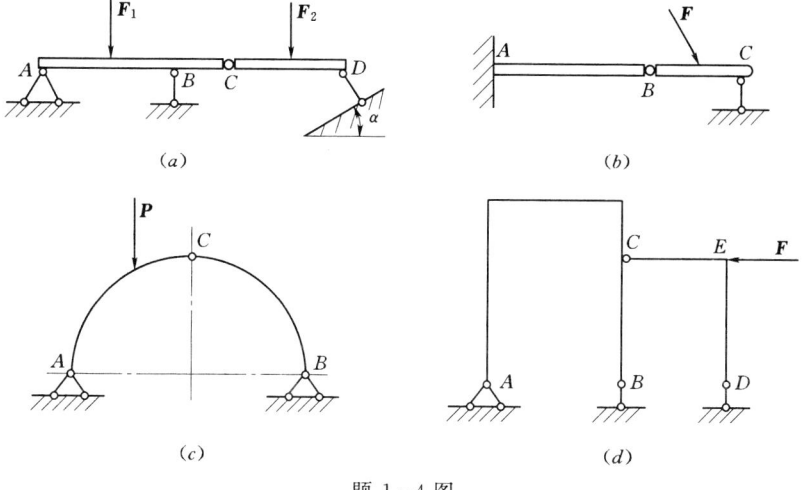

题 1-4 图

第二章 平面力系

力系中各力的作用线都处于同一平面内的力系称为平面力系。在平面力系中，各力作用线交于一点的力系，称为平面汇交力系；各力作用线互相平行的力系称为平面平行力系；各力作用线任意分布的力系，称为平面一般力系。本章将讨论平面力系的简化方法、平衡条件及平衡方程的应用。

第一节 平面汇交力系

各力作用线在同一平面内且汇交于一点的力系，称为平面汇交力系。 平面汇交力系是力系中最简单的一种。本节用几何法和解析法分别讨论平面汇交力系的合成与平衡问题。

一、平面汇交力系——几何法

1. 平面汇交力系合成的几何法

设在物体上的 O 点作用了一个平面汇交力系 F_1、F_2、F_3、F_4，如图 2-1（a）所示。求汇交力系的合力时，可以连续应用力三角形法则。如图 2-1（b）所示，先求出 F_1 和 F_2 的合力 R_1，再求 R_1 和 F_3 的合力 R_2，最后求出 R_2 和 F_4 的合力 F_R。力 F_R 就是原汇交力系 F_1、F_2、F_3、F_4 的合力。实际作图时，虚线所示的 R_1 和 R_2 可不必画出，只要按一定的比例，依次将力矢量首尾相接，第一个力的首端 A 指向最后一个力的尾端即代表合力的大小和方向。合力的作用点仍是原汇交力系的交点 O。这种求合力的方法叫做力多边形法则。简单地说，力多边形的封闭边（首尾的连线）就代表原汇交力系的合力。

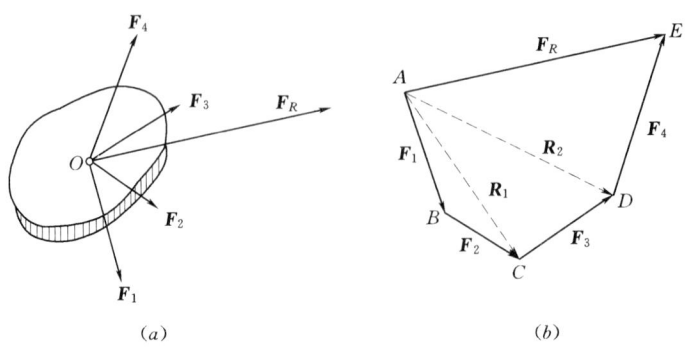

图 2-1

平面汇交力系合成的结果是一个合力，合力的大小和方向等于原力系中各力的矢量和，其作用点是原汇交力系的交点。

2. 平面汇交力系平衡的几何条件

平面汇交力系可合成为一合力 F_R，即合力 F_R 与原力系等效。如果某平面汇交力系[图 2-2 (a)]的力多边形自行闭合，即第一个力的始点和最后一个力的终点重合[图 2-2 (b)]，则力系的合力等于零，物体处于平衡状态，该力系为平衡力系。所以，平面汇交力系平衡的必要和充要的几何条件是：**力多边形自行闭合。或者说力系的合力等于零**。用公式可表示为 $F_R = 0$。

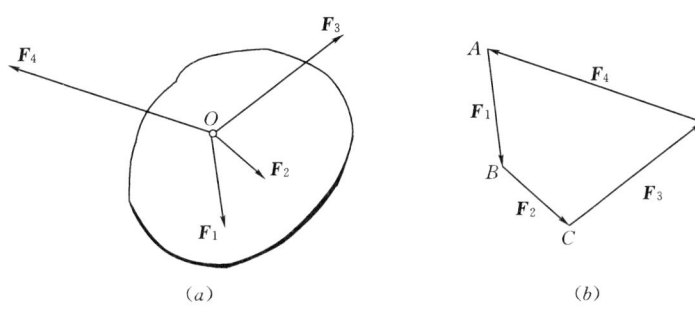

图 2-2

二、平面汇交力系——解析法

平面汇交力系的合成与平衡计算，工程实际中常用解析法计算，用解析法进行合成是以力在坐标轴上的投影为基础的。

1. 力在平面直角坐标轴上的投影

力在平面直角坐标轴上的投影定义为：过力 F 矢量的起端 A 和终端 B 分别作轴的垂线，所得垂足 a 和 b、a' 和 b' 之间的线段长度就是力 F 在 x、y 轴上投影的大小，分别用 F_x、F_y 表示，见图 2-3 (a)。投影的正负号规定为：当从垂足 a 到 b、a' 到 b' 的指向与轴的正向一致时，力的投影为正，反之力的投影为负。

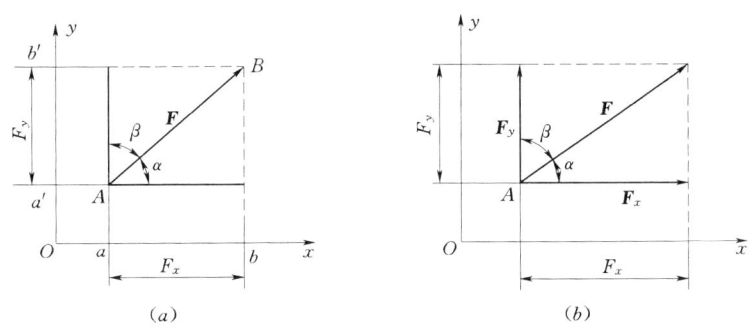

图 2-3

当力 F 与 x 轴所构成的锐角为 α，则投影 F_x、F_y 的表达式为

$$\left. \begin{array}{l} F_x = F\cos\alpha \\ F_y = F\sin\alpha \end{array} \right\} \quad (2-1)$$

由式 (2-1) 知，力与坐标轴垂直时，力在该轴上的投影为零；力与坐标轴平行时，力在该轴上投影的绝对值与该力的大小相等。

若已知力 $\boldsymbol{F}$ 在 x、y 轴上的投影 F_x、F_y，则可由几何关系确定该力的大小和方向：

力的大小
$$F = \sqrt{F_x^2 + F_y^2} \atop \tan\alpha = \frac{|F_y|}{|F_x|}} \quad (2-2)$$

力的方向

力 $\boldsymbol{F}$ 的指向可由 F_x、F_y 的正负号确定。

注意：力 $\boldsymbol{F}$ 在轴上的投影是代数量，而力 $\boldsymbol{F}$ 沿轴方向的分量 $\boldsymbol{F}_x$ 和 $\boldsymbol{F}_y$ 是矢量。从图 2-3（b）中可以看出，力 $\boldsymbol{F}$ 沿正交的 x 轴和 y 轴分解为两个分力 $\boldsymbol{F}_x$ 和 $\boldsymbol{F}_y$ 时，分力的大小恰好等于力 $\boldsymbol{F}$ 在这两轴上的投影 F_x 和 F_y 的绝对值。但是当 x、y 轴不相互垂直时，则沿轴的分力在数值上将不等于力在该轴上的投影。

2. 合力投影定理

合力投影定理：力系的合力在某轴上的投影等于力系中各分力在同一轴上投影的代数和。

证明：设刚体受一平面汇交力系 $\boldsymbol{F}_1$、$\boldsymbol{F}_2$、$\boldsymbol{F}_3$ 作用［图 2-4（a）］，用力多边形法求出其合力 $\boldsymbol{F}_R$［图 2-4（b）］，在力多边形 ABCD 的平面内取直角坐标系 xoy，将力系中各力及合力向 x 轴投影得

$$F_{1x} = ab,\; F_{2x} = bd,\; F_{3x} = -cd,\; F_{Rx} = ad$$

而
$$ad = ab + bc + (-cd)$$

因此可得
$$F_{Rx} = F_{1x} + F_{2x} + F_{3x}$$

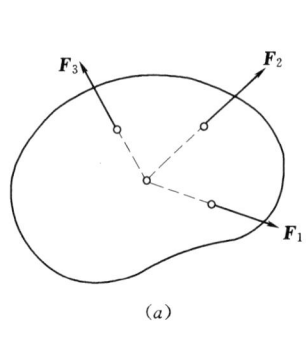
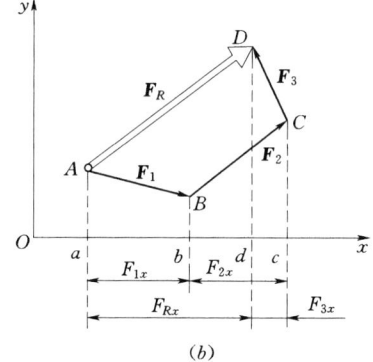

图 2-4

同理，各力与合力向 y 轴投影也存在这样的关系。这一关系可以推广到由 n 个力组成的平面汇交力系的情况，即

$$\left. \begin{array}{l} F_{Rx} = F_{1x} + F_{2x} + F_{3x} + \cdots + F_{nx} = \sum F_x \\ F_{Ry} = F_{1y} + F_{2y} + F_{3y} + \cdots + F_{ny} = \sum F_y \end{array} \right\} \quad (2-3)$$

3. 平面汇交力系合成的解析法

设物体上作用着平面汇交力系（图 2-5），$\boldsymbol{F}_R$ 为平面汇交力系的合力，首先选定坐标系 xOy，求出力系中各分力在 x、y 轴上的投影，再根据合力投影定理求得合力在 x、y 轴上的投影。所以，合力的大小和方向由式（2-2）得

$$\left.\begin{array}{l}F_R = \sqrt{F_{Rx}^2 + F_{Ry}^2} = \sqrt{(\sum F_x)^2 + (\sum F_y)^2} \\ \tan\alpha = \dfrac{|F_{Ry}|}{|F_{Rx}|} = \dfrac{|\sum F_y|}{|\sum F_x|}\end{array}\right\} \quad (2-4)$$

式中 α 为合力 $\boldsymbol{F}_R$ 与 x 轴所夹的锐角。合力 $\boldsymbol{F}_R$ 的具体指向由 $\sum F_x$ 及 $\sum F_y$ 的正负号确定。

4. 平面汇交力系平衡的解析条件

平面汇交力系平衡时，力系的合力应等于零。用解析式表达为

$$F_R = \sqrt{F_{Rx}^2 + F_{Ry}^2} = \sqrt{(\sum F_x)^2 + (\sum F_y)^2} = 0$$

式中 $(\sum F_x)^2$、$(\sum F_y)^2$ 恒为正数，因此，上式必须满足

$$\left.\begin{array}{l}\sum F_x = 0 \\ \sum F_y = 0\end{array}\right\} \quad (2-5)$$

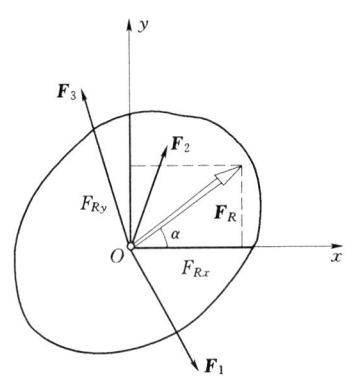

图 2-5

式 (2-5) 表明，物体在平面汇交力系作用下处于平衡状态的充要条件是：**力系中所有各力在两坐标轴上的投影的代数和为零**。平面汇交力系只有两个独立的方程，可解两个未知数。

【例 2-1】 平面刚架在 C 点受水平力 $\boldsymbol{F}$ 作用，如图 2-6 (a) 所示。已知 $F = 30\text{kN}$，求支座 A、B 的约束反力。

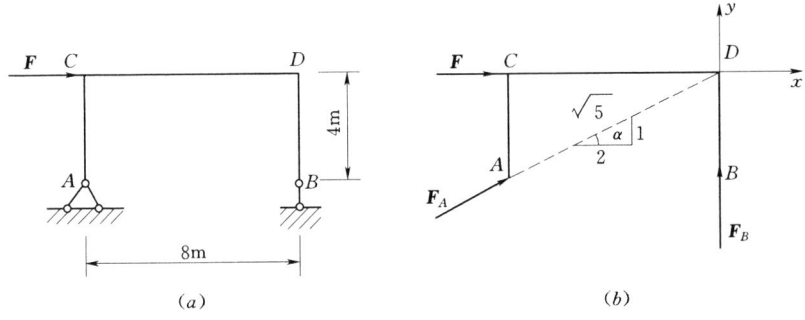

图 2-6

解：(1) 取研究对象，画受力图。

取刚架为研究对象，刚架受到主动力 $\boldsymbol{F}$ 的作用。B 处是可动铰支座，$\boldsymbol{F}_B$ 的作用线垂直于支承面，指向假设向上。A 处为固定铰支座，$\boldsymbol{F}_A$ 的方向假设。刚架在 $\boldsymbol{F}$、$\boldsymbol{F}_B$、$\boldsymbol{F}_A$ 三力作用下平衡，这三力作用线必汇交于一点，故刚架的受力图如图 2-6 (b) 所示。

(2) 取坐标系，列平衡方程。

设直角坐标系如图。列平衡方程

$$\sum F_x = 0 \quad F + F_A \cos\alpha = 0 \quad F_A = -\dfrac{F}{\cos\alpha} = -\dfrac{30}{2/\sqrt{5}} = -33.5 \text{ kN}$$

负号表示 $\boldsymbol{F}_A$ 的实际方向与假设的方向相反。

再由 $\sum F_y = 0 \quad F_B + F_A \sin\alpha = 0 \quad F_B = -F_A \sin\alpha = -(-33.5) \times \dfrac{1}{\sqrt{5}} = 15 \text{ kN}$

正号表示 F_B 假设的方向正确。

第二节 力矩·平面力偶系

一、力矩

力对物体的运动效应，又分为移动效应和转动效应。作用于物体上的力可以使物体移动，也可使物体转动，研究较复杂的力系合成和平衡时，需要掌握力对点之矩（力矩）的概念及其计算方法。

（一）力对点之矩

由实践经验可知，当用扳手拧紧螺母时（图 2-7），力 F 对螺母的拧紧程度不仅与力 F 的大小有关，而且与螺母中心到力 F 作用线的垂直距离 d 有关。显然，力 F 的值越大，距离 d 越大，螺母将拧得越紧。因此，在力学中以乘积 Fd 再冠以适当的正负号来度量力使物体绕某点 o 转动的效应，这个量称为力 F 对 O 点之矩，简称力矩，并记作

$$M_o(\boldsymbol{F}) = \pm Fd \tag{2-6}$$

式（2-6）中，点 o 称为力矩中心，简称矩心；距离 d 称为力臂；乘积 Fd 的数值表示力矩大小；正负号表示力矩在平面内的转向。通常规定，力使物体绕矩心作逆时针方向转动时，力矩为正，反之力矩为负。因此，平面内的力对点之矩是一个代数量。力矩的单位为 N·m 或 kN·m。

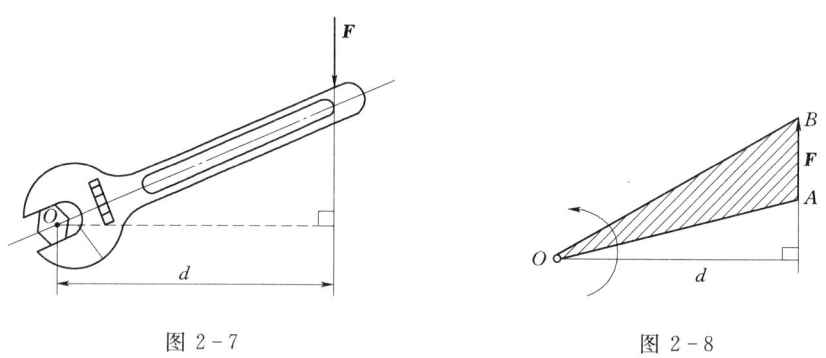

图 2-7　　　　　　　　　　图 2-8

力矩另一种表示形式。在图 2-8 中，A、B 代表力 F 的起点和终点，力 F 对 O 点的矩的大小等于 △OAB 的面积的两倍，即

$$M_o(\boldsymbol{F}) = \pm 2\triangle OAB$$

由式（2-6）可知：

（1）力沿作用线移动时，它对某一点之矩不变，因为力的大小、方向和力臂的大小均未改变。

（2）当力的作用线通过矩心时，此时力臂为零，力矩也为零。

（二）合力矩定理

合力矩定理：**平面汇交力系的合力对平面内任一点之矩，等于力系中所有各分力对同一点力矩的代数和。**

证明：设有交于 A 点的两个共面力 $\boldsymbol{F}_1$ 和 $\boldsymbol{F}_2$（图 2-9），其合力为 $\boldsymbol{F}_R$。任选一点 O 作为矩心，作 Oy 轴垂直于 O 点与力系汇交点的连线 OA。$\boldsymbol{F}_1$、$\boldsymbol{F}_2$、$\boldsymbol{F}_R$ 在 y 轴上的投影分别为

$$F_{1y} = Ob_1, \quad F_{2y} = Ob_2, \quad F_{Ry} = Ob$$

各力对 O 点矩分别是

$$\left. \begin{aligned} M_o(\boldsymbol{F}_1) &= 2\triangle AOB_1 = Ob_1 \cdot OA = F_{1y} \cdot OA \\ M_o(\boldsymbol{F}_2) &= F_{2y} \cdot OA \\ M_o(\boldsymbol{F}_R) &= F_{Ry} \cdot OA \end{aligned} \right\} \quad (a)$$

根据合力投影定理有

$$F_{Ry} = F_{1y} + F_{2y}$$

上式两边同乘以 OA 得

$$F_{Ry} \cdot OA = F_{1y} \cdot OA + F_{2y} \cdot OA \quad (b)$$

将式 (a) 代入式 (b) 得 $\quad M_o(\boldsymbol{F}_R) = M_o(\boldsymbol{F}_1) + M_o(\boldsymbol{F}_2)$

如果有 n 个汇交力作用于 A 点，则有

$$M_o(\boldsymbol{F}_R) = M_o(\boldsymbol{F}_1) + M_o(\boldsymbol{F}_2) + \cdots + M_o(\boldsymbol{F}_n) = \sum M_o(\boldsymbol{F}) \quad (2-7)$$

上述合力矩定理不仅适用于平面汇交力系，对其他平面力系也同样适用。在计算力矩时，有时力臂不易确定，应用合力矩定理，可将力沿合适的方向分解，利用分力矩简化计算。

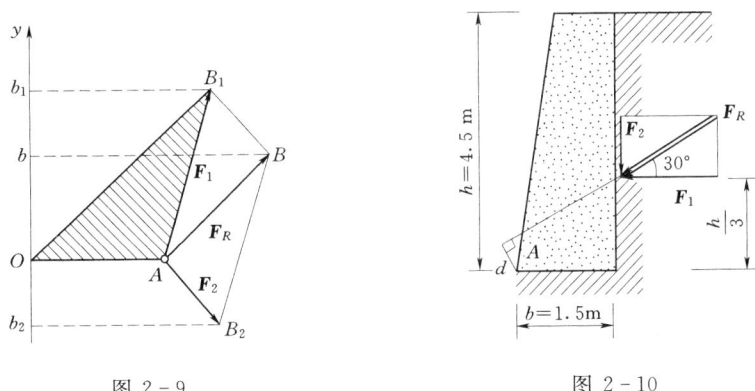

图 2-9　　　　　　图 2-10

【例 2-2】　图 2-10 所示每 1m 长挡土墙所受土压力的合力为 $\boldsymbol{F}_R$，大小 $F_R = 150\text{kN}$，方向如图示。求土压力 $\boldsymbol{F}_R$ 使墙倾覆的力矩。

解：土压力 $\boldsymbol{F}_R$ 可使挡土墙绕点 A 倾覆，故求 $\boldsymbol{F}_R$ 使墙倾覆的力矩，就是求 $\boldsymbol{F}_R$ 对点 A 的力矩。$\boldsymbol{F}_R$ 到 A 点的力臂 d 不便求解，可将 $\boldsymbol{F}_R$ 分解为两分力 $\boldsymbol{F}_1$ 和 $\boldsymbol{F}_2$，则两分力的力臂是已知的，故由合力矩定理可得

$$\begin{aligned} M_A(\boldsymbol{F}_R) &= M_A(\boldsymbol{F}_1) + M_A(\boldsymbol{F}_2) = F_1 \cdot h/3 - F_2 b \\ &= 150\cos 30° \times 1.5 - 150\sin 30° \times 1.5 \\ &= 82.4 \text{ kN} \cdot \text{m} \end{aligned}$$

二、平面力偶系

（一）力偶的概念

物体受等值、反向、共线的两个力作用时保持平衡状态。但是，当物体受两个等值、

反向、作用线平行且不共线的力作用时将产生转动。例如司机用双手转动方向盘，人们用两个手指拧动水龙头，等等。

一对等值、反向、作用线平行且不共线的特殊力系定义为**力偶**，记作 ($\boldsymbol{F}, \boldsymbol{F}'$)，此二力所在的平面为力偶作用面，两个力作用线间的垂直距离为**力偶臂**。力偶使物体单纯地产生转动效应。力偶对刚体产生的转动效应以力偶矩来度量，它取决于组成力偶的两平行力的大小、方向和力偶臂的长短。把乘积 Fd 冠以适当地正负号定义为力偶矩，记作 $M(\boldsymbol{F}, \boldsymbol{F}')$ 或 m。即

$$M_o(\boldsymbol{F}, \boldsymbol{F}') = m = \pm Fd \tag{2-8}$$

在平面力系中，力偶矩是一个代数量。正负号规定：逆时针转的力偶取正值，顺时针取负值。力偶矩的单位为 N·m 或 kN·m。

力偶与力一样，也是力学中的基本物理量。力偶对物体的转动效应取决于力偶的三要素，即①力偶矩的大小；②力偶的转向；③力偶作用面的方位。作用面方位由垂直于作用面的垂线指向来表征，它表明作用面在空间的位置及旋转轴的方向。凡空间相互平行的平面，它们的方位均相同。

（二）力偶的性质

性质 1. 力偶对其作用面内任意点之矩恒等于此力偶的力偶矩而与所选矩心的位置无关。

证明：设在刚体某平面上作用一力偶，其力偶矩为 $m = Fd$，如图 2-11 所示，此力偶对作用面内任一点 O 的矩为力偶中两个力对 O 点之矩的代数和，即

$$M_o(\boldsymbol{F}) + M_o(\boldsymbol{F}') = F(x+d) - F'x = Fd$$

可见，力偶对任意矩心 O 点的力矩只与力 $\boldsymbol{F}$ 和力偶臂 d 的大小有关，与矩心位置无关。

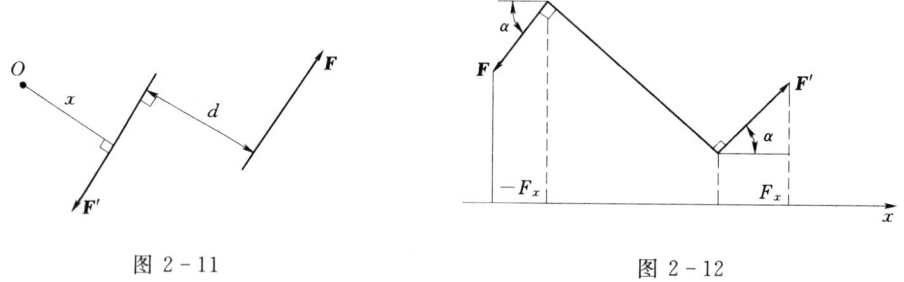

图 2-11　　　　　　　　　　图 2-12

性质 2. 力偶在任何坐标轴上的投影恒为零。

因为力偶中的两个力大小相等、方向相反、作用线平行，所以两力在任何坐标轴上的投影大小相等、符号相反、其和恒为零（图 2-12）。据此可知力偶不可能对物体产生移动效应。

性质 3. 力偶无合力。

因为力偶中两个力不共线，所以此二力既不能互相平衡也不能合成，即力偶不能和一个力等效，力偶只能由力偶来平衡。

（三）力偶的等效

根据力偶的性质，还可得出以下推论：

（1）力偶可以在其作用面内任意移动位置而不会改变它对物体的作用效应。

（2）在保持力偶矩大小和转向不变的条件下，可以同时改变力偶中力的大小和力偶臂的长短，而不会改变力偶对物体的作用。因此，平面内的力偶可以用一个带箭头的弧线表示，只需标明其力偶矩即可，如图 2-13 所示。

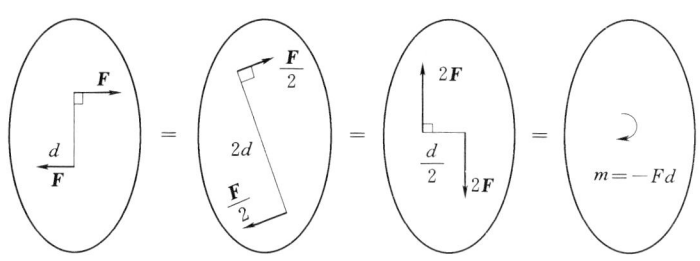

图 2-13

力偶的等效条件是：凡三要素相同的力偶，互为等效力偶，即可以互相置换。

（四）平面力偶系的合成

作用在同一物体上的多个力偶称为**力偶系**，如果这些力偶的作用面为同一平面则称为**平面力偶系**。平面力偶系可以根据力偶的性质合成。

设在刚体某平面内作用力偶 m_1、m_2，如图 2-14（a）所示。

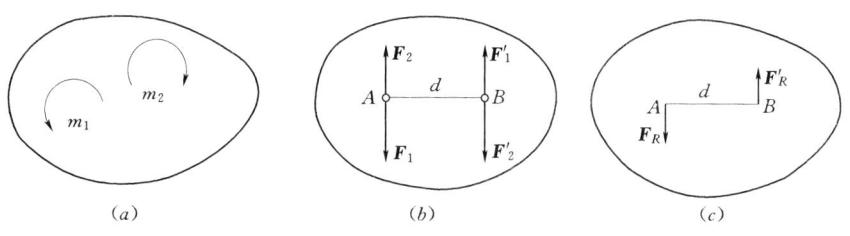

图 2-14

在力偶作用平面内任取线段 $AB=d$，并把每一个力偶化为一组作用在 A、B 两点的反向平行力，如图 2-14（b）所示，根据力偶等效条件，有

$$F_1 = \frac{m_1}{d} \quad F_2 = \frac{m_2}{d}$$

于是在 A、B 二点各得一组共线力系，其合力各为 F_R 与 F'_R，如图 2-14（c）所示，且有

$$F_R = F'_R = F_1 - F_2$$

F_R 与 F'_R 为一对等值、反向、不共线的平行力，此二力组成的新力偶即为合力偶，其矩为

$$m = F_R d = (F_1 - F_2)d = m_1 + m_2$$

若在刚体的同一平面内有 n 个力偶，同样可用上述方法合成，所得合力偶矩为

$$m = m_1 + m_2 + \cdots + m_n = \sum m_i \tag{2-9}$$

即平面力偶系的合成结果为一力偶，合力偶矩等于各分力偶矩的代数和。

（五）平面力偶系的平衡

平面力偶系可合成为一个合力偶，当合力偶矩等于零时，则力偶系中各力偶对物体的转动效应相互抵消，物体处于平衡状态；反之，若合力偶矩不等于零，则物体必有转动效应而不平衡。所以平面力偶系平衡的必要充分条件是：**力偶系中所有各力偶矩的代数和等于零**。用公式表示为

$$m = m_1 + m_2 + \cdots + m_n = \sum m = 0 \quad (2-10)$$

对于平面力偶系的平衡问题，可用式（2-10）求解一个未知量。

【例 2-3】 梁 AB 受荷载作用如图 2-15（a）所示。已知 $m=10\text{kN}\cdot\text{m}$，$F=F'=5\text{kN}$，求支座 A、B 的约束反力。

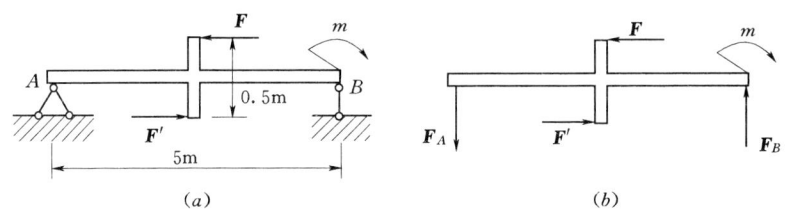

图 2-15

解：取梁 AB 为研究对象。作用在梁上的力有两个已知力偶和支座 A、B 的反力 F_A、F_B。B 处为可动铰支座，约束反力的作用线垂直于支承面，应沿铅垂线；A 处为固定铰支座，此处的约束反力应与 B 处约束反力形成一力偶，与上述两力偶维持平衡。所以 A 支座处约束反力的作用线也应是铅垂的。假设 F_A、F_B 的指向如图 2-15（b）所示。由平面力偶系的平衡条件

$$\sum m = 0 \quad F \times 0.5 - m + F_A \times 5 = 0$$

得

$$F_A = \frac{m - 0.5F}{5} = \frac{10 - 0.5 \times 5}{5} = 1.5 \text{ kN}(\downarrow)$$

故

$$F_B = 1.5 \text{ kN}(\uparrow)$$

第三节 平面一般力系

一、力的平移定理

定理：作用于刚体某点的力，可以平行移动到刚体内任一点，而不改变原力对刚体的作用效应，但是必须附加一个力偶，其力偶矩等于原力对新作用点之矩。

证明：设力 F 作用于刚体上 A 点，如图 2-16（a）所示，在距 F 作用线垂直距离为 d 的任一点 O 加上一对与原力 F 等值且平行的平衡力 F'、F'' [图 2-16（b）]。由加减平衡力系公理知，力系（F，F'，F''）与原力等效。力 F 与 F'' 组成一个力偶（F、F''），称为附加力偶，其力偶矩为 $m = Fd = m_o(F)$。这样作用于 A 点的力 F 就与作用于 O 点的力 F' 及力偶（F、F''）等效，即相当于将力 F 由 A 点平移到 O 点，如图 2-16（c）所示。

（一）平面一般力系的合成

平面力系中各力的作用线既不完全汇交于一点，也不完全平行，这种力系称为**平面一**

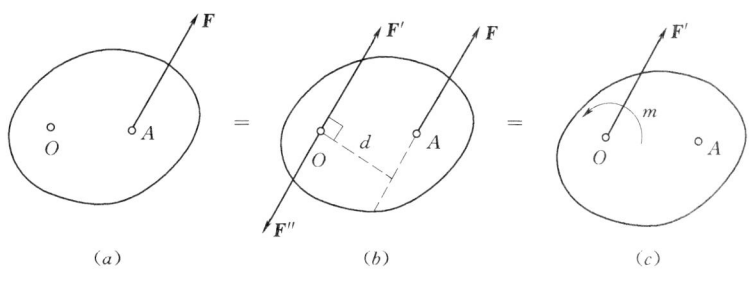

图 2-16

般力系或**平面任意力系**。

1. 平面一般力系的简化

设在物体上作用一平面一般力系 F_1、F_2、…、F_n [图 2-17 (a)],在力系的平面内任取一点 O,称为简化中心。根据力的平移定理,把力系中的各力都向简化中心 O 平移,于是得到一个汇交于 O 点的平面汇交力系 F'_1、F'_2、…、F'_n,以及一组相应的附加平面力偶系 m_1、m_2、…、m_n [图 2-17 (b)]。

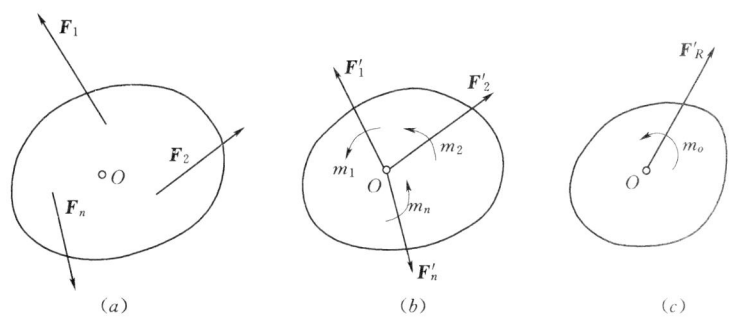

图 2-17

对于平面汇交力系可以进一步合成为一个力 F'_R,称为原力系的**主矢**。同样,平面力偶系可合成为一个力偶,其力偶矩用 m_o 表示,称为原力系的**主矩**。其中平面汇交力系中各个力的大小和方向,分别与原力系中对应的各个力相同,但作用线互相平行;而平面力偶系中各个力偶的力偶矩,分别等于原力系中各力对简化中心 O 的力矩。即

$$F'_1 = F_1, F'_2 = F_2, \cdots, F'_n = F_n$$
$$m_1 = M_o(F_1), m_2 = M_o(F_2), \cdots, m_n = M_o(F_n)$$

故主矢 $\quad F'_R = F'_1 + F'_2 + \cdots + F'_n = F_1 + F_2 + \cdots + F_n = \sum F \quad (2-11)$

主矩 $\quad m_o = m_1 + m_2 + \cdots + m_n = M_o(F_1) + M_o(F_2) + \cdots + M_o(F_n) = \sum M_o(F)$

$$(2-12)$$

综上所述,可得如下结论:平面一般力系向其作用面内任一点 O 简化后,可得一个力和一个力偶。这个力称为原力系的主矢,主矢等于原力系各力的矢量和,作用于简化中心;这个力偶的力偶矩称为原力系对简化中心的主矩,主矩等于原力系各力对简化中心力矩的代数和。由于原力系中各力的大小和方向是一定的,所以原力系中各力的矢量和也是

一定的,因此当简化中心变动时,原力系的主矢量不会改变。所以主矢与简化中心的位置无关。而主矩等于力系中各力对简化中心力矩的代数和,不同的简化中心,原力系对简化中心的矩也不同,所以主矩与简化中心的位置有关。

2. 平面一般力系的简化结果讨论

平面一般力系向任意点简化,一般可得主矢 F'_R 与主矩 m_o,进一步讨论力系简化后的结果,可有以下四种情况。

(1) $F'_R \neq 0$,$m_o \neq 0$。

如图 2-18(a)所示,此时力系没有简化为最简单的形式,由力平移定理的逆过程,还可将它们进一步合成为一个合力。合力 $F_R = F'_R$,合力至简化中心的距离为 $d = \dfrac{|m_o|}{F'_R}$,如图 2-18(b)、(c)所示。

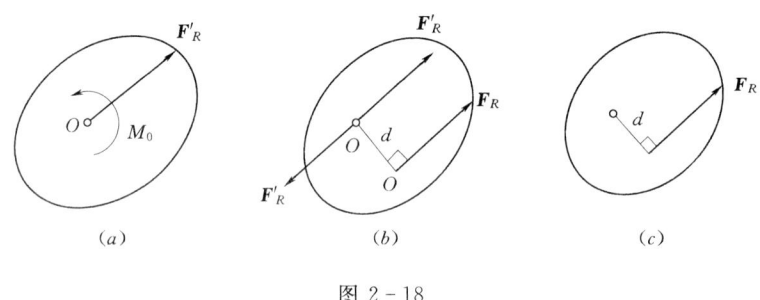

图 2-18

(2) $F'_R \neq 0$,$m_o = 0$。

此时主矢为原力系的合力,即原力系合力的作用线通过简化中心。

(3) $F'_R = 0$,$m_o \neq 0$。

主矩可单独代表原力系的作用而称为原力系的合力偶,在此情况下,简化结果与简化中心的位置无关。

(4) $F'_R = 0$,$m_o = 0$。

物体在此力系作用下处于平衡状态。

综上所述,平面一般力系简化的最后结果,或者是一个合力,或者是一个力偶,或者平衡。

(二) 平面一般力系的平衡

1. 平面一般力系的平衡方程

平面一般力系向任一点简化后,若主矢和主矩都为零时,力系必定平衡。即

$$F'_R = \sqrt{(\sum F_x)^2 + (\sum F_y)^2} = 0$$
$$m_o = \sum M_o(\boldsymbol{F}) = 0$$

由此可得平面一般力系的平衡方程为:

$$\left. \begin{array}{l} \sum F_x = 0 \\ \sum F_y = 0 \\ \sum M_o(\boldsymbol{F}) = 0 \end{array} \right\} \quad (2-13)$$

式(2-13)表明,平面一般力系平衡的必要与充分条件为:**力系中所有各力在任选**

坐标轴上的投影的代数和为零；力系中所有各力对于力系所在平面内任一点之矩的代数和等于零。式（2-13）中第一、二两个方程称为投影方程，第三个方程称为力矩方程。这3个方程是完全独立的。因此，用它求解平面一般力系的平衡问题时，能够并且最多只能求解3个未知量。

2. 平面一般力系平衡方程的其他形式

（1）二力矩式：

$$\left.\begin{array}{l} \sum M_A(\boldsymbol{F}) = 0 \\ \sum M_B(\boldsymbol{F}) = 0 \\ \sum F_x = 0 \end{array}\right\} \quad (2-14)$$

附加条件：x 轴不与 A、B 连线垂直。

证明：如图 2-19 所示，当力系满足方程 $\sum M_A(\boldsymbol{F}) = 0$ 时，则表明力系不可能简化为一个力偶，只可能是一个作用线通过 A 点的合力或者平衡；若力系同时还满足方程 $\sum M_B(\boldsymbol{F}) = 0$，同理可以确定，该力系只能简化为经过 A、B 两点的一个合力或平衡。当力系同时还满足方程 $\sum F_x = 0$ 时，说明如有合力则该合力必过 A、B 连线又与 x 轴垂直。又因连线 AB 不垂直于 x 轴，显然力系不可能有合力，即力系处于平衡状态。因此，当平面一般力系满足式（2-14）及连线 AB 不垂直于投影轴的附加条件时，则力系必然平衡。

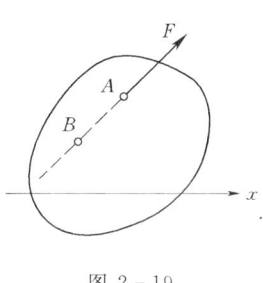

图 2-19

（2）三力矩式：

$$\left.\begin{array}{l} \sum M_A(\boldsymbol{F}) = 0 \\ \sum M_B(\boldsymbol{F}) = 0 \\ \sum M_C(\boldsymbol{F}) = 0 \end{array}\right\} \quad (2-15)$$

附加条件：A、B、C 三点不能共线。证明：略。

3. 平面一般力系平衡问题的解题步骤

利用平衡方程，求解平面一般力系平衡问题的方法步骤为：

（1）确定研究对象。合理地选择研究对象是解题的关键，一般情况下选取未知力数目少于或等于静力平衡方程式数目的物体为研究对象，画出其受力图。

（2）选取坐标轴和矩心，列出平衡方程求解。在一般情况下，为使计算简化，力求在一个方程中只包含一个未知量，以避免解联立方程，因此，坐标轴尽可能选取与较多的未知力的作用线相垂直；矩心宜选取较多未知力的交点。

（3）校核。通常可选取一个不独立的平衡方程，对某一个解答作重复运算，以校核解的正确性。

【例 2-4】 图示阳台砌入砖墙内，阳台的自重可近似视为均布荷载，集度大小为 q 和集中力 $\boldsymbol{F}$ 的作用，如图 2-20（a）所示，已知 $l=3\mathrm{m}$，试求 A 端的约束反力。

解：梁插入砖墙较深，可简化为固定端支座 [图 2-20（b）]，因而梁在 A 端即不允许移动又不允许转动，它的支座反力一般有限制水平移动的水平反力、限制竖向移动的竖向反力、同时还限制转动的反力偶。

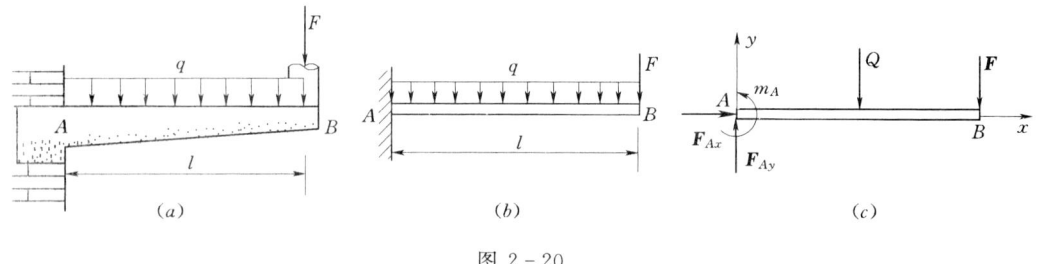

图 2-20

(1) 取梁 AB 为研究对象,画受力图。

在研究力的外效应时,可将分布荷载简化为集中力,并确定出其大小和作用线位置。本例的分布荷载为一均布荷载,故其合力大小为 $Q=ql$,作用线过分布长度的中点 C,将 Q 表示在受力图 2-20(c) 上。固定端的约束反力有 F_{Ax}、F_{Ay},反力偶有 m_A。

(2) 建立坐标系,如图 2-20(c) 所示。

悬臂结构宜用基本形式平衡方程求解,坐标轴沿杆轴方向,矩心应在固定端。

(3) 列平衡方程并求解。

$$\sum F_x = 0 \qquad F_{Ax} = 0$$
$$\sum F_y = 0 \qquad F_{Ay} - Q - F = 0 \qquad F_{Ay} = Q + F = ql + F$$
$$\sum M_A(\boldsymbol{F}) = 0 \qquad m_A - Q\frac{l}{2} - Fl = 0 \qquad m_A = Q\frac{l}{2} + Fl = \frac{ql^2}{2} + Fl$$

【例 2-5】 一简支刚架,所受荷载及支承情况如图 2-21(a) 所示。刚架自重不计。试求支座 A、B 的约束反力。

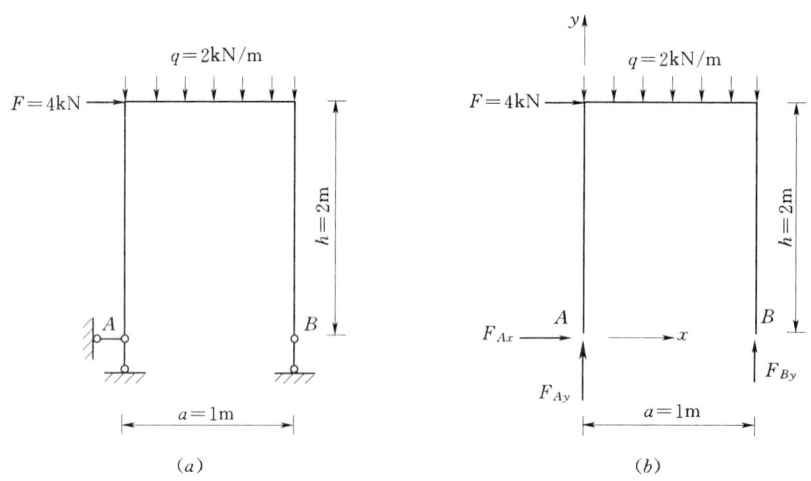

图 2-21

解:(1) 取刚架为研究对象,画受力图,如图 2-21(b) 所示。

(2) 选取坐标轴 x、y,列平衡方程并求解。

$$\sum M_A(\boldsymbol{F}) = 0 \qquad -Fh - qa\frac{a}{2} + F_{By}a = 0$$

$$F_{By} = \left(Fh + q\frac{a^2}{2}\right)\frac{1}{a} = \left(4\times 2 + \frac{2\times 1^2}{2}\right)\times\frac{1}{1} = 9 \text{ kN}(\uparrow)$$

$$\sum M_B(\boldsymbol{F}) = 0 \qquad -F_{Ay}a - Fh + q\frac{a^2}{2} = 0$$

$$F_{Ay} = \left(-F\times h + q\frac{a^2}{2}\right)\frac{1}{a} = \left(-4\times 2 + \frac{2\times 1^2}{2}\right)\times\frac{1}{1} = -7 \text{ kN}(\downarrow)$$

$$\sum F_x = 0 \qquad F_{Ax} + F = 0 \qquad F_{Ax} = -F = -4 \text{ kN}(\leftarrow)$$

校核 $\qquad \sum F_y = 0 \qquad -qa + F_{Ay} + F_{By} = -2\times 1 + (-7) + 9 = 0$

计算正确。

由此可见，在求解平面一般力系的平衡问题时，为力求在一个方程中只包含一个未知量和使求解过程简单，可灵活地选择不同形式的平衡方程。

第四节　平面平行力系

平面力系中，若各力作用线相互平行，则此力系称为平面平行力系，如图 2-22 所示。若取 x 轴与各力相垂直，则各力在 x 轴上投影均为零，由平面一般力系平衡方程中知，式 $\sum F_x = 0$ 恒成立，故平面平行力系的独立的平衡方程为：

$$\left.\begin{array}{l}\sum F_y = 0 \\ \sum M_O(\boldsymbol{F}) = 0\end{array}\right\} \tag{2-16}$$

式 (2-16) 表明，平面平行力系的平衡条件为：**各力代数和为零，对平面内任一点 O 之矩的代数和为零**。平面平行力系有两个独立的平衡方程，可解两个未知量。与平面一般力系相同，平面平行力系的平衡方程亦有二力矩式，即

$$\left.\begin{array}{l}\sum M_A(\boldsymbol{F}) = 0 \\ \sum M_B(\boldsymbol{F}) = 0\end{array}\right\} \tag{2-17}$$

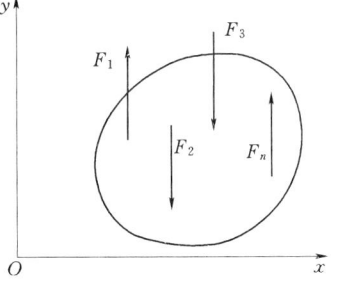

图 2-22

式 (2-17) 的附加条件：各力作用线不平行于 A、B 两点连线。

【例 2-6】 外伸梁如图 2-23 (a) 所示，沿全长有均布荷载 $q = 8\text{kN/m}$ 作用，两支座之间作用有一集中力 $F = 8\text{kN}$ 和一个力偶 $m = 2\text{kN·m}$，$a = 1\text{m}$。试求 A、B 两支座的约束反力。

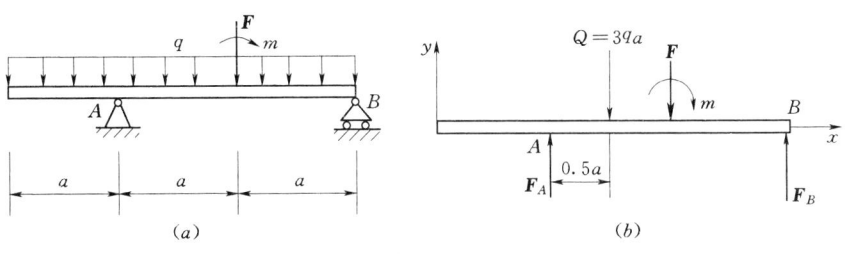

图 2-23

解：(1) 取梁 AB 为研究对象，画出受力图，均布载荷以作用于梁中点 C 的集中力 $Q = 3qa$ 来代替，由于所有主动力及反力 F_B 都是铅垂的，所以 A 端固定铰支座的反力也是铅垂的。于是 F_A、F_B、Q、F 和 m 组成一平面平行力系，如图 2-23 (b) 所示。

(2) 列平衡方程求解。

$$\sum M_A(F) = 0 \qquad F_B 2a - m - Fa - Q \times (0.5a) = 0$$

$$F_B = \frac{m + Fa + Q \times (0.5a)}{2a} = \frac{2 + 8 \times 1 + 0.5 \times 3 \times 8 \times 1}{2 \times 1} = 11 \text{ kN}$$

$$\sum F_y = 0 \qquad F_A + F_B - Q - F = 0$$

$$F_A = Q + F - F_B = 3 \times 8 \times 1 + 8 - 11 = 21 \text{ kN}$$

第五节　物体系统的平衡

在工程中的结构，多为由构件组成的物体系统（简称物系）。物体系统以外的物体作用于物体系统的力称为该物体系统的外力。把物体系统内各物体间相互作用的力，称为该物体系统的内力。对整个物体系统来说，内力总是成对出现的，且等值、反向、共线，其作用自行抵消，所以，内力不应出现在受力图和平衡方程中。

解物体系统的平衡问题时，往往以整个系统为研究对象，不能求出全部的未知量。于是需要将物体系统分成多个单个物体，可使物体间相互作用的内力转化为外力，以增加独立的平衡方程，有利于求解较多的未知量，所以将系统"拆开"是解决问题的重要手段。

求解物体系平衡问题的方法，一般总是先考虑整体，当未知数不超过三个或超过三个但可以先求出其中一部分时，均可先选整体为研究对象，再取局部，即可求得全部未知力；如果取整体为研究对象，未知力数目超过平衡方程数目且不能求出一个未知力时，可以将物体系统拆开，对符合可解条件的物体先行求解，解出部分未知量后，再从物体系统中选取某个物体或取整个物体系统为研究对象求解，直到求出所有的未知量为止。

下面举例说明物系平衡问题的解法。

【**例 2-7**】　图 2-24 (a) 为一多跨静定梁，B 处为中间铰。试求 A、C 处的约束反力。

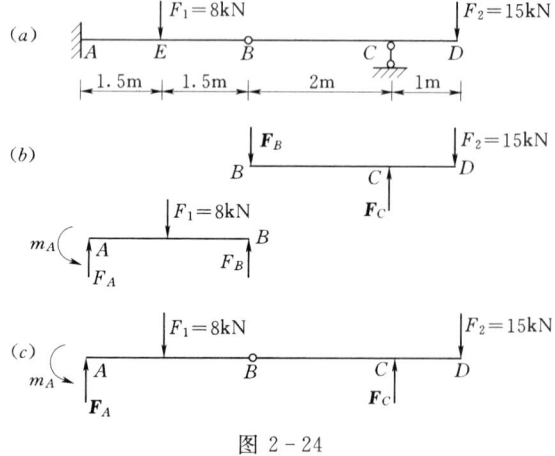

图 2-24

解：此题若取整个系统为研究对象 [图 2-24 (c)]，因梁上无水平荷载，B 铰处只有竖向约束反力，属于平面平行力系，由受力图知，此受力体有三个未知量，不具备可解条件。若取梁 BD 为研究对象 [图 2-24 (b)]，未知量仅有两个，未知量的数目与平面平行力系方程的数目相等，未知力都可以求出。但不能取局部 AB，因 AB 梁有三个未知力。因此，解题的顺序是，先取梁 BD 为研究对象,再取梁系统为研究对象,即可求得全部未知量。

(1) 取局部 BD 为研究对象,画受力图[图 2-24(b)]。

$$\sum m_B(\boldsymbol{F}) = 0 \qquad -F_2 \times 3 + F_C \times 2 = 0$$
$$F_C = (15 \times 3)/2 = 22.5 \text{ kN}$$

(2) 取整体 ABCD 为研究对象。

$$\sum Fy = 0 \qquad F_A + F_C - F_2 - F_1 = 0$$
$$F_A = F_2 + F_1 - F_C = 15 + 8 - 22.5 = 0.5 \text{ kN}$$
$$\sum m_A(\boldsymbol{F}) = 0 \qquad -F_1 \times 1.5 - F_2 \times 6 + F_C \times 5 + m_A = 0$$
$$m_A = F_1 \times 1.5 + F_2 \times 6 - F_C \times 5$$
$$= 8 \times 1.5 + 15 \times 6 - 22.5 \times 5 = 12 + 90 - 112.5 = -10.5 \text{ kN} \cdot \text{m}$$

【**例 2-8**】 图 2-25(a) 为一三铰刚架。已知 $q=19\text{kN/m}$,$h=11.4\text{m}$,$l=21\text{m}$,不计刚架自重。试求支座 A、B 及铰 C 处的反力。

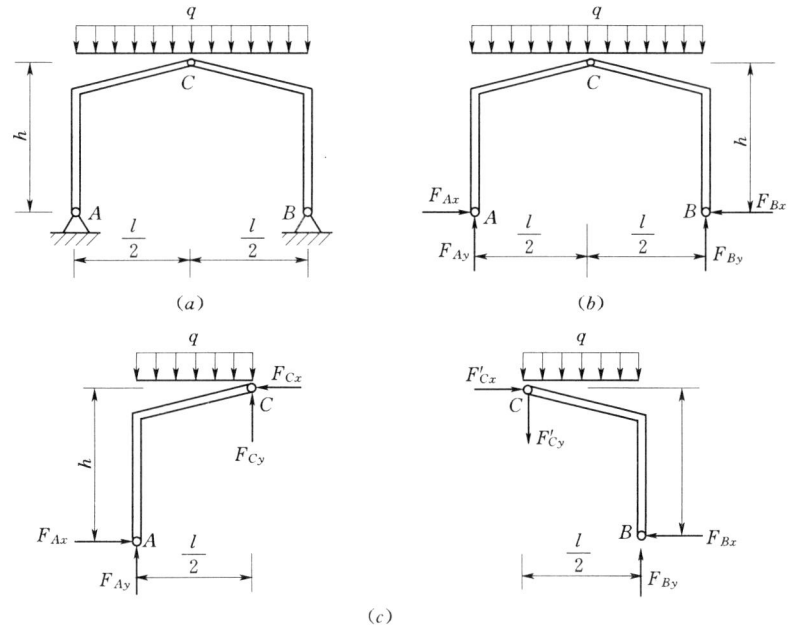

图 2-25

解:三铰刚架由 AC 和 CB 两部分中间用铰连接组成。三铰刚架整体,左半边刚架和右半边刚架的受力图如图 2-25(b)、(c) 所示。由图可见,三个受力图上各有四个未知力,若先取左半部分或右半部分为研究对象,都不能求出任何未知力。但对于三铰刚架整体而言,由于 $\boldsymbol{F}_{Ax}$ 与 $\boldsymbol{F}_{Bx}$ 在同一直线上,无论以 A 点或 B 点为矩心的平衡方程,就可求出 $\boldsymbol{F}_{Ay}$ 与 $\boldsymbol{F}_{By}$ 值,由 $\sum F_x = 0$,可列出 $\boldsymbol{F}_{Ax}$ 与 $\boldsymbol{F}_{Bx}$ 的关系式。再取左半边或右半边为研究对象,由于 $\boldsymbol{F}_{Ay}$ 或 $\boldsymbol{F}_{By}$ 已知,则可求出其余未知力。故先取整体为研究对象,再取某一部分为研究对象,也是解题的一种简捷方法。

(1) 选取整体为研究对象。

由 $\sum M_A(\boldsymbol{F}) = 0 \qquad F_{By}l - ql\dfrac{l}{2} = 0$

解得 $F_{By} = \dfrac{1}{2}ql = \dfrac{1}{2} \times 19 \times 21 = 199.5 \text{ kN}$

由 $\sum M_B(\boldsymbol{F}) = 0 \qquad -F_{Ay}l + ql\dfrac{l}{2} = 0$

解得 $F_{Ay} = \dfrac{1}{2}ql = F_{By} = 199.5 \text{ kN}$

由 $\sum F_x = 0 \qquad F_{Ax} - F_{Bx} = 0 \qquad 得 \quad F_{Ax} = F_{Bx}$

（2）选取左半部分为研究对象。

由 $\sum M_C(\boldsymbol{F}) = 0 \qquad F_{Ax}h - F_{Ay}\dfrac{l}{2} + q\dfrac{l}{2}\dfrac{l}{4} = 0$

解得 $F_{Ax} = \dfrac{1}{h}\left(F_{Ay}\dfrac{l}{2} - \dfrac{1}{8}ql^2\right) = \dfrac{1}{11.4}\left(199.5 \times \dfrac{21}{2} - \dfrac{1}{8} \times 19 \times 21^2\right) = 91.9 \text{ kN}$

由 $\sum F_x = 0 \qquad F_{Ax} - F_{Cx} = 0$

解得 $F_{Cx} = F_{Ax} = 91.9 \text{ kN}$

由 $\sum F_y = 0 \qquad F_{Ay} + F_{Cy} - \dfrac{1}{2}ql = 0$

解得 $F_{Cy} = \dfrac{1}{2}ql - F_{Ay} = \dfrac{1}{2} \times 19 \times 21 - 199.5 = 0$

如需检查计算结果的正确性，可以取右半部分刚架为研究对象，列平衡方程进行校核。

第六节　考虑摩擦时物体的平衡

一、滑动摩擦

两个相互接触的物体，发生相对滑动，或存在相对滑动趋势时，彼此之间就有阻碍滑动的力存在，此力称为**滑动摩擦力**，简称**摩擦力**。摩擦力作用在两物体的接触表面处，其方向沿接触面的切线，并和物体滑动或滑动趋势的方向相反。当两物体尚未发生滑动（仅有滑动趋势）时，两物体间的摩擦力称为**静滑动摩擦力**，简称**静摩擦力**；当两物体已经滑动时，两物体间的摩擦力称为**动滑动摩擦力**，简称**动摩擦力**。

1. 静滑动摩擦力和静摩擦定律

为了说明静摩擦力的性质，可作一简单的实验。如图 2-26（a）所示，放在桌面上的物体受水平拉力 $\boldsymbol{F}_T$ 的作用，拉力的大小由砝码的重量决定。当拉力不大时，物体处于平衡，如图 2-26（b）所示。由 $\sum F_x = 0$，$F_T - F = 0$，可知 $F = F_T$。若拉力逐渐增大，静摩擦力 $\boldsymbol{F}$ 也相应地增大。但当摩擦力随拉力 $\boldsymbol{F}_T$ 增加到某一极限值时，它就不会再增加，此时，物体处于将动而未动的临界状态。物体处于临界平衡状态时的摩擦力，称为最大静滑动摩擦力，简称最大静摩擦力，用符号 $\boldsymbol{F}_m$ 表示。库仑通过大量实验，得到最大静摩擦力 F_m 的近似值为

$$F_m = fN \tag{2-18}$$

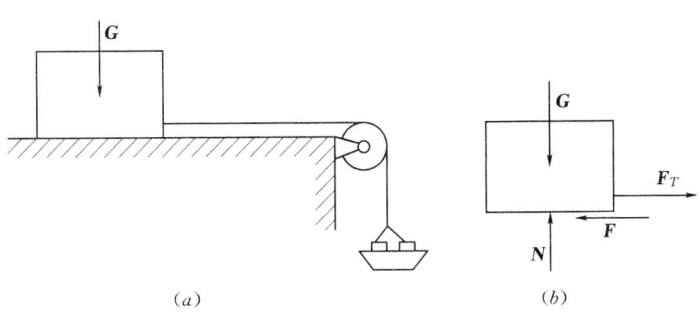

图 2-26

即最大静摩擦力的大小与两物体间的正压力成正比。式（2-18）称为**静摩擦定律**。

式（2-18）中无量纲比例常数 f 称为静摩擦系数，由实验确定，它的值与两接触面的材料及表面状况（如粗糙度、干湿度、温度等）有关，表 2-1 给出了几种常见材料的摩擦系数值。

表 2-1　　　　　　　　　常用材料的滑动摩擦系数

材　　料	摩　擦　系　数			
	静摩擦 f		动摩擦 f'	
	无润滑剂	有润滑剂	无润滑剂	有润滑剂
钢与钢	0.15	0.1~0.12	0.15	0.05~0.1
钢与铸铁	0.3		0.18	0.05~0.15
钢与青铜	0.15	0.1~0.15	0.15	0.1~0.15

2. 动滑动摩擦力和动滑动摩擦定律

继续图 2-26 的试验，当拉力 F_T 值超过 F_m 时，物体开始滑动，此时物体所受的摩擦力已由静摩擦力转化为动摩擦力 F'。

通过实验也可得出与静滑动摩擦定律相似的动滑动摩擦定律，即

$$F' = f'N \tag{2-19}$$

动滑动摩擦力 F' 的大小也与接触面之间的正压力的大小成正比。f' 称为动摩擦系数，它除了与接触面材料和表面状况有关外，当滑行速度较大时，还与物体间相对运动速度有关，f' 值一般小于 f 值（表 2-1）。在一般工程中，精确度要求不高时可近似认为动摩擦系数与静摩擦系数相等。

综上所述，当考虑摩擦问题时，首先要分清物体处于静止、临界状态或滑动三种情况中的哪一种，然后选用相应的方法来计算摩擦力。静止时，静摩擦力 F 的大小在 $0 \leqslant F \leqslant F_m$ 之间，具体值要由静力平衡条件确定；临界平衡状态时，摩擦力 F 应选用最大静摩擦力 $F_m = fN$；物体间产生相对滑动时，摩擦力 F 应选用动摩擦力 $F' = f'N$。

二、摩擦角与自锁

在考虑摩擦的情况下，接触面对物体的约束反力由两部分组成，即法向反力 N 与摩

擦力 F，它们的合力称为**全约束反力**，简称**全反力**，以 F_R 表示[图 2-27（a）]。全反力 F_R 与接触面法线间的夹角 φ 将随着摩擦力 F 的增大而增大，当物体处于将动未动的临界平衡状态时，即摩擦力 F 达到最大值 F_m 时，这时夹角 φ 也达到最大值 φ_m，φ_m 称为摩擦角。由图 2-27（b）可得

$$\tan\varphi_m = \frac{F_m}{N} = \frac{fN}{N} = f$$

即
$$\tan\varphi_m = f \qquad (2-20)$$

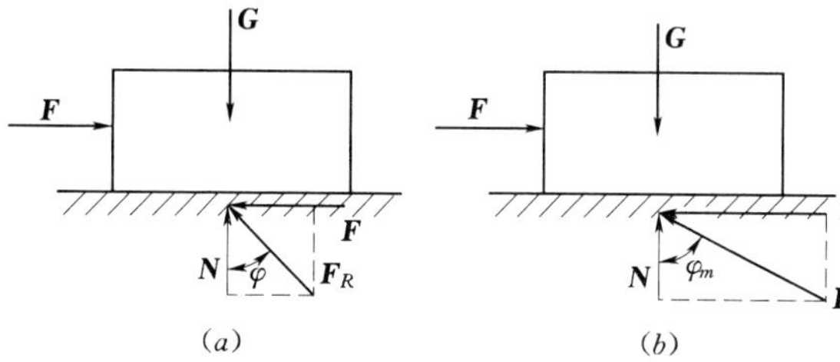

图 2-27

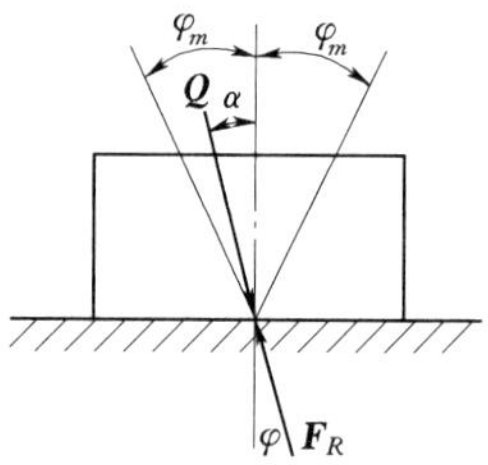

图 2-28

式（2-20）表明：**摩擦角 φ_m 的正切等于静摩擦系数。**

因为静摩擦力的变化有一个范围（$0 \leqslant F \leqslant F_m$），所以全反力 F_R 与法线的夹角 φ 也有一个变化范围（$0 \leqslant \varphi \leqslant \varphi_m$），因此摩擦角的概念指出了物体处于静止时，全反力作用线可能占据的范围，即只要全反力 F_R 的作用线在摩擦角内，物体总是平衡的。

如果作用在物体上的主动力的合力 Q 的作用线在摩擦角之内，如图 2-28 所示，则不论其大小如何，物体必处于平衡状态，这种现象称为自锁。产生自锁现象需满足的条件称为自锁条件。显然，自锁条件为 $\alpha \leqslant \varphi_m$。

工程中，常利用自锁现象设计卡紧装置。例如打进的木楔借助自锁而不能自动退出，千斤顶把重物顶起后借助自锁螺纹不会滑动。但是，另一些情况又要避免自锁，例如水利工程中的闸门启闭时不允许卡住。

三、考虑摩擦时物体的平衡

有摩擦的平衡问题，仍然可以应用平衡方程式求解，只是在画受力图和列平衡方程式时，都必须考虑摩擦力。摩擦力作用在物体的接触面上，它的方向与物体相对运动（趋势）的方向相反，不能随意假设。当物体处在临界状态，其大小可按 $F_m = fN$ 来计算。

必须指出，由于静摩擦力可在零与 F_m 之间变化，因此在考虑摩擦的平衡问题中，主动力也允许在一定范围内变化，所以关于这一类问题的解答往往有变化范围。

【例 2-9】 图 2-29 所示为一建筑在水平基岩上的混凝土重力坝，沿坝轴线单位长度上受到的力为：水压力 $P = 5000\text{kN}$，自重 $G_1 = 6820\text{kN}$，$G_2 = 6400\text{kN}$，坝底与基岩间的摩擦系数 $f = 0.60$。试校核

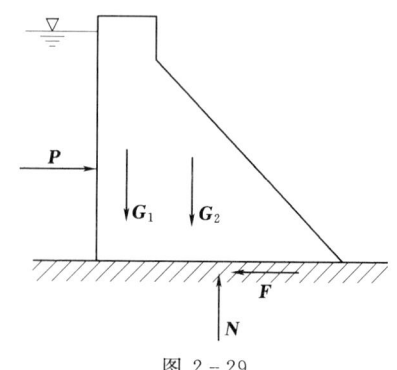

图 2-29

此坝是否会沿坝基滑动。

解：(1) 假定坝体处于静止状态，通过平衡问题求出静摩擦力 F 和正压力 N。

由 $\sum F_x = 0 \quad P - F = 0$

得 $F = P = 5000 \text{ kN}$

$\sum F_y = 0 \quad N - G_1 - G_2 = 0$

解得 $N = G_1 + G_2 = 6820 + 6400 = 13220 \text{ kN}$

(2) 坝基与基岩间可能产生的最大静摩擦力为

$$F_{\max} = fN = 0.6 \times 13220 = 7932 \text{ kN}$$

(3) 将静摩擦力 F 与 $F_{\max}$ 比较。

因为 $F < F_{\max}$，所以坝体不会产生滑动。

思 考 题

思 2-1 已知四个力 F_1、F_2、F_3 和 F_4 交于一点，图示两个力四边形表示的力学意义是什么？

思 2-2 同一个力在两个相互平行的轴上的投影有什么关系？如果两个力在同一个轴上的投影相等，问这两个力的大小是否一定相等？

思 2-3 力在两个坐标轴上的投影与力沿此两个坐标轴方向的分力有什么不同？在什么情况下力在某轴上的投影和沿此轴的分力绝对值相等？

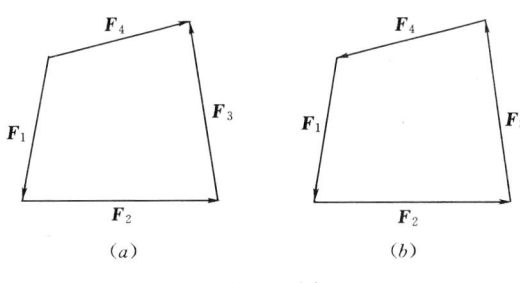

思 2-1 图

思 2-4 什么是力对点之矩？合力对某点的矩与分力对该点的矩之间有什么定量关系？

思 2-5 力偶中的两个力大小相等，方向相反，这与二力平衡和作用与反作用力有什么不同？

思 2-6 力偶有哪些重要性质？何谓等效力偶？

思 2-7 怎样将作用在物体上的力平行移动而不影响它对物体的作用效果？

思 2-8 设平面一般力系向一点简化得到一个合力，如果适当地选取另一点为简化中心，问力系能否简化为一个力偶？

思 2-9 一平面一般力系向 A 点简化，结果是 $F_A \neq 0$，$M_A \neq 0$；若向另一点 B 简化，结果必定是 $F_B \neq 0$，$M_B \neq 0$，并且 $M_A = M_B$。这种说法对吗？为什么？

思 2-10 法向反力 N 是否一定等于物体的重力？为什么？

习 题

题 2-1 已知力 $F_1 = 50\text{N}$、$F_2 = 60\text{N}$、$F_3 = 50\text{N}$、$F_4 = 80\text{N}$，各力方向如图示，各力作用点的坐标依次是 $A_1(20,30)$、$A_2(30,10)$、$A_3(40,40)$、$A_4(0,0)$，坐标单位是 mm，求该力系的合力。

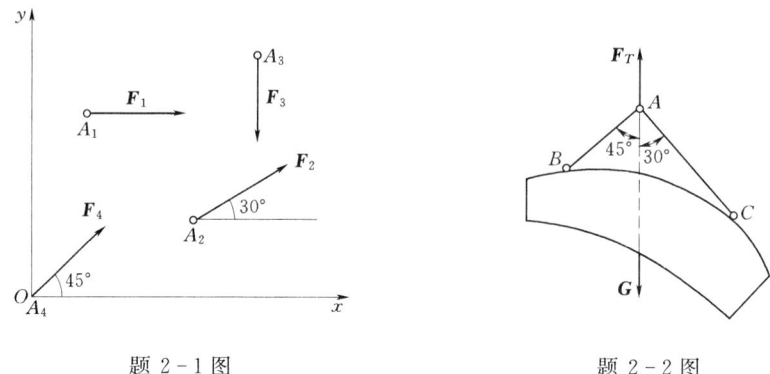

题 2-1 图   题 2-2 图

题 2-2 起吊双曲拱桥的拱肋时，在图示位置成平衡。试求钢绳 AB 与 AC 的拉力，已知 G=30kN。

题 2-3 图示中三角支架，已知 F=20kN，A、B、C 三处都是铰接，杆的自重不计，求各杆所受的力。

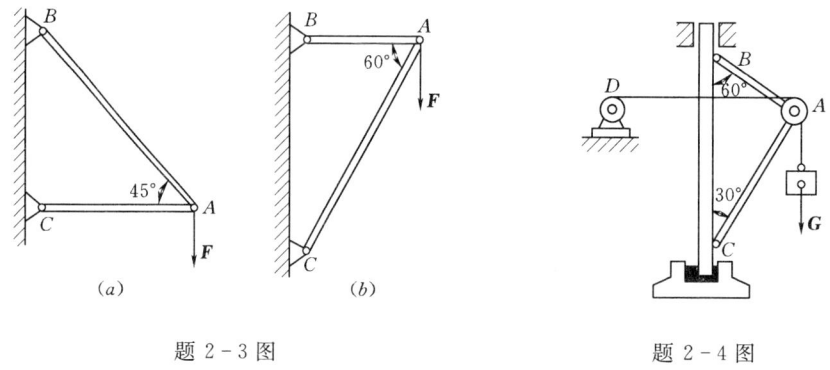

题 2-3 图   题 2-4 图

题 2-4 起重机支架杆 AB、AC 用铰链支承在可旋转的立柱上，并在 A 点铰接。由铰车 D 引出水平钢索绕过滑轮 A 点起吊重物，设重物重 G=20kN，各杆和滑轮的自重及滑轮的大小均不计。求杆 AB、AC 所受的力。

题 2-5 已知挡土墙重 W_1=75kN，铅垂土压力 W_2=120kN，水平土压力 F=90kN。试求这三个力对前趾点 A 之矩，并指出哪些力有使墙绕 A 点倾倒的趋势？哪些力使墙趋于稳定？它们的值各为若干？该挡土墙会不会倾倒？

题 2-6 水坝受自身重量及上下游水压力作用，如图所示（按坝长 1m 考虑）。试将此力系向坝底 O 点简化，求其主矢对 O 点的主矩和力系合力的大小、方向、作用线位置，画出合力矢量。

题 2-7 求图示中各梁的支座反力。

题 2-8 水平梁的支承和承载如图示，已知 F_1=10kN，F_2=20kN，q=20kN/m，a=0.8m，求支座 A 和 B 处的约束反力。

题 2-9 求图示各悬臂梁的支座反力。

题 2-10 刚架受力及支座如图所示，求各刚架的支座反力。

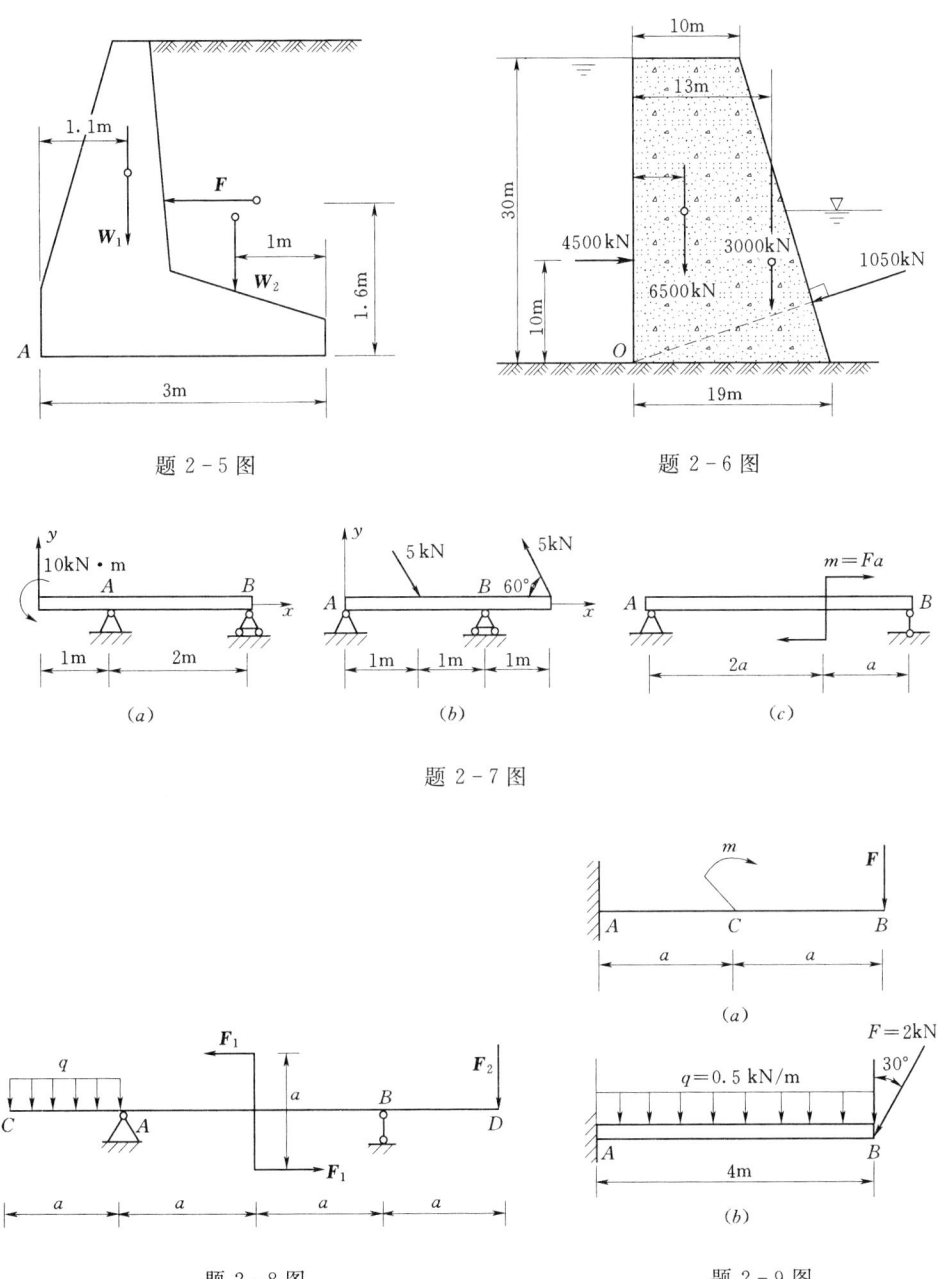

题 2-5 图　　　　　　　　　题 2-6 图

题 2-7 图

题 2-8 图　　　　　　　　　题 2-9 图

题 2-11　图示三铰刚架，已知 $F=50\text{kN}$，$q_1=25\text{kN/m}$，刚架自重不计，试求支座 A、B 和中间铰 C 的反力。

题 2-12　求图示各组合梁的支座反力。

题 2-13　混凝土坝的横断面如图所示，设 1m 长的坝受到水压力 $F=9930\text{kN}$，作用位置如图示。混凝土的容重 $\gamma=22\text{kN/m}^3$，坝与地面的静摩擦系数 $f=0.6$。问：此坝是否会滑动？

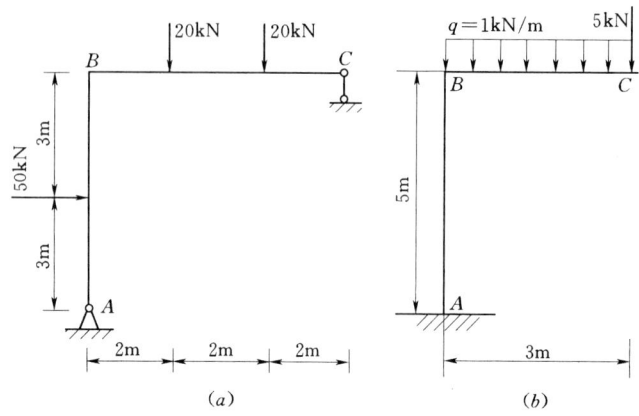

题 2-10 图

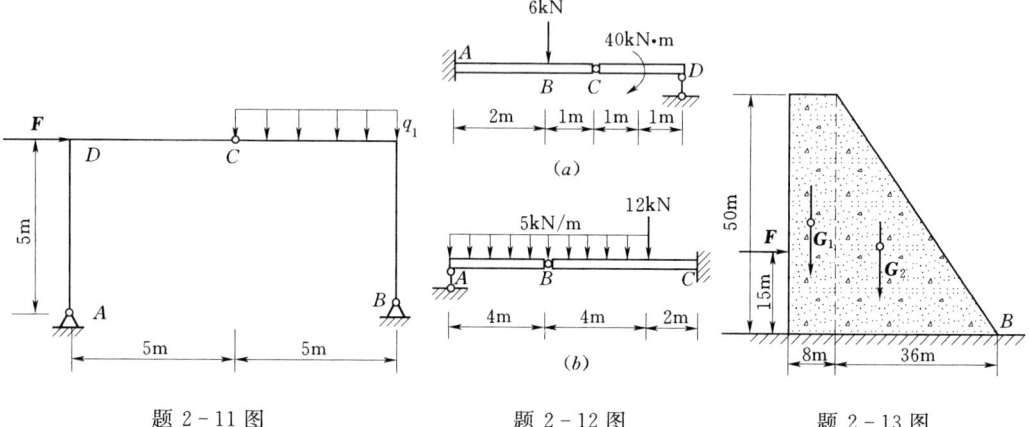

题 2-11 图   题 2-12 图   题 2-13 图

第三章 空间力系

第一节 概 述

所谓**空间力系**，是指各力作用线不位于同一平面内的一群力。空间力系是物体所受到的作用力最一般的情况，在土木工程中最普遍的一种受力现象。例如：施工工地上为起吊重物用的一种简易独脚扒杆 [图 3-1 (a)]，受到钢丝绳的拉力、地面反力及吊重的重力作用，各力作用线不在同一平面内；桥梁的桥墩顶部受到桥梁传下来的压力，横向风力，车辆的制动力以及地基反力等，亦属空间力系受力情况 [图 3-1 (b)]。

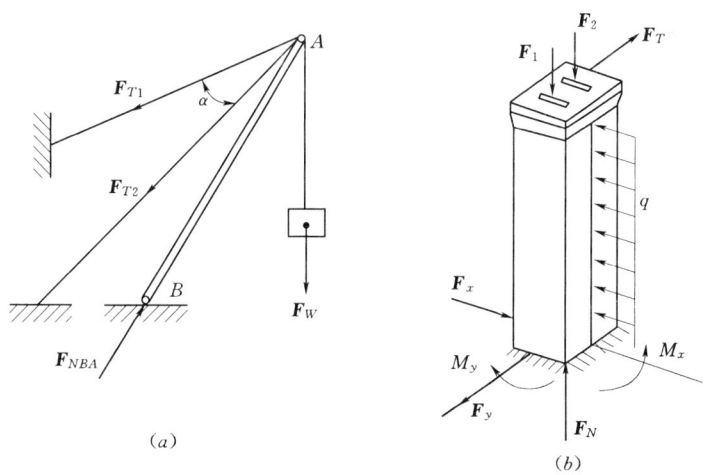

图 3-1

按照空间力系中各力作用线的分布特征，尚可细分为以下几种情况：若各力作用线不在同一平面内，但却汇交到空间中的某点，则称此力系为**空间汇交力系**；若各力作用线虽然不在同一平面内，但却相互平行，则称此力系为**空间平行力系**；若各力作用线既不完全汇交到一点，又不完全平行，则称其为**空间一般力系**。

空间力系的研究方法与平面力系基本相同，但因各力的作用线在空间分布，所以研究平面一般力系所涉及到的有关概念和方法在此都需要加以延伸和推广。

本章将简要介绍空间力在直角坐标上的投影；力对轴之矩的概念及计算方法；空间力系的平衡方程；并讨论物体重心、形心的计算。

第二节　力在空间直角坐标轴上的投影

空间力 F 在某坐标轴上的投影定义为：过此力首尾两端向坐标轴作垂直平面，两平面与坐标轴的交点之间的距离即为力 F 在此轴上的投影。投影的计算有以下两种方法。

一、直接投影法

已知力 F 与 x、y、z 三坐标轴的正向夹角分别为 α、β、γ，由图 3-2 可见，将力 F 作为对角线，以 x、y、z 轴为棱边，作出正六面体，此六面体的三棱边长度即为力 F 在 x、y、z 三轴上的投影，记作 F_x、F_y、F_z，且因 △OAB、△OAC、△OAD 均为直角三角形，故有

$$\left.\begin{array}{l} F_x = \pm F\cos\alpha \\ F_y = \pm F\cos\beta \\ F_z = \pm F\cos\gamma \end{array}\right\} \quad (3-1)$$

式（3-1）中的 $\cos\alpha$、$\cos\beta$、$\cos\gamma$ 为力 F 对 x、y、z 轴的方向余弦，如果已知力 F 的大小和它与 x、y、z 轴的方向角 α、β、γ，则可应用式（3-1）直接计算出力 F 在 x、y、z 轴上的投影，这种方法称为**直接投影法**。力在轴上的投影是代数量。其正负号规定与平面力系一样，当力的起点投影至终点投影的连线与坐标轴正向一致时取正号；反之取负号。

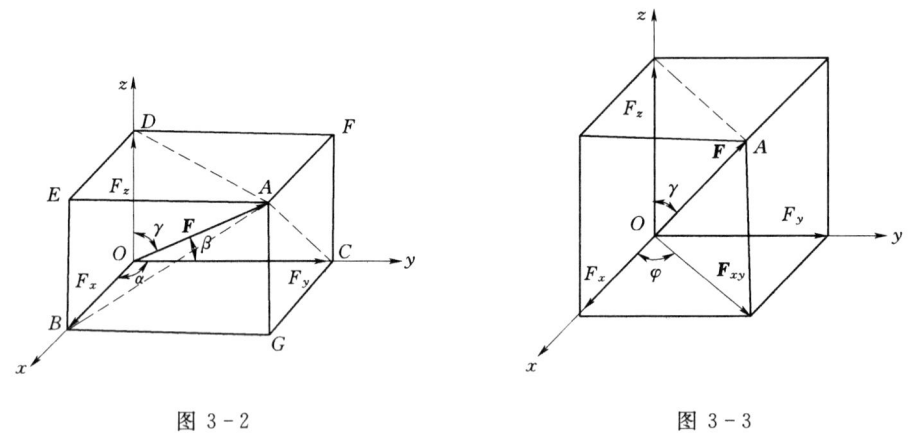

图 3-2　　　　　　　图 3-3

二、二次投影法

有时，力与轴的夹角 α、β、γ 不易确定，但如图 3-3 中所示的力 F 与 z 轴夹角 γ 和力 F_{xy} 和 x 轴的夹角 φ 易求得时，可采用二次投影法来确定力在三个坐标轴上的投影。

先将力 F 投影到 z 轴以及与 z 轴垂直的 xy 平面上，得

$$F_z = F\cos\gamma \qquad F_{xy} = F\sin\gamma$$

力 F 投影到 xy 面之后，再将 F_{xy} 投影到 x、y 轴上，得

$$F_x = F_{xy}\cos\varphi \qquad F_y = F_{xy}\sin\varphi$$

所以
$$\left.\begin{array}{l}F_x = F\sin\gamma\cos\varphi \\ F_y = F\sin\gamma\sin\varphi \\ F_z = F\cos\gamma\end{array}\right\} \quad (3-2)$$

此过程需要经过两次投影才能得到结果,所以此种方法称为**二次投影法**。

如果已知力在坐标轴上的投影,可确定力 **F** 的大小和方向,即

力的大小 $\quad F = \sqrt{F_x^2 + F_y^2 + F_z^2}$

方向余弦 $\quad \left.\begin{array}{l}\cos\alpha = \dfrac{F_x}{F} \\ \cos\beta = \dfrac{F_y}{F} \\ \cos\gamma = \dfrac{F_z}{F}\end{array}\right\} \quad (3-3)$

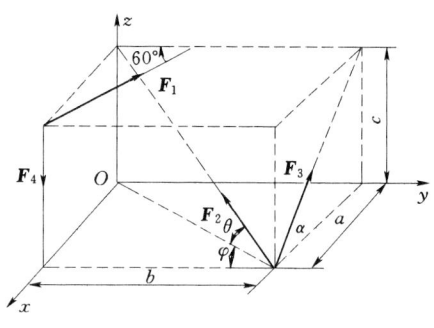

图 3-4

式中:α、β、γ 为力 **F** 与 x、y、z 轴的正向夹角。

【例 3-1】 试计算图 3-4 所示作用在长方体上的力 F_1、F_2、F_3 和 F_4 在各坐标轴上的投影。

解:由图示几何条件可见,各力的方向都为已知,显然

$$\sin\theta = \frac{c}{\sqrt{a^2+b^2+c^2}}; \quad \cos\theta = \frac{\sqrt{a^2+b^2}}{\sqrt{a^2+b^2+c^2}}; \quad \sin\varphi = \frac{a}{\sqrt{a^2+b^2}}$$

$$\cos\varphi = \frac{b}{\sqrt{a^2+b^2}}; \quad \sin\alpha = \frac{c}{\sqrt{a^2+c^2}}; \quad \cos\alpha = \frac{a}{\sqrt{a^2+c^2}}$$

各力在坐标轴上的投影分别为

$$F_{1x} = -F_1\sin60° = -\frac{\sqrt{3}}{2}F_1$$

$$F_{1y} = F_1\cos60° = \frac{1}{2}F_1$$

$$F_{1z} = 0$$

$$F_{2x} = -F_2\cos\theta\sin\varphi = -\frac{a}{\sqrt{a^2+b^2+c^2}}F_2$$

$$F_{2y} = -F_2\cos\theta\cos\varphi = -\frac{b}{\sqrt{a^2+b^2+c^2}}F_2$$

$$F_{2z} = F_2\sin\theta = +\frac{c}{\sqrt{a^2+b^2+c^2}}F_2$$

$$F_{3x} = -F_3\cos\alpha = -\frac{a}{\sqrt{a^2+c^2}}F_3$$

$$F_{3y} = 0$$

$$F_{3z} = F_3\sin\alpha = \frac{c}{\sqrt{a^2+c^2}}F_3$$

$$F_{4x} = 0$$
$$F_{4y} = 0$$
$$F_{4z} = -F_4$$

第三节 力对轴之矩

在工程实际中，经常遇到刚体绕定轴转动的情形，为了度量力对绕定轴转动刚体的作用效果，我们必须了解力对轴之矩的概念。

如图 3-5 所示，门上作用一力 $\boldsymbol{F}$，使其绕固定轴 z 转动。现将力 $\boldsymbol{F}$ 分解为平行于 z 轴的分力 $\boldsymbol{F}_z$ 和垂直于 z 轴的分力 $\boldsymbol{F}_{xy}$（此力即为力 $\boldsymbol{F}$ 在垂直 z 轴的平面 Oxy 上的投影）。由实践经验可知，分力 $\boldsymbol{F}_z$ 不能使门绕 z 轴转动，故力 $\boldsymbol{F}_z$ 对 z 轴的矩为零；而分力 $\boldsymbol{F}_{xy}$ 能使门绕 z 轴转动。即分力 $\boldsymbol{F}_{xy}$ 对 z 轴之矩现用符号 $m_z(\boldsymbol{F})$ 表示力 $\boldsymbol{F}$ 对 z 轴的矩，点 O 为平面 Oxy 与 z 轴的交点，h 为点 O 到力 $\boldsymbol{F}_{xy}$ 作用线的垂直距离。因此，力 $\boldsymbol{F}$ 对 z 轴的距就是分力 $\boldsymbol{F}_{xy}$ 对 O 点的矩，即

$$M_z(\boldsymbol{F}) = M_z(\boldsymbol{F}_{xy}) = M_o(\boldsymbol{F}_{xy}) = \pm F_{xy}h \tag{3-4}$$

于是，可得力对轴的矩的定义如下：**力对轴的矩是力使刚体绕该轴转动效果的度量，是一个代数量，其绝对值等于这个力在垂直于该轴的平面上的投影对于这个平面与该轴交点的矩**。其正负号规定如下：从轴正端来看，若力的这个投影使物体绕该轴按逆时针转向转动，取正号，反之取负号。

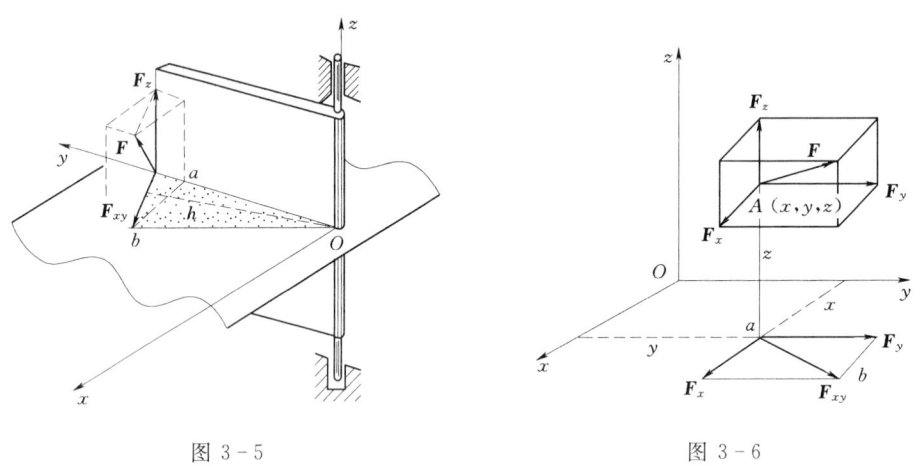

图 3-5   图 3-6

下面讨论力对轴之矩的特征情况：
(1) 当力与轴相交时（此时 $h=0$），力对轴之矩为零；
(2) 当力与轴平行时（此时 $|F_{xy}|=0$），力对轴之矩为零。

这两种情形可以合起来说：当力与轴在同一平面时，力对该轴的矩等于零。

力对轴的矩的单位为牛顿米（N·m）。

力对轴的矩也可用解析式表示。设力 $\boldsymbol{F}$ 在三个坐标轴上的分力分别为 $\boldsymbol{F}_x$、$\boldsymbol{F}_y$、$\boldsymbol{F}_z$。力作用点 A 的坐标为 x、y、z，如图 3-6 所示。

根据合力矩定理，得

$$\left.\begin{array}{l}M_z(\boldsymbol{F}) = M_z(\boldsymbol{F}_x) + M_z(\boldsymbol{F}_y) + M_z(\boldsymbol{F}_z) = M_z(\boldsymbol{F}_x) + M_z(\boldsymbol{F}_y) \\ M_y(\boldsymbol{F}) = M_y(\boldsymbol{F}_x) + M_y(\boldsymbol{F}_y) + M_y(\boldsymbol{F}_z) = M_y(\boldsymbol{F}_x) + M_y(\boldsymbol{F}_z) \\ M_x(\boldsymbol{F}) = M_x(\boldsymbol{F}_x) + M_x(\boldsymbol{F}_y) + M_x(\boldsymbol{F}_z) = M_x(\boldsymbol{F}_y) + M_x(\boldsymbol{F}_z)\end{array}\right\} \quad (3-5)$$

式 (3-5) 是计算力对轴之矩的解析式。

【**例 3-2**】 手柄 $ABCD$ 在平面 Axy 上，在 D 处作用一铅垂力 $F=500\text{N}$（图 3-7），求此力对轴 x、y 和 z 的力矩。

解：由式 (3-5) 可得力 $\boldsymbol{F}$ 对 x 轴的矩为

$$M_x(\boldsymbol{F}) = -F \times (0.3 + 0.2) = -500 \times 0.5 = -250 \text{ N} \cdot \text{m}$$

力 $\boldsymbol{F}$ 对 y 轴的矩为

$$M_y(\boldsymbol{F}) = -F \times 0.36 = -500 \times 0.36 = -180 \text{ N} \cdot \text{m}$$

由于力 $\boldsymbol{F}$ 与 z 轴平行，故

$$M_z(\boldsymbol{F}) = 0$$

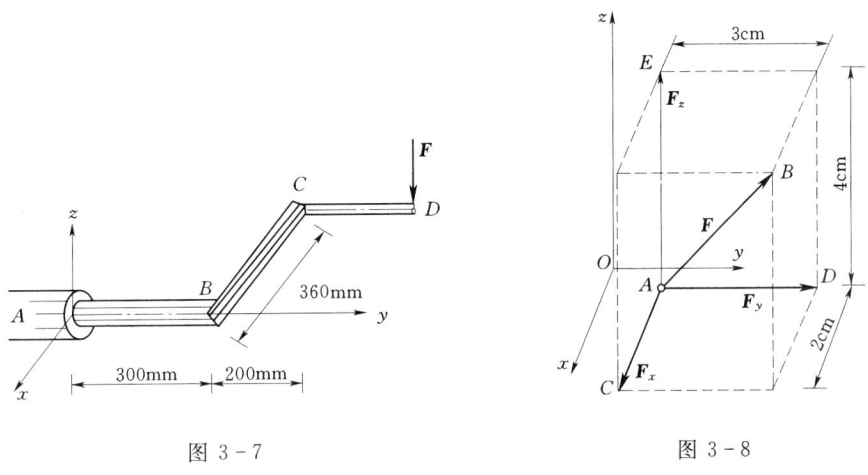

图 3-7　　　　　　　　图 3-8

【**例 3-3**】 在图 3-8 中，有一力 $\boldsymbol{F}$ 作用于坐标为 (a, b, c) 的 A 点，求该力对各坐标轴之矩。

解：由于力 $\boldsymbol{F}$ 在相应坐标平面上的投影及其对各轴的力臂不易计算，故将力 $\boldsymbol{F}$ 沿坐标轴分解为三个分力 $\boldsymbol{F}_x$、$\boldsymbol{F}_y$、$\boldsymbol{F}_z$，而各分力对各轴的力臂是已知的，可应用式 (3-5) 求解。因力 $\boldsymbol{F}$ 各分力的大小与其在相应坐标轴上投影的大小相等，所以有

$$F_x = F \times \frac{2}{\sqrt{2^2 + 3^2 + 4^2}} = \frac{2}{\sqrt{29}} F$$

$$F_y = F \times \frac{3}{\sqrt{2^2 + 3^2 + 4^2}} = \frac{3}{\sqrt{29}} F$$

$$F_z = F \times \frac{4}{\sqrt{2^2 + 3^2 + 4^2}} = \frac{4}{\sqrt{29}} F$$

$$M_x(\boldsymbol{F}) = F_z y - F_y z = \frac{4}{\sqrt{29}} Fb - \frac{3}{\sqrt{29}} Fc = \frac{F}{\sqrt{29}}(4b - 3c)$$

$$M_y(\boldsymbol{F}) = F_x z - F_z x = \frac{2}{\sqrt{29}} Fc - \frac{4}{\sqrt{29}} Fa = \frac{F}{\sqrt{29}}(2c - 4a)$$

$$M_z(\boldsymbol{F}) = F_y x - F_x y = \frac{3}{\sqrt{29}} Fa - \frac{2}{\sqrt{29}} Fb = \frac{F}{\sqrt{29}}(3a - 2b)$$

第四节 空间力系的平衡

一、空间一般力系的平衡方程

空间力系的平衡条件也是通过力系向一点简化得出的。类似平面一般力系的简化结果，可得空间力系的一个主矢与一个主矩（图 3-9），由此空间一般力系的平衡条件应为主矢与主矩分别为零。即

$$F'_R = \sum F = 0$$
$$M_o = \sum m_o(\boldsymbol{F}) = 0$$

主矢为零保证了空间汇交力系平衡，主矩为零保证了空间力偶系平衡。所以原力系平衡。

由此可以得到空间一般力系的平衡方程为

$$\left.\begin{array}{ll} \sum F_x = 0 & \sum M_x(\boldsymbol{F}) = 0 \\ \sum F_y = 0 & \sum M_y(\boldsymbol{F}) = 0 \\ \sum F_z = 0 & \sum M_z(\boldsymbol{F}) = 0 \end{array}\right\} \quad (3-6)$$

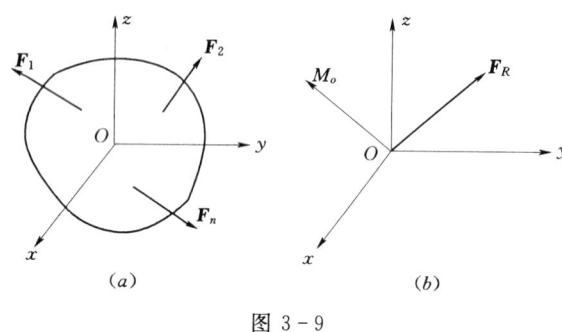

图 3-9

式（3-6）表示了空间一般力系平衡的必要和充分条件，即各力在三个坐标轴上投影的代数和以及各力对此三轴之矩的代数和都必须等于零。

式（3-6）有六个独立的平衡方程，可以解六个未知量，它是解决空间力系平衡问题的基本方程。

在解决空间力系的平衡问题时，常会遇到空间约束，现介绍几种常见的空间约束类型及其约束反力。如表 3-1 所示。

表 3-1　　　　　　　　空间常见的约束及其约束反力的表示

约束类型	简化符号	约束反力符号
球形铰链		F_z, F_y, F_x

续表

约束类型	简化符号	约束反力符号
向心轴承		F_z, F_x
向心推力轴承		F_z, F_y, F_x
空间固定端		M_y, M_x, M_z, F_y, F_x, F_z

二、空间汇交力系的平衡方程

空间汇交力系是空间一般力系的一种特殊情况，力系中各力在空间汇交于一点。

图 3-10（a）为一物体受空间汇交力系作用，若把汇交力系的汇交点作为坐标系 $Oxyz$ 的原点，于是，不论此力系是否平衡，各力对三坐标轴之矩恒为零。

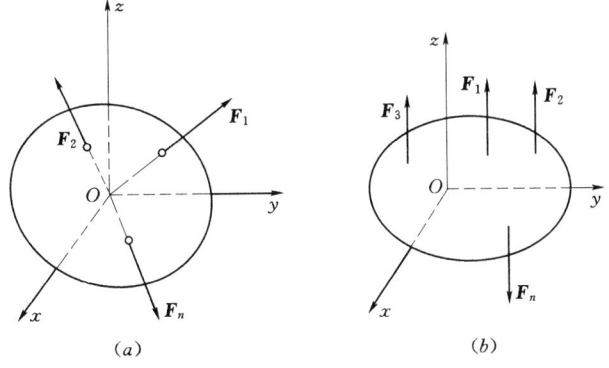

图 3-10

因此，空间汇交力系的平衡方程为：

$$\left.\begin{array}{l}\sum F_x = 0 \\ \sum F_y = 0 \\ \sum F_z = 0\end{array}\right\} \quad (3-7)$$

式（3-7）表明：空间汇交力系的平衡的充要条件为：**力系中各力在空间三个坐标轴**

上投影的代数和分别等于零。

三、空间平行力系的平衡方程

空间平行力系是空间一般力系的另一种特殊情况,其各力作用线在空间互相平行。

图 3-10（b）中,物体受一空间平行力系作用,设所选坐标系中 z 轴与诸力平行,在此情形下不论力系是否平衡,则式（3-6）中的 $\sum F_x \equiv 0$，$\sum F_y \equiv 0$，$\sum M_z \equiv 0$。

因此,空间平行力系的平衡方程为：

$$\left.\begin{array}{r}\sum F_z = 0 \\ \sum M_x(F) = 0 \\ \sum M_y(F) = 0\end{array}\right\} \quad (3-8)$$

式（3-8）表明：空间平行力系平衡的充要条件是：**该力系中各力的代数和为零；以及各力对于两个与力作用线垂直的轴之矩的代数和为零。**

空间力系平衡问题的求解方法及步骤与平面力系相类似,即选取研究对象,进行受力分析并画出受力图；建立坐标系,列出平衡方程求解未知量。

另外,空间力系的平衡问题有时可以转化为平面力系的平衡问题来解决,即把空间的受力图投影到三个坐标平面,画出主视、俯视、侧视三个视图。分别列出它们的平衡方程,同样可解出所求的未知量。这种方法特别适合于解决轮轴类构件的空间受力平衡问题。

【**例 3-4**】 一重物由三杆所支持,设杆重不计,各杆方位如图 3-11（a）所示,若已知重物的重量 G,试求各杆内力。

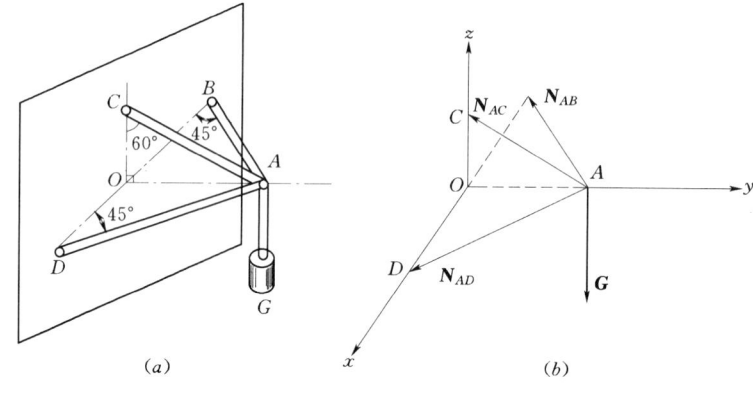

图 3-11

解：（1）取 A 点为研究对象,作 A 点受力图如图 3-11（b）所示。

（2）选标注角度的基准线 OD、OA、OC 方向为 x、y、z 坐标轴。

（3）建立平衡方程：

$$\sum F_x = 0 \qquad N_{AD}\cos 45° - N_{AB}\cos 45° = 0 \qquad (1)$$

$$\sum F_y = 0 \qquad -N_{AC}\cos 30° - N_{AD}\sin 45° - N_{AB}\sin 45° = 0 \qquad (2)$$

$$\sum F_z = 0 \qquad -G + N_{AC}\sin 30° = 0 \qquad (3)$$

式（3）中只有 N_{AC} 一个未知量,故可先求解,得

$$N_{AC} = \frac{G}{\sin 30°} = 2G$$

将式（1）、式（2）两式联立求解，由式（1）得
$$N_{AD} = N_{AB}$$
上式代入式（2）　　　　$2N_{AB}\sin 45° = -N_{AC}\cos 30°$

可得　　　　$N_{AD} = N_{AB} = -N_{AC}\cos 30° \dfrac{1}{2\sin 45°} = -1.22G$

N_{AD} 与 N_{AB} 为负值，说明 AD 与 AB 杆受压。

【例 3-5】　一个正四棱锥体的空间桁架结构，见图 3-12。在 A、B、C 三节点用六个链杆与地面连接。在 E 点沿铅垂和水平方向分别作用力 $\boldsymbol{F}_1$ 和 $\boldsymbol{F}_2$，且 $F_1 = F_2 = F$，水平力与边 AB 平行。求各链杆的约束反力。

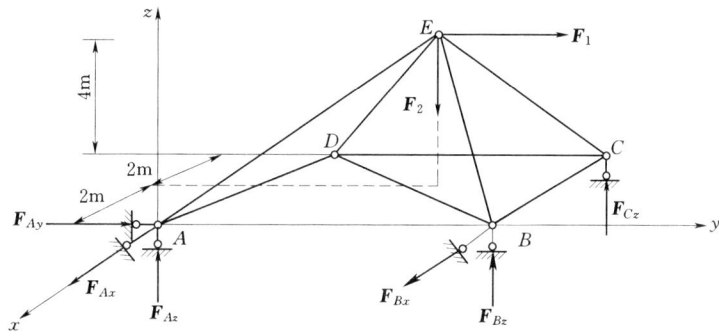

图 3-12

解： 取整体结构为研究对象。其受力图画在原图中，图中链杆反力的指向系假设的。结构受到空间一般力系作用，可列出六个平衡方程解六个未知量。列力矩方程时，应注意力矩轴的选择，尽量利用力与轴平行或相交均不产生力矩这一特点，使方程简化。并注意建立方程的次序，力求一个方程中只含一个未知量。取坐标系如图示，由

$$\sum F_y = 0, \quad F_1 + F_{Ay} = 0$$

得　　　　$F_{Ay} = -F_1 = -F$

由　　　　$\sum M_y(\boldsymbol{F}) = 0, \quad F_{Cz} \times 4 - F_2 \times 2 = 0$

得　　　　$F_{Cz} = \dfrac{2F_2}{4} = 0.5F_2 = 0.5F$

由　　　　$\sum M_x(\boldsymbol{F}) = 0, \quad F_{Bz} \times 4 + F_{Cz} \times 4 - F_1 \times 4 - F_2 \times 2 = 0$

代入 F_{Cz} 之值后，得　　$F_{Bz} = \dfrac{6F - 4F_{Cz}}{4} = \dfrac{6F - 4 \times 0.5F}{4} = F$

由　　　　$\sum F_z = 0, \quad F_{Az} + F_{Bz} + F_{Cz} - F_2 = 0$

代入 F_{Bz}、F_{Cz} 之值，得　　$F_{Az} = F_2 - F_{Bz} - F_{Cz} = F - F - 0.5F = -0.5F$

由　　　　$\sum M_z(\boldsymbol{F}) = 0, \quad -F_{Bx} \times 4 - F_1 \times 2 = 0$

得　　　　$F_{Bx} = -\dfrac{2F}{4} = -0.5F$

由　　　　$\sum F_x = 0, \quad F_{Ax} + F_{Bx} = 0$

得 $$F_{Ax} = -F_{Bx} = -(-0.5F) = 0.5F$$
以上反力 F_{Ay}，F_{Az}，F_{Bx} 得负值，说明指向应与假设的相反。

第五节 物体的重心

重心是力学中一个很重要的概念，物体的平衡、振动的稳定性等许多工程问题都涉及到重心概念，本节主要介绍重心的概念及确定重心位置的方法。

一、重心与形心的概念

1. 重心

地球上的任何物体都要受到地球的引力，将物体看成是由许多微小部分组成，则所有这些微小部分所受到的地球引力将组成一个空间汇交系（汇交点在地球中心）。由于物体的尺寸与地球的半径相比要小得多，因此可近似地认为这个力系相对于地面是空间平行力系，此平行力系的合力 G 称为物体的**重力**。这个合力的作用点就是物体的**重心**。物体的重心相对于物体本身的位置是确定的，也是唯一的，与物体在空间的放置位置无关，它仅取决于物体的形状及各部分物质的分布情况。

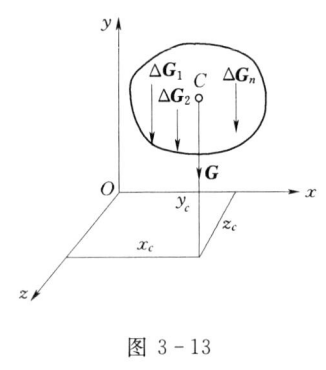

图 3-13

工程中的许多问题，需要确定物体重心的位置。利用合力矩定理可以导出确定重心坐标的公式。设物体重心坐标为 x_c，y_c，z_c，如图 3-13 所示。将物体分成若干微小部分，其重力分别为 ΔG_1，ΔG_2，…，ΔG_n，各力作用点的坐标分别为 (x_1, y_1, z_1)，(x_2, y_2, z_2)，…，(x_n, y_n, z_n)。

由合力矩定理 $M_z(\boldsymbol{G}) = \sum M_z(\Delta \boldsymbol{G})$

得 $$Gx_c = \Delta G_1 x_1 + \Delta G_1 x_2 + \cdots + \Delta G_n x_n$$

故 $$x_c = \frac{\sum \Delta G x}{G}$$

同理可得 $$y_c = \frac{\sum \Delta G y}{G} \qquad z_c = \frac{\sum \Delta G z}{G}$$

由此得到重心坐标的一般公式为

$$x_c = \frac{\sum \Delta G x}{G};\ y_c = \frac{\sum \Delta G y}{G};\ z_c = \frac{\sum \Delta G z}{G} \qquad (3-9)$$

2. 形心

工程上常见的许多物体是由同一种材料制成的，可以看作为均质物体，即物体的每单位体积内的重量（比重）γ 是常量。若物体的体积为 V，则物体的重量 $G = \gamma V$，而每一微小的体积的重量 $\Delta G_i = \Delta V_i \gamma$，将上述关系代入式（3-9）中，消去 γ 后得

$$x_c = \frac{\sum \Delta V x}{V};\ y_c = \frac{\sum \Delta V y}{V};\ z_c = \frac{\sum \Delta V z}{V} \qquad (3-10)$$

可见均质物体的重心位置，完全决定于物体的几何形状，而与物体的重量无关。**由物体的几何形状和尺寸所决定的物体的几何中心，称为几何形体的形心。**因此，式（3-10）也是物体体积形心的坐标公式。对于均质物体来说，形心与重心是重合的。

若物体是等厚、均质的平薄板，设薄板的面积为 A，厚度为 t，则薄板总体积为

$V = At$,每一微小体积为 $\Delta V = \Delta A t$,在薄板平面内取直角坐标系 xoy 如图 3-14 所示,此时 $z_c = 0$,将上述关系代入式(3-10)中的前两项,消去 t 后得

$$x_c = \frac{\sum \Delta A x}{A}; \quad y_c = \frac{\sum \Delta A y}{A} \qquad (3-11)$$

由式(3-11)所确定的 C 点称为平面图形的形心。

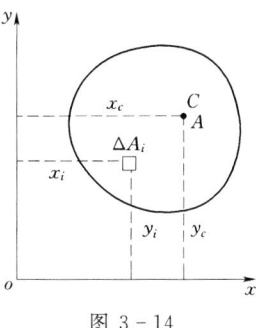

图 3-14

二、重心与形心的计算

下面介绍几种确定物体重心或形心的具体方法。

1. 对称法

如均质物体的几何形体上具有对称面、对称轴或对称点,则该物体重心或形心必在此对称面、对称轴或对称点上。若物体具有两个对称面,则重心在此两面的交线上;若物体具有两根对称轴,则重心就在此两轴的交点上,如矩形的形心就是两根对称轴的交点。

2. 积分法

求基本规则形体的形心时,为使所得结果正确无误,应将形体分割成无限多个微小形体,在极限情况下,式(3-10)、式(3-11)均可写成积分形式

$$x_c = \frac{\int_V x \, dV}{V} \qquad y_c = \frac{\int_V y \, dV}{V} \qquad z_c = \frac{\int_V z \, dV}{V} \qquad (3-12)$$

与

$$x_c = \frac{\int_A x \, dA}{A} \qquad y_c = \frac{\int_A y \, dA}{A} \qquad (3-13)$$

此法称为积分法,是计算物体重心或形心的基本方法。用此法求得的常用几何图形的形心位置,可在机械设计手册中查得。表 3-2 介绍几种基本形体的形心位置。

表 3-2　　　　　　　　　　简单均质物质重心的位置

图　形	重　心　位　置	图　形	重　心　位　置
三角形	在三中线的交点上 $y_c = \frac{1}{3} h$	扇形	$x_c = \frac{2R \sin\alpha}{3\alpha}$ $y_c = 0$ 当 $2\alpha = 90°$ 时 $x_c = \frac{4\sqrt{2} R}{3\pi}$
圆弧	$x_c = \frac{R \sin\alpha}{\alpha}$ $y_c = 0$	圆环的一部分	$x_c = \frac{2(R^3 - r^3) \sin\alpha}{3(R^2 - r^2) \alpha}$ $y_c = 0$

续表

图 形	重心位置	图 形	重心位置
半圆形	$x_c = \dfrac{4R}{3\pi}$ $y_c = 0$	抛物线面	$x_c = \dfrac{3a}{8}$ $y_c = \dfrac{3b}{5}$
梯形	$y_c = \dfrac{h(a+2b)}{3(a+b)}$	正圆锥	$x_c = 0$ $y_c = 0$ $z_c = \dfrac{h}{4}$

3. 组合法

组合法是求组合图形形心位置的基本方法。所谓组合图形是指由几个简单几何图形组合而成的图形，而简单几何图形形心位置根据对称性或查表极易确定，因此可将组合图形分割为若干个简单几何图形，然后应用式（3-11）即可求出组合图形的形心位置。这种求形心的方法也称为分割法。

【**例 3-6**】 热轧不等边角钢的截面近似地简化如图 3-15 所示，已知 $B=12\text{cm}$，$b=8\text{cm}$，$d=1.2\text{cm}$；求该截面重心的位置。

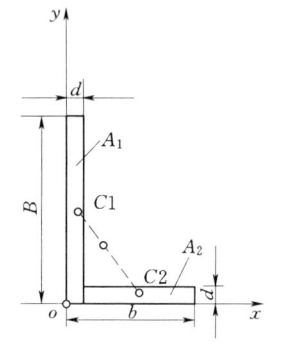

图 3-15

解：将该面分割为两个矩形，取坐标系 oxy 如图所示，它们的面积和重心坐标分别为

$A_1 = 1.2 \times 12 = 14.4 \text{cm}^2$，$x_1 = 0.6 \text{cm}$，$y_1 = 6 \text{cm}$

$A_2 = 6.8 \times 1.2 = 8.16 \text{cm}^2$，$x_2 = 4.6 \text{cm}$，$y_2 = 0.6 \text{cm}$

用组合法，可求得

$$x_C = \frac{A_1 x_1 + A_2 x_2}{A_1 + A_2} = \frac{14.4 \times 0.6 + 8.16 \times 4.6}{14.4 + 8.16} = 2.05 \text{ cm}$$

$$y_C = \frac{A_1 y_1 + A_2 y_2}{A_1 + A_2} = \frac{14.4 \times 6 + 8.16 \times 0.6}{14.4 + 8.16} = 4.05 \text{ cm}$$

故所求截面的重心 C 的坐标为 (2.05, 4.05)。

【**例 3-7**】 振动器中的偏心块为一等厚度的均质体（图 3-16），已知 $R=10\text{cm}$，$r=1.3\text{cm}$，$b=1.7\text{cm}$；求偏心块重心的位置。

解：偏心块可看成由三部分组成：半径为 R 的半圆，半径为 $(r+b)$ 的半圆及半径

为 r 的小圆，最后一部分是应去掉的部分，其面积为负值。取坐标系 oxy，y 轴为对称轴，则偏心块重心 C 在对称轴上，所以 $X_C = 0$。这三部分的面积和重心的纵坐标分别为

$$A_1 = \frac{1}{2}\pi R^2 , \quad y_1 = \frac{4R}{3\pi}$$

$$A_2 = \frac{1}{2}\pi (r+b)^2 , \quad y_2 = -\frac{4(r+b)}{3\pi}$$

$$A_3 = -\pi r^2 , \quad y_3 = 0$$

用组合法求得偏心块重心的纵坐标为

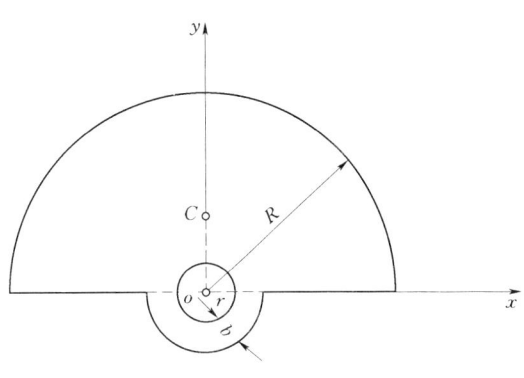

图 3-16

$$y_C = \frac{A_1 y_1 + A_2 y_2 + A_3 y_3}{A_1 + A_2 + A_3} = \frac{4[R^3 - (r+b)^3]}{3\pi[R^2 + (r+b)^2 - 2r^2]} = 3.91 \text{ cm}$$

故所求偏心块重心 C 的坐标为 (0, 3.91)。

4. 实验法

如果物体形状复杂或质量分布不均匀，其重心（或形心）常用实验法来确定。

(1) 悬挂法。对于形状复杂的薄平板求形心时常用悬挂法。如图 3-17 所示，可先将板悬挂于任一点 A，据二力平衡公理，板重与绳拉力必在同一直线上，故形心一定在铅直线 AB 上；再将板悬挂于另一点 D，其形心必在铅直线 DE 上，显然；AB 与 DE 的交点即为此平板之形心 C。

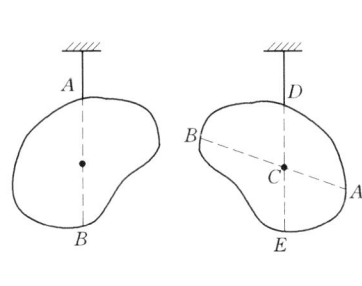

图 3-17

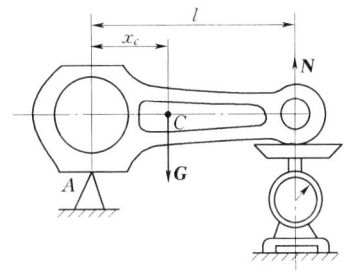

图 3-18

(2) 称重法。对形状复杂、体积庞大的物体，常采用此法确定重心的位置。如图 3-18 所示之发动机连杆可先用磅秤称出其重量 G，然后将其一端支于固定的支点 A，另一端支于磅秤上，量出两支点之间的水平距离 l，并读出磅秤上读数 N，由 $\sum M_A(\boldsymbol{F}) = 0$，得

$$Nl - Gx_c = 0$$

可求得重心位置

$$x_c = \frac{Nl}{G}$$

思 考 题

思 3-1 如果力 $\boldsymbol{F}$ 与 y 轴的夹角为 β，且此力在 z 轴上的投影为 $F_z = F\sin\beta$，求该力

在 x、y 轴上的投影。

思 3-2 设有一力 F，试问在何种情况下有 $F_x=0$，$M_x(F)=0$? 在什么情况下 $F_x=0$，$M_x(F)\neq 0$? 又在何种情况下有 $F_x\neq 0$，$M_x(F)\neq 0$?

思 3-3 已知力 F 与 x 轴的夹角 α，与 y 轴的夹角 β，以及力 F 的大小，能否计算出力在 z 轴上的投影 F_z。

思 3-4 若力 F 与 x 轴的夹角为 α，在什么情况下 $F_y=F\sin\alpha$，此时 $F_z=?$

思 3-5 物体的重心是否一定在物体的内部?

思 3-6 计算一物体的重心（或形心），如选取两个不同的坐标系，则得出的重心（或形心）坐标数值是否一样? 这是否意味着物体的重心（或形心）位置会改变?

习 题

题 3-1 试分别求出图中力 F_1 和 F_2 在三个坐标轴上的投影。已知 $F_1=300\text{N}$，$F_2=285\text{N}$。

题 3-2 已知 $F_1=120\text{N}$，$F_2=150\text{N}$，$F_3=141\text{N}$，各力作用线位置如图所示，试分别求各力对三个坐标轴之矩。

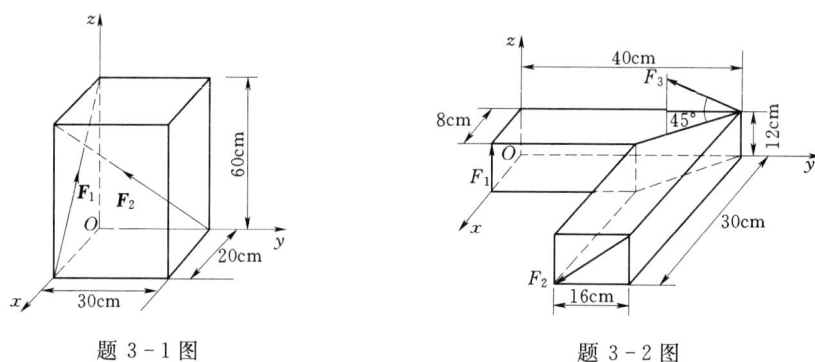

题 3-1 图   题 3-2 图

题 3-3 图示水平轮上 A 点作用一力 F，其作用线与过 A 点的切线成 $60°$ 角，且在过 A 点与轮子相切的平面内，而 A 点与轮心 O' 的连线与过 O' 点平行于 y 轴的直线成 $45°$ 角。试分别求出力 F 在三个坐标轴上的投影和对三个坐标轴之矩。

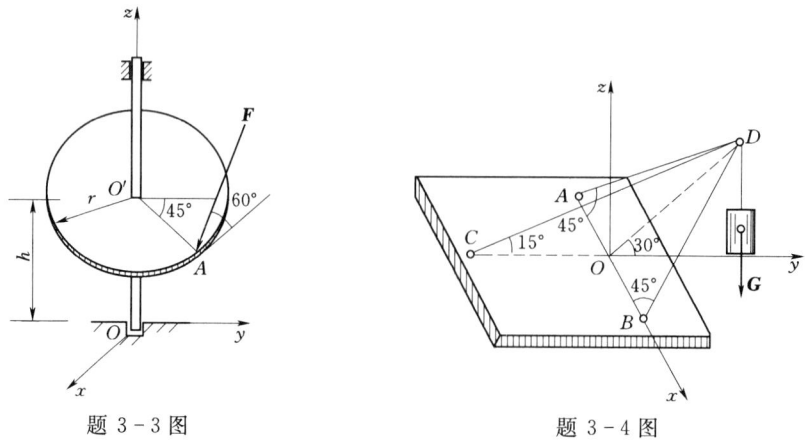

题 3-3 图   题 3-4 图

题 3-4 一重为 $G=10\text{kN}$ 的重物，悬挂于图示支架的 D 点。A、B、C 三点用球铰连接，试求杆 AD、BD 和 CD 所受的力。

题 3-5 用图示三脚架 $ABCD$ 和绞车 E 从矿井中吊起重 30kN 的重物，$\triangle ABC$ 为等边三角形，三脚架的三个脚及绳索 DE 均与水平面成 60°角，不计架重；求当重物被匀速吊起时各脚所受的力。

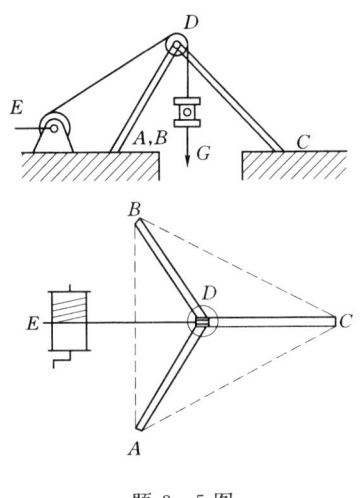

题 3-5 图

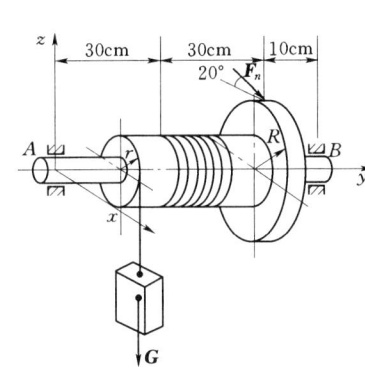

题 3-6 图

题 3-6 起重绞车如图所示。已知鼓轮的半径 $r=10\text{cm}$，齿轮的半径 $R=20\text{cm}$，起重量 $G=10\text{kN}$，齿轮上的作用力 $\boldsymbol{F}_n$ 与齿轮圆周上水平切线间的夹角为 20°。试求匀速起吊时齿轮上所受的力 F_n 以及轴承 A、B 两处的约束反力。

题 3-7 如图所示，悬臂钢架上作用有分别平行于 AB、CD 的力 $\boldsymbol{F}_1$ 与 $\boldsymbol{F}_2$，已知 $F_1=10\text{kN}$、$F_2=15\text{kN}$，求固定端 O 处的约束力及约束力偶。

题 3-8 求图示均质混凝土基础重心的位置（图中长度单位为 m）。

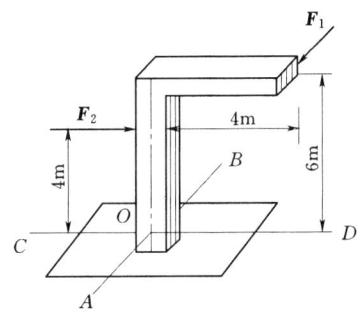

题 3-7 图

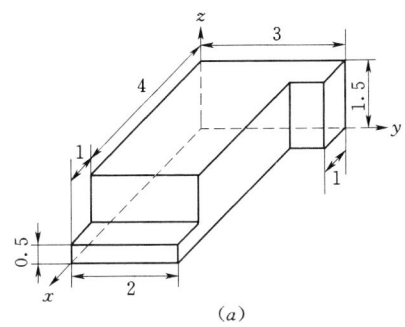

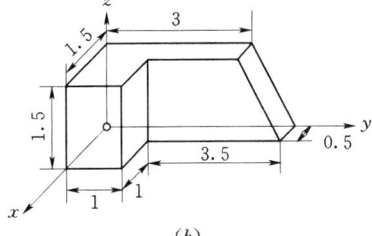

题 3-8 图

题 3-9　求图中各平面图形的形心坐标（图中尺寸单位为 cm）。

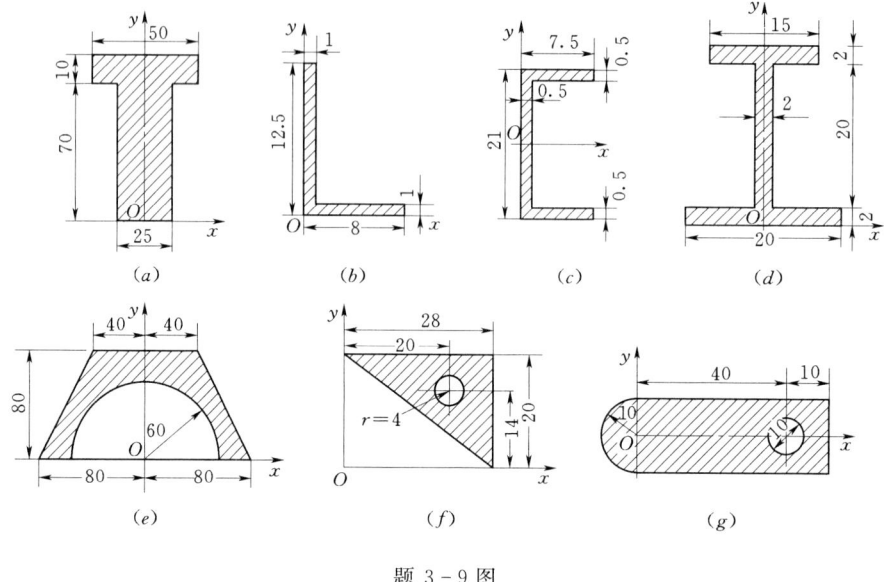

题 3-9 图

第四章 轴向拉伸和压缩

第一节 轴向拉伸和压缩的概念

轴向拉伸与压缩是受力构件的一种最简单、最基本的变形形式。在工程结构中，这种杆件是很常见的。例如，图4-1（a）屋架中的杆；图4-1（b）斜拉桥中的桥塔；图4-1（c）闸门启闭机中的螺杆都属于这种变形的杆件。虽然这些杆件的结构形式各有差异，加载方式各不相同，但均可抽象为一等直杆，并且这些杆件的**受力特点**是：**作用于杆件外力的合力作用线与杆件的轴线重合**；其变形特点是：**杆件沿轴线方向伸长或缩短**。产生轴向拉伸与压缩变形的杆件称为拉压杆。

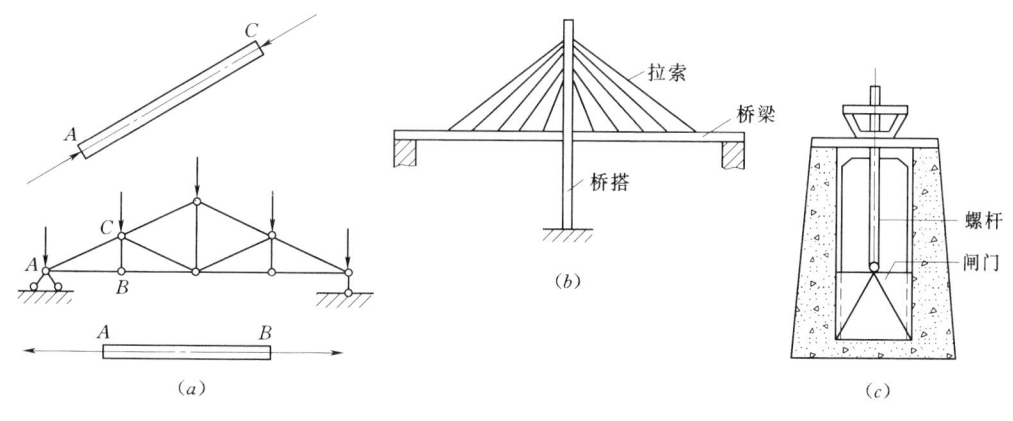

图 4-1

第二节 内力·截面法·轴力及轴力图

一、内力及其截面法

1. 内力的概念

构件是由许多质点组成的。构件不受外力作用时，材料内部质点之间保持一定的相互作用力，使构件具有固定形状。当构件受到外力作用产生变形时，其内部质点之间相互位置改变，原有内力也发生变化。这种由于外力作用而引起的受力构件内部质点之间相互作用力的改变量称为**附加内力**，简称**内力**。工程力学所研究的内力是由外力引起的，内力随外力的变化而变化，外力增大，内力也增大，外力撤消后，内力也随之消失。显然，构件中的内力是与构件的变形相联系，并且总是与变形同时产生。它作用的趋势是力图使受力构件恢复原状，内力对变形起抵抗和阻止作用。当内力达到一定数值时，构件的变形也达到一定限度，使得各质点不能再维持其相互联系，构件随之破坏。因此，内力与构件的强度和刚度都有密切的联系。在研究构件的强度、刚度等问题时，均涉及到内力因素，需要知道构件在外力作用下某截面上的内力值。工程力学中，确定任一截面上内力值的基本方法是截面法。

2. 截面法

图 4-2（a）所示为任一受平衡力系作用的构件。为了显示并计算某一截面上的内力，可在该截面处用一假想的截面将构件一分为二并弃去一部分。将弃去部分对保留部分的作用以力的形式表示，此即该截面上的内力。根据变形体均匀、连续的基本假设，作用在该截面上的内力是一个连续分布的力系。通常将截面上的分布内力用位于该截面形心处的合力（简化为主矢和主矩）来代替。再将主矢和主矩分别向 x、y、z 三个坐标轴投影，便得到该截面上的六个内力分量：N_x、Q_y、Q_z 和 M_x、M_y、M_z，如图 4-2（b）所示。因为构件在外力作用下处于平衡状态，所以截开后的保留部分也应保持平衡。由此，根据空间任意力系的六个平衡方程即可求出 N_x、Q_y、Q_z 和 M_x、M_y、M_z 各内力分量。

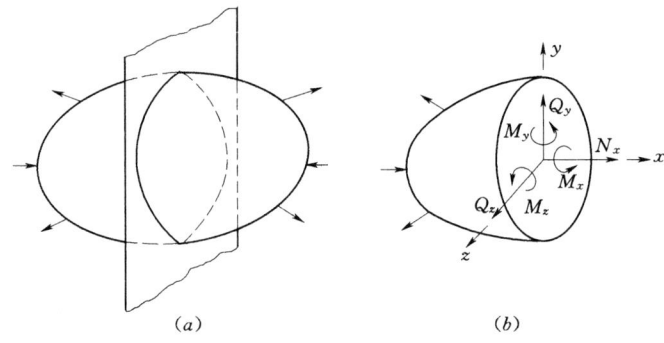

图 4-2

截面上的内力并不一定都同时存在上述六个内力分量，一般可能仅存在其中的一个或几个。根据外力与变形形式的不同，截面上存在的内力分量也不同，应分别计算。

截面法求内力的步骤可归纳为：

（1）截开。在欲求内力截面处，用一假想截面将构件一分为二。

（2）代替。弃去任一部分，并将弃去部分对保留部分的作用以相应内力代替（即显示内力）。

（3）平衡。根据保留部分的平衡条件，确定截面内力值。

截面法求内力与取分离体由平衡条件求约束反力的方法实质是完全相同的。求约束反力时，去掉的是约束，代之以约束反力；求内力时，去掉的是一部分杆件，代之以截面上的内力。

注意：在研究变形体的内力和变形时，对"等效力系"的应用应该慎重。比如，在求内力时，截开截面之前，力的合成、分解及平移，力和力偶沿其作用线和作用面的移动等定理，均不可使用，否则将改变构件的变形效应；但在考虑研究对象的平衡问题时，仍可应用等效力系简化计算。

二、轴向拉伸和压缩杆件的内力分析

直杆受到背离杆件的轴向外力作用时，产生沿轴线方向的伸长变形。这种变形称为轴向拉伸，杆件称为拉杆，所受外力为拉力。反之，当杆件受到指向杆件的轴向外力作用时，产生沿轴线方向的缩短变形。这种变形称为轴向压缩，杆件称为压杆，所受外力为压力。轴向拉伸和压缩杆件截面上的内力可用截面法计算。

直杆 AB 受一对轴向拉力 $\boldsymbol{F}$ 的作用 [图 4-3 (a)]，求拉杆 m—m 截面上的内力。

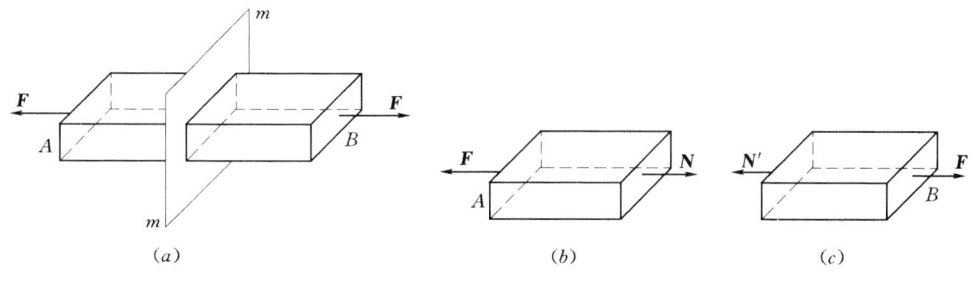

图 4-3

(1) 截开。假想用 m—m 截面将杆件分为左右两部分，并取左部分为研究对象。

(2) 代替。将右部分对左部分的作用以截面上的内力代替。由于杆件平衡，所取左部分也应保持平衡，故 m—m 截面上与轴向外力 $\boldsymbol{F}$ 平衡的内力的合力也是轴向力，这种内力称为**轴力**，记为 $\boldsymbol{N}$，如图 4-3 (b) 所示。

(3) 平衡。根据共线力系的平衡条件，$\sum F_x = 0 \quad N - F = 0$

求得 $\qquad\qquad\qquad\qquad N = F$

所得结果为正值，说明 $\boldsymbol{N}$ 为拉力。

若取右部分为研究对象，如图 4-3 (c) 所示，同样方法可得：$N' = F$

显然，$\boldsymbol{N}$ 与 $\boldsymbol{N}'$ 是一对作用力与反作用力，其大小相等，方向相反，也为拉力。为了取不同研究对象计算同一截面内力时，所得结果一致，规定轴力符号为：**轴力为拉力时取正值；反之，轴力为压力时取负值。**

杆件上有多个轴向外力作用时，在外力变化的杆段上，横截面上的轴力一般不相同。为了直观地表示轴力随截面位置而变化的规律，取与杆轴平行的横坐标 x 表示各截面位置，取与杆轴垂直的纵坐标 y 表示各截面轴力的大小，这样画出的图形称为**轴力图**。轴力图是内力图的一种。画轴力图时，规定正值的轴画在轴上侧，负值的轴画在轴下侧，并标明正负符号。

【**例 4-1**】 图 4-4 (a) 所示阶梯形杆件，自重不计。试绘出其轴力图。

解：(1) 求支座反力。取阶梯杆为研究对象画受力图 [图 4-4 (b)]。

由平衡方程： $\quad\sum F_x = 0 \qquad 3F - F_A - F = 0$

得 $\qquad\qquad\qquad\qquad F_A = 2F$

(2) 求各段杆轴力。

以荷载变化处为界，将杆分为 AB、BD 两段。（因内力与截面面积无关，故 C 截面变

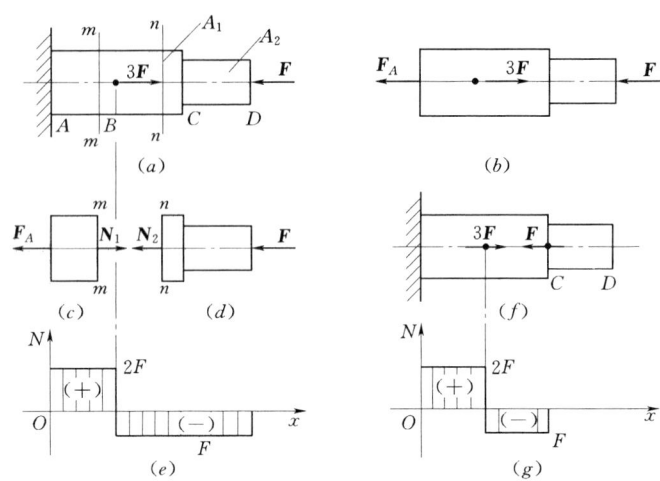

图 4-4

化不影响轴力,不作为分界面。)

AB 段:取任一截面 m—m 左侧为研究对象[图 4-4(c)],取杆轴为 x 轴

由平衡方程: $\sum F_x = 0 \quad N_1 - F_A = 0$

得 $N_1 = F_A = 2F(拉力)$

BD 段:取任一截面 n—n 右侧为研究对象[图 4-4(d)],取杆轴为 x 轴

由平衡方程: $\sum F_x = 0 \quad -N_2 - F = 0$

得 $N_2 = -F(压力)$

所求内力结果的正负号说明内力实际方向与假设方向是否一致。如果未知轴力方向均按拉力假设,则所得结果的正负号即表示所设轴力的实际符号,而不必再标(拉力),(压力)。

(3) 作轴力图。

首先取坐标系 xoN,按一定比例将正值轴力标在轴上侧,负值轴力标在轴下侧作轴力图[图 4-4(e)]。

由图可见:①各段杆轴力均为常量,轴力图为杆轴的平行线;②集中力作用处轴力图有突变,该截面轴力为不定值,因而,计算轴力的截面不能取在集中荷载作用处;③BC、CD 杆段截面面积不同,但轴力值相同,即轴力只随截面位置变化,与截面形状尺寸无关。

本例若将力 F 从截面 D 移至截面 C [图 4-4(f)],则轴力图将改变[图 4-4(g)]。说明力的可传性原理不适用于变形体。

总结截面法求指定截面轴力的计算结果可知,由外力可直接计算截面上的内力,而不必再取研究对象画受力图。根据轴力与外力的平衡关系,以及杆段受力图上轴力与外力的方向,由外力直接计算截面轴力时:**任一截面上轴力的大小等于截面一侧杆上所有轴向外力的代数和,即 $N = \sum F$。轴力的符号为:离开截面的外力(拉力)产生正轴力;指向截面的外力(压力)产生负轴力**。可记为"拉为正,压为负"。这种计算指定截面轴力的方法称为**直接法**。

【例 4-2】 试作图 4-5（a）所示等截面直杆的轴力图。

解：(1) 求支座反力。取整个杆为研究对象，画受力图［图 4-5（b）］。

由平衡方程：$\sum F_x = 0$

$$-F_A - F_1 + F_2 - F_3 + F_4 = 0$$

得 $F_A = -F_1 + F_2 - F_3 + F_4$
$= 10 \text{ kN}(\leftarrow)$

悬臂杆件也可不求支座反力，直接从自由端依次取研究对象求各截面轴力。

(2) 求各截面轴力。

AB 段：$N_1 = F_A = 10\text{kN}$
BC 段：$N_2 = F_A + F_1 = 10 + 40 = 50\text{kN}$
CD 段：$N_3 = F_4 - F_3 = 20 - 25 = -5\text{kN}$
DE 段：$N_4 = F_4 = 20\text{kN}$

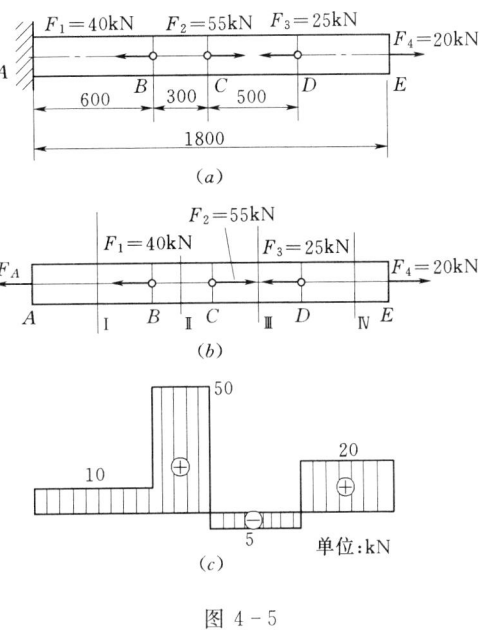

图 4-5

(3) 作轴力图［图 4-5（c）］。由图可见，$|N_{\max}| = 50\text{kN}$，在 BC 段。

第三节　应力·拉（压）杆内的应力

一、应力的概念

由前节知，内力是由外力引起的，并且随外力的增大而增大。但从强度角度看，单凭内力的大小还不能解决强度问题。例如，两根材料相同，粗细不同的杆件，当两杆承受的轴向拉力相等时，随着拉力的增加，细杆首先被拉断。这说明杆件的强度不仅与内力有关，而且还与截面的形状与尺寸及内力分布有关。因此，为了解决杆件的强度问题，不仅需要知道构件可能沿哪个截面破坏，而且还必须知道哪个点最危险。这样，就需要进一步研究内力在截面上各点的分布情况。为此，引入应力的概念。

图 4-6（a）所示受力体代表任一受力构件，要确定 m—m 截面上任一点 K 的应力大小及方向，围绕 K 点的周围取微面积 ΔA，微面积 ΔA 上分布内力的合力为 ΔP，如图 4-6（b）所示，则比值 $\dfrac{\Delta P}{\Delta A}$ 称为 ΔA 上的平均应力，用 p_m 表示即：

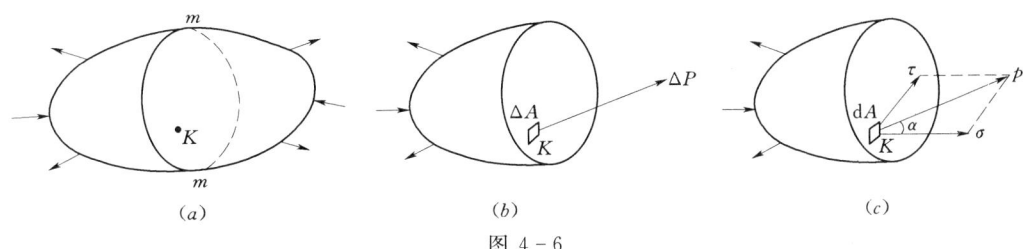

图 4-6

$$p_m = \frac{\Delta P}{\Delta A}$$

但在一般情况下，截面上的分布内力是不均匀的，为了更真实地反映分布内力在 K 点处的情况，消除面积 ΔA 大小的影响，将 ΔA 面积趋近于零，取平均应力 p_m 的极限值，见图 4-6（c），即

$$p = \lim_{\Delta A \to 0} \frac{\Delta P}{\Delta A} = \frac{\mathrm{d}P}{\mathrm{d}A}$$

定义：p 为分布内力在截面上某点处的集度，即为截面上该点的全应力。其方向就是平均应力 p_m 取极限值的方向。通常将 K 点处的全应力 p 沿截面的法向和切向分解为两个分量如图 4-6（c）所示。即

$$\sigma = p\cos\alpha \qquad \tau = p\sin\alpha$$

σ 称为 K 点处的正应力或法向应力；τ 称为 K 点处的剪应力或切应力。

应力的量纲是 $\left[\dfrac{力}{长度^2}\right]$，在国际单位制中，应力的单位为 Pa（帕），即 $1\mathrm{Pa}=1\mathrm{N/m^2}$。在工程实际中，常采用帕的倍数单位：kPa（千帕），MPa（兆帕）和 GPa（吉帕），其中：$1\mathrm{kPa}=1\times10^3\mathrm{Pa}$，$1\mathrm{MPa}=1\mathrm{N/mm^2}=1\times10^6\mathrm{Pa}$，$1\mathrm{GPa}=1\times10^9\mathrm{Pa}$。

二、轴向拉伸和压缩杆件截面上的应力

1. 横截面上的正应力

取一等截面直杆，在其表面沿轴线方向和垂直轴线方向分成若干矩形小格，如图 4-7（a）所示。然后沿杆轴线作用拉力 F，使杆产生轴向拉伸变形，此时可以观察到：杆件表面上所有的纵向线伸长；所有的横向线仍保持直线且垂直于杆轴线，只是相对平行移动了一段距离，则横截面上只有正应力，无剪应力；所有的矩形小格仍为矩形，但纵向伸长横向缩短，如图 4-7（b）所示。根据这一现象，可假设杆件变形前为平面的横截面，变形后仍保持为平面，称为**平面假设**。如果把杆件看作是一束纵向纤维组成，根据平面假设，可以断定拉杆的任意两个横截面之间所有纵向纤维的伸长相等，即变形相同。又根据材料均匀连续性假设，可知各条纵向纤维受力相等（在弹性范围内），所以分布内力在横截面上是均匀分布的。因此，截面上各点的正应力均相同，如图 4-7（c）所示。设杆的横截面面积为 A，该截面轴力为 N，则横截面上的正应力计算公式为

$$\sigma = \frac{N}{A} \qquad\qquad (4-1)$$

正应力的符号与轴力 N 一致：拉应力为正；压应力为负。

拉（压）杆横截面上各点的正应力相同，故求其应力时只需确定截面，不必指明点的位置。

【**例 4-3**】 图 4-8 表示用两根钢丝绳起吊一扇平板闸门。闸门匀速启动，其重力 $G=60\mathrm{kN}$，钢丝绳直径为 $d=20\mathrm{mm}$，试求钢丝绳横截面上的应力。

解：（1）计算钢丝绳的内力。

每根钢丝绳所受的轴向拉力为 $\quad N=\dfrac{1}{2}G=30\mathrm{kN}$

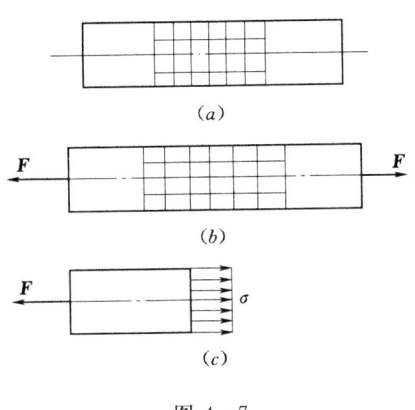
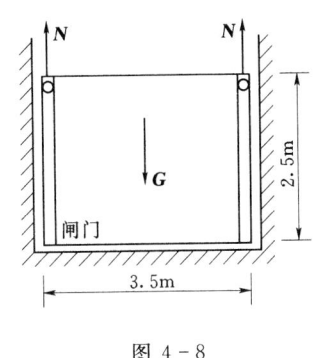

图 4-7　　　　　　　　　　图 4-8

（2）计算钢丝绳的应力。

钢丝绳横截面面积为 $A=\dfrac{1}{4}\pi d^2$，则钢丝绳所受的应力为

$$\sigma = \dfrac{N}{A} = \dfrac{30\times 10^3}{\dfrac{1}{4}\pi\times 20^2} = 95.5\ \text{MPa}$$

【例 4-4】　图 4-9（a）所示的支架，AB 杆为圆截面杆，其直径 $d=30\text{mm}$，BC 杆为正方形截面杆，其边长 $a=60\text{mm}$，$F=10\text{kN}$。试求各杆横截面上的正应力。

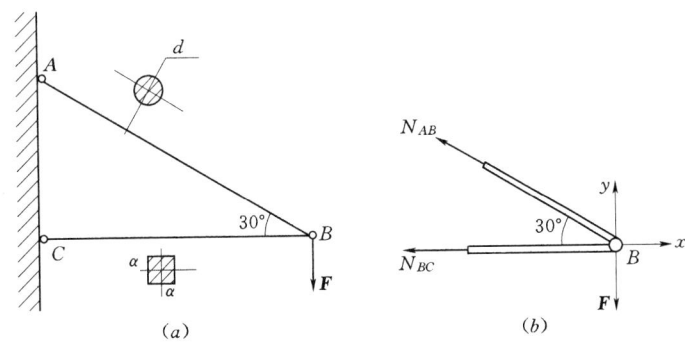

图 4-9

解：（1）计算各杆的轴力。

运用截面法取脱离体［图 4-9（a）］，设轴力 N_{AB} 和 N_{BC} 均为拉力，由平衡方程

$$\sum F_x = 0 \qquad -N_{AB}\cos 30° - N_{BC} = 0$$
$$\sum F_y = 0 \qquad N_{AB}\sin 30° - F = 0$$

解得

$$N_{AB} = \dfrac{F}{\sin 30°} = \dfrac{10}{0.5} = 20\ \text{kN（拉）}$$

$$N_{BC} = -N_{AB}\cos 30° = -17.3\ \text{kN（压）}$$

N_{BC} 等于负值，表示其实际方向与所设方向相反，即 N_{BC} 实际上是压力。

（2）计算各杆应力。

AB 杆横截面上的正应力

$$\sigma_{AB} = \frac{N_{AB}}{A_{AB}} = \frac{20 \times 10^3}{\frac{\pi}{4} \times 30^2 \times 10^{-6}} = 2.83 \times 10^7 \text{ Pa}$$

$$= 28.3 \text{ MPa}$$

BC 杆横截面上的正应力

$$\sigma_{BC} = \frac{N_{BC}}{A_{BC}} = \frac{17.3 \times 10^3}{60^2 \times 10^{-6}} = 4.8 \times 10^6 \text{ Pa} = 4.8 \text{ MPa}$$

2. 斜截面上的应力

工程实际中，拉压杆的破坏面未必都是横截面。为全面了解杆件内的应力情况，必须研究其斜截面上的应力。如图 4-10 (a) 所示拉杆，横截面面积为 A，为求出与横截面成 α 角的任意斜截面 $k-k'$ 上的应力，可用截面法将杆沿斜截面 $k-k'$ 切开，研究左段杆的平衡如图 4-10 (b) 所示。

由 $\quad\quad \sum F_x = 0 \quad N_\alpha - F = 0 \quad$ 得 $\quad N_\alpha = F$

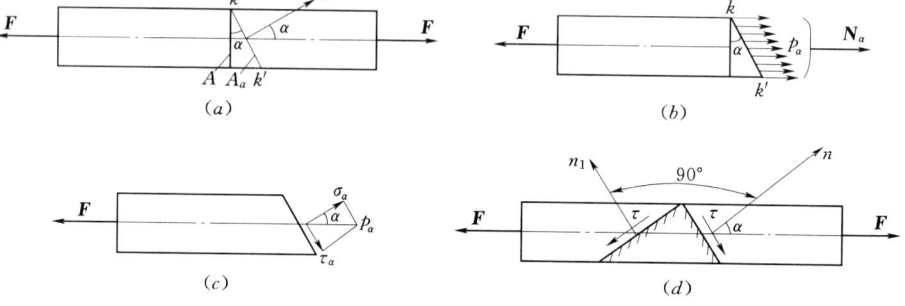

图 4-10

N_α 是斜截面上的内力。仿照横截面上正应力 σ 的求法，斜截面上的全应力 p_α 应与杆轴线平行均匀地分布在斜截面上，故斜截面上任一点的应力 p_α 为

$$p_\alpha = \frac{N_\alpha}{A_\alpha} = \frac{F}{A_\alpha}$$

根据斜截面面积 A_α 和横截面面积 A 之间的投影关系：$A_\alpha = \frac{A}{\cos\alpha}$

所以
$$p_\alpha = \frac{F}{A}\cos\alpha = \sigma\cos\alpha \tag{4-2}$$

式中：$\sigma = \frac{F}{A}$ 是横截面上的正应力。

把斜截面上的全应力 p_α 分解成垂直于斜截面的正应力 σ_α 和与斜截面相切的剪应力 τ_α，如图 4-10 (c) 所示，则

$$\left.\begin{array}{l} \sigma_\alpha = p_\alpha\cos\alpha = \sigma\cos^2\alpha \\ \tau_\alpha = p_\alpha\sin\alpha = \frac{\sigma}{2}\sin2\alpha \end{array}\right\} \tag{4-3}$$

式中各量的符号：σ、σ_α 拉为正，压为负；τ_α 为相对截面内任一点顺时针转动为正，逆时针转动为负；α 从杆轴线到截面外法线方向逆时针转为正。

式（4-3）表明：通过拉（压）杆内任一点的不同斜截面上的正应力 σ_α 和剪应力 τ_α 均为 α 角的函数。σ_α 和 τ_α 随 α 角而变化的规律为：当 $\alpha=0°$ 时，$\sigma_\alpha=\sigma_{0°}=\sigma_{\max}$，这说明横截面上的正应力是过该点的所有各截面上正应力的最大值；当 $\alpha=45°$ 时，$\tau_{45°}=\dfrac{1}{2}\sigma=\tau_{\max}$，这表明在与杆轴线成 45°的斜截面上剪应力 τ_α 有最大值，其值等于横截面上正应力的一半。

在受力构件内任一点所取的两个互相垂直的截面上，式（4-3）计算其剪应力为

$$\tau_\alpha = \frac{\sigma}{2}\sin 2\alpha$$

$$\tau_{\alpha+90°} = \frac{\sigma}{2}\sin 2(\alpha+90°) = -\frac{\sigma}{2}\sin 2\alpha = -\tau_\alpha$$

这说明通过杆件内部某点相互垂直的两个截面上的剪应力，其数值相等，而方向都指向（或背离）该两个截面的交线，如图 4-10（d）所示。这种关系称为**剪应力双生互等定理**。

第四节　拉（压）杆的变形·虎克定律

一、轴向拉（压）杆变形和应变

直杆在轴向力作用下，轴向拉（压）杆主要变形是沿轴向的伸长或缩短，由实验不难看出：杆件在纵向伸长（缩短）的同时，横向尺寸也有缩小（增大），前者称为**纵向变形**，后者称为**横向变形**，如图 4-11（a）、（b）所示。

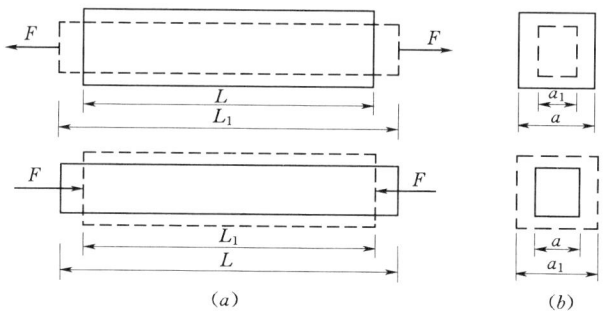

图 4-11

1. 纵向线应变

设正方形截面杆变形前长度为 L，变形后长度为 L_1，则杆件的纵向变形为 $\Delta L = L_1 - L$，拉伸时纵向变形为正值；压缩时纵向变形为负值。单位：米（m）或毫米（mm）。

ΔL 表示杆件沿轴向的总变形量又称**绝对变形**；绝对变形并不能反映拉压杆纵向变形伸缩程度，因为 ΔL 还与杆件的长度有关，在其他条件相同的情况下，直杆原长 L 越大，则绝对变形 ΔL 也越大。为了消除原始长度的影响，确切地描述杆件的变形程度，引入相对变形的概念。用纵向变形 ΔL 与杆件的原长 L 之比，表示单位长度的纵向变形，即纵向相对变形，也称为**纵向线应变**，用 ε 表示，即

$$\varepsilon = \frac{\Delta L}{L} \tag{4-4}$$

这里纵向线应变的"线"字表示产生的变形是长度变化,是相对"角"变形而言的。杆件纵向线应变以拉伸时 ε 为正,压缩时 ε 为负。线应变为无量纲量。

2. 横向线应变

设杆件变形前横向尺寸为 a,变形后为 a_1,则杆的横向变形和横向线应变分别为

$$\Delta a = a_1 - a \text{ 和 } \varepsilon' = \frac{\Delta a}{a} \tag{4-5}$$

当杆件纵向伸长时,横向尺寸减小,故 ε' 为负值;反之 ε' 为正值。因此,拉压杆的纵向线应变 ε 与横向线应变 ε' 的符号总是相反的。

3. 泊松比

实验表明:在弹性范围内,材料的横向线应变 ε' 和纵向线应变 ε 的比值的绝对值为一常数,该常数称为**横向变形系数**或**泊松比**。用 υ 表示,即

$$\upsilon = \left| \frac{\varepsilon'}{\varepsilon} \right| \tag{4-6}$$

υ 是无量纲量,各种材料的 υ 值由试验测定。

二、虎克定律

实验证明,当等直杆段轴力为常数时,在弹性范围内,轴向拉(压)杆的纵向绝对变形 ΔL 与杆的轴力 N、杆的原长 L 成正比,而与杆的原横截面面积 A 成反比,即

$$\Delta L \propto \frac{NL}{A}$$

引入比例常数 E,上式可写为

$$\Delta L = \frac{NL}{EA} \tag{4-7}$$

这一比例关系称为**虎克定律**。E 称为材料的**弹性模量**,它表示材料的弹性性质,其单位与应力单位相同。不同材料的 E 值可通过实验测定。我们把保证这种比例关系成立的正应力的上限值,称为材料的比例极限,用 σ_p 表示,于是虎克定律的适用条件为 $\sigma \leqslant \sigma_p$,因此,式(4-7)适用于材料在弹性范围变形的杆件,且要求在 L 长的杆段内,N、E、A 值均为常量。

由式(4-7)可知,对长度相同、受力相等的轴向拉压杆件,EA 越大,变形 ΔL 越小;反之,EA 越小,变形 ΔL 越大,故乘积 EA 称为杆件的**抗拉(压)刚度**。把 $\sigma = \frac{N}{A}$,$\varepsilon = \frac{\Delta L}{L}$ 代入式(4-7),可得到虎克定律的另一形式:

$$\sigma = E\varepsilon \tag{4-8}$$

式(4-8)表明:在弹性范围内,正应力与线应变成正比。

虎克定律描述了在弹性范围内,杆件内力与变形间的物理关系。虎克定律应用广泛,是工程力学中的一个重要定律。

几种常用材料的 E 和 υ 值可参考表 4-1。

表 4-1　　　　　　　　　　　几种常用材料的 E、v 值

材料名称	E（GPa）	v	材料名称	E（GPa）	v
碳钢	196～216	0.25～0.33	钢及其合金	73～128	0.31～0.42
合金钢	186～216	0.24～0.33	橡胶	0.00785	0.47
灰铸铁	113～157	0.23～0.27			

【例 4-5】 如图 4-12 所示为一轴向受力杆，已知 AD 段为圆形杆，横截面直径 $d=30\text{mm}$，DE 段为方形杆，横截面边长 $a=30\text{mm}$。若材料的弹性模量 $E=200\text{GPa}$，$AB=BC=2\text{m}$，$CD=DE=1\text{m}$。试计算杆件的伸缩量。

解：AD 段虽然是直径为 30mm 的圆形等直杆，但轴力却不是常数，故应分成 AB、BC 和 CD 三段分别计算变形值。CE 段虽然轴力是常数，但不是等截面杆，其中 CD 段是圆形截面杆，DE 段是方形截面杆，故也应分别计算变形值。

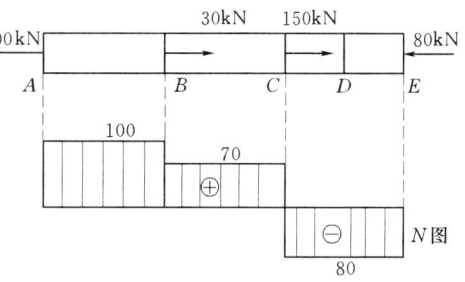

图 4-12

（1）求各段轴力。

轴力计算方法与［例 4-2］计算相同，各段轴力值见轴力图（单位：kN）。

（2）计算各段变形。

各段弹性模量相同　　　$E=200\text{GPa}=2\times10^5\text{N/mm}^2$

AB 段　$N_{AB}=100\text{kN}$，$l_{AB}=2\text{m}=2\times10^3\text{mm}$，计算得 $A_1=706.86\text{mm}^2$，故

$$\Delta l_{AB} = \frac{N_{AB}l_{AB}}{EA_1} = \frac{10^5\times 2\times 10^3}{2\times 10^5\times 706.86} = 1.414\text{ mm}$$

BC 段　$N_{BC}=70\text{kN}$，$l_{BC}=2\text{m}=2\times10^3\text{mm}$，$A_1=706.86\text{mm}^2$，故

$$\Delta l_{BC} = \frac{N_{BC}l_{BC}}{EA_1} = \frac{70\times 10^3\times 2\times 10^3}{2\times 10^5\times 706.86} = 0.990\text{ mm}$$

CD 段　$N_{CD}=-80\text{kN}$，$l_{CD}=1\text{m}=10^3\text{mm}$，$A_1=706.86\text{mm}^2$，故

$$\Delta l_{CD} = \frac{N_{CD}l_{CD}}{EA_1} = \frac{-80\times 10^3\times 1\times 10^3}{2\times 10^5\times 706.86} = -0.566\text{ mm}$$

DE 段　$N_{CD}=-80\text{kN}$，$l_{DE}=1\text{m}=10^3\text{mm}$，计算得 $A_2=900\text{mm}^2$，故

$$\Delta l_{DE} = \frac{N_{DE}l_{DE}}{EA_2} = \frac{-80\times 10^3\times 1\times 10^3}{2\times 10^5\times 900} = -0.444\text{ mm}$$

（3）全杆总变形。

$$\Delta l = \Delta l_{AB} + \Delta l_{BC} + \Delta l_{CD} + \Delta l_{DE}$$
$$= (1.414+0.990-0.566-0.444)\text{mm} = 1.394\text{mm}（伸长）$$

结果为正，表明全杆总长增加了 1.394mm。

上述计算方法是利用式（4-7）虎克定律计算变形的，现在用式（4-8）计算，比较一下：

先求各杆的应力

$$\sigma_{AB} = \frac{N_{AB}}{A_1} = \frac{100 \times 10^3}{706.86} = 141.47 \text{ MPa}$$

$$\sigma_{BC} = \frac{N_{BC}}{A_1} = \frac{70 \times 10^3}{706.86} = 99.03 \text{ MPa}$$

$$\sigma_{CD} = \frac{N_{CD}}{A_1} = \frac{-80 \times 10^3}{706.86} = -113.18 \text{ MPa}$$

$$\sigma_{DE} = \frac{N_{DE}}{A_2} = \frac{-80 \times 10^3}{900} = -88.89 \text{ MPa}$$

应用式（4-8）再来计算应变

$$\varepsilon_{AB} = \frac{\sigma_{AB}}{E} = \frac{141.47}{2 \times 10^5} = 7.07 \times 10^{-4}$$

$$\varepsilon_{BC} = \frac{\sigma_{BC}}{E} = \frac{99.03}{2 \times 10^5} = 4.95 \times 10^{-4}$$

$$\varepsilon_{CD} = \frac{\sigma_{CD}}{E} = \frac{-113.18}{2 \times 10^5} = -5.66 \times 10^{-4}$$

$$\varepsilon_{DE} = \frac{\sigma_{DE}}{E} = \frac{-88.89}{2 \times 10^5} = -4.44 \times 10^{-4}$$

最后来计算全杆变形

$$\Delta l = \Delta l_{AB} + \Delta l_{BC} + \Delta l_{CD} + \Delta l_{DE} = \varepsilon_{AB} l_{AB} + \varepsilon_{BC} l_{BC} + \varepsilon_{CD} l_{CD} + \varepsilon_{DE} l_{DE}$$
$$= (7.07 \times 10^{-4} \times 2 \times 10^3 + 4.95 \times 10^{-4} \times 2 \times 10^3$$
$$- 5.66 \times 10^{-4} \times 1 \times 10^3 - 4.44 \times 10^{-4} \times 1 \times 10^3)$$
$$= 1.394 \text{ mm}$$

计算结果相同。

【例 4-6】 有一矩形截面的铜杆，其宽度 $a=80$mm，厚度 $b=3$mm。经拉伸试验测得：在纵向 100mm 的长度内伸长了 0.05mm，在横向 60mm 的宽度内缩小了 0.0093mm。设铜的弹性模量 $E=2.0 \times 10^5$MPa，试求此材料的泊松比和杆件所受的轴向外力。

解：（1）计算泊松比 v。

杆的纵向应变为

$$\varepsilon = \frac{\Delta L}{L} = \frac{0.05}{100} = 50 \times 10^{-5}$$

横向应变为

$$\varepsilon' = -\frac{\Delta b}{b} = -\frac{0.0093}{60} = -15.5 \times 10^{-5}$$

所以材料的泊松比为

$$v = \left|\frac{\varepsilon'}{\varepsilon}\right| = \frac{15.5 \times 10^{-5}}{50 \times 10^{-5}} = 0.31$$

（2）计算轴向外力 F。

根据虎克定律可由纵向应变和弹性模量计算出铜杆横截面的正应力为

$$\sigma = E\varepsilon = 2.0 \times 10^5 \times 50 \times 10^{-5} = 100 \text{ MPa}$$

杆的轴力为 $N = \sigma A = 100 \times 10^6 \times 80 \times 3 \times 10^{-6} = 24000 \text{N} = 24 \text{ kN}$

所以该杆受到的轴向外力 $F=N=24$kN。

第五节　材料在拉伸和压缩时的力学性能

材料的力学性能，主要是指材料受力时，在强度和变形方面表现出来的性质。例如，弹性模量 E、泊松比 ν 等，均属于材料的力学性能指标。材料的力学性能通过材料力学试验测定，试验要求在常温（即室温）、静荷载（即从零开始缓慢平稳地增加荷载）条件下进行。工程中所使用的材料一般可分为两大类：

塑性材料：破坏前产生明显的塑性变形。如：低碳钢、铝等。

脆性材料：破坏前没有明显的塑性变形。如：铸铁、石料等。

本节主要介绍塑性材料和脆性材料中比较典型的低碳钢和铸铁在拉伸和压缩试验中所表现的力学性能。

一、低碳钢在拉伸时的力学性能

低碳钢是水利、交通、建筑等工程中广泛使用的材料，它在拉伸试验中所表现的力学现象比较全面、典型，是材料力学性能最基本的试验，材料的许多重要力学性能指标都可以通过这一试验测定，其他材料的力学性能也可通过与其比较而了解。

根据国家标准（金属拉力试验法）规定，将试件做成圆截面或矩形截面标准试件，圆截面标距 L（即工作段长度）与直径的关系是 $L=10d$ 或 $L=5d$。矩形截面标距与截面面积的关系为 $L=11.3\sqrt{A}$ 或 $L=5.65\sqrt{A}$，如图 4-13 所示。

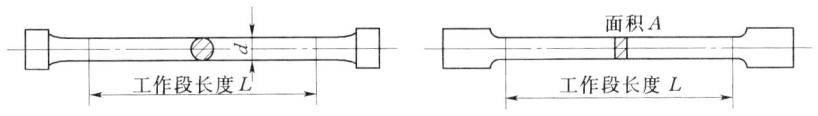

图 4-13

试验在拉力试验机或万能材料试验机上进行。方法：将标准试件安装在试验机上，使试件承受静荷载作用，即荷载从零缓慢地增加，直至拉断。试验过程中，分级测出试件的 ΔL 与其对应的荷载 F，试验机上的自动记录装置将每一时刻拉力 F 与试件的绝对变形 ΔL 按一定的比例绘制成 $F \sim \Delta L$ 曲线，称**拉伸图**，如图 4-14（a）所示。

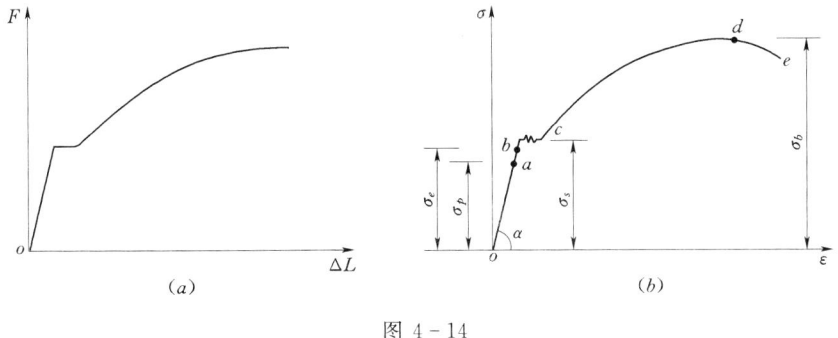

图 4-14

拉伸图与试件的原始尺寸有关，为了增加实验结果的可比性，反映材料本身的力学性能，应消除原始尺寸对材料性能的影响，为此将纵坐标改用 $\sigma = \dfrac{F}{A_0}$（A_0 为试件的原始横截面面积），横坐标改用 $\varepsilon = \frac{\Delta L}{L}$，得到**应力—应变图**，即 $\sigma \sim \varepsilon$ 图。它表明从加载开始到破坏为止，应力应变的对应关系，如图 4-14（b）所示。其形状与拉伸图相似。

由低碳钢试件拉伸时的 $\sigma \sim \varepsilon$ 图可见，整个曲线分为下列四个阶段：

1. 弹性阶段（$o-a-b$）

这阶段的特点有二，即线性（虎克定律）和弹性。图中 oa 段应力～应变曲线是一条直线，说明在这一阶段应力和应变成正比，这就是虎克定律的试验依据。通常把直线的最高点 a 对应的应力称为**比例极限用 σ_p 表示**。工程中常用的 Q235 钢的比例极限 σ_p 约为 200MPa。

由于 oa 为斜直线，即 $\Delta l \propto N$，$\sigma \propto \varepsilon$ 遵从虎克定律。显然，σ 与 ε 的比例系数 E 就可以用 oa 线的斜率求得

$$E = \tan\alpha$$

在试件的应力不超过 b 点所对应的应力时，材料的变形是完全弹性的。即把荷载逐渐卸除到零，试件的变形将全部消失，故 ob 段称为弹性阶段，最高点 b 对应的应力值 σ_e 称为材料的**弹性极限**。

弹性极限 σ_e 和比例极限 σ_p 两者意义不同但数值十分接近，因此，在实际应用中常把它们统称弹性极限，把虎克定律看成适用于整个弹性范围。

2. 屈服阶段（$b-c$）

在应力超过弹性极限 σ_e 后，$\sigma \sim \varepsilon$ 曲线逐渐变弯。b 点以后，应变迅速增加，而应力在很小范围内波动，在应力—应变图上出现了接近水平的锯齿形线段 bc，好像材料失去了对变形的抵抗能力。这一阶段称为**屈服阶段**。因此该阶段的最高应力值不稳定，故将屈服阶段的最低点所对应的应力值称为**屈服极限**或**屈服点**，以 σ_s 表示。Q235 钢的屈服点 σ_s 约为 235MPa。屈服时试件表面出现与试件轴线约为 45°方向的斜线，称为滑移线，如图 4-15（a）所示。滑移线是由于材料内部晶粒间发生相对滑移引起的，是产生塑性变形的根本原因。材料屈服时的变形大约为弹性阶段变形的 10～15 倍，所以 σ_s 为塑性材料的重要强度指标。

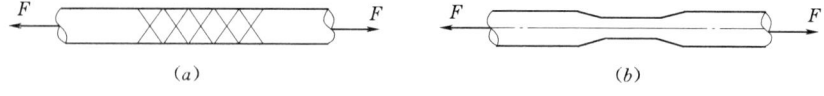

图 4-15

3. 强化阶段（$c-d$）

在屈服阶段以后，材料重新产生了抵抗变形的能力，$\sigma \sim \varepsilon$ 图中间上凸曲线 cd 表明如果要使试件继续变形，必须增加应力，这一阶段称为强化阶段。这一阶段的最高点 d 对应的应力称**强度极限用 σ_b 表示**。它是材料能承受的最大应力值。低碳钢的强度极限 σ_b 约为 400MPa。

4. 局部变形阶段（$d-e$）

在应力—应变曲线达到强度极限以前，试件在标距范围内的变形通常是均匀的。从 d 点开始，试件的变形将集中于某一局部长度内，此处截面面积显著减小，如图 4-15（b）

所示,称作"颈缩"现象。由于颈缩处横截面面积显著减小,导致试件继续变形所需的拉力 F 反而减小,直至最后将试件拉断。因计算 σ 时采用原面积 A,故 $\sigma \sim \varepsilon$ 曲线下降至 e 点。de 段称为局部变形阶段或**颈缩阶段**。

二、材料的塑性指标,卸载定律及钢材的冷加工特性

1. 材料的塑性指标

从 $\sigma \sim \varepsilon$ 图中可看出,试件拉断后,弹性变形全部消失,残留下的是塑性变形。标志材料承受塑性变形能力的塑性指标有两个:

(1) 断后伸长率。试件拉断后的标距长度 L_1 减去原来标距长度 L 的差除以 L 后的百分比,称为**材料的断后伸长率用 δ 表示**:

$$\delta = \frac{L_1 - L}{L} \times 100\%$$

低碳钢的断后伸长率 δ 约为 $20\% \sim 30\%$。工程中常按断后伸长率 δ 的大小把材料划分为两大类,规定:$\delta \geqslant 5\%$ **的材料称为塑性材料**,$\delta < 5\%$ **的材料称为脆性材料**。低碳钢是塑性材料的典型代表。

(2) 截面收缩率。试件截面原始面积为 A,断裂后断口处横截面面积为 A_1,用百分比表示的比值

$$\psi = \frac{A - A_1}{A} \times 100\%$$

上式中的 ψ 称为**截面收缩率**,低碳钢的截面收缩率约为 $60\% \sim 70\%$。

2. 卸载定律

在 Q235 钢的拉伸实验中,如果超过弹性阶段在某一点(图 4-16 k_1 或 k_2 点)停止拉伸,并缓慢释放应力,则应力与应变将随之呈线性关系慢慢减小,直到应力降为零。应力与应变的下降斜线($k_1 k_1'$ 或 $k_2 o'$)近似地平行于 oa。这种在卸载过程中表现出来的应力—应变的线性关系规律,称为卸载定律。

卸载后,应力已释放完,而应变中只有弹性部分(如 $o'k_2'$)消失,塑性部分(如 oo')则残留了下来。

3. 冷作硬化(Q235 钢材的冷加工特性)

在 Q235 钢材拉伸实验时,如果拉到强化阶段中卸载至零(如图 4-16 中 $k_2 - o'$),然后立即再加荷载,则应力—应变关系迹点将沿卸载线上升($o' \to k_2$),直到卸载点(k_2)为止。若继续加载,则以后的应力—应变曲线与不卸载的第一次实验曲线完全吻合(即 $k_2 \to d \to e$),直至拉断。第一次拉伸的卸载点(k_2)成为第二次拉伸的"屈服"点,同时也是新的比例极限点,二者已经重合。第二次拉伸的残余变形($o'e'$)

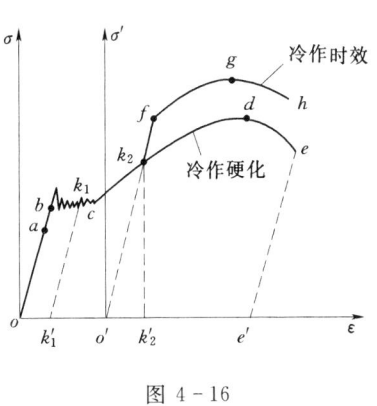

图 4-16

比第一次实验的残余变形(oe')小。说明第二次拉伸时,钢材的比例极限和"屈服"极限都提高了,而塑性却降低了。这种现象称为"**冷作硬化**"。冷作硬化经退火处理可消除之。

如果拉到强化阶段中卸载至零后不立即再拉,而是放置一段时间后再拉,则其比例极限、"屈服"极限还会进一步提高（$o' \to k_2 \to f \to g \to h$）,塑性则进一步降低,这种现象称为**冷作时效**。冷作时效与卸载后放置时间长短有关,同时也可以通过加热试样来予以加速时效进程,提高钢材的线弹性承载力。

建筑工程上经常利用冷作硬化与冷作时效现象来提高钢筋、钢缆绳等构件的比例极限和屈服极限,以增大承载力。机械工程中经常利用冷作硬化与冷作时效对某些钢零件表面进行处理（比如喷丸处理）,以提高零件表面层的强度。当然利用冷作硬化与冷作时效对钢材进行冷加工时,也会降低钢材塑性,使之变脆变硬,容易断裂,加工困难等。这在工程中应予高度重视,以避免出现工程事故。

三、其他材料拉伸时的力学性能

1. 金属材料

不同的材料,有着不同的力学性能,其他金属材料的拉伸试验与低碳钢的拉伸试验方法相同。图 4-17 绘出了几种塑性材料拉伸时的应力—应变图。图中 1、2、3 分别是锰钢、硬铝和低碳钢的应力—应变曲线。这三种材料断后伸长率都比较大,所以它们都属于塑性材料。但是,有些材料在拉伸过程中没有明显的屈服阶段。对没有明显屈服阶段的塑性材料,规定以产生 0.2% 的塑性变形时所对应的应力作为屈服点,称为**名义屈服点**,用 $\sigma_{0.2}$ 表示,如图 4-18 所示。

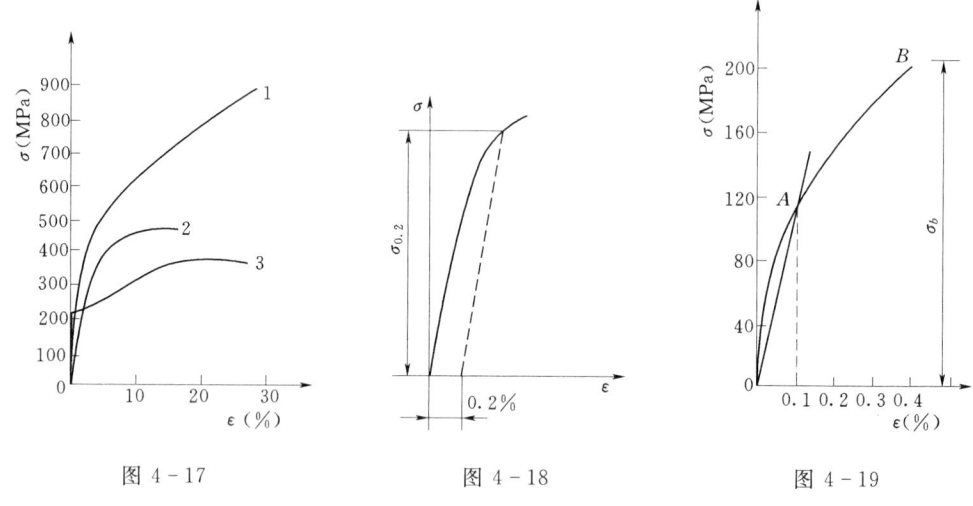

图 4-17　　　　　图 4-18　　　　　图 4-19

2. 脆性材料

以典型的脆性材料铸铁为代表来说明脆性材料拉伸时的力学性能。铸铁拉伸时的 $\sigma \sim \varepsilon$ 曲线如图 4-19 所示。由图可见,铸铁拉伸时,从开始受力到断裂,变形都不显著。$\sigma \sim \varepsilon$ 图上没有明显的直线部分,也没有屈服和颈缩阶段,只有一个强度特征值,即断裂时的应力—强度极限 σ_b,其值约为（100~340）MPa。断裂时的总变形很小,其断后伸长率仅为 0.4%~0.5% 左右,远小于 5%,是典型的脆性材料。

铸铁的 $\sigma \sim \varepsilon$ 曲线虽然没有明显的直线部分,但在较小的拉应力下,可以近似地认为服从虎克定律,取 $\sigma \sim \varepsilon$ 曲线上产生 0.1% 应变时对应的应力点所作 OA 割线,以此割线的斜率作为材料的弹性模量（图4-19）。

四、材料在压缩时的力学性能

金属材料的压缩试件，一般做成短圆柱体，为了避免试件受压后发生弯曲变形，通常规定圆柱形试件的高是直径的1.5~3倍；非金属材料（如石料、混凝土）的试件常采用边长为20cm的立方体，试验时将试件放在试验机的两压座间，施加轴向压力。

1. 低碳钢

图4-20中的实线就是低碳钢在压缩时的应力—应变图。为了比较低碳钢在拉伸和压缩时的力学性能，在图4-20中还用虚线绘出了低碳钢在拉伸时的应力—应变图。试验结果表明：在屈服阶段以前，图示两条曲线基本上是重合的，这说明低碳钢在压缩时的比例极限、屈服极限和弹性模量都与拉伸时相同。但在超过屈服点以后，试件腰部逐渐胀大最后成为薄饼状（图4-20），受压面积越来越大，不会出现颈缩阶段，不可能产生断裂，也无法测定材料的压缩强度极限。故一般来说，低碳钢的力学性质主要用拉伸试验确定。

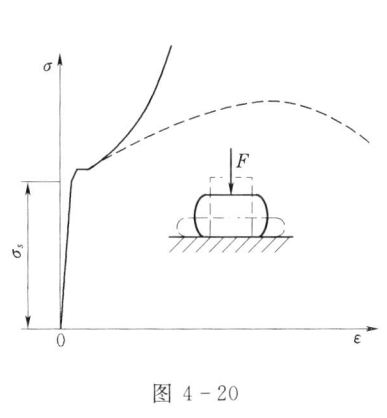

图4-20

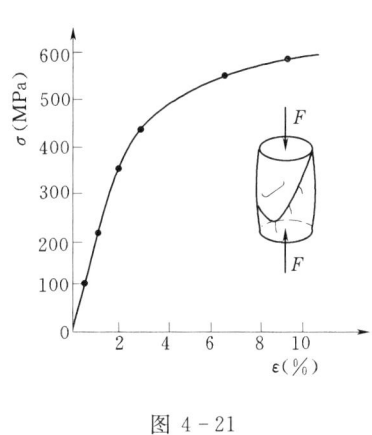

图4-21

2. 铸铁

铸铁是脆性材料的典型代表，铸铁在压缩时的力学性能和拉伸时有较大差别。铸铁压缩时的应力—应变图如图4-21所示。试验证明：铸铁试件在压缩变形很小时即会沿着与轴线大致成45°的斜面突然断裂，故铸铁压缩时没有屈服阶段，只能测得强度极限。铸铁在压缩时的强度极限比拉伸时高4~5倍。

五、塑性材料和脆性材料的主要区别

低碳钢、铸铁的拉伸和压缩实验，反映了塑性材料和脆性材料的力学性能。根据实验结果的比较，可以得到塑性材料和脆性材料在力学性能上的主要区别：

（1）塑性材料的抗拉（压）强度相同，在拉伸时，塑性材料的强度极限远大于脆性材料的强度极限，故受拉构件一般应采用塑性材料。

（2）脆性材料的抗压强度远大于其抗拉强度，故铸铁、岩石、混凝土等脆性材料通常用来制造受压构件。

（3）塑性材料在破坏以前的变形较大，而脆性材料在断裂前仅发生很小的变形，故对承受冲击或振动的构件一般要用塑性材料。而机座、基础等构件一般用脆性材料。实践表明，任何材料的力学性能，均随外界条件的改变而转化。譬如：塑性材料在冲击、交变荷载作用下也会发生脆性断裂，而铸铁在高温时又反映出较好的塑性性能。因此，上面对于材料作塑性材料或脆性材料的分类，应该理解为材料在常温、静荷载的条件下是处于塑性状态还是处于脆性状态。表 4-2 列出了几种常用材料的主要力学性能。

表 4-2　　　　　几种常用材料的主要力学性能（在常温、静荷载下）

材料种类	型号或级别	弹性模量 E (GPa)	泊松比 μ	屈服点(MPa) σ_s	$\sigma_{0.2}$	抗拉强度 σ_b (MPa)	伸长率(%) δ_5	δ_{10}	备注 δ_5 为 $l=5d$ 的试样伸长率 δ_{10} 为 $l=10d$ 的试样伸长率
碳素结构钢	Q235	210	0.24～0.28	235	—	375～460	26	—	材料的 d 或 $t \leqslant 16$mm
优质中碳钢	45 号	205	—	350	—	600	16	—	
低合金钢	Q345	200	0.25～0.3	345	—	510～660	22	—	以前叫 16Mn 钢，d 或 $t \leqslant 16$mm
铝合金	LY12	71	0.33	—	370	450	—	15	
灰铸铁	—	60～162	0.23～0.27	—	—	98～390	—	<0.5	
混凝土	C20	25.5	0.16～0.18	—	—	13.5	—	—	
木材	红松	9～12	—	—	—	96	—	—	顺纹

第六节　拉（压）杆的强度计算

一、许用应力、安全系数

1. 极限应力

极限应力 σ° 是指材料破坏时的应力。试验结果表明：对于塑性材料，当应力达到屈服极限 σ_s 时，就会产生显著的塑性变形，这是构件正常工作所不允许的。因此，塑性材料应以屈服极限作为极限应力即 $\sigma^\circ = \sigma_s$。脆性材料一般不会产生明显塑性变形，但是，当应力达到强度极限 σ_b 时，材料将立即发生断裂。所以，脆性材料应以强度极限 σ_b 作为材料的极限应力即 $\sigma^\circ = \sigma_b$。

2. 许用应力、安全系数

为了保证构件能正常地工作，在工程实际中，必须使构件中的最大工作应力小于材料的许用应力。**所谓许用应力是将材料的极限应力除以安全系数**，用符号 $[\sigma]$ 表示，即

$$[\sigma] = \frac{\sigma^\circ}{K} \tag{4-9}$$

式中：K 为**安全系数，其数值恒大于 1。**

安全系数是表示构件所具有安全储备大小的系数。正确地确定安全系数相当重要而又比较复杂。安全系数选的过大，浪费工料；反之，若选的过小，则可能造成构件破坏。为此，在确定安全系数时，必须慎重而全面地考虑诸方面的因素，例如荷载估计、材料性质的准确程度；测量计算方法的准确程度；施工方法和施工质量；建筑物的使用性质、工作条件和重要性；地震影响等。一般在静力荷载作用下，塑性材料的安全系数 $K_s = 1.4 \sim 1.7$；脆性材料的安全系数 $K_b = 2.5 \sim 3.0$。

各种材料的许用应力的具体数值，一般是由国家有关业务部门根据国家的生产水平、技术条件通过调查研究、试验分析、总结生产实践中的经验而规定，并将其列入有关的设

计规范中。表 4-3 就列出了几种常用材料的许用应力。

表 4-3　　　　　　　　　　几种常用材料的许用应力

材料名称	型号	许用应力	
		轴向拉伸（MPa）	轴向压缩（MPa）
碳素结构钢（低碳钢）	Q235	170	170
低合金钢（16Mn）	Q345	230	230
灰铸铁	—	34~54	160~200
混凝土	C20	0.45	7.5
混凝土	C30	0.65	10.5
红松	—	6.4	10

二、拉压杆的强度计算

要保证构件在外力作用下有足够强度，必须使构件内最大工作应力不超过材料的许用应力。所以构件拉伸或压缩时的强度条件为

$$\sigma_{max} = \frac{N}{A} \leqslant [\sigma] \tag{4-10}$$

式中：σ_{max} 为杆件内横截面上的最大工作应力；N 为产生最大工作应力横截面上的轴力，这个截面称危险截面；A 为危险截面面积；$[\sigma]$ 为材料的许用应力。

对于等直杆而言，轴力最大的截面是危险截面；而对于轴力不变的变截面杆，面积最小的截面是危险截面。一般情况，产生最大应力 σ_{max} 的截面为危险截面。

根据强度条件，可以解决下列三类工程实际问题。

1. 强度校核

已知构件横截面面积 A，材料许用应力 $[\sigma]$ 及所受荷载，可用式（4-10）检查构件强度是否足够，判断

$$\sigma_{max} = \frac{N}{A} \leqslant [\sigma] \quad \text{（一般工程允许 5\% 的计算误差）}$$

2. 设计截面

已知构件所承受的荷载及材料许用应力 $[\sigma]$，用式 $[A] \geqslant \frac{N}{[\sigma]}$ 可计算构件所需的横截面面积 A。再设计截面尺寸。

3. 确定许可荷载

已知构件的横截面面积 A 及材料许用应力 $[\sigma]$，则构件所允许承受的轴力可用 $[N] \leqslant [\sigma]A$ 计算，根据 $[N]$ 再确定许可荷载。

下面举例说明强度计算的具体方法。

【例 4-7】　一钢直杆受力如图 4-22（a）所示。已知：$[\sigma]=160$MPa，$A_1=300$mm^2，$A_2=140$mm^2，试校核此杆的强度。

解：（1）运用截面法计算杆件各段的轴力，并作出轴力图如图 4-22（b）所示。

（2）计算杆件的最大工作应力，并按式（4-10）校核强度。

虽然杆 AB 段的轴力 N_{AB} 最大，而 BC 段的轴力 N_{BC} 最小，但是 $A_2 < A_1$，这两段截面上的正应力不经计算难于判断哪段上的正应力大。因此，这两段上的截面均可能是危险截

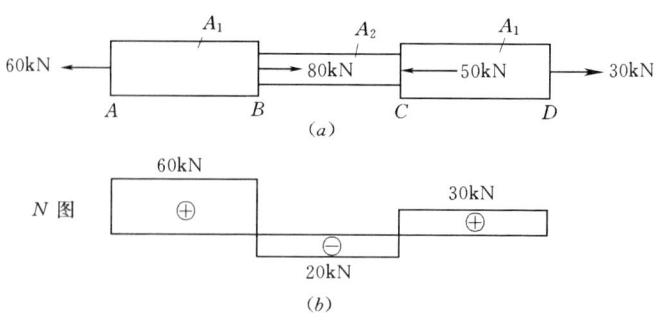

图 4-22

面，应该分别进行强度校核（CD 段的截面不可能是危险截面，由于 CD 段的面积和 AB 段的面积相同，而内力则小于 AB 段的内力）：

AB 段 $\sigma_{AB} = \dfrac{N_{AB}}{A_1} = \dfrac{60 \times 10^3}{300} = 200\text{MPa}(拉) > [\sigma]$

AB 段不满足强度要求。

BC 段 $\sigma_{BC} = \dfrac{N_{BC}}{A_2} = \dfrac{20 \times 10^3}{140} = 143\text{MPa}(压) < [\sigma]$

通过计算可知，杆件 AB 段上的应力是杆的最大工作应力，该段上的各截面都是杆件的危险截面。因为，杆件 AB 段强度不够，所以此杆不满足强度要求。

【例 4-8】 图 4-23（a）所示的正方形截面石柱，高 $H = 24\text{m}$，顶部受轴向压力 $F = 1000\text{kN}$，石柱的材料容重 $\gamma = 23\text{kN/m}^3$，许用应力 $[\sigma] = 1\text{MPa}$，试选择柱的截面尺寸。

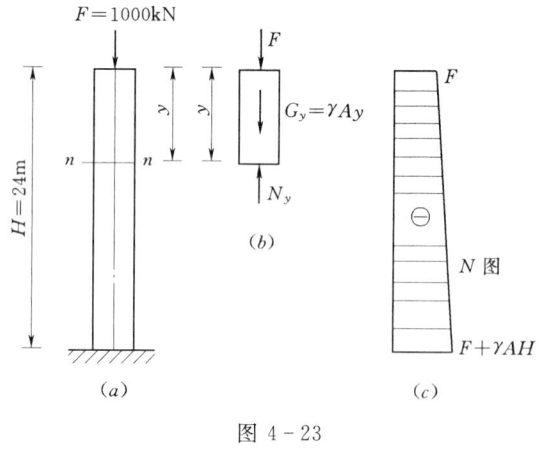

图 4-23

解：本题为选择截面题，由于石柱较高，并且许用应力较小，因此，通常需要考虑自重的影响。求解时应把柱子视为在轴向压力 **F** 和自重共同作用下的等直杆，显然对等截面杆来说轴力最大的截面为危险截面。

（1）计算柱子的轴力。

取距顶点为 y 处任意截面 n—n 以上一段为脱离体，由平衡方程

$\sum F_y = 0 \qquad F + G_y - N_y = 0$

得 $\qquad N_y = F + G_y = F + \gamma A y$

其中，$G_y = \gamma A y$ 是 n—n 截面以上为 y 的一段柱的自重。因为 γ 与 A 都是常量，所以 G_y 是 y 的线性函数。柱顶 $y = 0$，$G_y = 0$，$N = F$；柱底 $y = H$，$G_y = \gamma A H$，$N = F + \gamma A H$，即最大轴力发生在柱底，其值为

$$N_{\max} = F + \gamma A H (压)$$

石柱的轴力图如图 4-25（c）所示。

（2）选择柱的截面尺寸。

$$\sigma = \frac{N_{\max}}{A} = \frac{F}{A} + \gamma H \leqslant [\sigma]$$

经过简化，并将已知数据代入，可得

$$A = \frac{F}{[\sigma] - \gamma H} = \frac{1000}{1 \times 10^3 - 23 \times 24} = 2.23 \text{ m}^2$$

于是，正方形截面的边长为 $a = \sqrt{A} \geqslant \sqrt{2.23} = 1.49\text{m}$

【例 4-9】 跨度 $l = 18\text{m}$ 的三铰拱屋架（示意图）如图 4-24（a）所示，屋架上承受均布荷载按水平单位长度计算，其荷载集度 $q = 16.9\text{kN/m}$。C 处为铰链，AB 两处用拉杆连接。若拉杆材料为三号钢，其许用应力 $[\sigma] = 160\text{MPa}$，试设计：（1）拉杆 AB 的直径；（2）拉杆改用 16Mn 钢，其许用应力为 $[\sigma] = 230\text{MPa}$，拉杆直径为多大。

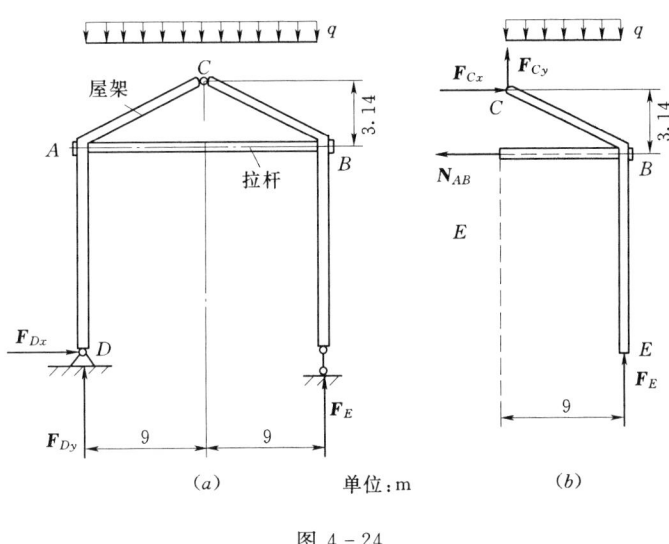

图 4-24

解：（1）确定 AB 杆的内力。选取整体为研究对象，求出 E 处支座反力

$$F_E = \frac{ql}{2} = \frac{16.9 \times 18}{2} = 152.1 \text{ kN}$$

再考虑如图 4-24（b）所示局部平衡，求 N_{AB}

由 $\quad \sum M_C = 0 \quad F_E \times 9 - N_{AB} \times 3.14 - q \times 9 \times 4.5 = 0$

得 $\quad N_{AB} = \dfrac{F_E \times 9 - q \times 9 \times 4.5}{3.14} = \dfrac{152.1 \times 9 - 16.9 \times 9 \times 4.5}{3.14} = 217.9 \text{ kN}$

（2）设计三号钢拉杆的直径。

利用强度公式 $\sigma = \dfrac{N}{A} \leqslant [\sigma]$ 知 $\quad A \geqslant \dfrac{N}{[\sigma]} = \dfrac{N_{AB}}{[\sigma]}$

又知 $\quad A = \dfrac{\pi d^2}{4} = 0.785 d^2 \quad$ 代入上式

求得 $\quad d_1 \geqslant \sqrt{\dfrac{N_{AB}}{0.785 \times [\sigma]}} = \sqrt{\dfrac{217.9 \times 10^3}{0.785 \times 160}} = 41.6 \text{ mm}$

（3）设计 16Mn 钢拉杆的直径。

可以将上式中的三号钢的许用应力换成16Mn钢的许用应力即可得

$$d_1 \geqslant \sqrt{\frac{N_{AB}}{0.785 \times [\sigma]}} = \sqrt{\frac{217.9 \times 10^3}{0.785 \times 230}} = 34.7 \text{ mm}$$

这种计算方法在工程上当需要改变设计时，是常用的。

【例 4-10】 如图 4-25（a）所示悬臂架。钢拉杆 AB 长 2m，其截面面积为 $A_1 = 6\text{cm}^2$，许用应力为 $[\sigma_1] = 160\text{MPa}$。BC 为木杆，其截面面积为 $A_2 = 100\text{cm}^2$，其许用应力为 $[\sigma_2] = 7\text{MPa}$。求许可荷载。

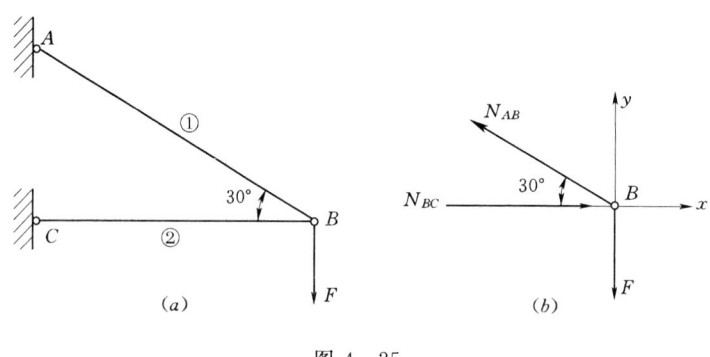

图 4-25

解：（1）建立各杆轴力与外荷 F 之间的关系，取结点 B 为研究对象如图 4-25（b）所示，由平衡方程

$$\sum F_y = 0 \quad N_{AB}\sin 30° - F = 0 \quad N_{AB} = 2F$$

$$\sum F_x = 0 \quad N_{BC} - N_{AB}\cos 30° = 0 \quad N_{BC} = N_{AB}\cos 30° = 2F \times 0.866 = 1.732F$$

（2）求许可荷载 [F]。

由钢拉杆 AB 的强度条件确定许可荷载，强度条件为 $[N]_{AB} \leqslant A_1[\sigma_1]$
把 $N_{AB} = 2F$ 代入上式

$$2F \leqslant A_1[\sigma_1] \quad 得 \quad F = \frac{A_1[\sigma_1]}{2} = \frac{6 \times 10^2 \times 160}{2} = 48000\text{N} = 48 \text{ kN}$$

由 BC 杆的强度条件求许可荷载，强度条件为 $[N]_{BC} \leqslant A_2[\sigma_2]$
把 $N_{BC} = 1.732F$ 代入上式

$$1.732F \leqslant A_2[\sigma_2] \quad 得 \quad F = \frac{A_2[\sigma_2]}{1.732} = \frac{100 \times 10^2 \times 7}{1.732} = 40415\text{N} = 40.4 \text{ kN}$$

如果每根杆都安全，应取许可荷载为 F=40.4kN，选其小者为许可荷载。

第七节　应力集中的概念

一、应力集中的概念

等截面或截面逐渐改变的直杆在轴向拉伸或压缩时，在距离力作用点较远的横截面上应力是均匀分布的。但在工程中，常因实际需要而在杆件上开槽、钻孔等，从而引起杆件横截面尺寸的突然变化，如图 4-26（a）、（c）所示。实验表明，在截面突变处，横截面上的应力分布是不均匀的，如图 4-24（b）、（d）所示，在孔、槽附近，应力急剧增加，而在距孔、槽稍远处，应力又逐渐趋于均匀。这种由于杆件截面尺寸突然改变而引起的局部应力急剧增大的现象，称为**应力集中**。

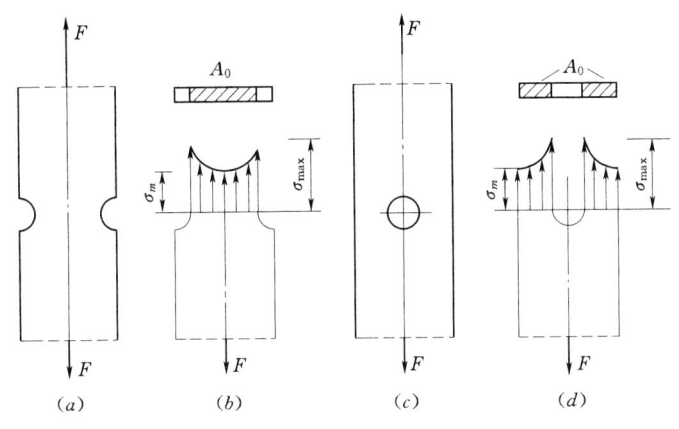

图 4-26

实验表明，截面尺寸改变越突然，孔越小、角越尖，局部产生的最大应力 σ_{max} 就越大，在常温静载下，当最大应力 σ_{max} 不超过材料的弹性极限时，可以用"理论应力集中系数 α"来衡量杆件应力集中的程度，即

$$\alpha = \frac{\sigma_{max}}{\sigma_m} \tag{4-11}$$

式中：σ_{max} 为最大局部应力；σ_m 为被削弱了的截面上的平均应力；α 是一个大于 1 的系数。设计时，对于典型的应力集中情况可以从有关的设计手册中查得。利用应力集中系数可以求得最大局部应力。

二、应力集中对杆件强度的影响

在静载荷作用下，应力集中对不同力学性能材料的杆件强度影响不同。对于脆性材料的杆件，当应力集中处局部最大应力 σ_{max} 达到强度极限 σ_b 时，尽管在削弱截面上其他各点处的应力还比较小，但由于脆性材料没有屈服阶段，所以在局部最大应力处仍将出现裂缝而导致杆件破坏。故在强度计算时，必须考虑应力集中的影响。而对于塑性材料的杆件，当应力集中处的局部最大应力 σ_{max} 达到材料的屈服点 σ_s 时，由于材料在屈服阶段产生明显的塑性变形，但局部最大应力值不再升高，增加的外力此时由截面上尚未达到屈服点的材料承担，它们的应力继续增大到屈服点。当整个截面各点应力均达到屈服点时，杆件才丧失工作能力。上述的应力重新分布现象，实际上起着避免杆件突然破坏的缓冲作用，减小了应力集中的不利影响。因此，塑性材料杆件，在强度计算时，可以不考虑应力集中的影响。构件受某些类型的动荷载作用（例如受交变应力作用）时，不论是塑性材料还是脆性材料，都必须考虑应力集中的影响。

第八节 连接件的强度计算

一、连接件的变形特点

工程中的结构大都由许多构件连接而成。连接的形式常有螺栓、铆钉、焊接、键连接、销轴、木榫头等，如图 4-27 所示。这些起连接部分的构件称为**连接件**。

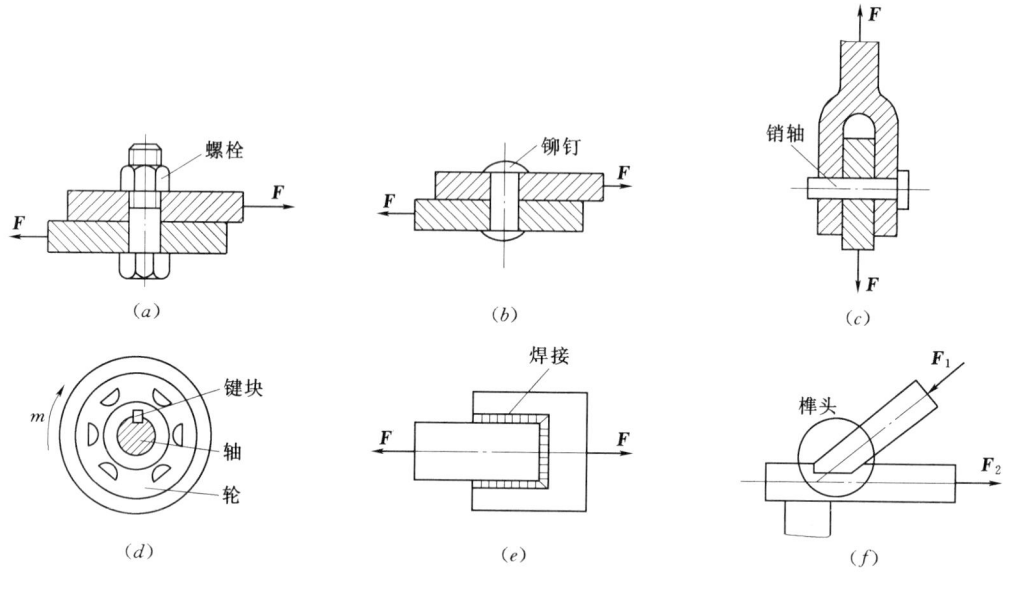

图 4-27

(a) 螺栓连接；(b) 铆钉连接；(c) 销轴连接；(d) 键块连接；(e) 焊接；(f) 榫接

连接件的受力特点是：**作用在构件上横向外力的合力大小相等，方向相反，作用线相距很近。因此，两个力之间的截面将沿力的作用线有相互错动的趋势。构件的这种变形称为剪切变形**。并且连接件与被连接件之间，在相互传递压力时，接触面还会出现挤压现象。所以，为了保证整个结构的安全，对连接件也需要进行强度计算。

二、剪切实用计算

以图 4-28 (a) 表示两块钢板由铆钉连接的情况为例。铆钉受到钢板传递其两侧面上分布力的作用。其各侧分布力的合力 F 大小相等、方向相反、且作用线相距很近。在两个力之间的 $m—m$ 截面将沿力的作用线有发生相互错动的趋势。通过截面法可求当 F 力过大时，铆钉将沿 $m—m$ 截面被剪断。承受剪切的构件中，发生相对错动的截面，称为**剪切面**。

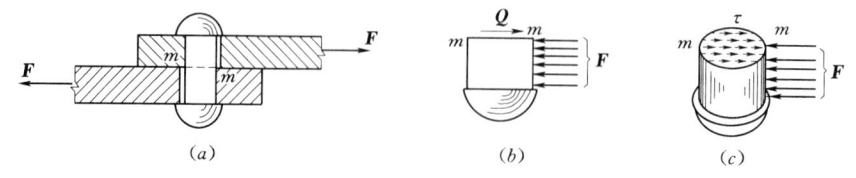

图 4-28

在图 4-28 (b) 中，用截面 $m—m$ 假想地将铆钉截为上下两部分，并取下部分为研究对象，设 $m—m$ 截面的内力为 Q，根据静力平衡条件，由

$$\sum F_x = 0 \qquad Q - F = 0 \qquad Q = F$$

内力 Q 作用线位于所切横截面内,我们称为**剪力**。

由于连接件都是些短粗零件,变形仅发生在很小范围内,当连接件受剪切作用时,变形及应力比较复杂。工程中常以应力在受剪面内均匀分布的假设作为计算依据,称为**剪切的实用计算**。设剪切面的面积为 A,则剪切面上的剪应力为

$$\tau = \frac{Q}{A} \tag{4-12}$$

为了保证连接件在工作时不被剪断,必须使连接件的工作剪应力不超过许用剪应力,则连接件剪切实用计算的强度条件为

$$\tau = \frac{Q}{A} \leqslant [\tau] \tag{4-13}$$

式中的许用剪应力 $[\tau]$ 等于连接件的剪切极限应力除以安全系数。剪切极限应力值是根据连接件进行剪切破坏试验,由破坏荷载来确定的。

三、挤压实用计算

图 4-29 所示螺栓作为连接件联接钢板,连接件与被连接件之间,在相互传递压力时,挤压力 F 在局部接触的半圆柱面[称挤压面,图 4-29(b)、(d)]上会产生与接触面垂直方向的挤压应力,见图 4-29(c)。当挤压应力过大时,在接触面上将发生局部的压溃或者塑性变形。由于连接件的塑性变形,会使其局部材料被迫向边缘或侧面隆起,使螺栓被压扁[图 4-29(b)],板也会在孔边的局部范围被挤压坏而发皱。这种变形称为**挤压变形**。

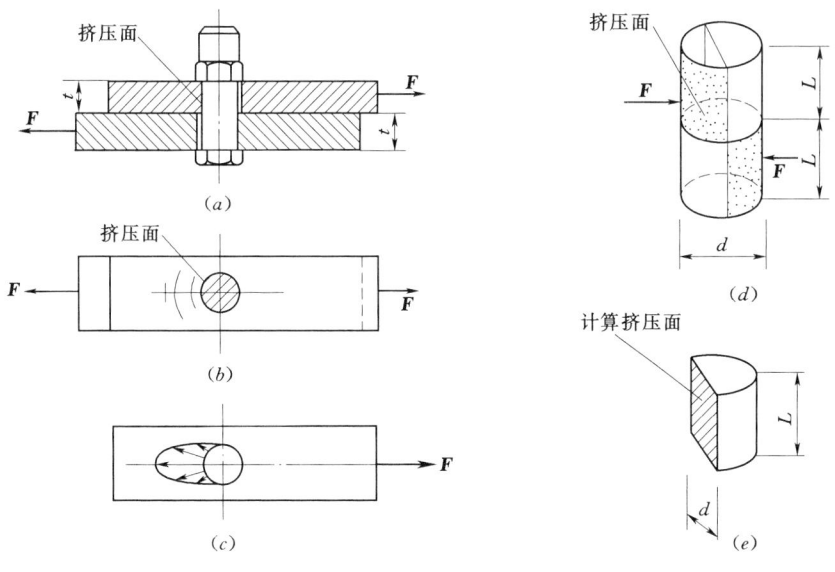

图 4-29

由挤压力产生的应力称为挤压应力,以 σ_c 表示。由图 4-29(c)铆钉挤压面上的挤压应力分布图知,它的分布情况也比较复杂,工程中也采用实用计算法,即假定在挤压面上应力是均匀分布的,则挤压应力的计算公式为

$$\sigma_c = \frac{F_c}{A_c} \tag{4-14}$$

式中：F_c 为挤压力；A_c 为挤压计算面积。

对于平面接触面的挤压面，挤压计算面积即为实际的接触面面积。对于圆弧面接触的挤压面，挤压计算面积常以直径投影面作为挤压面计算面积，如图 4-29 (e) 所示。

为防止连接件挤压破坏，工作挤压应力值不得超过材料的许用挤压应力，即挤压强度条件为

$$\sigma_c = \frac{F_c}{A_c} \leqslant [\sigma_c] \tag{4-15}$$

式中：$[\sigma_c]$ 为材料的许用挤压应力，其值由试验确定。

当连接件与被连接件的材料不同时，应以连接中抵抗挤压能力弱的构件来进行挤压强度计算。

四、实例

【例 4-11】 图 4-30 (a) 中的起重机吊具，用插销连接，起吊重物 $F = 40\text{kN}$，已知 $t = 20\text{mm}$，$t_1 = 15\text{mm}$，插销材料许用剪应力 $[\tau] = 60\text{MPa}$，许用挤压应力 $[\sigma_c] = 120\text{MPa}$。试确定插销的直径。

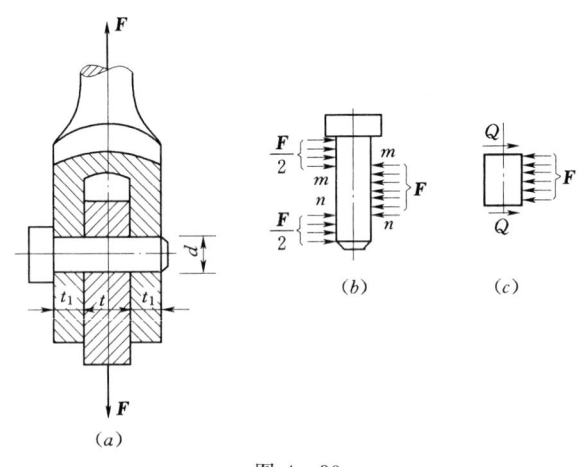

图 4-30

解：(1) 剪切强度确定插销直径。

取插销为脱离体，如图 8-30 (b) 所示。销轴有两个剪切面，即 m—m 面和 n—n 面。用截面法将插销沿剪切面剪开，取其任一部分为分离体，得每个剪切面的剪力

$$Q = \frac{F}{2} = 20 \text{ kN}$$

剪切面面积

$$A = \frac{\pi d^2}{4}$$

根据剪切强度条件

$$\tau = \frac{Q}{A} \leqslant [\tau] \quad 即 \quad A \geqslant \frac{Q}{[\tau]}$$

将 Q、A 代入上式

$$\frac{\pi d^2}{4} \geqslant \frac{Q}{[\tau]}$$

得插销的直径为

$$d \geqslant \sqrt{\frac{4 \times Q}{\pi [\tau]}} = \sqrt{\frac{4 \times 20 \times 10^3}{3.14 \times 60}} = 20.6 \text{ mm}$$

选取 $d = 21\text{mm}$。

(2) 利用挤压强度条件校核挤压应力。

$$\sigma_c = \frac{F_c}{A_c} = \frac{F}{td} = \frac{40 \times 10^3}{20 \times 21} = 95.2\text{MPa} < [\sigma_c]$$

所以，选取销的直径为 $d = 21\text{mm}$ 是安全的。

【例 4-12】 如图 4-31 (a)、(b) 所示，用螺栓将两块钢板联接在一起的普通螺栓

连接接头，受拉力 F 的作用。已知拉力 $F=100$kN，钢板厚 $\delta=0.8$cm，宽 $b=10$cm，螺栓直径 $d=1.6$cm，螺栓许用应力 $[\tau]=145$MPa，$[\sigma_c]=340$MPa，钢板的许用拉应力 $[\sigma]=170$MPa。试对连接接头作强度校核。

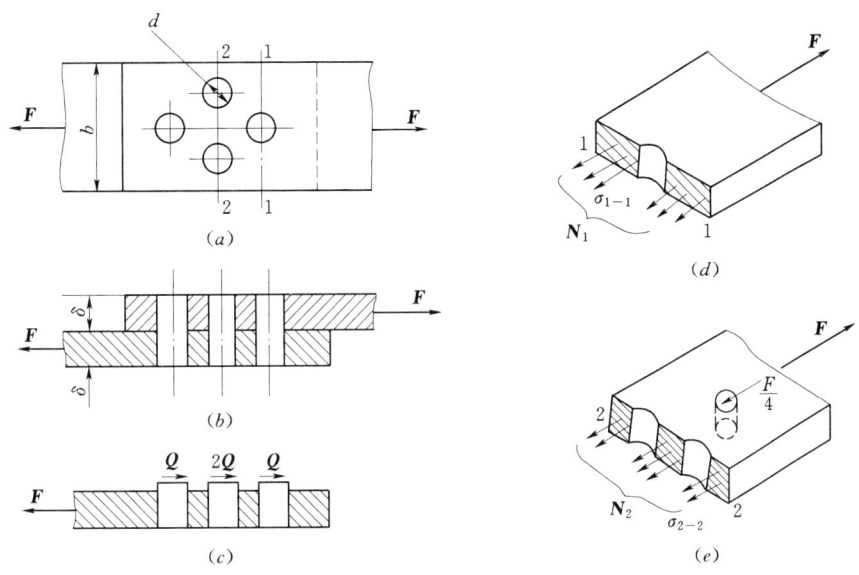

图 4-31

解：（1）螺栓的剪切强度校核。

用截面在两板之间沿螺杆的剪切面切开，取下部分为研究对象如图 4-31（c）所示。该部分受拉力 F 和螺栓剪切面上的剪力作用，假定每个螺栓受力相等，共四个螺栓，所以每个螺栓剪切面上所受的剪力为 $Q=F/4$，则剪应力

$$\tau = \frac{Q}{A} = \frac{F/4}{\pi d^2/4} = \frac{F}{\pi d^2} = \frac{100 \times 10^3}{3.14 \times (1.6 \times 10)^2} = 124 \text{MPa} < [\tau]$$

所以，螺栓满足剪切强度条件。

（2）螺栓的挤压强度校核。

每个螺栓挤压面所承受的挤压力为 $F/4$，则挤压应力为

$$\sigma_c = \frac{F_c}{A_c} = \frac{F/4}{d\delta} = \frac{100 \times 10^3}{4 \times 8 \times 16} = 195 \text{MPa} < [\sigma_c]$$

所以，螺栓满足挤压强度条件。

（3）主板的抗拉强度校核。

由于主板的圆孔对板的截面面积的削弱，所以对主板必须进行抗拉强度校核。先沿第一排孔的中心线稍偏右将板截开，如图 4-31（a）截面 1—1。此截面上的拉应力为 σ_{1-1}，如图 4-31（d）所示。假定它是均匀分布的，由平衡条件可知，1—1 截面的轴力 $N_1=F$，根据轴向拉伸强度条件，1—1 截面上应力为

$$\sigma_{1-1} = \frac{N_1}{A_1} = \frac{F}{\delta(b-d)} = \frac{100 \times 10^3}{8 \times (100-16)} = 149 \text{MPa} < [\sigma] = 170 \text{ MPa}$$

所以 1—1 截面强度安全。

但仅校核第一排孔处的截面还不够，因为在第二排有两个孔，截面被削弱的较多。为此用截面在第二排孔的中心线稍偏右切开，如图 4-31（a）2—2 截面，取研究对象如图 4-31（e）所示，该脱离体上作用有外力 F，第一排螺栓的剪力 $Q=\dfrac{F}{4}$ 及切开截面上的拉应力 σ_{2-2}，其合力 N_2，根据平衡条件得

$$N_2 = F - \dfrac{F}{4} = \dfrac{3}{4}F$$

于是　$\sigma_{2-2} = \dfrac{N_2}{A_2} = \dfrac{\dfrac{3}{4}F}{\delta(b-2d)} = \dfrac{3 \times 100 \times 10^3}{4 \times 8(100-2 \times 16)} = 138\text{MPa} < [\sigma] = 170\text{MPa}$

所以，第二排孔截面强度也是安全的。

第三排孔，不需校核。因为该截面受到的内力比第二排孔处的小，而截面净面积却比第二排孔处大。

五、剪切虎克定理

第二节讲到剪应力互等定理的概念，杆件内部某点相互垂直的两个截面上的剪应力，其数值相等，而方向都指向（或背离）该两个截面的交线。现从受剪构件中取一矩形微块（图 4-32），若微块的左、右两侧面上分别作用有剪应力 τ。根据剪应力互等定理，在其顶面和底面上也必然存在剪应力 $\tau'=\tau$。微块在剪应力作用下，相邻两棱边所夹直角发生了微小改变，如图 4-33（a）所示，这个直角的改变量称为剪应变，并用符号 γ 表示，单位为弧度（rad）。

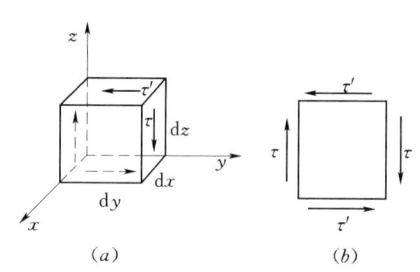

图 4-32

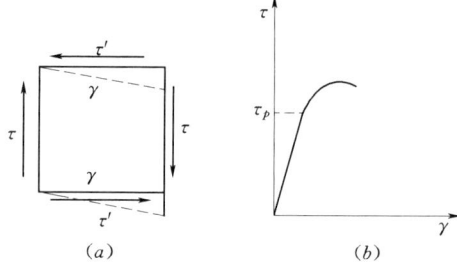

图 4-33

试验指出：当剪应力不超过材料的剪切比例极限 τ_p 时，剪应力 τ 和剪应变 γ 成正比，如图 4-33（b）所示，即

$$\tau = G\gamma \qquad (4-16)$$

上述关系称为**剪切虎克定律**。系数 G 称为材料的**剪切弹性模量**，它反映了材料抵抗剪切变形的能力。它的单位与应力相同。各种材料的 G 值可由试验测定，表 4-4 列出了几种常用材料的 G 值。

表 4-4　材料的剪切弹性模量 G 值

材 料 名 称	G 值（10^4 MPa）
低碳钢	8.1
合金钢	8.1
铸铁	4.25～4.50
铜	4.00～4.20
木材（顺纹）	0.055

可以证明，对于各向同性材料，E、G 和 ν 的关系为

$$G = \dfrac{E}{2(1+\nu)} \qquad (4-17)$$

思 考 题

思 4-1　变形、应变有何区别？它们的量纲是什么？

思 4-2　如何推导直杆在轴向压缩时横截面上正应力的公式？

思 4-3　钢材的弹性模量 $E=200\text{GPa}$，如受轴向拉伸的钢杆其相对伸长 $\varepsilon=0.01$，是否可以按照 $\sigma=E\varepsilon$ 的公式来求杆横截面上的正应力值？为什么？

思 4-4　若有两根材料不同，横截面面积 A、长度 L、外力 F 相同的受轴向拉伸的直杆，所产生的应力 σ、变形 ΔL，强度是否相同？

思 4-5　指出下列概念的区别：(1) 材料的拉伸图和应力应变图；(2) 屈服点 σ_s 和强度极限 σ_b；(3) 极限应力和许用应力；(4) 线应变和断后伸长率；(5) 压缩和挤压。

思 4-6　现有低碳钢、铸铁两种材料，若用铸铁制造杆 1，低碳钢制造杆 2，如图所示。是否合理？为什么？对于图 (a) 所示杆系，若将杆 1、杆 2 的材料对调，试问对调后的许可荷载 F 比未对调时有何变化？为什么？

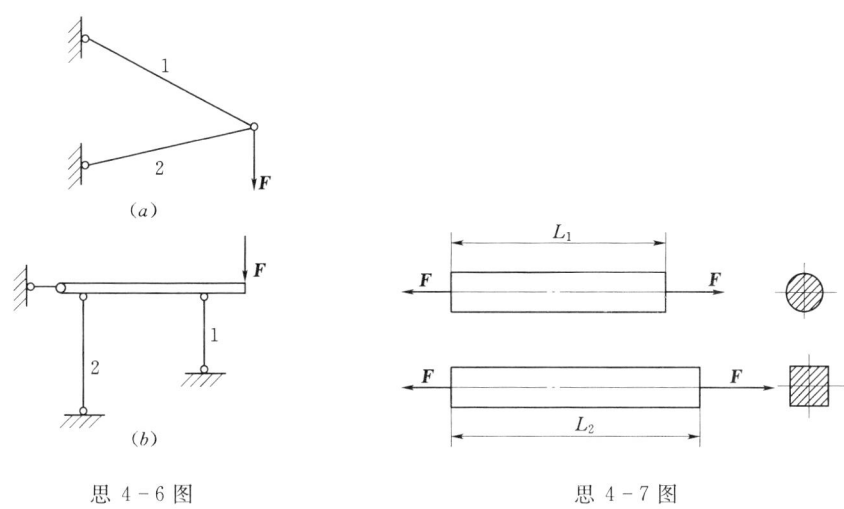

思 4-6 图　　　　　　思 4-7 图

思 4-7　图示二拉杆，一为圆截面，一为正方形截面。设两杆的材料、横截面面积及所受荷载均相同，试比较两杆的正应力 σ；轴向应变 ε 和横向应变 ε'，何者相同？何者不同？

思 4-8　材料的塑性如何衡量？何谓塑性材料？何谓脆性材料？试比较塑性材料与脆性材料的力学性质。

思 4-9　剪切变形、轴向拉压、挤压变形各有什么特点？

思 4-10　两块钢板用 4 个铆钉搭接如图 (a)、(b) 所示，从钢板的拉伸强度考虑，

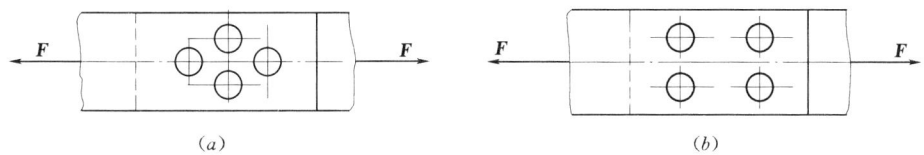

思 4-10 图

问哪一种铆钉布置较为合理？

思 4-11　指出图示构件的剪切面和挤压面，并计算出剪切面和挤压面的面积。

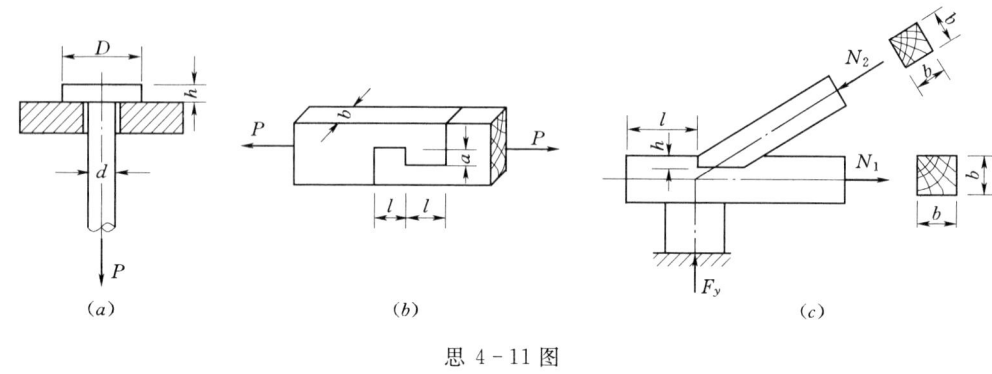

思 4-11 图

习　　题

题 4-1　图示阶梯杆，1、2 两段长度 l、材料 E 均相同，若 2 段横截面面积为 A，1 段横截面面积为 $4A$。画此阶梯杆的轴力图，并求每段内的正应力 σ。

题 4-2　求图示钢杆的轴力图及各段杆内横截面上的应力。并求全杆总长度的变形。杆横截面为圆形，直径为 25mm，弹性模量 $E=200$GPa。

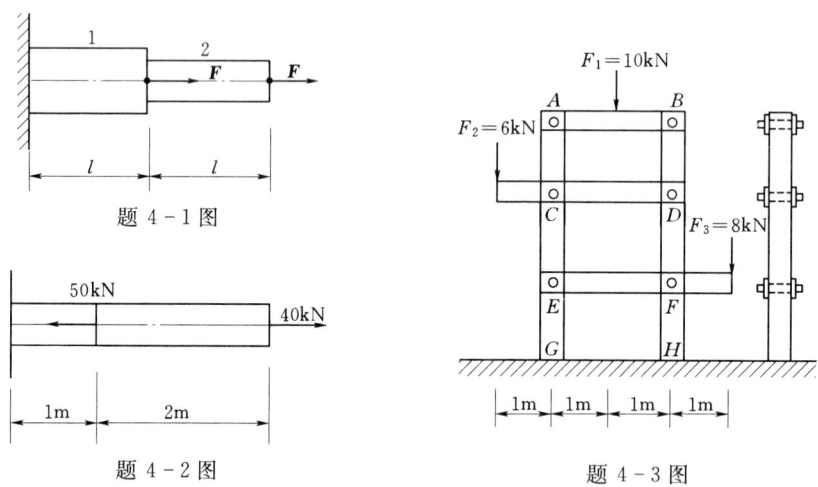

题 4-3　木架受力如图所示。已知两根立柱的横截面均为 $100\text{mm}\times100\text{mm}$ 的正方形。(1) 试绘左、右立柱的轴力图；(2) 求左右立柱上、中、下三段内横截面上的正应力。

题 4-4　已知杆长 $l=1$m，横截面面积 $A=240\text{mm}^2$。材料的弹性模量 $E=214$GPa。当该杆件受轴向外力作用被拉伸时，通过百分表引伸仪测得沿轴向 $a=100$mm 上的伸长变形为 0.05mm，试求杆件横截面上的轴力、应力和杆件的伸长量 Δl。

题 4-5　截面为正方形的阶梯砖柱如图所示。上柱高 $H_1=3$m，截面面积 $A_1=240\text{mm}\times240\text{mm}$，下柱高 $H_2=4$m，截面面积 $A_2=370\text{mm}\times370\text{mm}$，荷载 $F=40$kN，砖

砌体的弹性模量 $E=3\mathrm{GPa}$，砖柱自重不计，试求：(1) 柱子上、下段的应力；(2) 柱子上、下段的应变；(3) 柱子的总缩短。

题 4-6 当用绳索起吊钢筋混凝土管子时，如管子的重量 $G=10\mathrm{kN}$，绳索的直径 $d=40\mathrm{mm}$，许用应力 $[\sigma]=10\mathrm{MPa}$。试校核绳索的强度。

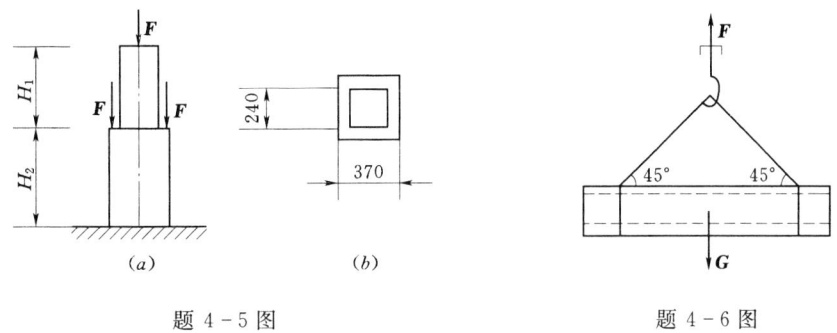

题 4-5 图　　　　　　　　题 4-6 图

题 4-7 一矩形截面木杆，两端的截面被圆孔削弱，中间的截面被两个切口减弱，如图所示。杆端承受轴向拉力 $F=70\mathrm{kN}$，已知 $[\sigma]=7\mathrm{MPa}$，问杆是否安全？

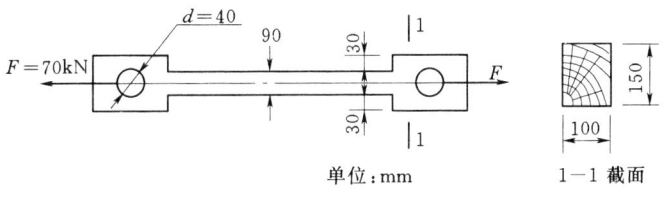

题 4-7 图

题 4-8 图示起重架，在 D 点作用荷载 $F=30\mathrm{kN}$，若杆 AD，ED，AC 的许用应力分别为 $[\sigma]_1=40\mathrm{MPa}$，$[\sigma]_2=100\mathrm{MPa}$，$[\sigma]_3=100\mathrm{MPa}$，求三根杆所需的面积。

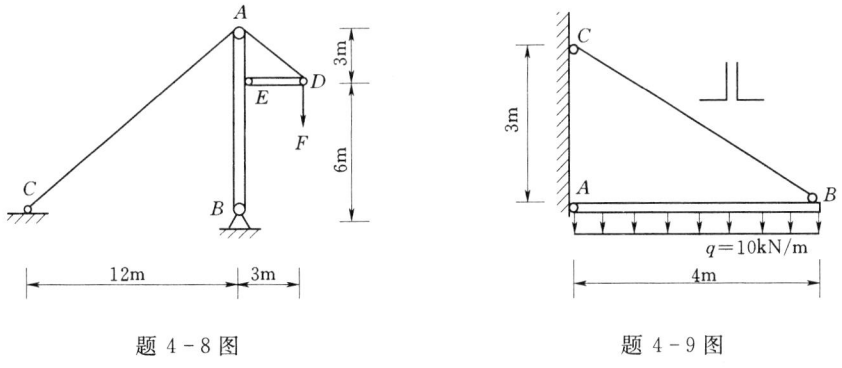

题 4-8 图　　　　　　　　题 4-9 图

题 4-9 图示雨篷结构简图。水平梁 AB 上受均布荷载 $q=10\mathrm{kN/m}$，B 端用斜杆 BC 拉住。试按下列两种情况设计截面。

(1) 斜杆由两根等边角钢制造，材料许用应力 $[\sigma]=160\mathrm{MPa}$，选择角钢型号。

(2) 若斜杆用钢丝绳代替，每根钢丝绳的直径 $d=2\mathrm{mm}$，钢丝绳的许用应力 $[\sigma]=160\mathrm{MPa}$，求所需钢丝的根数。

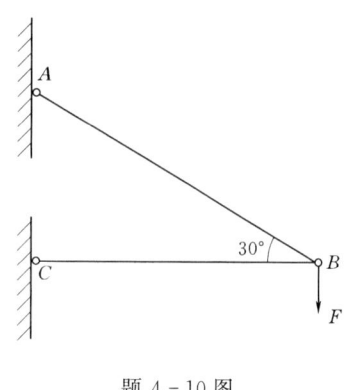

题 4-10 图

题 4-10 钢木构架如图所示。BC 杆为钢制圆杆，AB 杆为木杆。若 $F=10\text{kN}$，木杆 AB 的横截面面积为 $A_1=10000\text{mm}^2$，弹性模量 $E_1=10\text{GPa}$，许用应力 $[\sigma]_1=7\text{MPa}$，钢杆 BC 的横截面面积为 $A_2=600\text{mm}^2$，弹性模量 $E_2=200\text{GPa}$，许用应力 $[\sigma]_2=160\text{MPa}$，试求：(1) 校核各杆的强度；(2) 求许用荷载 $[F]$；(3) 根据许用荷载，计算钢杆 BC 所需直径。

题 4-11 厚 $t=19\text{mm}$ 的钢板，上、下有两块厚 $t_1=10\text{mm}$ 的盖板，每边用 5 个铆钉连接，直径为 $d=22\text{mm}$。布置如图示。主板与盖板宽度相同，$b=230\text{mm}$。已知材料的许用应力为 $[\tau]=140\text{MPa}$，$[\sigma_c]=300\text{MPa}$，$[\sigma]=160\text{MPa}$，拉力 $F=500\text{kN}$，试校核此连接件的强度。

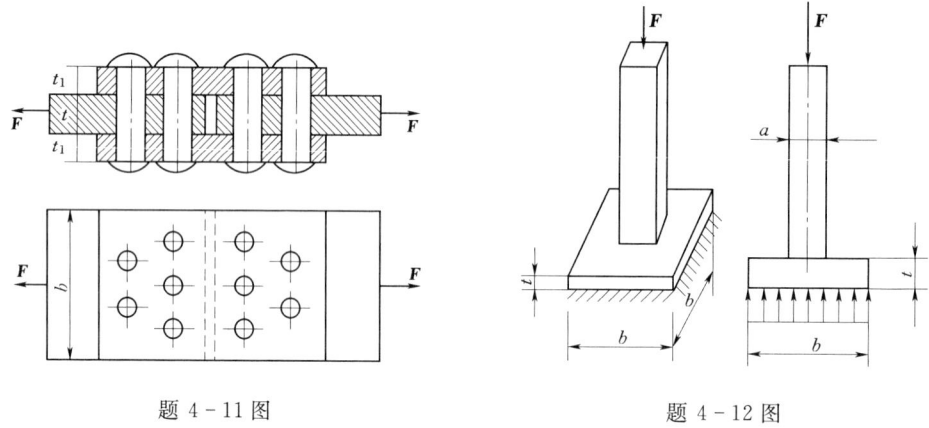

题 4-11 图　　　　　　　题 4-12 图

题 4-12 图示一混凝土柱，其横截面为正方形，边长 $a=0.2\text{m}$，竖立在边长 $b=1\text{m}$ 的正方形混凝土基础板上，柱顶承受轴向压力 $F=100\text{kN}$。若地基对混凝土基础板的支承反力是均匀分布的，混凝土的许用剪应力 $[\tau]=1.5\text{MPa}$，要使混凝土柱不会穿过混凝土基础板，求板应有的最小厚度 t。

第五章 截面的几何性质

构件在外力作用下产生的应力和变形,都与构件截面的形状和尺寸有关。**与构件横截面的形状、尺寸有关的几何量统称为截面的几何性质**。如轴向拉压杆中的横截面面积 A,下面讨论圆轴扭转及梁的应力和变形时,还将用到另外一些截面的几何性质。本章将分别介绍这些截面的几何性质及其计算方法。

第一节 面 积 矩

图 5-1 所示的平面图形 A 代表一任意截面面积,在图形平面内取直角坐标系如图所示。在坐标为 y 和 z 处取一微面积 dA,则定义乘积 $y dA$ 和 $z dA$ 分别为微面积 dA 对 z 轴和 y 轴的面积矩(也称静矩),而整个截面对 z 轴和 y 轴的面积矩如果记为 S_z 和 S_y,则有

$$\left. \begin{array}{l} S_z = \int_A y\,dA \\ S_y = \int_A z\,dA \end{array} \right\} \quad (5-1)$$

面积矩是对一定的轴而言的,它们不仅与截面面积 A 有关,还与截面在坐标系中的位置有关。同一截面对不同的坐标轴,有不同的面积矩。从式(5-1)可知,面积矩的值可正、可负,也可为零。其单位为三次方米(m^3)或三次方毫米(mm^3)。

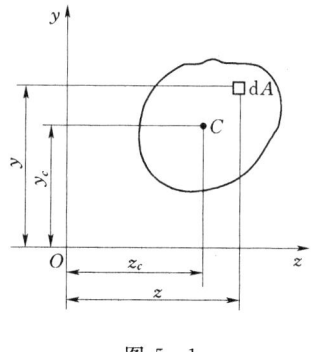

图 5-1

若截面形心的坐标为 z_c、y_c(C 为截面形心),将式(5-1)代入由静力学中已得到的求平面图形形心的坐标公式,则

$$\left. \begin{array}{l} y_c = \dfrac{\int_A y\,dA}{A} = \dfrac{S_z}{A} \\ z_c = \dfrac{\int_A z\,dA}{A} = \dfrac{S_y}{A} \end{array} \right\} \quad (5-2)$$

由此可得
$$\left. \begin{array}{l} S_z = A y_c \\ S_y = A z_c \end{array} \right\} \quad (5-3)$$

当截面形心的位置已知时,可用式(5-3)来计算面积矩。如果截面面积矩已知时,可由式(5-2)来确定形心位置。

由式（5-3）可知，当坐标轴通过截面形心时，其形心坐标为零，则面积矩为零。即**截面对通过其形心轴的面积矩等于零**。反之，若截面对某轴的面积矩等于零，则该轴一定通过截面图形的形心。

由几个简单图形组成的截面称为组合截面。在计算组合截面对某轴的面积矩时，可分别计算各简单图形对该轴的面积矩，然后再代数和相加。即

$$S_z = \sum_{i=1}^{n} A_i y_i \\ S_y = \sum_{i=1}^{n} A_i z_i \quad (5-4)$$

式中：A_i、y_i 和 z_i 分别代表各简单图形的面积和形心坐标；n 为简单图形的个数。

式（5-4）表明：**组合截面对某轴的面积矩等于其中各简单图形对同一轴面积矩的代数和**。

【**例 5-1**】 计算图 5-2 所示 T 形截面对 z 轴和 y 轴的面积矩。（单位：mm）

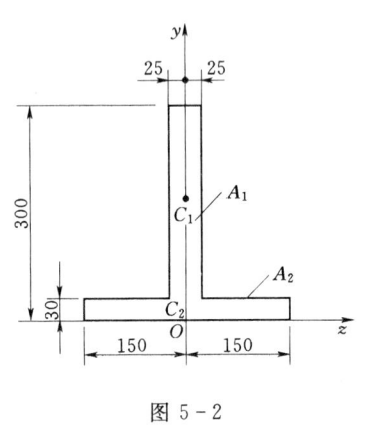

图 5-2

解：将 T 形截面分为两个矩形，其面积分别为

$$A_1 = 50 \times 270 = 13.5 \times 10^3 \text{ mm}^2 \quad A_2 = 300 \times 30 = 9.0 \times 10^3 \text{ mm}^3$$

矩形形心的 y 坐标分别为

$$y_1 = 165 \text{ mm} \quad y_2 = 15 \text{ mm}$$

由式（5-4）可求得 T 形截面对 z 轴的面积矩为

$$S_z = \sum_{i=1}^{n} A_i y_i = 13.5 \times 10^3 \times 165 + 9.0 \times 10^3 \times 15 = 2.36 \times 10^6 \text{ mm}^3$$

由于 y 轴是对称轴，通过截面形心，所以 T 形截面对 y 轴的面积矩为零，即

$$S_y = 0$$

第二节　惯　性　矩　和　惯　性　积

一、极惯性矩

图 5-3 所示截面图形中任一微面积 dA 与它到坐标原点 O 的距离 ρ 平方的乘积 $\rho^2 dA$ 定义为该微面积 dA 对于坐标原点 O 的极惯性矩。整个截面图形对坐标原点 O 的极惯性矩为

$$I_\rho = \int_A \rho^2 dA \quad (5-5)$$

极惯性矩是对点而言的，同一截面对不同点的极惯性矩各不相同，I_ρ 恒为正值。其单位为四次方米（m^4）或四次方毫米（mm^4）。

本章节只研究圆截面对其形心的极惯性矩。

图 5-4 为一圆截面，在圆截面上距圆心 O 为 ρ 处取厚度为 $d\rho$ 的环形面积作为微面积 dA，

$$dA = 2\pi\rho d\rho$$
$$I_\rho = \int_A \rho^2 dA = \int_0^{\frac{D}{2}} 2\pi\rho^3 d\rho = \frac{\pi D^4}{32}$$

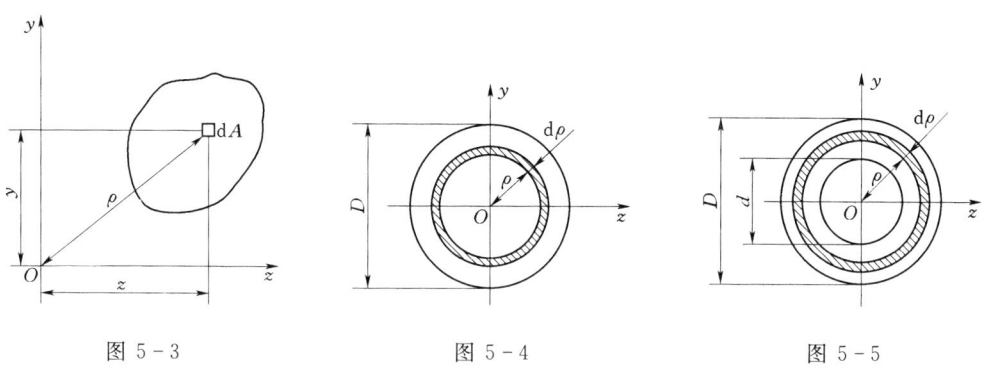

图 5-3　　　　　　　图 5-4　　　　　　　图 5-5

对图 5-5 所示空心圆截面，其内、外径分别为 d 和 D，其比值 $\alpha = \dfrac{d}{D}$，也可用与上述相同的方法求得其极惯性矩为

$$I_\rho = \int_{\frac{d}{2}}^{\frac{D}{2}} 2\pi\rho^3 d\rho = \frac{\pi}{32}(D^4 - d^4) = \frac{\pi D^4}{32}(1 - \alpha^4)$$

二、轴惯性矩

图 5-3 中任一微面积 dA 到两坐标轴的距离分别为 y 和 z。乘积 $y^2 dA$ 和 $z^2 dA$ 分别定义为微面积 dA 对 z 轴和 y 轴的**轴惯性矩**，简称**惯性矩**，整个截面对 z 轴和 y 轴的惯性矩分别记作 I_z 和 I_y，则

$$\left.\begin{array}{l} I_z = \int_A y^2 dA \\ I_y = \int_A z^2 dA \end{array}\right\} \tag{5-6}$$

惯性矩总是对某轴而言的，同一截面对不同坐标轴的惯性矩是不相同的。惯性矩恒为正值，常用的单位为四次方米（m^4）或四次方毫米（mm^4）。

讨论工程中最常用的矩形截面和圆形截面对通过形心的轴 z、y 的惯性矩 I_z 和 I_y。

对图 5-6，先计算截面对 z 轴的惯性矩。取平行于 z 轴的狭长矩形作为微面积 dA，则 $dA = bdy$

$$I_z = \int_A y^2 dA = \int_{-\frac{h}{2}}^{\frac{h}{2}} y^2 b dy = \frac{bh^3}{12}$$
$$I_y = \int_A z^2 dA = \frac{hb^3}{12}$$

求图 5-7 所示圆截面对其形心轴（即直径轴）的惯性矩。由于对称，圆截面对其任一形心轴的惯性矩都相同，故 $I_y = I_z$，由图 5-3 知 $\rho^2 = y^2 + z^2$，依据式（5-5）、式（5-6）得

$$I_\rho = I_z + I_y \tag{5-7}$$

式（5-7）表明，截面对任意互相垂直坐标轴的惯性矩之和，恒等于对坐标原点的极惯性

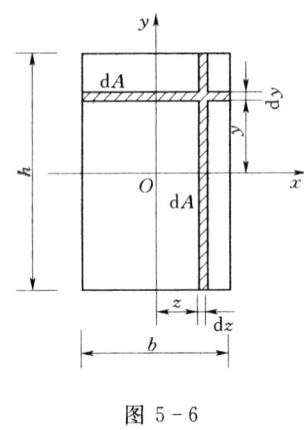
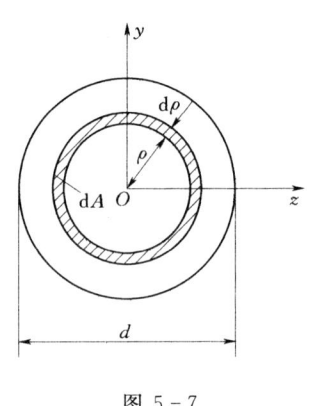

图 5-6 图 5-7

矩。所以

$$I_z = I_y = \frac{I_\rho}{2} = \frac{\pi D^4}{64}$$

对于空心圆，若以 D、d 分别表示外、内径，则有

$$I_z = I_y = \frac{\pi D^4}{64}(1-\alpha^4)$$

表 5-1 列出了几种常见图形的面积、形心和惯性矩的计算公式，以便查用。工程中使用的型钢截面，如工字钢、槽钢、角钢等，这些截面的几何性质可从附录的型钢表中查取。

表 5-1 几种常见图形的面积、形心和惯性矩

序号	图 形	面 积	形心位置	惯性矩（形心轴）
1		$A=bh$	$z_c=\dfrac{b}{2}$ $y_c=\dfrac{h}{2}$	$I_z=\dfrac{bh^3}{12}$ $I_y=\dfrac{hb^3}{12}$
2		$A=bh-b_1h_1$	$z_c=\dfrac{b}{2}$ $y_c=\dfrac{h}{2}$	$I_z=\dfrac{1}{12}(bh^3-b_1h_1^3)$ $I_y=\dfrac{1}{12}(hb^3-h_1b_1^3)$
3		$A=\dfrac{\pi D^2}{4}$	$z_c=y_c=\dfrac{D}{2}$	$I_z=I_y=\dfrac{\pi D^4}{64}$

续表

序号	图 形	面 积	形心位置	惯性矩（形心轴）
4	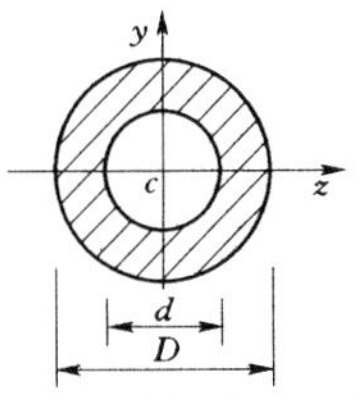	$A = \dfrac{\pi}{4}(D^2 - d^2)$	$z_c = y_c = \dfrac{D}{2}$	$I_z = I_y = \dfrac{\pi D^4}{64}(1-\alpha^4)$ $\alpha = \dfrac{d}{D}$
5	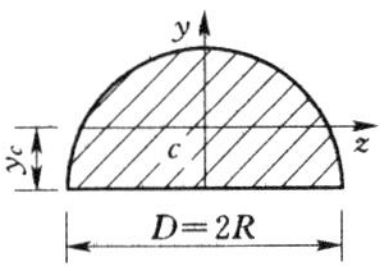	$A = \dfrac{\pi R^2}{2}$	$z_c = \dfrac{D}{2}$ $y_c = \dfrac{4R}{3\pi}$	$I_z = \left(\dfrac{1}{8} - \dfrac{8}{9\pi^2}\right)\pi R^4 \approx 0.11 R^4$ $I_y = \dfrac{\pi D^4}{128} = \dfrac{\pi R^4}{8}$
6	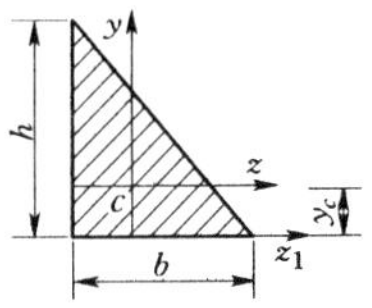	$A = \dfrac{1}{2}bh$	$z_c = \dfrac{b}{3}$ $y_c = \dfrac{h}{3}$	$I_z = \dfrac{bh^3}{36}$ $I_{z_1} = \dfrac{bh^3}{12}$

三、惯性积

图 5-3 中微面积 dA 与它到 z 轴和 y 轴垂直距离的乘积 yzdA，定义为该微面积对于两轴的惯性积，以 I_{zy} 表示整个截面对 z、y 两轴的惯性积，则

$$I_{zy} = \int_A yz\,dA \tag{5-8}$$

惯性积是截面对某两个正交的坐标轴而言，同一图形对不同的两个正交坐标轴有不同的惯性积。由于坐标值 y、z 有正有负，所以惯性积可能为正、为负，也可能为零。它的单位为四次方米（m⁴）或四次方毫米（mm⁴）。

在一对正交坐标轴中，只要有一根是截面的对称轴，则该截面对于这一对轴的惯性积必等于零。因为在对称轴的两侧，处于对称位置的微面积 dA 的惯性积必定为零。如图 5-8 所示截面，y 轴为对称轴，在 y 轴两侧对称位置上取相同微面积 dA 时，由于它们的 z 坐标大小相等，符号相反，所以对称位置微面积的两个乘积 yzdA 大小相等，符号相反，它们之和为零，因此整个截面的 $I_{zy} = 0$。

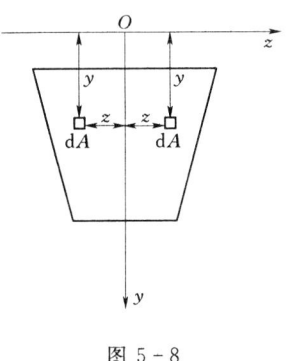

图 5-8

第三节 组合截面的惯性矩

一、惯性矩的平行移轴公式

同一截面对于不同坐标轴的惯性矩是不同的（但特殊情况也有相同的，例如，圆形截

面对通过形心的任何一根坐标轴），但同一截面对于两根平行轴的惯性矩之间存在着一定的关系。

图 5-9 为一任意形状的截面，面积为 A，z、y 为通过截面形心 C 的一对坐标轴，z_1、y_1 为分别与 z、y 轴平行的另一对轴，平行轴间的距离分别为 a 和 b，截面对 z、y 轴的惯性矩 I_z、I_y 已知，求截面对 z_1 和 y_1 轴的惯性矩。

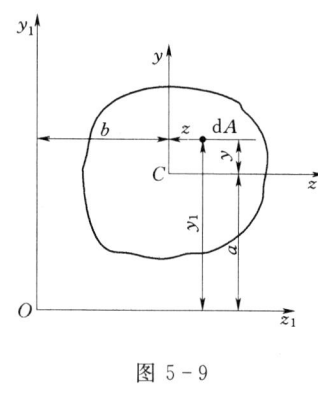

图 5-9

先求截面对 z_1 轴的惯性矩。根据惯性矩的定义

$$I_{z_1} = \int_A y_1^2 dA$$

由图中几何关系知，代入上式得

$$I_{z_1} = \int_A (y+a)^2 dA = \int_A y^2 dA + 2a\int_A y dA + a^2 \int_A dA$$

式中：等号右边第一项是截面对 z 轴的惯性矩 I_z；第二项积分式是截面对 z 轴的面积矩 S_z，由于 z 轴通过截面形心，所以 $S_z = 0$；第三项积分式是截面面积 A。

因此上式可写为

$$I_{z_1} = I_z + a^2 A \tag{5-9}$$

同理，截面对 y_1 轴的惯性矩为

$$I_{y_1} = I_y + b^2 A \tag{5-10}$$

式（5-9）、式（5-10）就是惯性矩的平行移轴公式。它表明：**截面对任何一根轴的惯性矩，等于截面对与该轴平行的形心轴的惯性矩，再加上截面的面积与两轴间距离平方的乘积**。由于 $a^2 A$、$b^2 A$ 恒为正值，故图形对于通过形心轴的惯性矩是所有平行轴的惯性矩中最小的一个。

二、组合截面的惯性矩

利用平行移轴公式可以很方便地计算组合截面的惯性矩。根据惯性矩的定义可知，组合截面对某轴的惯性矩，等于其各组成部分对该轴惯性矩之和，即

$$I_z = \sum_{i=1}^n I_{z_i} = I_{z_1} + I_{z_2} + \cdots + I_{z_n} \tag{5-11}$$

【例 5-2】 三角形截面如图 5-10 所示。图中 z、z_1、z_2 三轴互相平行，且 z 轴为形心轴。已知 $I_{z_1} = \dfrac{bh^3}{12}$，求截面对 z_2 轴的惯性矩。

解：由平行移轴公式（5-9）可得

$$I_{z_1} = I_z + \left(\frac{h}{3}\right)^2 A$$

$$I_{z_2} = I_z + \left(\frac{2h}{3}\right)^2 A$$

由上两式得

$$I_{z_2} = I_{z_1} + \left[\left(\frac{2h}{3}\right)^2 - \left(\frac{h}{3}\right)^2\right]A = \frac{bh^3}{12} + \frac{h^2}{3}\frac{bh}{2} = \frac{1}{4}bh^3$$

【例 5-3】 试计算图 5-11 所示截面对形心轴 z、y 的惯性矩。

解：(1) 确定 T 形截面的形心坐标 y_c。y 轴为对称轴，所以形心 C 必在 y 轴上。以

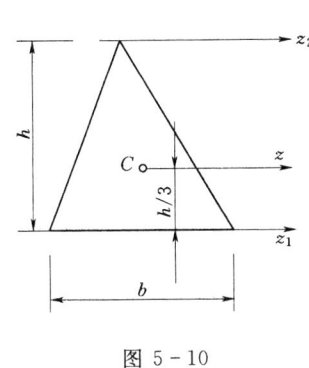
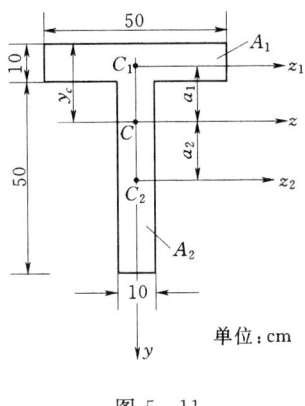

图 5-10　　　　　　　　　　图 5-11

T形顶边为基准，按形心坐标公式，则

$$y_c = \frac{A_1 y_1 + A_2 y_2}{A_1 + A_2} = \frac{50 \times 10 \times 5 + 50 \times 10 \times (10+25)}{50 \times 10 + 50 \times 10} = 20 \text{ cm}$$

（2）计算 I_z、I_y，形心轴 z、y 如图所示，根据平行移轴公式

$$I_z = I_{z_1} + I_{z_2} = \left(\frac{b_1 h_1^3}{12} + a_1^2 A_1\right) + \left(\frac{b_2 h_2^3}{12} + a_2^2 A_2\right)$$

$$= \left(\frac{50 \times 10^3}{12} + 15^2 \times 50 \times 10\right) + \left(\frac{10 \times 50^3}{12} + 15^2 \times 50 \times 10\right)$$

$$= 1.17 \times 10^5 + 2.16 \times 10^5 = 3.33 \times 10^5 \text{ cm}^4$$

$$I_y = I_{y_1} + I_{y_2} = \frac{10 \times 50^3}{12} + \frac{50 \times 10^3}{12} = 1.08 \times 10^5 \text{ cm}^4$$

【例 5-4】　求图 5-12 所示图形对 z 轴的惯性矩。

解： 图 5-12 所示阴影部分的图形是矩形减去两个圆形而得到。图形对 z 轴的惯性矩 I_z 应为矩形对 z 轴的惯性矩 I_{z1}，减去两个圆孔对 z 轴的惯性矩 I_{z2}，即

由

$$I_{z1} = \frac{bh^3}{12} = \frac{1}{12} \times 120 \times 200^3 = 8 \times 10^7 \text{ mm}$$

$$I_{z2} = 2\left(\frac{\pi D^4}{64} + \frac{\pi D^2}{4} \times a^2\right) = 2\left(\frac{\pi \times 80^4}{64} + \frac{\pi \times 80^2}{4} \times 50^2\right) = 2.91 \times 10^7 \text{ mm}^4$$

故

$$I_z = I_{z1} - I_{z2} = 8 \times 10^7 - 2.91 \times 10^7 = 5.09 \times 10^7 \text{ mm}^4$$

【例 5-5】　计算图 5-13 所示由两根 20 槽钢组成的截面对形心轴 z、y 的惯性矩。

解： 截面由两个槽钢 1 和 2 组成，20 槽钢的有关数据可以从附录型钢表中查出：

每根槽钢的形心 C_1、C_2 到截面边缘的距离为 19.5mm

槽钢 1 和 2 的截面面积　　$A_1 = A_2 = 3.283 \times 10^3 \text{ mm}^2$

槽钢 1 和 2 分别对本身形心轴 z_1、z_2、y_1、y_2 的惯性矩为

$$I_{z_1} = I_{z_2} = 19.137 \times 10^6 \text{ mm}^4 \qquad I_{y_1} = I_{y_2} = 1.436 \times 10^6 \text{ mm}^4$$

（1）求整个截面对 z 轴的惯性矩

因为 z 轴与槽钢的形心轴 z_1、z_2 都重合，所以两个槽钢对 z 轴的惯性矩为

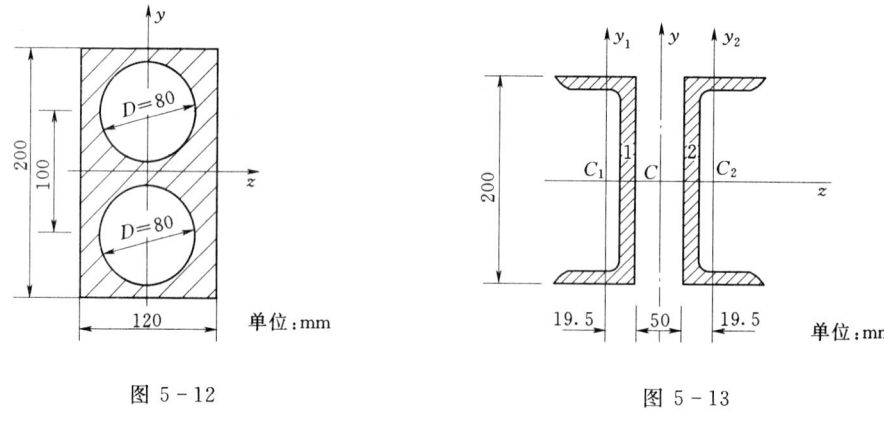

图 5-12

图 5-13

$$I_z = I_{z1} + I_{z2} = 2 \times 19.137 \times 10^6 = 38.3 \times 10^6 \text{ mm}^4$$

（2）求整个截面对 y 轴的惯性矩

由惯性矩的平行移轴公式得

$$I_y = 2[I_{y1} + b_1^2 A_1] = 2 \times \left[1.436 \times 10^6 + \left(19.5 + \frac{50}{2}\right)^2 \times 3.283 \times 10^3\right]$$
$$= 15.87 \times 10^6 \text{ mm}^4$$

第四节 主惯性轴和主惯性矩

在对构件进行强度、刚度和稳定性计算中，常常需要确定形心主轴和计算形心主惯性矩。因此，确定形心主惯性矩的位置是十分重要的。

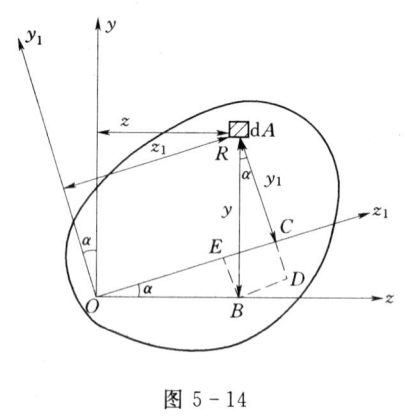

图 5-14

图 5-14 为一任意平面图形，z、y 为过任意一点 O 的一对正交轴。平面图形对 z、y 轴的惯性矩 I_z、I_y 和惯性积 I_{zy} 均为已知。若这一对坐标轴绕 O 点旋转 α 角，得新坐标系 $z_1 O y_1$。显然，图形对新坐标系的惯性矩 I_{z1}、I_{y1} 和惯性积 I_{z1y1} 的数值将发生变化。并且 α 角在 $0° \sim 360°$ 之间变化时，则惯性积 I_{z1y1} 在正负值之间变化（其中必有一值为零）。因此，总可以找到一个特殊的角度 α_0，对应一特殊的坐标轴，使图形对此特殊的坐标轴的惯性矩等于零。使**平面图形惯性矩为零的一对正交轴称为平面图形的主轴，平面图形对主轴的惯性矩称为主惯性矩**。如果把坐标原点选在形心上，**过形心的主轴称为形心主轴，对形心的主轴的惯性矩称为形心主惯性矩**。

可以证明平面图形的形心主惯性矩 I_{z_0}、I_{y_0} 是通过形心点所有坐标轴中惯性矩的最大值及最小值。

对于有对称轴的图形，由于图形对包括其对称轴在内的一对坐标轴的惯性矩等于

零,所以具有对称轴的截面图形,可根据图形具有对称轴的情况,直接确定形心主轴的位置:

(1) 图形有两根对称轴,则两根对称轴都是形心主轴 [图 5-15 (a)]。

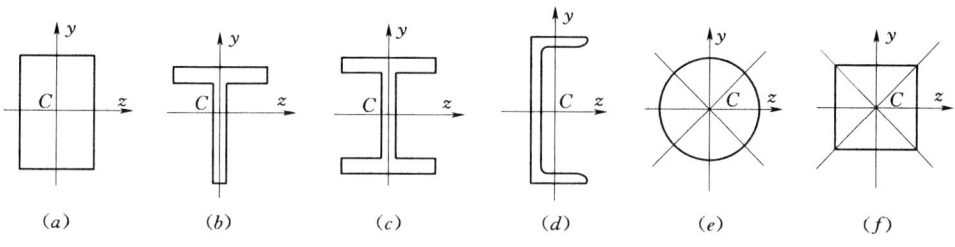

图 5-15

(2) 图形有一根对称轴,则此轴必定为形心主轴,而另一形心主轴通过形心并与此对称轴垂直 [图 5-15 (b)、(c)、(d)]。

(3) 图形有三根或三根以上的通过形心的对称轴,则每根对称轴都是形心主轴,并且图形对任一形心主轴的惯性矩都相等 [图 5-15 (e)、(f)]。

思 考 题

思 5-1 图示 T 形截面,C 为形心,z 为形心轴,问 z 轴上下两部分对 z 轴的面积矩存在什么关系?

思 5-2 图示矩形截面,z 为形心轴,问 k—k 线以上部分和以下部分对 z 轴的面积矩有何关系?

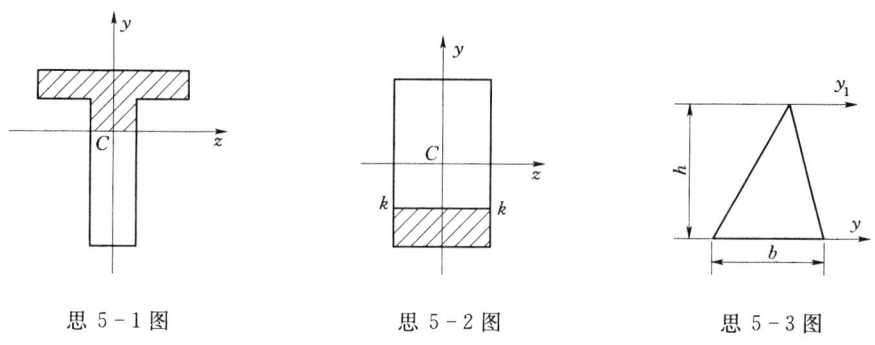

思 5-1 图   思 5-2 图   思 5-3 图

思 5-3 已知图示三角形截面对 y 轴的惯性矩为 $\dfrac{bh^3}{12}$,用平行移轴公式求得该截面对 y_1 轴的惯性矩为

$$I_{y_1} = I_y + h^2 A = \frac{bh^3}{12} + h^2 \frac{bh}{2} = \frac{7}{12}bh^3$$

对不对?为什么?

思 5-4 大致画出下图所示各平面图形的形心主轴的位置,并分别指出对哪一个形心主轴的惯性矩最大、最小。

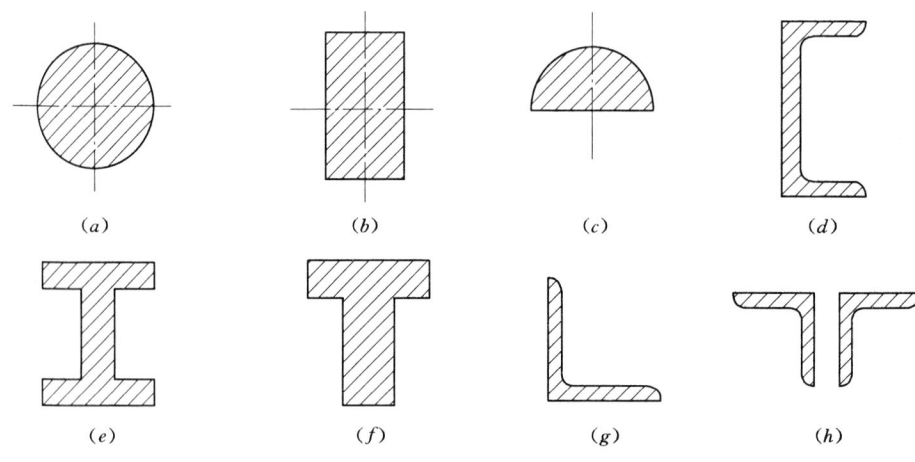

思 5-4

习 题

题 5-1 在图示的对称⊥形截面中，$b_1=0.3\mathrm{m}$，$b_2=0.6\mathrm{m}$，$h_1=0.5\mathrm{m}$，$h_2=0.14\mathrm{m}$。(1) 求形心 C 的位置；(2) 求阴影部分对 z_0 轴的面积矩。

题 5-2 求题 5-1 中截面对 z_0 轴的惯性矩。

题 5-3 图示由两根 18a 号槽钢组合的截面，欲使此截面对两根对称轴的惯性矩相等，问两根槽钢的间距 a 应为多少？

题 5-4 图示对称截面中 $a=20\mathrm{mm}$、$h=100\mathrm{mm}$、$b_1=100\mathrm{mm}$、$b_2=80\mathrm{mm}$，求截面对形心主轴 z 的惯性矩。

题 5-5 图示两个 20 号槽钢组合的两种截面，试比较它们对形心轴的惯性矩 I_z、I_y 的大小，并说明原因。

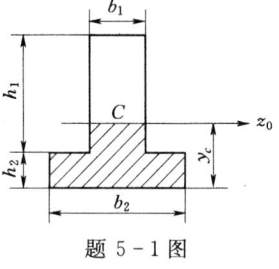

题 5-1 图

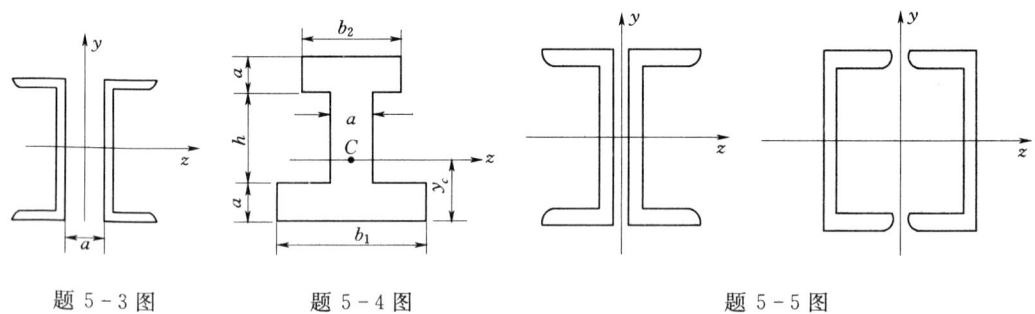

题 5-3 图　　题 5-4 图　　题 5-5 图

第六章 扭转的强度和刚度计算

第一节 扭转的概念及工程实例

扭转变形是杆件的基本变形之一。扭转变形的受力特点是：杆件受力偶作用，这些力偶的作用面都垂直杆轴。使直杆发生扭转的外力最简单的情况是在杆的两端垂直杆轴线的平面内作用一对大小相等，转向相反的力偶（图 6-1）。其扭转变形的特点是：各横截面绕杆的轴线发生相对转动。杆件任意两截面间的相对角位移称为扭转角，图 6-1 中的 φ 角就是 B 截面相对 A 截面的扭转角。

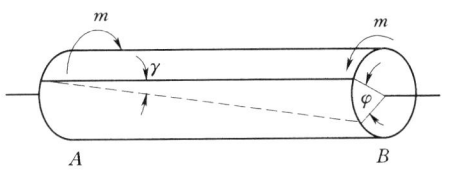

图 6-1

在工程中，特别是在机械工程中，以扭转变形为主要变形的杆件是很多的。例如图 6-2（a）机器的传动轴、图 6-2（b）中的钻杆、图 6-2（c）水电站机组中的传动轴、图 6-2

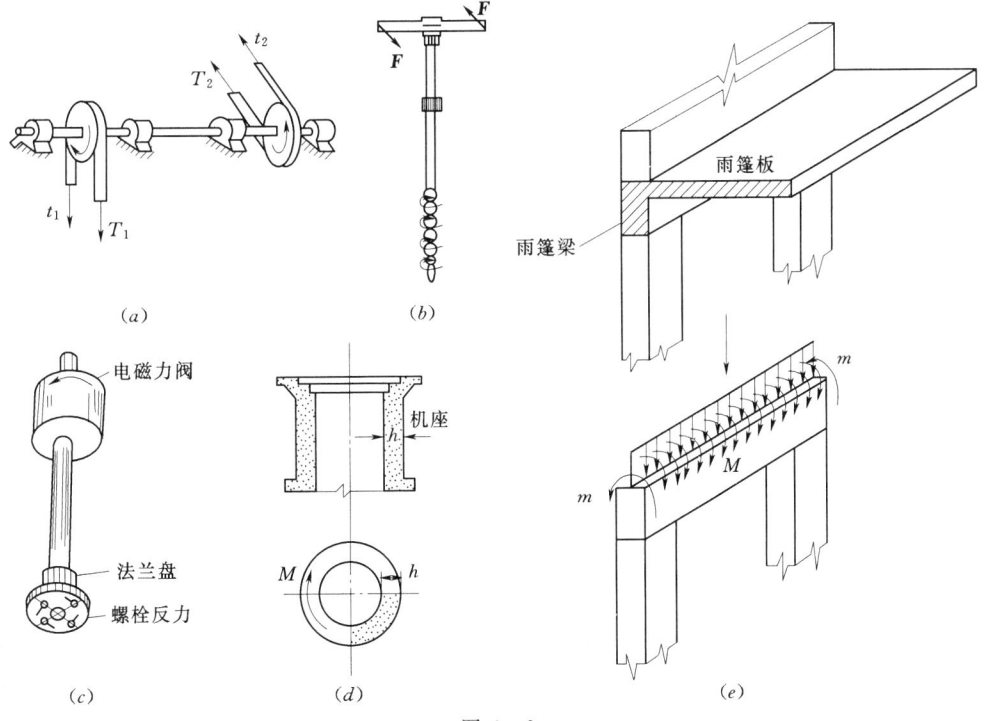

图 6-2

(d) 发电机的机座等，它们的主要变形都是扭转变形，房屋的雨篷梁，图 6-2 (e) 也是扭转变形。

本章主要研究圆截面杆扭转时的应力和变形计算，对矩形截面杆的扭转只作简单介绍。工程上把以扭转变形为主要变形的圆截面杆称为轴。

第二节　扭矩和扭矩图

一、功率、转速与外力偶矩之间的关系

研究扭转轴的内力，首先必须确定作用在轴上的外力偶矩，而工程中，作用于轴上的外力偶矩并不直接给出，往往仅标明轴的转速和传递的功率。根据轴每分钟传递的功与外力偶矩所作功相等，可换算出功率、转速与外力偶矩之间的关系为

$$m_x = 9550 \frac{P}{n} \text{ (N·m)} \tag{6-1}$$

式中：P 为轴传递的功率，kW；n 为轴的转速，r/min；m_x 为外力偶矩，N·m。

如果功率的单位为马力，则式（6-1）应为

$$m_x = 7024 \frac{P}{n} \text{ (N·m)} \tag{6-2}$$

二、扭矩、扭矩图

扭转轴横截面的内力计算仍采用截面法。设圆轴在两端外力偶矩 m 作用下产生扭转变形，如图 6-3 (a) 所示，求其横截面 n—n 的内力。

将圆轴用假想的截面 n—n 截开，一分为二；取左段为研究对象，画其受力图如图 6-3 (b) 所示，由圆轴的平衡条件可知，横截面上与外力偶平衡的内力必为一力偶，该内力偶矩称为扭矩，用 M_x 表示；由保留部分的平衡条件确定截面上的内力。

由　　　　　　　　　　$\sum M_x = 0$　　　$M_x - m = 0$

得　　　　　　　　　　　　　　$M_x = m$

若取右段轴为研究对象，见图 6-3 (c)，求得扭矩与左端求出的扭矩大小相等，转向相反。为了使左段或右段求出同一截面上的扭矩不仅数值相等，而且符号相同，把扭矩的正、负符号规定如下：按右手螺旋法则，以右手四指顺着扭矩的转向，若拇指指向与截面外法线方向一致时，扭矩为正，见图 6-4 (a)；反之为负，见图 6-4 (b)。在求扭矩时，一般按正向假设，所得为负则说明扭矩转向与所假设相反。

当轴上作用两个以上外力偶时，欲求各横截面上的扭矩时，必须分段应用截面法计算，并可由轴上外力偶矩直接计算截面扭矩。任一截面上的扭矩的大小，等于该截面一侧轴上的所有外力偶矩的代数和。扭矩的符号仍用右手螺旋法则判断：凡拇指离开截面的外力偶矩在截面上产生正扭矩；反之产生负扭矩。

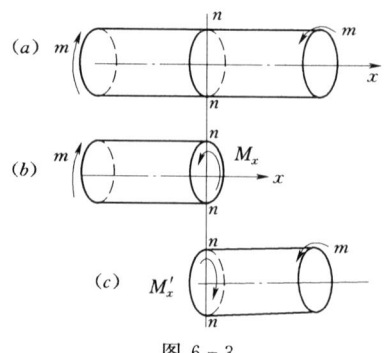

图 6-3

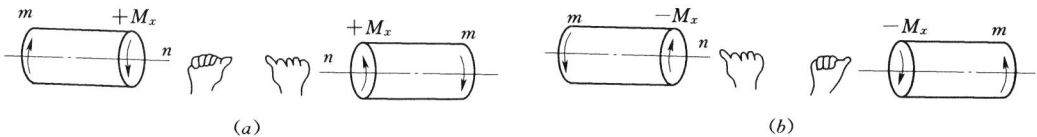

图 6-4

表示轴上各横截面扭矩变化规律的图形称为扭矩图。扭矩图的绘制方法与轴力图相似,即以横坐标表示横截面的位置,纵坐标表示相应截面的扭矩,正扭矩画在横坐标上方,负扭矩画在下方,图中表明扭矩值、单位和正负号。

【例 6-1】 传动轴如图 6-5(a)所示,主动轮 A 轮,输入功率 $P_A=50\text{kW}$,从动轮 B、C、D,输出功率分别为 $P_B=P_C=15\text{kW}$,$P_D=20\text{kW}$,轴转速为 $n=300$ 转/分。试绘制轴的扭矩图。

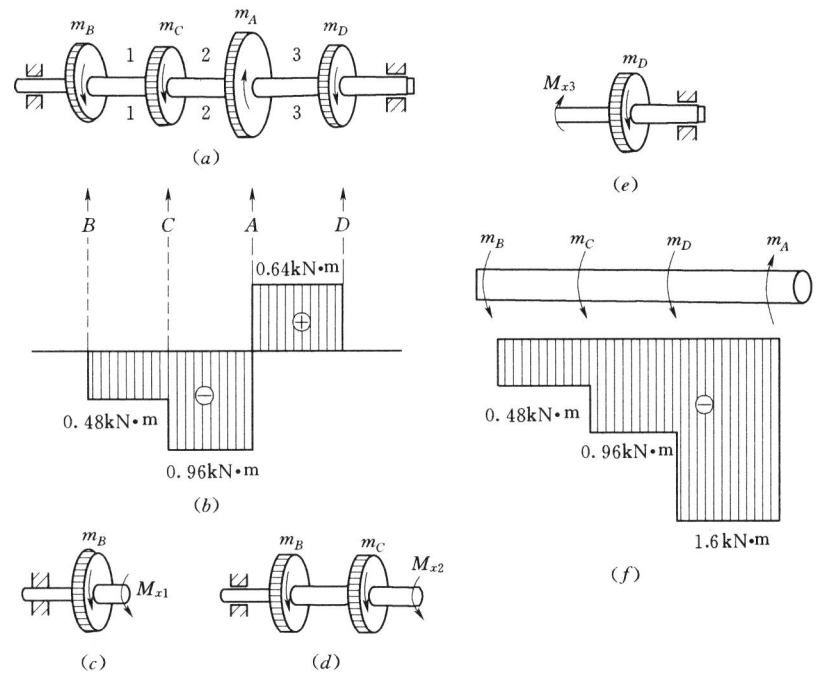

图 6-5

解:(1)计算外力偶矩。

$$m_A = 9550\frac{P_A}{n} = 9550 \times \frac{50}{300} = 1.6 \text{ kN·m}$$

$$m_B = m_C = 9550\frac{P_B}{n} = 9550 \times \frac{15}{300} = 0.48 \text{ kN·m}$$

$$m_D = 9550\frac{P_D}{n} = 9550 \times \frac{20}{300} = 0.64 \text{ kN·m}$$

(2)分段计算扭矩。

BC 段:用 1—1 截面将轴一分为二,取左段为研究对象,画其受力图,假设该截面

扭矩为正转向，如图 6-5（c）所示。由平衡方程

$$\sum M_x = 0 \qquad M_{x1} + m_B = 0$$

$$M_{x1} = -m_B = -0.48 \text{ kN} \cdot \text{m}$$

计算结果为负，说明假设扭矩转向与实际转向相反，为负扭矩。

CA 段：同样方法计算 2—2 截面扭矩 M_{x2}，其受力图如图 6-5（d）所示。

$$\sum M_x = 0 \qquad M_{x2} + m_B + m_C = 0$$

$$M_{x2} = -m_B - m_C = -0.48 - 0.48 = -0.96 \text{ kN} \cdot \text{m}$$

AD 段：取 3—3 截面右段为研究对象，计算 3—3 截面扭矩如图 6-5（e）所示。

$$\sum M_x = 0 \qquad -M_{x3} + m_D = 0$$

$$M_{x3} = m_D = 0.64 \text{ kN} \cdot \text{m}$$

（3）绘扭矩图。

由于扭矩在各段的数值不变，故该轴扭矩图由三段水平线组成，最大扭矩在 CA 段，$|M_{\max}| = 0.96 \text{kN} \cdot \text{m}$，如图 6-5（b）所示。

若将该轴主动轮 A 装置在轴右端，则其扭矩图如图 6-5（f）所示。此时，轴的最大扭矩为 $|M_{\max}| = 1.6 \text{kN} \cdot \text{m}$。显然图 6-5（a）所示的轮布置比较合理。

第三节　圆轴扭转时的应力和变形

圆轴扭转时，横截面上产生的内力为一力偶，并建立了其力偶（扭矩）与外力偶矩的关系。本节进一步分析圆轴扭转时横截面上应力的分布情况，建立横截面上应力与扭矩的关系。

一、横截面上的应力

分析圆轴扭转时的应力与分析轴向拉、压杆时的应力一样，从研究变形入手，并利用应力和应变间的关系以及静力学条件，即从几何、物理和静力学三方面进行综合分析。

1. 几何变形条件

试验指出，扭转时圆轴的表面变形很小时（图 6-6），各圆周线的形状、大小和间距不变，仅绕轴线作相对转动，各纵线都倾斜了同一角度。

根据上述现象，作出下列假设：

（1）变形后，横截面仍保持为平面，其形状和大小均不改变，半径仍为直线。这一假设称为圆轴扭转的平面假设。

（2）变形后，相邻横截面间的距离不变。

用相距 dx 的两个横截面以及夹角无限小的两个径向截面从轴中切取一楔形体 O_2O_1ABCD 如图 6-7（a）所示，根据前面假设，圆轴扭转后，如图 6-7（b）所示，轴表层的矩形 $ABCD$ 变为平行四边形 $ABC'D'$，距轴线 ρ 处的矩形 $abcd$ 变为平行四边形 $abc'd'$，即均产生剪切变形。

设楔形体左、右两横截面间的相对转角即扭转角为 $d\varphi$，矩形 $abcd$ 的剪应变为 γ_ρ，则由图中可以看出

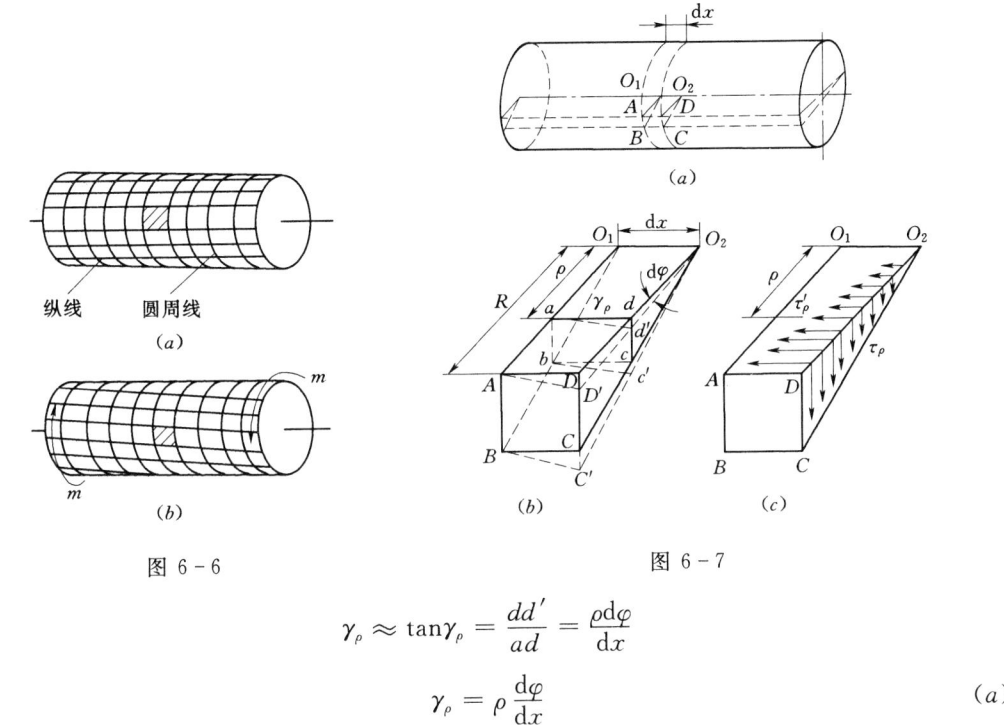

图 6-6　　　　　　　图 6-7

$$\gamma_\rho \approx \tan\gamma_\rho = \frac{dd'}{ad} = \frac{\rho \mathrm{d}\varphi}{\mathrm{d}x}$$

即
$$\gamma_\rho = \rho \frac{\mathrm{d}\varphi}{\mathrm{d}x} \tag{a}$$

式 (a) 表示等截面圆轴受扭时剪应变沿半径方向的变化规律。式 $\mathrm{d}\varphi/\mathrm{d}x$ 为扭转角沿杆轴的变化率,对于同一横截面,$\mathrm{d}\varphi/\mathrm{d}x$ 为一常数。由此可见,剪应变 γ_ρ 与 ρ 成正比。

2. 物理条件

由于横截面只发生相对转动,横截面之间距离不变。因此,圆轴只有剪应变而无线应变,横截面上只有剪应力而无正应力。

由剪切虎克定律可知,在弹性范围内

$$\tau = G\gamma$$

将式 (a) 代入上式,得横截面上半径为 ρ 处的剪应力为

$$\tau_\rho = G\rho \frac{\mathrm{d}\varphi}{\mathrm{d}x} \tag{b}$$

式 (b) 表明:圆轴横截面上各点的剪应力 τ_ρ 与 ρ 成正比,即横截面上各点的剪应力沿半径方向按直线规律变化,其方向垂直于半径,如图 6-7 (c) 所示。在离圆心等远的各点处,剪应力相同。实心圆和空心圆扭转时横截面上剪应力的分布规律如图 6-8 (a)、(b) 所示。

3. 静力学条件

由于式 (b) 中 $\mathrm{d}\varphi/\mathrm{d}x$ 是未知量,因此还无法计算剪应力 τ_ρ 的数值,这个问题还需要利用扭矩 M_x 与剪应力 τ 之间的静力学关系来解决。

如图 6-9 所示,在横截面上距圆心 O 为 ρ 处,取一微面积 $\mathrm{d}A$,微面积上的微剪力为 $\tau_\rho \mathrm{d}A$,它对圆心 O 的微力矩为 $\rho\tau_\rho \mathrm{d}A$,在整个截面上,所有这些微力矩之和应等于该截面的扭矩 M_x,即

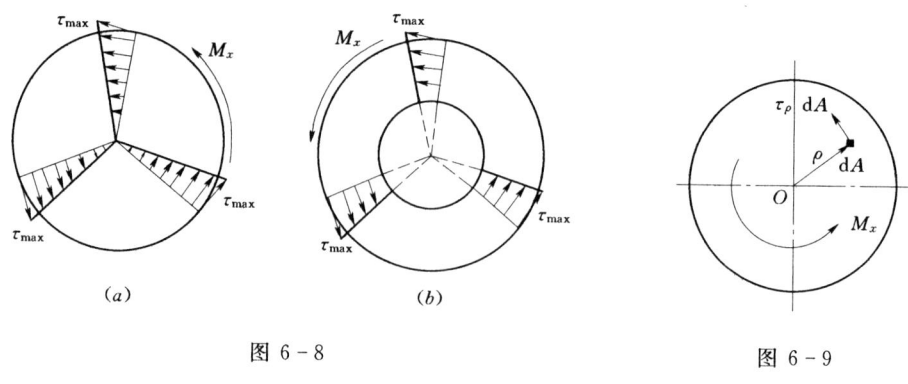

图 6-8　　　　　　　　　　　图 6-9

$$\int_A \rho \tau_\rho \mathrm{d}A = M_x$$

将式（b）代入上式，得

$$\int_A G\rho^2 \frac{\mathrm{d}\varphi}{\mathrm{d}x}\mathrm{d}A = G\frac{\mathrm{d}\varphi}{\mathrm{d}x}\int_A \rho^2 \mathrm{d}A = M_x \qquad (c)$$

式（c）中 $\int_A \rho^2 \mathrm{d}A = I_\rho$ 是截面对 O 点的极惯性矩，将 I_ρ 代入式（c），得

$$\frac{\mathrm{d}\varphi}{\mathrm{d}x} = \frac{M_x}{GI_\rho} \qquad (6-3)$$

式（6-3）为圆轴扭转变形的基本公式。

将式（6-3）代入式（b），可得

$$\tau_\rho = \frac{M_x \rho}{I_\rho} \qquad (6-4)$$

上式为圆轴扭转时横截面上任一点的剪应力计算公式。

式中：M_x 为横截面上的扭矩；ρ 为所求点到圆心的距离；I_ρ 为该截面的极惯性矩。

由式（6-4）可知，当 ρ 达到最大值半径 R 时，剪应力为最大值

$$\tau_{max} = \frac{M_x R}{I_\rho}$$

令

$$W_\rho = \frac{I_\rho}{R} \qquad (6-5)$$

得

$$\tau_{max} = \frac{M_x}{W_\rho} \qquad (6-6)$$

式中：W_ρ 只与截面的几何尺寸有关，**称为扭转截面系数**，单位为 cm^3 或 m^3。

对于直径为 d 的实心圆，由式（6-6）得

$$W_\rho = \frac{I_\rho}{\frac{d}{2}} = \frac{\frac{\pi d^4}{32}}{\frac{d}{2}} = \frac{\pi d^3}{16} \qquad (6-7)$$

对于外径为 D、内径为 d 的空心圆截面由式（6-6）得

$$W_\rho = \frac{I_\rho}{\frac{D}{2}} = \frac{\frac{\pi D^4}{32}(1-\alpha^4)}{\frac{D}{2}} = \frac{\pi D^3}{16}(1-\alpha^4) \qquad (6-8)$$

由式（6-6）可知，最大剪应力与扭矩成正比，与扭转截面系数成反比。

必须指出，式（6-3）、式（6-4）、式（6-6）的应用是有条件的，它们只适用于圆截面，而且横截面上的最大剪应力不得超过材料的剪切比例极限。

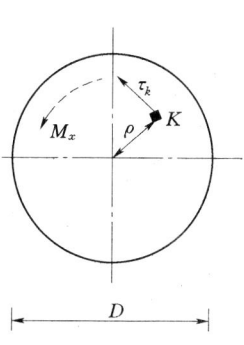

图 6-10

【例 6-2】 圆轴的直径 $D=50$mm，传递的扭矩 $M_x=1180$N·m（图 6-10），试计算与圆心距离 $\rho=15$mm 处 K 点的剪应力以及截面上最大剪应力。

解：圆截面的极惯性矩和扭转截面系数分别为

$$I_\rho = \frac{\pi D^4}{32} = \frac{\pi \times 50^4}{32} \text{mm}^4$$

$$W_\rho = \frac{\pi D^3}{16} = \frac{\pi \times 50^3}{16} \text{mm}^3$$

由式（6-4）、式（6-6）得，K 点剪应力

$$\tau_k = \frac{M_x \rho}{I_\rho} = \frac{1180 \times 10^3 \times 15 \times 32}{\pi \times 50^4} = 28.9 \text{N/mm}^2 = 28.9 \text{ MPa}$$

最大剪应力在圆周上各点

$$\tau_{\max} = \frac{M_x}{W_\rho} = \frac{1180 \times 10^3 \times 16}{\pi \times 50^3} = 48.1 \text{N/mm}^2 = 48.1 \text{ MPa}$$

二、圆轴扭转时的变形

由式（6-3）可知，相距 dx 的两横截面间的扭转角为

$$d\varphi = \frac{M_x}{GI_\rho} dx$$

所以，相距为 l 的两横截面间的扭转角则为

$$\varphi = \int_l d\varphi = \int_l \frac{M_x}{GI_\rho} dx \tag{6-9}$$

对于长为 l、扭矩 M_x 为常数的等截面圆轴，积分可得

$$\varphi = \frac{M_x}{GI_\rho} \int_0^l dx = \frac{M_x l}{GI_\rho} \tag{6-10}$$

式（6-10）就是扭转角的计算公式。扭转角的单位为弧度（rad）。由式（6-10）可见，扭转角 φ 与扭矩 M_x、轴长 l 成正比；与 GI_ρ 成反比。在 M_x、l 一定时，GI_ρ 越大，扭转角 φ 越小，变形就越小。GI_ρ 反映了圆轴抵抗扭转变形的能力，称为圆轴的**抗扭刚度**。

第四节 圆轴扭转时的强度和刚度计算

一、强度计算

为了保证圆轴在扭转变形中不发生破坏，应使轴内的最大剪应力不超过材料的许用剪应力，即

$$\tau_{\max} = \frac{M_{\max}}{W_\rho} \leqslant [\tau] \tag{6-11}$$

式（6-11）称为圆轴扭转的强度条件。式中的许用扭转剪应力是根据试验，并考虑适当的安全系数后确定的，各种材料的许用剪应力可从有关手册中查找。它与材料的许用拉应力 $[\sigma]$ 之间一般存在下列关系：

对于塑性材料：$[\tau]=(0.5\sim0.6)[\sigma]$

对于脆性材料：$[\tau]=(0.8\sim1.0)[\sigma]$

应用式（6-11）可以解决圆轴扭转强度计算的三类问题：强度校核、截面设计和确定许可荷载。

二、刚度计算

圆轴扭转时，除进行强度计算外，还须进行刚度计算。即要求轴在一定长度内的扭转角不超过一定限度。在工程中，通常是限制轴单位长度的扭转角 θ，使其不超过某一规定的许用值 $[\theta]$。由式（6-10）可知，圆轴单位长度的扭转角为

$$\theta = \frac{\varphi}{l} = \frac{M_x}{GI_\rho}$$

因此圆轴扭转的刚度条件为

$$\theta_{max} = \frac{M_{max}}{GI_\rho} \leqslant [\theta] \tag{6-12}$$

式中：$[\theta]$ 代表轴单位长度的许用扭转角，其值可根据有关设计标准或规范确定。

式（6-12）中 θ 的单位为弧度/米（rad/m）。但在工程中，$[\theta]$ 的常用单位为度/米（°/m），要使两边单位一致，故式（6-12）又可写为

$$\theta_{max} = \frac{M_x}{GI_\rho} \times \frac{180}{\pi} \leqslant [\theta] \tag{6-13}$$

【例 6-3】 一电机的传动轴直径 $d=40\text{mm}$，最大扭矩 $M_{x\max}=240\text{N}\cdot\text{m}$，许用应力 $[\tau]=40\text{MPa}$，剪切弹性模量 $G=8\times10^4\text{MPa}$，单位长度许用扭转角 $[\theta]=2°/\text{m}$。试校核此轴的强度和刚度。

解： 轴的扭转截面系数

$$W_\rho = \frac{\pi d^3}{16} = \frac{\pi \times 40^3}{16} = 12.56 \times 10^3 \text{mm}^3$$

从而求得轴的最大剪应力为

$$\tau_{max} = \frac{M_{x\max}}{W_\rho} = \frac{204 \times 10^3}{12.56 \times 10^3} = 16.3\text{MPa} < [\tau] = 40\text{MPa}$$

轴满足强度条件。

轴的横截面极惯性矩为

$$I_\rho = \frac{\pi d^4}{32} = \frac{\pi \times 40^4}{32} = 25.1 \times 10^4 \text{mm}^4$$

从而求得

$$\theta_{max} = \frac{M_{x\max}}{GI_\rho} \times \frac{180}{\pi} = \frac{204 \times 10^3}{8 \times 10^4 \times 25.1 \times 10^4} \times \frac{180}{\pi} = 0.58°/\text{m} < [\theta] = 2°/\text{m}$$

所以轴也满足刚度条件。

【例 6-4】 一空心圆截面的传动轴，已知轴的内径 $d=85\text{mm}$，外径 $D=90\text{mm}$，材料的 $[\tau]=60\text{MPa}$，$G=80\times10^3\text{MPa}$，轴的 $[\theta]=0.8°/\text{m}$。试求所能传递的许可扭矩。

解：（1）从强度方面计算

轴的内外径之比为 $\alpha = \dfrac{d}{D} = \dfrac{85}{90} = 0.944$

扭转截面系数为 $W_\rho = \dfrac{\pi D^3}{16}(1-\alpha^4) = \dfrac{\pi \times 90^3}{16}(1-0.944^4)\,\text{mm}^3$

由强度条件得 $M_x \leqslant [\tau]W_\rho = 60 \times \dfrac{\pi \times 90^3}{16}(1-0.944^4)$

$$= 1767 \times 10^3 \text{N} \cdot \text{mm} = 1767 \text{kN} \cdot \text{m}$$

（2）从刚度方面计算

$$I_\rho = \dfrac{\pi D^4}{32}(1-\alpha^4) = \dfrac{\pi \times 90^4}{32}(1-0.944^4)\,\text{mm}^4$$

由刚度条件得

$$M_x \leqslant GI_\rho \dfrac{\pi}{180}[\theta] = 80 \times 10^3 \times \dfrac{\pi \times 90^4}{32}(1-0.944^4) \times \dfrac{\pi}{180} \times 0.8 \times 10^{-3} = 1480 \text{N} \cdot \text{m}$$

所以传动轴所能传递的许可扭矩为 $[M_x] = 1480 \text{N} \cdot \text{m}$

第五节 矩形截面杆扭转简介

前面研究的受扭杆件均为圆截面杆。在土木工程中，也常常碰到一些非圆截面的受扭杆件，例如阳台、雨篷梁等矩形截面杆等。试验表明，当非圆截面杆受扭时，其横截面将由平面变为曲面，产生所谓翘曲现象（图 6-11）。因此，根据平面假设建立的圆轴扭转公式，对于非圆截面杆均不适用。

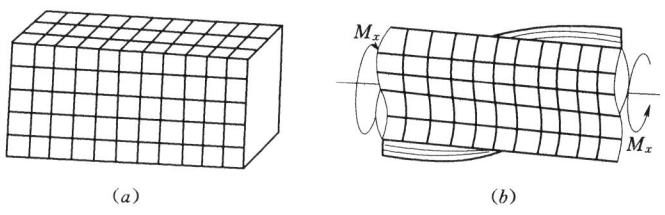

图 6-11
(a) 扭转前；(b) 扭转后

非圆截面杆的扭转问题可分为两类：一类是当杆扭转时，各横截面不受任何限制，可以自由地翘曲，且各截面的翘曲程度完全相同。显然，此杆的纵向纤维不会伸长也不会缩短。因此，横截面上只有剪应力，而无正应力。这类扭转称为**自由扭转**。另一类称为**约束扭转**，由于杆端的约束，致使杆端不能自由地翘曲，因而各横截面翘曲程度不同，使得纵向纤维产生程度不同的伸长或缩短。这时，杆的横截面上不仅有剪应力，还有正应力。

对于实体杆件，如矩形截面杆、椭圆形截面杆等，约束扭转所引起的正应力值很小，可以忽略不计，因此，仍可按自由扭转计算；对于薄壁非圆截面杆件（如工字形截面、槽形截面杆等），约束扭转引起的正应力是很大的，必须考虑其影响。关于薄壁非圆截面杆

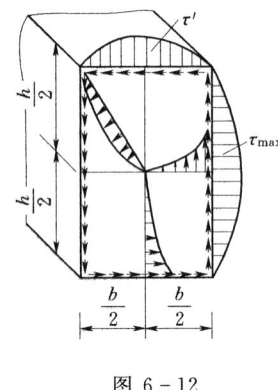

图 6-12

约束扭转问题可参阅其他参考书，这里不作介绍。在非圆实心截面杆中，最常见的是矩形截面杆。在这里只介绍矩形截面杆扭转时应力和变形的计算。

研究表明，矩形截面杆横截面上的扭转剪应力的分布情况如图 6-12 所示。图 6-12 中画出了沿截面周边、对称轴和对角线上的剪应力分布。从图 6-12 中可以看出：最大剪应力 τ_{max} 发生在长边中点处，而短边中点处的剪应力 τ' 也有相当大的数值；横截面的四个角点处，剪应力恒为零；截面周边各点剪应力方向与周边平行，且组成一个与扭矩转向相同的环流。根据研究结果，长边中点的剪应力最大值为

$$\tau_{max} = \frac{M_x}{\alpha h b^2} \tag{6-14}$$

短边中点的剪应力为

$$\tau' = \gamma \tau_{max} \tag{6-15}$$

单位长度的扭转角为

$$\theta = \frac{M_x}{G \beta b^3 h} \tag{6-16}$$

式中：h 和 b 分别代表矩形截面长边和短边的长度。

系数 α、β 和 γ 与比值 h/b 有关，其值见表 6-1。

表 6-1　　　　　　　　　　　　系数 α、β、γ 值

h/b	1.0	1.5	2.0	2.5	3.0	4.0	6.0	8.0	10.0	∞
α	0.208	0.231	0.246	0.258	0.267	0.282	0.299	0.307	0.313	0.333
β	0.141	0.196	0.229	0.249	0.263	0.281	0.299	0.307	0.313	0.333
γ	1.000	0.859	0.795	0.766	0.753	0.745	0.743	0.742	0.742	0.742

从试验中所观察到的变形现象来看（图 6-11）：杆件表面棱边处的小方格无剪切变形；距棱边愈远，剪应变愈大；在侧面的中线处，剪应变最大。这些现象也说明了剪应力沿周边变化的大致规律。

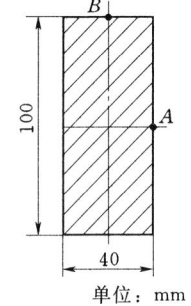

图 6-13

【例 6-5】 某矩形截面杆，横截面如图 6-13 所示。若扭矩 $M_x = 2\text{kN} \cdot \text{m}$，试求横截面上 A 点和 B 点处的剪应力。

解：由图可知，$h = 100\text{mm}$，$b = 40\text{mm}$，即

$$\frac{h}{b} = \frac{100}{40} = 2.5$$

从表 6-1 查得当 $\frac{h}{b} = 2.5$ 时，$\alpha = 0.258$，$\gamma = 0.766$。所以，根据式（6-15）和式（6-16）可知，

$$\tau_A = \tau_{max} = \frac{M_x}{\alpha h b^2} = \frac{2 \times 10^3 \times 10^3}{0.258 \times 100 \times 40^2} = 48.4 \text{MPa}$$

$$\tau_B = \gamma \tau_{min} = 0.766 \times 48.4 = 37.1 \text{MPa}$$

思 考 题

思 6-1 直径 d 和长度 l 都相同,但材料不同的两根轴,在相同的扭矩作用下,它们的最大剪应力是否相同? 扭转角是否相同? 为什么?

思 6-2 若两轴上的外力偶矩及各段长度相等,其截面尺寸不同,其扭矩图是否相同?

思 6-3 一空心圆轴的截面尺寸如图所示。它的极惯性矩 I_ρ 和扭转截面系数 W_ρ 是否可按下式计算? 为什么?

$$I_\rho = \frac{\pi D^4}{32} - \frac{\pi d^4}{32} \qquad W_\rho = \frac{\pi D^3}{16} - \frac{\pi d^3}{16}$$

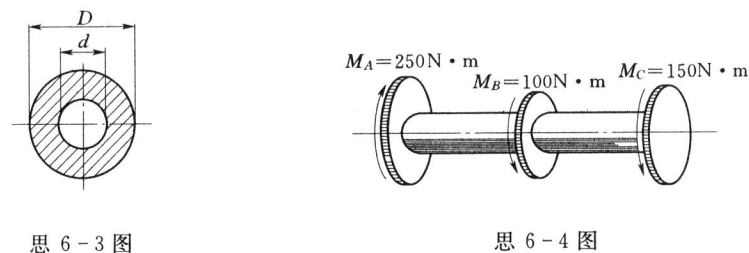

思 6-3 图　　　　　思 6-4 图

思 6-4 从强度观点出发,图示圆轴上,三个齿轮怎样布置比较合理?

习 题

题 6-1 转动轴的转速 $n=1500\mathrm{r/min}$,由主动轮输入功率 $P_1=50\mathrm{kW}$,由从动轮输出功率 $P_2=30\mathrm{kW}$,$P_3=20\mathrm{kW}$。试作该轴的扭矩图。

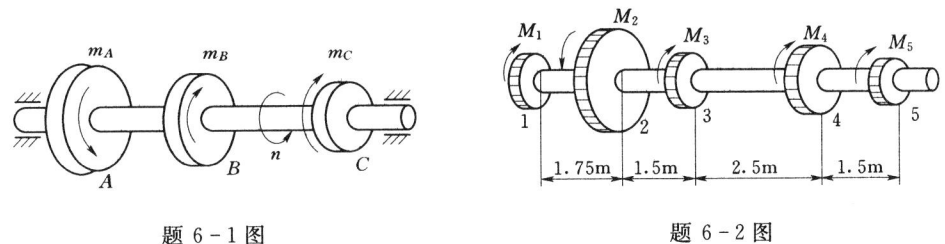

题 6-1 图　　　　　题 6-2 图

题 6-2 一传动轴的转速为 $n=1000\mathrm{r/min}$,轴上装有五个轮子,主动轮 2 的输入功率为 60kW,从动轮 1、3、4、5 依次输出 18kW、12kW、22kW 和 8kW。试作出该轴的扭矩图。

题 6-3 空心圆轴外径 $D=100\mathrm{mm}$,内径 $d=50\mathrm{mm}$,两端受外力偶矩 $m=1000\mathrm{N\cdot m}$ 作用,如图所示。试求:(1)截面剪应力的最大值 $\tau_{\max}$、最小值 $\tau_{\min}$ 和 $\rho=30\mathrm{mm}$ 处剪应力;(2)画出截面的剪应力分布图。

题 6-4 某轴两端受外力偶矩 $m=300\mathrm{N\cdot m}$ 作用,已知材料的许用剪应力 $[\tau]=70\mathrm{MPa}$,试按下列两种情况校核轴的强度。(1)实心圆轴,直径 $D=30\mathrm{mm}$;

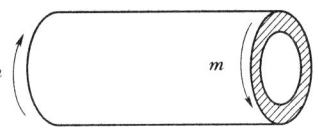

题 6-3 图

(2) 空心圆轴，外径 $D_1=40\text{mm}$，内径 $d_1=20\text{mm}$。

题 6-5 某轴直径 $D=20\text{mm}$。已知材料的许用剪应力 $[\tau]=100\text{MPa}$，求此轴能承受的扭矩；如果转速为 $n=100\text{r/min}$，求此轴所能传递的功率为多少。

题 6-6 图示传动轴，转速 $n=400\text{r/min}$，B 轮输入功率 $P_B=60\text{kW}$，A 轮和 C 轮输出功率相等，$P_A=P_C=30\text{kW}$。已知 $[\tau]=40\text{MPa}$，$[\theta]=0.5°/\text{m}$，$G=80\text{GPa}$。试按强度和刚度条件选择轴的直径 d。

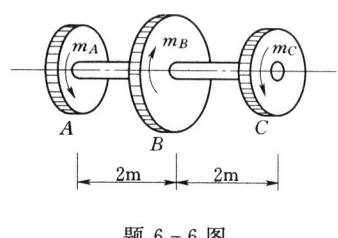

题 6-6 图

题 6-7 如将题 6-6 中的轴改为 $\alpha=0.8$ 的空心轴，则其内径和外径应分别为何值，并与原设计的实心轴相比，空心轴的重量为实心轴重量的百分之几？

第七章 梁的内力分析

第一节 平面弯曲和梁的形式

杆件受到垂直杆轴方向的外力，或杆轴所在平面内作用外力偶，杆轴线将由直线变成曲线，这种变形称为**弯曲变形**。产生弯曲变形的杆件称为**梁**。例如：房屋建筑中的主梁［图 7-1（a）］受楼板传来的均布荷载及由次梁传来的集中荷载作用，使梁发生弯曲变形。图 7-1（b）中阳台的挑梁，也发生弯曲变形。

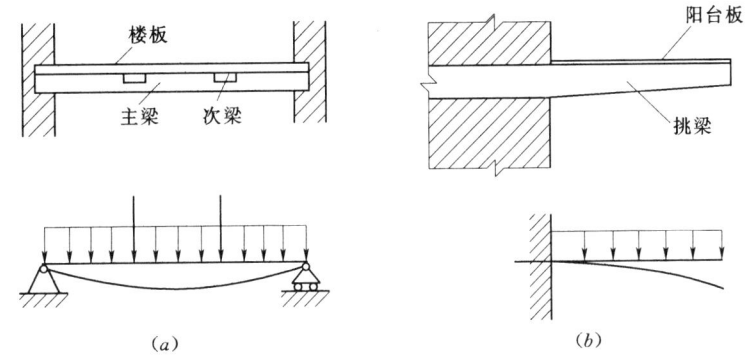

图 7-1

工程中常用构件的截面多有一根对称轴，各截面对称轴形成一个纵向对称平面。若荷载与反力均作用在梁的纵向对称平面内，梁的轴线也在该平面内弯成一条曲线，这样的弯曲称为**平面弯曲**，如图 7-2 所示。

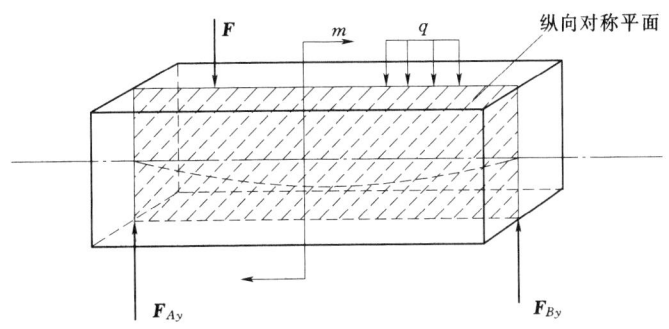

图 7-2

平面弯曲是最简单的弯曲变形,是一种基本变形。

工程中常见的单跨静定梁有三种基本形式,如图 7-3 所示。

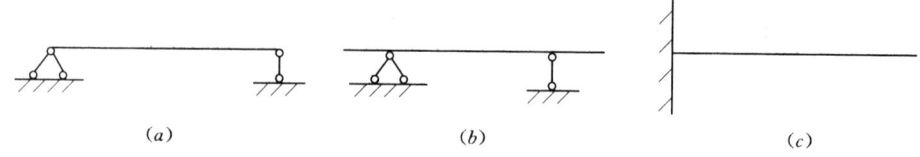

图 7-3
(a) 简支梁; (b) 外伸梁; (c) 悬臂梁

(1) 简支梁。一端是固定铰支座,另一端是可动铰支座[图 7-3 (a)]。

(2) 外伸梁。梁身的一端或两端伸出支座的梁[图 7-3 (b)]。

(3) 悬臂梁。一端是固定端,另一端是自由端的梁[图 7-3 (c)]。

第二节 梁 的 内 力

与产生轴向拉伸(压缩)、扭转变形的构件一样,进行梁的强度和刚度计算也应在内力分析的基础上,必须先计算梁在外力作用下任一横截面上的内力。

一、剪力和弯矩的概念

如图 7-4 (a) 所示,简支梁 AB 在荷载 F 和支座反力 F_A、F_B 的共同作用下处于平衡状态,用截面法分析 $n—n$ 截面上的内力。

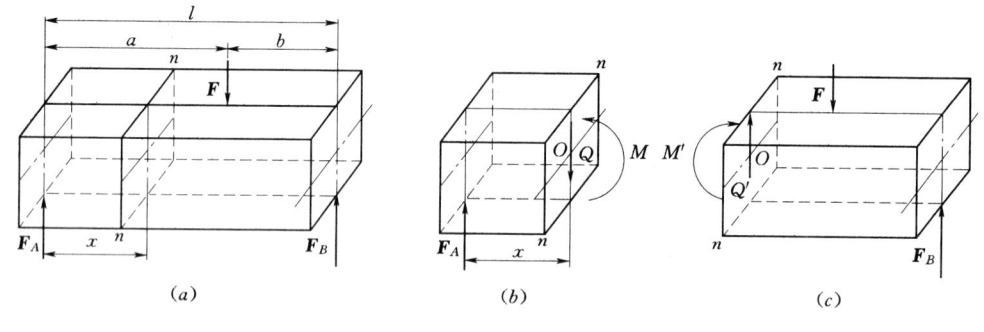

图 7-4

假想用一垂直于梁轴线的 $n—n$ 截面将梁 AB 分为两段,如图 7-4 (b)、(c) 所示。取左段为研究对象,如图 7-4 (b) 所示。左梁段上有已知支座反力 F_A,为使左段满足 $\sum F_y = 0$,截面上必然存在与外力 F_A 方向相反的内力,用符号 Q 表示,由平衡方程

$$\sum F_y = 0 \quad F_A - Q = 0 \quad Q = F_A$$

Q 称为**剪力**。由于 F_A 与 Q 组成一力偶,为了维持 $\sum M_o = 0$ 的平衡条件,截面上必然还存在一与其相平衡的内力偶,设内力偶的矩为 M,由平衡方程

$$\sum M_o = 0 \quad F_A x - M = 0 \quad M = F_A x$$

内力偶矩 M 称为**弯矩**。剪力常用单位为 N 或 kN;弯矩常用单位为 N·m 或 kN·m。

若取右段梁为研究对象，如图 7-4 (c) 所示，根据作用力与反作用力定律，可以得知右段截面上的内力与左段同截面上的内力必然大小相等，方向相反，结果相同。

$$\sum F_y = 0 \qquad F_B - F + Q = 0 \qquad Q' = F - F_B = F_A = Q$$

$$\sum M_o = 0 \qquad M' = F_B(l-x) - F(a-x) = F_A x = M$$

为了使取不同的研究对象计算同一截面内力时，数值和符号相同，梁的内力采用下面的符号规定：

剪力 Q：截面上的剪力有使所取微段**顺时针**转动的趋势取**正号**，反之为负，如图 7-5 (a) 所示。

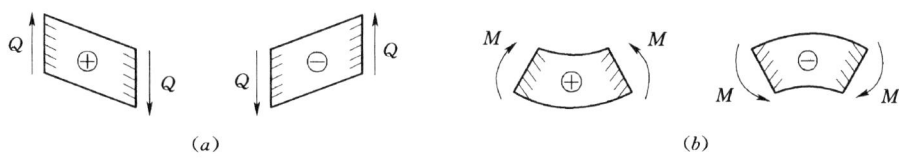

图 7-5

弯矩 M：截面上的弯矩使所取微段**下部受拉，上部受压**时取正号，反之为负，如图 7-5 (b) 所示。

二、截面法计算指定截面的内力

截面法是工程力学计算内力（只指静定结构）的通用方法。从指定的截面截开，取一侧为脱离体，截开处代以内力，利用平衡方程即可求出所需的内力值。

【例 7-1】 简支梁受力如图 7-6 (a) 所示。已知 $F_1 = 40\text{kN}$，$F_2 = 26\text{kN}$，求截面 C 上的内力。

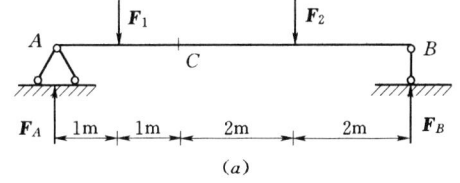

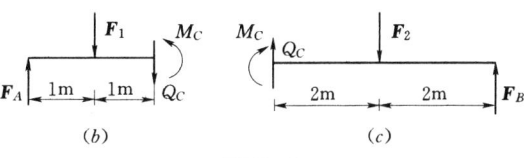

图 7-6

解：(1) 求支座反力。

由整体的平衡条件，得：

$$\sum M_A = 0 \qquad F_B \times 6 - F_1 \times 1 - F_2 \times 4 = 0 \qquad F_B = \frac{40 \times 1 + 26 \times 4}{6} = 24 \text{ kN}$$

$$\sum F_y = 0 \qquad F_A + F_B - F_1 - F_2 = 0 \qquad F_A = 40 + 26 - 24 = 42 \text{ kN}$$

(2) 截面法求内力。假想沿截面 C 将梁截成左、右两段，并取左段为研究对象，画受力图如图 7-6 (b) 所示。为便于判断计算结果，图中内力均按符号规定的正向假设。

$$\sum F_y = 0 \qquad F_A - F_1 - Q_C = 0$$

$$Q_C = F_A - F_1 = 42 - 40 = 2 \text{ kN}$$

$$\sum M_o = 0 \qquad F_1 \times 1 + M_C - F_A \times 2 = 0$$

$$M_C = F_A \times 2 - F_1 \times 1 = 42 \times 2 - 40 \times 1 = 44 \text{ kN·m}$$

若取右段梁为研究对象，如图 7-6 (c) 所示，由平衡条件可得同样结果。

$$Q_C = F_2 - F_B = 26 - 24 = 2 \text{ kN}$$

$$M_C = F_B \times 4 - F_2 \times 2 = 24 \times 4 - 26 \times 2 = 44 \text{ kN·m}$$

由 [例 7-1] 内力的计算结果可见，可直接由横截面的任一侧梁上的外力计算该截面上的内力。即

(1) 梁任一横截面上的剪力，在数值上等于该截面一侧所有外力沿截面方向投影的代数和。即

$$Q = \sum F_{左}（或 Q = \sum F_{右}）$$

(2) 梁任一横截面上的弯矩，在数值上等于该截面一侧所有外力对截面形心力矩的代数和。即

$$M = \sum M_o(F_{左})[或 M = \sum M_o(F_{右})]$$

由外力直接判断内力符号，其规律为：

(1) 对截面产生顺时针转动趋势的外力，在截面上产生正剪力；反之产生负剪力，如图 7-7 (a) 所示。

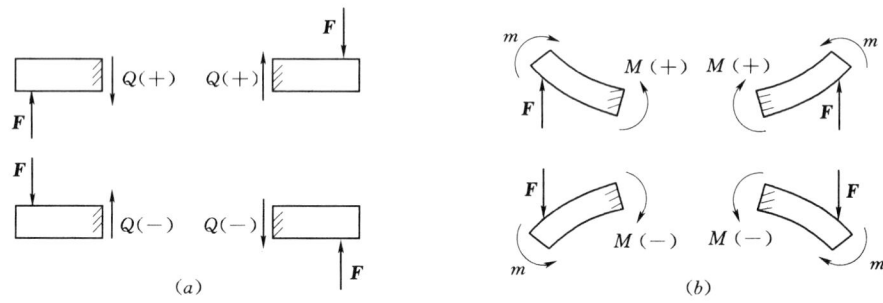

图 7-7

(2) 使梁段产生下边凸出，上边凹进变形的外力在截面上产生正弯矩；反之产生负弯矩，如图 7-7 (b) 所示。

直接由梁段上所受外力计算截面内力时，应先看截面一侧有几个外力，再根据各外力方向判断产生内力的符号，最后通过计算各项代数和来确定截面内力。

【例 7-2】 简支梁上作用集中力 $F=1$kN，集中力偶 $m=4$kN·m，均匀荷载 $q=10$kN/m，如图 7-8 所示。试求 1—1 和 2—2 截面上的剪力和弯矩。

解：(1) 求支座反力。由整体的平衡条件可得

$$\sum M_B = 0 \quad -F_A \times 1 - m + 0.75 \times F + \frac{1}{2}q \times (0.5)^2 = 0$$

$$F_A = 0.75 \times 1 - 4 + 0.5 \times 10 \times 0.25 = -2 \text{ kN}(\downarrow)$$

$$\sum M_A = 0 \quad F_B \times 1 - m - 0.25 \times F - q \times 0.5 \times 0.75 = 0$$

$$F_B = 4 + 0.25 \times 1 + 10 \times 0.5 \times 0.75 = 8 \text{ kN}(\uparrow)$$

(2) 求内力。

由 1—1 截面左侧外力求内力：$Q_1 = F_A = -2$kN $M_1 = 0.2F_A = -0.4$kN·m

由 2—2 截面右侧外力求内力：$Q_2 = 0.4q - F_B = 0.4 \times 10 - 8 = -4$kN

$$M_2 = F_B \times 0.4 - \frac{1}{2}q \times (0.4)^2 = 8 \times 0.4 - 0.5 \times 10 \times 0.16 = 2.4 \text{kN·m}$$

【例 7-3】 一简支梁，其尺寸及受力情况如图 7-9 所示。图中截面 1—1、2—2 无

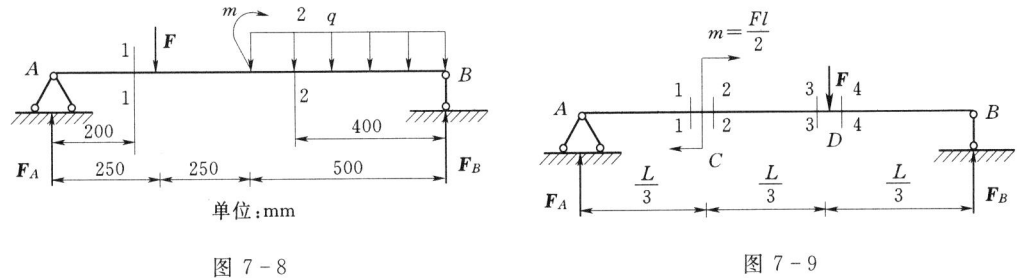

图 7-8　　　　　　　　　　　图 7-9

限接近于截面 C 的左、右侧，截面 3—3、4—4 无限接近于截面 D 的左、右侧。试求截面 1—1、2—2、3—3、4—4 的剪力和弯矩。

解：(1) 求支座反力。由梁的整体平衡条件得

$$\sum M_A = 0 \qquad -\frac{Fl}{2} - F \times \frac{2l}{3} + F_B l = 0 \qquad F_B = \frac{7}{6}F(\uparrow)$$

$$\sum M_B = 0 \qquad -\frac{Fl}{2} + F \times \frac{l}{3} - F_A l = 0 \qquad F_A = -\frac{1}{6}F(\downarrow)$$

(2) 计算指定截面的剪力和弯矩。取截面左侧为研究对象

1—1 截面：$\qquad Q_1 = F_A = -\frac{F}{6} \qquad M_1 = F_A \times \frac{l}{3} = -\frac{F}{6} \times \frac{l}{3} = -\frac{Fl}{18}$

2—2 截面：$\qquad Q_2 = F_A = -\frac{F}{6} \qquad M_2 = F_A \times \frac{l}{3} + m = -\frac{F}{6} \times \frac{l}{3} + \frac{Fl}{2} = \frac{4Fl}{9}$

取截面右侧为研究对象

3—3 截面：$\qquad Q_3 = F - F_B = F - \frac{7F}{6} = -\frac{F}{6}$

$$M_3 = -F \times 0 + F_B \times \frac{l}{3} = \frac{7F}{6} \times \frac{l}{3} = \frac{7Fl}{18}$$

4—4 截面：$\qquad Q_4 = -F_B = -\frac{7F}{6} \qquad M_4 = F_B \times \frac{l}{3} = \frac{7F}{6} \times \frac{l}{3} = \frac{7Fl}{18}$

比较 1—1、2—2 截面的内力：在集中力偶作用位置左右两侧横截面上，剪力相同，弯矩不同；比较 3—3、4—4 截面的内力：在集中力作用位置左右两侧横截面上，弯矩相同，剪力不同。所以计算集中力和集中力偶作用截面内力时，须从无限接近该截面的两侧分别计算。

第三节　剪力图和弯矩图

由梁横截面的内力计算可知，一般情况下，梁在不同横截面上的内力是不同的，即梁各截面的剪力和弯矩都是随横截面的位置而变化的。若取梁轴线为 x 轴，横截面位置可用沿梁轴线的坐标 x 来表示，则梁各横截面上的剪力和弯矩均为坐标 x 的函数，即

$$Q = Q(x)$$
$$M = M(x)$$

以上两函数表达式，分别称为梁的**剪力方程**和**弯矩方程**。为了计算方便，可任意选定坐标原点和坐标轴方向。将由内力方程的函数分别绘制出来的图形，称为**剪力图和弯矩图**。

剪力图和弯矩图与轴力图和扭矩图的绘制方法相似,以平行梁轴线的横坐标 x 表示各横截面位置,以垂直梁轴线的纵坐标表示各横截面的内力值,选适当比例绘图。在土建工程中规定:**正值的剪力画在轴线上方,负值的剪力画在轴线下方;正值的弯矩画在轴线下方,负值的弯矩画在轴线上方**,即弯矩图总是画在梁的**受拉侧**,因此在弯矩图上一般可不标正、负号。根据内力方程绘制梁内力图的方法称为**列方程法**。下面举例说明。

【例 7-4】 悬臂梁在自由端作用集中荷载 F,如图 7-10（a）所示。试绘制其剪力图和弯矩图。

解：（1）建立剪力方程和弯矩方程。取梁右端 B 点为坐标原点,截取任意 x 位置横截面的右段梁为研究对象,由内力计算方法分别列出该截面的剪力函数表达式和弯矩函数表达式,即该梁段的剪力方程和弯矩方程。

$$Q(x) = F \qquad (0 < x < l) \qquad (a)$$
$$M(x) = -Fx \qquad (0 < x \leqslant l) \qquad (b)$$

括号内注明了方程中 x 的取值范围。

（2）绘剪力图和弯矩图。由式（a）可知,剪力函数为常量,即各个横截面上的剪力都等于常数 F,故剪力图是一条平行于 x 轴的水平直线,因各横截面剪力为正值,故绘在 x 轴的上方,并注明正号,如图 7-10（b）所示。

由式（b）可知,弯矩 M 为 x 的一次函数,故弯矩图为一条斜直线。一般由梁段两端的弯矩值来确定该直线：在 $x=0$ 处,$M_B=0$；在 $x=l$ 处,$M_A=-Fl$。因 M 为负值,按规定 M 图负值画在轴上侧,可不注负号,如图 7-10（c）所示。

（3）确定内力最大值。由图可见：

$$|Q|_{max} = F \qquad （发生在全梁各截面）$$
$$|M|_{max} = Fl \qquad （发生在固定端截面上）$$

内力图特征为：**无荷载作用的梁段上,剪力图为水平直线,弯矩图为斜直线。**

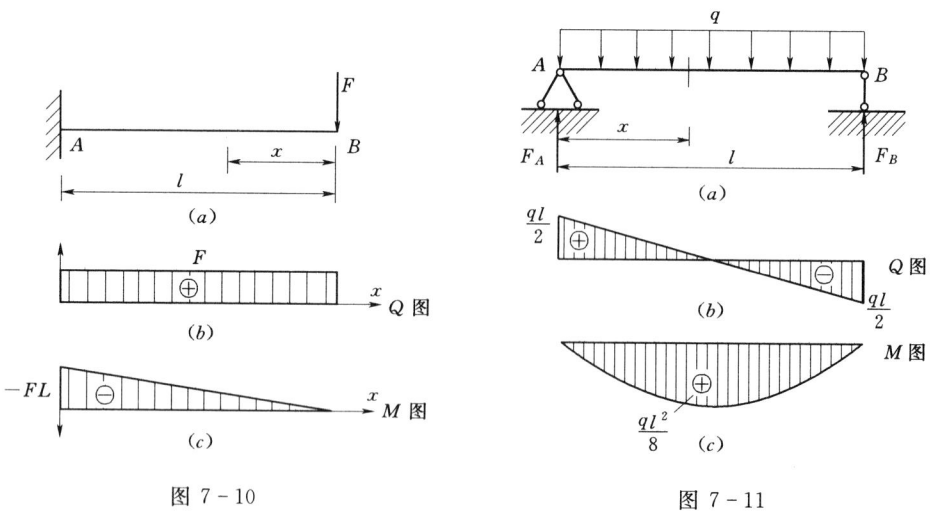

图 7-10　　　　　　　　　　图 7-11

【例 7-5】 简支梁受集度为 q 的均布荷载作用,如图 7-11（a）所示。试作其剪力图和弯矩图。

解:(1) 求支座反力。由梁的对称性可知,两支座反力相等,即
$$F_A = F_B = 0.5ql(\uparrow)$$

(2) 建立剪力方程和弯矩方程。坐标原点取在 A 端,取任意横截面 x 左侧梁段为研究对象,由外力直接求截面内力,即

$$Q(x) = F_A - qx = 0.5ql - qx \quad (0 < x < l) \quad (a)$$

$$M(x) = F_A x - 0.5qx^2 = 0.5qlx - 0.5qx^2 \quad (0 \leqslant x \leqslant l) \quad (b)$$

(3) 绘剪力图和弯矩图。由剪力方程式 (a) 可知,剪力为 x 的一次函数,剪力图为斜直线。在 $x=0$ 处,$Q_A = 0.5ql$;在 $x=l$ 处,$Q_B = -0.5ql$。选合适比例由两点作剪力图,如图 7-11 (b) 所示。注明正负号,可不画坐标轴。

由弯矩方程式 (b) 可知,弯矩为 x 的二次函数,弯矩图为二次抛物线,确定曲线至少需要三个点。在 $x=0$ 处,$M_A=0$;在 $x=l$ 处,$M_B=0$;在 $x=\frac{1}{2}l$ 处,$M_C=\frac{1}{8}ql^2$。选合适比例作弯矩图,如图 7-11 (c) 所示。M 图上有极值点。一般曲线 M 极值的确定为:由弯矩函数的一阶导数为零确定极值点位置,再代入弯矩方程求出 M 极值。例如本题,由 $\dfrac{\mathrm{d}M(x)}{\mathrm{d}x} = \dfrac{1}{2}ql - qx = 0$,得 $x = \dfrac{1}{2}l$,代入弯矩方程,得

$$M(x)\big|_{x=\frac{1}{2}l} = \frac{ql^2}{4} - \frac{ql^2}{8} = \frac{ql^2}{8}$$

(4) 确定内力最大值。由内力图可直观确定

$$|Q|_{\max} = \frac{1}{2}ql \quad (在 A、B 两端截面)$$

$$|M|_{\max} = \frac{1}{8}ql^2 \quad (在跨中截面)$$

内力图特征:**在均布荷载 q 作用梁段,剪力图为斜直线;弯矩图为二次抛物线,曲线弯曲方向与 q 指向相同;在剪力为零的截面,弯矩有极值。**

【**例 7-6**】 简支梁 AB 在 C 点处作用集中力 F,如图 7-12 (a) 所示。试作梁的内力图。

解:(1) 求支座反力。由整体平衡方程,得
$$F_A = \frac{Fb}{l}(\uparrow) \qquad F_B = \frac{Fa}{l}(\uparrow)$$

(2) 建立剪力方程和弯矩方程。因集中力两侧的内力方程有变化,故剪力方程和弯矩方程应分 AC、CB 两段分别列出。

AC 段:坐标原点为 A 端,取任意截面 x_1 左侧梁段为研究对象,由外力直接求截面内力

$$Q(x_1) = F_A = \frac{Fb}{l} \quad (0 < x_1 < a) \quad (a)$$

$$M(x_1) = F_A x_1 = \frac{Fb}{l} x_1 \quad (0 \leqslant x_1 \leqslant a) \quad (b)$$

CB 段:为使内力方程形式简单,坐标原点

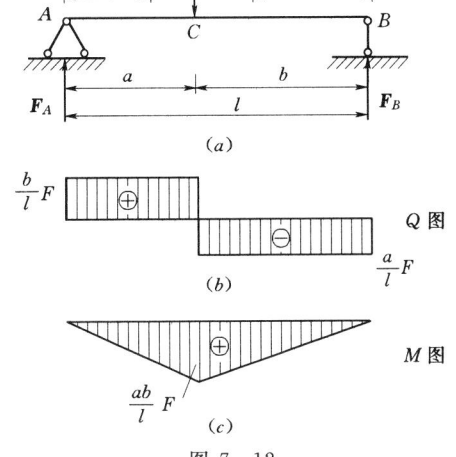

图 7-12

取在 B 端，取任意截面 x_2 右侧梁段为研究对象，由外力直接求截面内力为

$$Q(x_2) = -F_B = \frac{-Fa}{l} \qquad (0 < x_2 < b) \qquad (c)$$

$$M(x_2) = F_B x_2 = \frac{Fa}{l} x_2 \qquad (0 \leqslant x_2 \leqslant b) \qquad (d)$$

（3）绘剪力图和弯矩图。由式（a）、式（c）可知，剪力为常量，在 AC 段为正值，在 CB 段为负值，故剪力图为两段水平直线，作剪力图，如图 7-12（b）所示。

由式（b）、式（d）可知，在 AC、CB 梁段，M 均为 x 的一次函数，故弯矩图为两段斜率不同的斜直线，在 $x_1=0$ 处，$M_A=0$；$x_1=a$ 处，$M_C=\frac{Fab}{l}$；在 $x_2=0$ 处，$M_B=0$；在 $x_2=b$ 处，$M_C=\frac{Fab}{l}$；作弯矩图，如图 7-12（c）所示。

（4）确定内力最大值。从内力图上可直观确定

$$|Q|_{\max} = \frac{Fb}{l} \quad (b>a) \qquad (\text{在 } AC \text{ 梁段各截面})$$

$$|M|_{\max} = \frac{Fab}{l} \qquad (\text{在 } C \text{ 截面})$$

如果集中力 F 作用在跨中截面，即 $a=b=\frac{l}{2}$ 时，$|M|_{\max}=\frac{Fl}{4}$，在跨中截面。

内力图特征：**在集中力 F 作用截面，剪力图有突变，且突变的绝对值为 F；弯矩图有尖角，尖角的指向与 F 方向相同。**

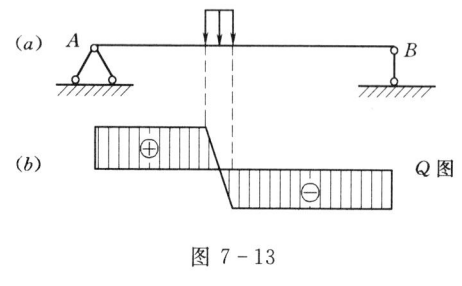

图 7-13

剪力图在集中力作用处不连续的情况，是由于忽略集中力作用面积的简化结果。实际上，集中力总是分布在梁上某一范围内，若将力 F 按作用在梁微段上的均布荷载处理，则剪力图将不会发生突变，而是按直线规律连续变化，如图 7-13（a）、（b）所示。

【**例 7-7**】 简支梁 AB 在 C 处作用一集中力偶 m，如图 7-14（a）所示。试作其内力图。

解：（1）求支座反力。由整体平衡方程，得

$$F_A = -\frac{m}{l}(\downarrow) \qquad F_B = \frac{m}{l}(\uparrow)$$

（2）建立剪力方程和弯矩方程。由于集中力偶作用，应分段列内力方程。

AC 段：坐标原点为 A 端，取任意截面 x_1 左侧梁段为研究对象，由外力直接求截面内力

$$Q(x_1) = F_A = -\frac{m}{l} \qquad (0 < x_1 \leqslant a) \qquad (a)$$

$$M(x_1) = F_A x_1 = -\frac{m}{l} x_1 \qquad (0 \leqslant x_1 < a) \qquad (b)$$

CB 段：坐标原点取在 B 端，取任意截面 x_2 右侧梁段为研究对象，由外力直接求截面内力为

$$Q(x_2) = -F_B = -\frac{m}{l} \quad (0 < x_2 \leqslant b) \quad (c)$$

$$M(x_2) = F_B x_2 = \frac{m}{l} x_2 \quad (0 \leqslant x_2 \leqslant b) \quad (d)$$

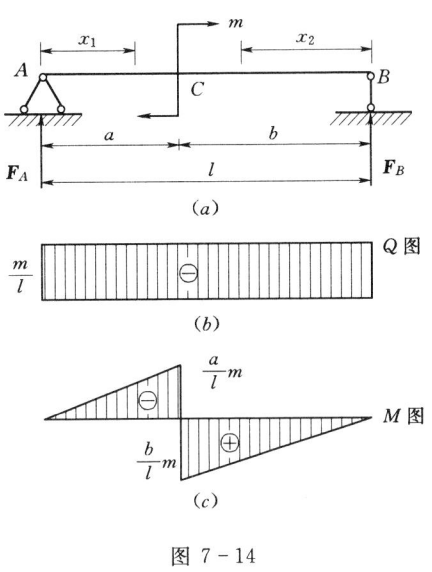

图 7-14

（3）绘内力图。由式（a）、式（c）可见，AC、CB 梁段剪力相同，剪力图为水平直线，作剪力图，如图 7-14（b）所示。

由式（b）、式（d）可知，在 AC、CB 梁段，M 均为 x 的一次函数，故弯矩图为两段斜率不同的斜直线，在 $x_1=0$ 处，$M_A=0$；$x_1=a$ 处，$M_{C左}=-\frac{ma}{l}$；在 $x_2=0$ 处，$M_B=0$；在 $x_2=b$ 处，$M_{C右}=\frac{mb}{l}$；作弯矩图，如图 7-14（c）所示。

（4）确定内力最大值。从内力图上可直观确定

$$|Q|_{\max} = \frac{m}{l} \quad （沿全梁各截面）$$

$$|M|_{\max} = \frac{mb}{l}(b > a) \quad （在 C_右 截面）$$

内力图特征：**在集中力偶作用处，剪力图不受影响；弯矩图发生突变，且突变值等于该力偶的力偶矩。**

第四节 弯矩、剪力、荷载集度间的微分关系

通过前面 [例 7-5] 可发现，将弯矩方程 $M(x)$ 对 x 求导数，即得剪力方程 $Q(x)$；若将剪力方程 $Q(x)$ 对 x 求导数，即得均布荷载的荷载集度 q，这是梁上作用均布荷载的情况。而事实上，梁任一横截面上的弯矩、剪力与任意分布的荷载集度间都普遍存在这样的关系。分析、掌握这三者之间的关系，将有助于梁的内力图的绘制与校核。下面从一般情况推导这种关系。

一、弯矩、剪力、荷载集度间的关系

设梁上作用有任意的分布荷载 $q(x)$，如图 7-15（a）所示。规定 $q(x)$ 以向上为正，向下为负。坐标原点取在梁的左端，在距左端为 x 处截取长度为 dx 的微段梁进行研究。微段梁上作用有分布荷载 $q(x)$，由于微段梁的长度 dx 很小，所以在 dx 微段梁上作用的分布荷载可近似看作是均匀分布的。设微段梁左侧横截面上的剪力和弯矩分别为 $Q(x)$ 和 $M(x)$；右侧横截面上的剪力和弯矩分别为 $Q(x)+dQ(x)$ 和 $M(x)+dM(x)$，如图 7-15（b）所示。

因为整个梁在外荷载作用下处于平衡状态，故所截取的微段梁在外荷载和横截面上的

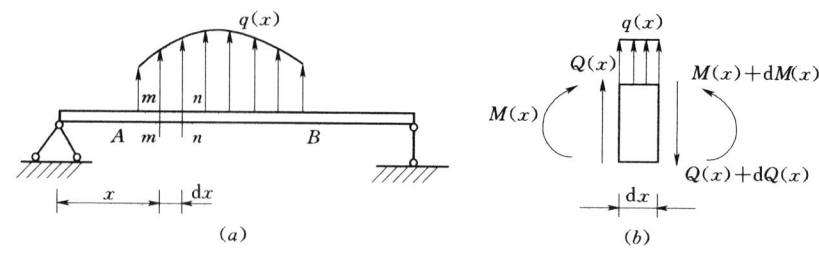

图 7-15

内力作用下也应该平衡。由微段梁平衡条件 $\sum F_y = 0$，可得

$$Q(x) + q(x)dx - [Q(x) + dQ(x)] = 0$$

整理得到

$$\frac{dQ(x)}{dx} = q(x) \tag{7-1}$$

由微段梁平衡条件 $\sum M_o = 0$（矩心 O 取在右侧截面的形心），可得

$$[M(x) + dM(x)] - M(x) - Q(x)dx - q(x)dx\frac{dx}{2} = 0$$

略去二阶微量，整理得到

$$\frac{dM(x)}{dx} = Q(x) \tag{7-2}$$

式(7-1)代入式(7-2)可得

$$\frac{d^2M(x)}{dx^2} = q(x) \tag{7-3}$$

以上三式就是弯矩、剪力、荷载集度三函数间的微分关系式。

二、弯矩、剪力、荷载集度间的关系在内力图绘制中的应用

1. 弯矩、剪力、荷载集度微分关系式的几何意义

在数学上，一阶导数的几何意义是曲线在某一点处的切线的斜率。所以式（7-1）、式（7-2）的几何意义分别为：剪力图上某点处切线的斜率等于该点处分布荷载集度；弯矩图上某点切线的斜率等于相应截面上的剪力。式（7-3）的几何意义为：弯矩图上某点的曲率等于该点处分布荷载集度，可以用分布荷载集度来判断弯矩图曲线的凹凸性。

2. 内力图的规律及其应用

根据上述各关系及其几何意义，分析得到内力图的一些规律如下：

(1) $q(x) = 0$（无荷载作用梁段）。

由 $\dfrac{dQ(x)}{dx} = q(x) = 0$ 可知，$Q(x) =$ 常量，此梁段的剪力图为水平直线；

由 $\dfrac{dM(x)}{dx} = Q(x) =$ 常量可知，$M(x)$ 为 x 的一次函数，此时梁段的弯矩图为斜直线。

当剪力图为正时，弯矩图斜向右下方；当剪力图为负时，弯矩图斜向右上方；当剪力图为零时，弯矩图为水平直线。

(2) $q(x) =$ 常量（均布荷载作用梁段）。

由 $\dfrac{dQ(x)}{dx} = q(x) =$ 常量可知，$Q(x)$ 为 x 的一次函数，此梁段的剪力图为斜直线；

由 $\dfrac{\mathrm{d}^2 M(x)}{\mathrm{d}x^2} = q(x)$ 可知，$M(x)$ 为 x 的二次函数，此梁段的弯矩图为抛物线；

均布荷载向下作用时，由 $\dfrac{\mathrm{d}^2 M(x)}{\mathrm{d}x^2} = q(x) < 0$ 可知，弯矩图应向下凸；当均布荷载向上作用时，$\dfrac{\mathrm{d}^2 M(x)}{\mathrm{d}x^2} = q(x) > 0$，弯矩图应向上凸；

由 $\dfrac{\mathrm{d}M(x)}{\mathrm{d}x} = Q(x)$ 可知，在 $Q(x)=0$ 处，$M(x)$ 有极值。即**剪力等于零的截面上弯矩有极大值或极小值。**

（3）集中力作用处。

剪力图发生突变，且突变绝对值等于该集中力的大小；弯矩图出现尖角，且尖角的方向与集中力的方向相同。

（4）集中力偶作用处。

剪力图不变化；弯矩图发生突变，且突变绝对值等于该集中力偶的力偶矩。

内力图的规律，将有助于绘制和校核梁的剪力图和弯矩图。将这些规律列于表 7-1。掌握了表中所列各项规律后，只要确定梁上几个控制横截面的内力值，就可按梁段上的荷载直接画出各梁段的剪力图和弯矩图。一般取梁的端点、支座及荷载变化处为控制截面。这样，绘制梁的内力图便不再需要列内力方程，只求几个截面的剪力和弯矩，再按内力图的特征画图即可，非常简便。这种画图方法称为**简捷法**。下面举例说明。

表 7-1　　　　　　　　梁的荷载、剪力图、弯矩图之间的关系

	梁上荷载情况	剪　力　图	弯　矩　图
1	无荷载作用	水平直线（$Q=0$；$Q>0$；$Q<0$）	水平直线（$M<0$，$M=0$，$M>0$）；下斜直线；上斜直线
2	均布荷载向上作用 $q>0$	上斜直线	上凸抛物线
	均布荷载向下作用 $q<0$	下斜直线	下凸抛物线

续表

	梁上荷载情况	剪 力 图	弯 矩 图
3	集中力作用 F	C 截面有突变	C 截面有尖角
4	集中力偶作用 m	无变化	C 截面有突变
5		$Q=0$ 截面	M 有极值

【例 7-8】 用简捷法绘出图 7-16（a）所示简支梁的内力图。

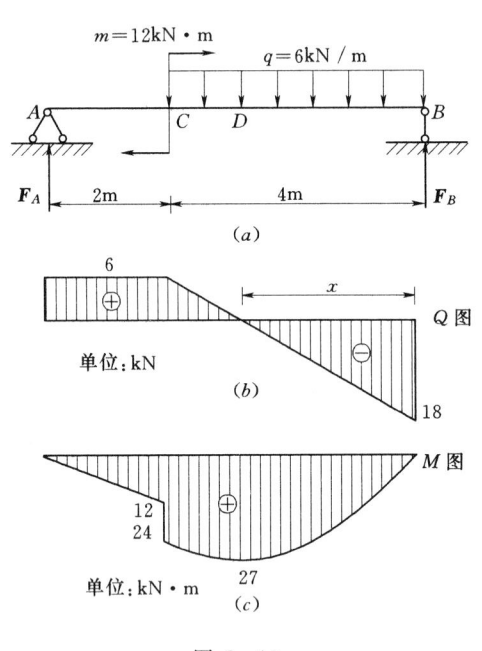

图 7-16

解：（1）求支座反力。

$$F_A = 6 \text{ kN} \quad F_B = 18 \text{ kN}$$

（2）剪力图。

根据荷载变化情况，该梁应分为 AC、CB 两段。

AC 梁段：无外力，剪力图为水平线，可通过 $Q = F_A = 6\text{kN}$ 画出。

CB 梁段：有均布荷载，剪力图为斜直线，可通过 $Q_C = 6\text{kN}$ 及 $Q_{B左} = -F_B = -18\text{kN}$ 画出。该梁段剪力从正值到负值经过零点，$Q=0$ 处弯矩有极值。极值点截面 D 位置计算：$x = \dfrac{18}{6} = 3\text{m}$。

剪力图如图 7-16（b）所示。由图可见，$|Q|_{max} = 18\text{kN}$，作用在 $B_左$ 截面。

（3）弯矩图。

AC 梁段：无外力，弯矩图为斜直线，可通过 $M_A = 0$，$M_{C左} = F_A \times 2 = 12\text{kN}\cdot\text{m}$ 画出。

CB 梁段：由均布荷载 q 向下，弯矩图为下凸的二次抛物线。其中

$$M_{C右} = M_{C左} + m = 12 + 12 = 24 \text{ kN}\cdot\text{m}$$

$$M_D = F_B x - \frac{1}{2}qx^2 = 18 \times 3 - \frac{1}{2} \times 6 \times 3^2 = 27 \text{ kN}\cdot\text{m}$$

$$M_B = 0$$

弯矩图如图 7-16（c）所示。由图可见：$|M|_{max} = 27\text{kN}\cdot\text{m}$，作用在距 B 支座 3m 处。

【例 7-9】 试绘制图 7-17 (a) 所示外伸梁的剪力图和弯矩图。

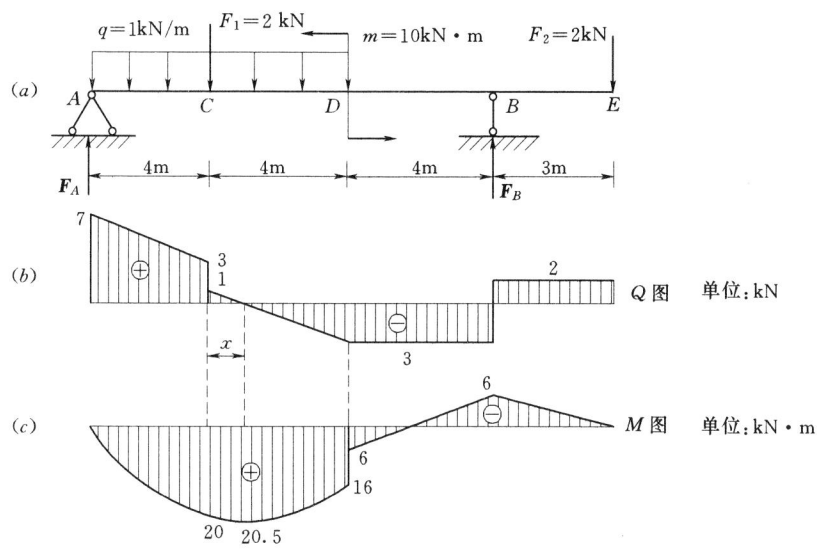

图 7-17

解：(1) 求支座反力。

$$F_A = 7 \text{ kN}(\uparrow) \qquad F_B = 5 \text{ kN}(\uparrow)$$

(2) 剪力图。

根据荷载变化情况，将梁分段为 AC、CD、DB、BE 四段。

AC 段： $Q_{A右} = F_A = 7 \text{ kN}$ $\qquad Q_{C左} = Q_{A右} - q \times 4 = 3 \text{ kN}$

CD 段： $Q_{C右} = Q_{C左} - F_1 = 1 \text{ kN}$ $\qquad Q_D = Q_{C右} - q \times 4 = -3 \text{ kN}$

剪力图如图 7-17 (b) 所示。其中 $Q=0$ 截面，M 有极值。位置可由几何关系确定。

$$x = 4 \times \frac{1}{4} = 1 \text{ m}$$

DB 段： $\qquad\qquad\qquad Q_D = Q_{B左} = -3 \text{ kN}$

BE 段： $\qquad\qquad\qquad Q_{B右} = Q_{E左} = 2 \text{ kN}$

由图 7-17 (b) 可知：$|Q|_{\max} = 7\text{kN}$，作用在 $A_右$ 截面。

(3) 弯矩图。

AC 段： $\quad M_A = 0 \qquad M_C = F_A \times 4 - q \times 4 \times \dfrac{4}{2} = 20 \text{ kN} \cdot \text{m}$

CD 段： $\quad M_{极值} = F_A \times 5 - q \times 5 \times \dfrac{5}{2} - F_1 \times 1 = 20.5 \text{ kN} \cdot \text{m}$

$\qquad\qquad M_{D左} = F_A \times 8 - q \times 8 \times \dfrac{8}{2} - F_1 \times 4 = 16 \text{ kN} \cdot \text{m}$

DB 段： $\quad M_{D右} = M_{D左} - m = 6 \text{ kN} \cdot \text{m}$

$\qquad\qquad M_{B左} = -2 \times 3 = -6 \text{ kN} \cdot \text{m}$

BE 段：　　　　　　　　$M_{B右} = M_{B左} = -6 \text{ kN·m}$

　　　　　　　　　　　　$M_{E左} = 0$

弯矩图如图 7-17（c）所示。由图可见：$|M|_{max} = 20.5 \text{kN·m}$，作用在距 A 支座 5m 处。

综上所述，简捷法绘制梁内力图的步骤可归纳如下：

（1）求支座反力。

（2）根据外力情况将梁分段，一般分界截面即梁的控制截面。

（3）确定各控制截面内力值。

（4）根据各梁段内力图特征，逐段画内力图。

（5）校核内力图并确定内力最大值。

第五节　叠加法作剪力图和弯矩图

一、叠加原理

如图 7-18 所示悬臂梁受集中力 F 和均布荷载 q 作用，分析悬臂梁的反力和内力。

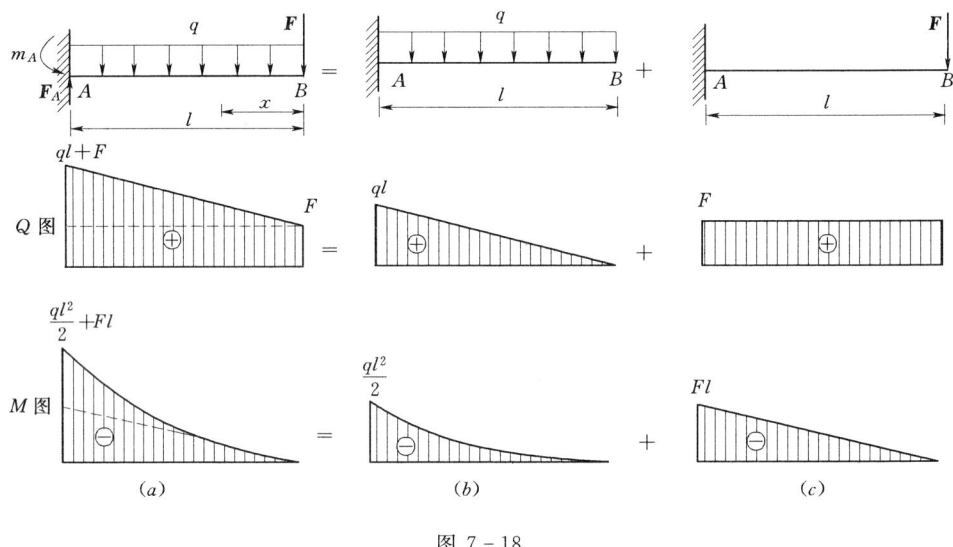

图 7-18

固定端处的支座反力为

$$F_A = F + ql$$

$$m_A = Fl + \frac{1}{2}ql^2$$

距右端为 x 的任一截面上的剪力和弯矩分别为

$$Q(x) = F + qx$$

$$M(x) = -Fx - \frac{1}{2}qx^2$$

由上列各式可见，梁的反力和内力均由两部分组成：第一部分为集中力 F 单独作用时在梁上所引起的反力和内力；第二部分为均布荷载 q 单独作用时在梁上所引起的反力和内力。因此，计算图 7-18（a）所示梁的反力和内力时，可先分别计算出 F 和 q 单独作用时的结果，然后予以代数相加。这种方法称为**叠加法**。

表 7-2 为静定梁在简单荷载作用下的 Q 图、M 图。

表 7-2　　　　　　　　静定梁在简单荷载作用下的 Q 图、M 图

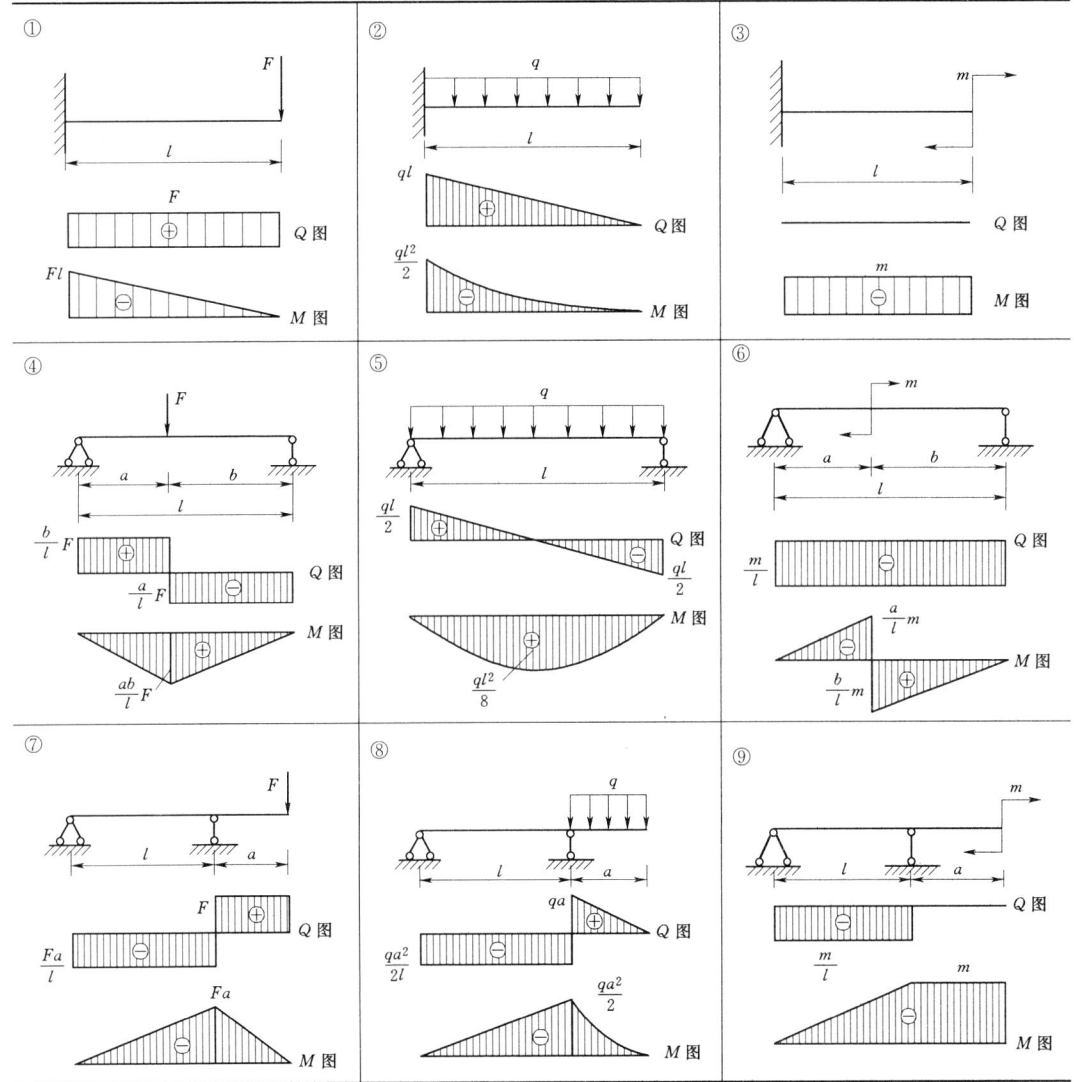

二、叠加法绘内力图

叠加法绘内力图的步骤：

（1）荷载分组：把梁上作用的复杂荷载分解为几组简单荷载单独作用情况。

（2）分别作出各简单荷载单独作用下梁的剪力图和弯矩图：各简单荷载作用下单跨静定梁的内力图可查表 7-2。

（3）叠加各内力图上对应截面的纵坐标代数值，得梁原荷载作用下的内力图。

注意：内力图的叠加，是指内力图上对应纵坐标的代数相加，而不是内力图的简单拼合。

【**例 7 - 10**】 用叠加法作图 7 - 19 所示外伸梁的 M 图。

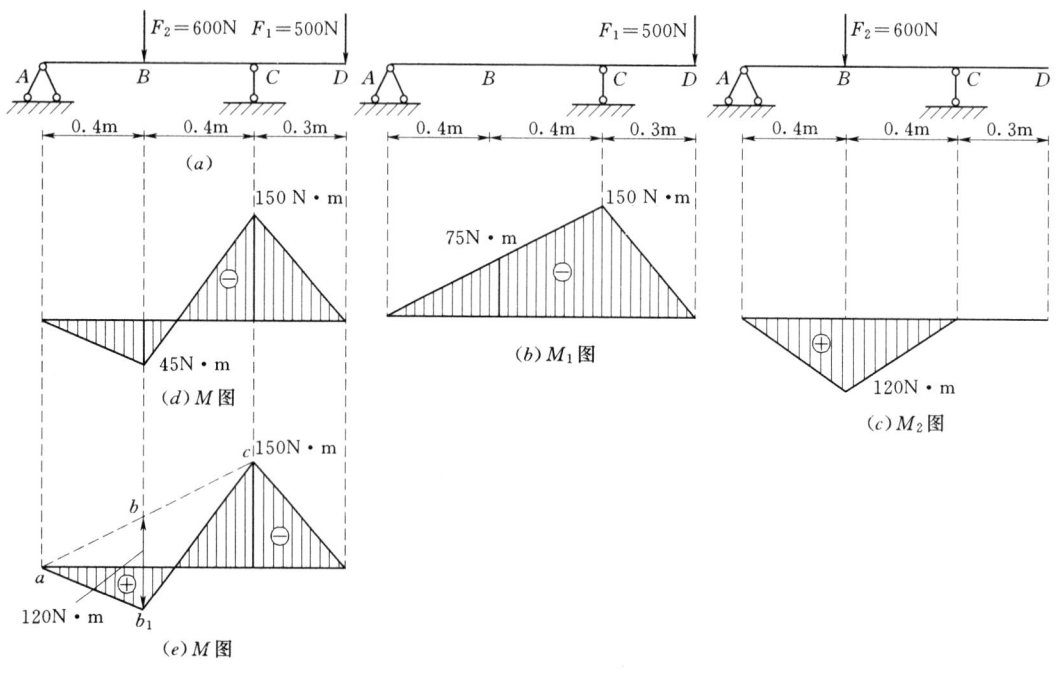

图 7 - 19

解：（1）分解荷载为 F_1、F_2 单独作用情况；

（2）分别作二力单独作用下梁的弯矩图，如图 7 - 19 (b)、(c) 所示；

（3）叠加得梁最终的弯矩图。有两种叠加方法。

第一种方法：叠加 A、B、C、D 各截面弯矩图的纵坐标，可得 0、45N · m、-150N · m、0；再按弯矩图特征连线（各段无均布荷载均为斜直线），得图 7 - 19 (d)。

第二种方法：在 M_1 图的基础上叠加 M_2 图得图 7 - 19 (e)。其中画 AC 梁段的弯矩图时，将 ac 线作为基线，由斜线中点 b 向下量取 $bb_1 = 120$N · m，连 ab_1 及 cb_1，即得 AC 段 M 图。这种方法也可以叫作区段叠加法。

三、区段叠加法作梁的弯矩图

用区段叠加法作梁的弯矩图对复杂荷载作用下的梁、刚架及超静定结构的弯矩图绘制都是十分有利的。

图 7 - 20 (a) 所示梁上承受集中力 F 和均布荷载 q 作用，如果已求出该梁截面 A、B 的弯矩分别为 M_A、M_B，则可取出 AB 梁段为脱离体，由其平衡条件分别求出截面 A、B 的剪力 Q_A、Q_B，如图 7 - 20 (b) 所示。此梁段的受力图与图 7 - 20 (c) 所示简支梁的受力图完全相同，因为由简支梁平衡条件可求出其支座反力 $F_A = Q_A$，$F_B = -Q_B$。因此，区段 AB 梁段的弯矩图可用对应简支梁弯矩图的叠加法作出。用区段叠加法画梁段的弯矩图时，一般先确定两端截面的弯矩值，如 BD 梁段，先求出 M_B

和 M_D；将两端截面弯矩的连线作为基线；在此基线上叠加简支梁作用杆间荷载时的弯矩图，即得该梁段的弯矩图。

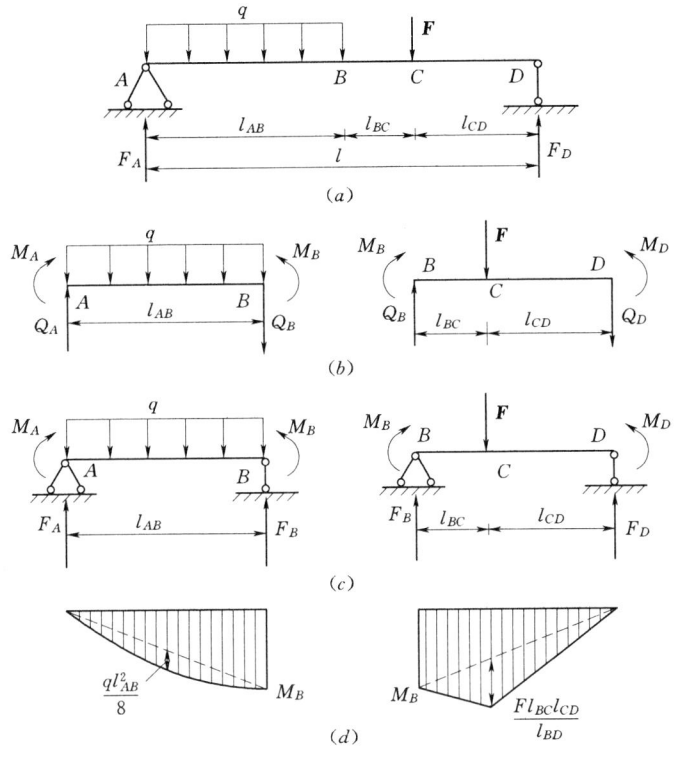

图 7-20

结论：任意梁段都可以看作简支梁，都可用简支梁弯矩图的叠加法作该梁段的弯矩图。这种作图方法称为"区段叠加法"。

区段叠加法作静定梁的弯矩图，应先将梁分段。分段的原则是：分界截面的弯矩值易求；所分梁段对应简支梁的弯矩图易画，可查表 7-2。

【**例 7-11**】 用叠加法作图 7-21（a）所示简支梁的弯矩图。

解：（1）求支座反力。

$$F_A = 68\text{kN}(\uparrow) \qquad F_B = 72\text{kN}(\uparrow)$$

（2）确定各控制截面弯矩值。

根据荷载情况将该梁分为 AC、CD、DE、EB 四段，其中各控制截面弯矩值为

$$M_A = 0$$
$$M_C = 68 \times 1 = 68 \text{ kN} \cdot \text{m}$$
$$M_{D左} = 68 \times 3 - 40 \times 2 \times 1 = 124 \text{ kN} \cdot \text{m}$$
$$M_{D右} = 68 \times 3 - 40 \times 2 \times 1 - 40 = 84 \text{ kN} \cdot \text{m}$$
$$M_B = 0$$

（3）用区段叠加法绘制各梁段弯矩图。

先按一定比例绘出各控制截面的纵坐标，再根据各梁段荷载分别作弯矩图。如图 7-

21(b) 所示，AC 梁段无荷载，由弯矩特征值直接连线作图；CD、DB 段有荷载作用，则把该段两端弯矩纵坐标连一虚线，在此基线上叠加对应简支梁的弯矩图。其中 CD、DB 段中点叠加的弯矩值分别为：

$$M_{CD中} = \frac{ql_{CD}^2}{8} = \frac{40 \times 2^2}{8} = 20 \text{ kN·m}$$

$$M_{DB中} = \frac{Fl}{4} = \frac{60 \times 2}{4} = 30 \text{ kN·m}$$

注意：此时 CD 段中点的弯矩值并非弯矩最大值，若需求 $|M|_{max}$，可绘出剪力图，确定 $Q=0$ 截面，进而求此截面的弯矩值，即为此简支梁的 $|M|_{max}$。

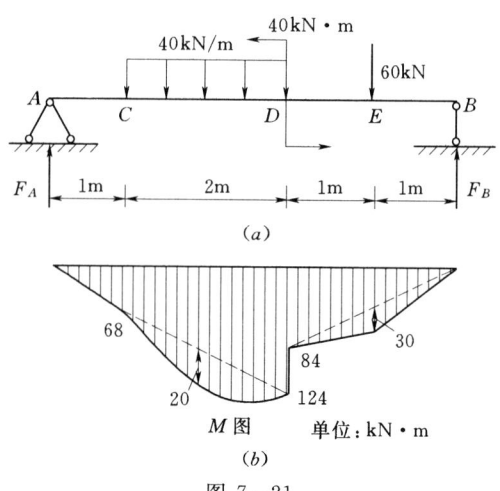

图 7-21

思 考 题

思 7-1 在求梁截面上的内力时，为什么可直接由该截面任一侧梁上的外力来计算？

思 7-2 在写弯矩方程、剪力方程时，在何处需要分段？

思 7-3 在集中荷载作用处，内力图有突变，是否说明梁在该处不连续或内力不确定？如何解释这些现象？

思 7-4 试根据弯矩、剪力与荷载集度之间的关系，指出图示剪力图和弯矩图的错误。

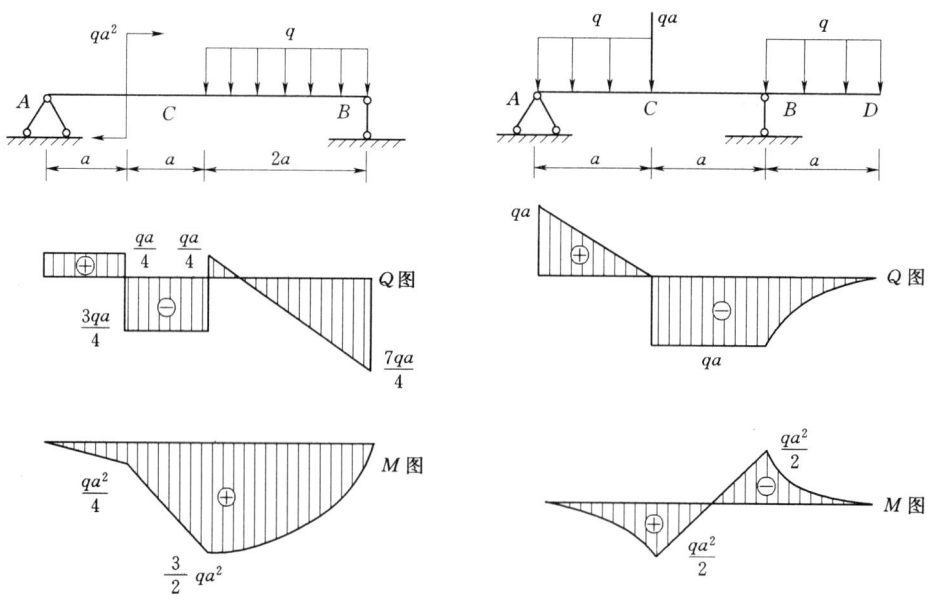

思 7-4 图

思 7-5 已知外伸梁的剪力图，求荷载图和弯矩图（梁上无集中力偶）。

思 7-6 已知简支梁的弯矩图，求剪力图和荷载图。

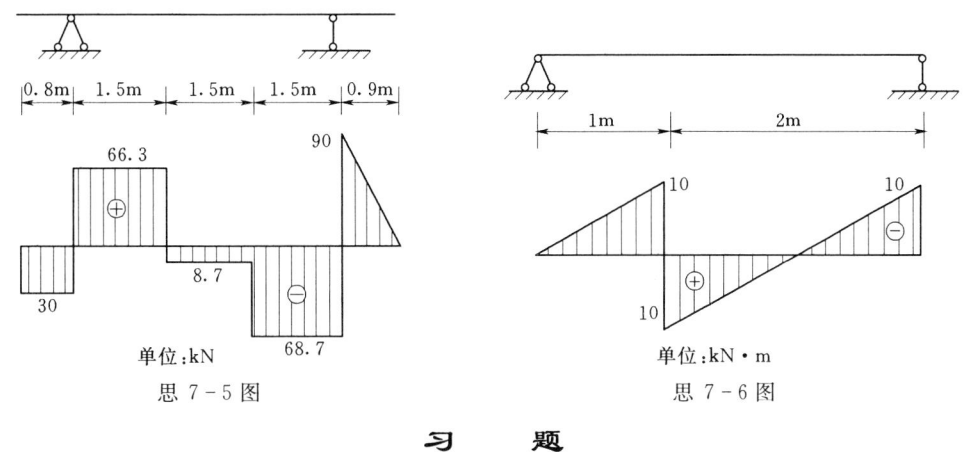

思 7-5 图   思 7-6 图

习 题

题 7-1 求图示各梁指定截面的剪力和弯矩。

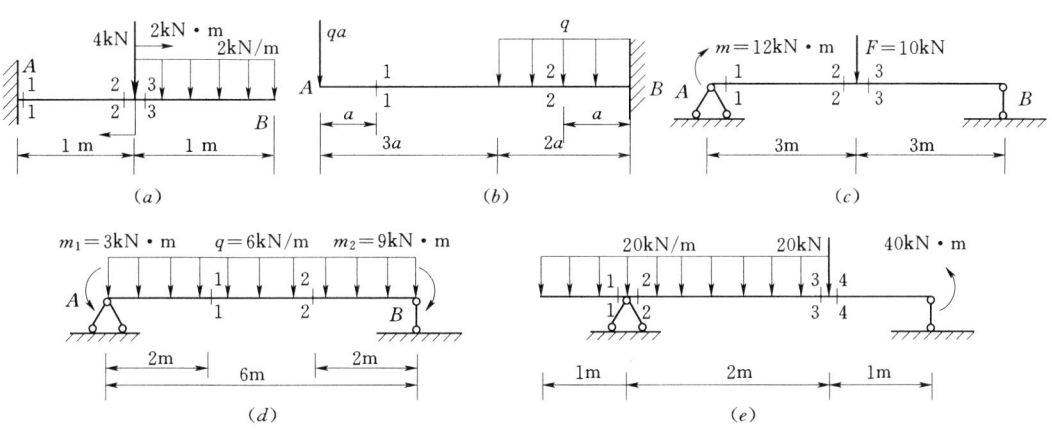

题 7-1 图

题 7-2 列出题 7-1 中各梁的 Q、M 方程，画出 Q、M 图，并确定 $|Q|_{max}$ 和 $|M|_{max}$。

题 7-3 用简捷法绘图示各梁的内力图。并确定其 $|Q|_{max}$ 和 $|M|_{max}$。

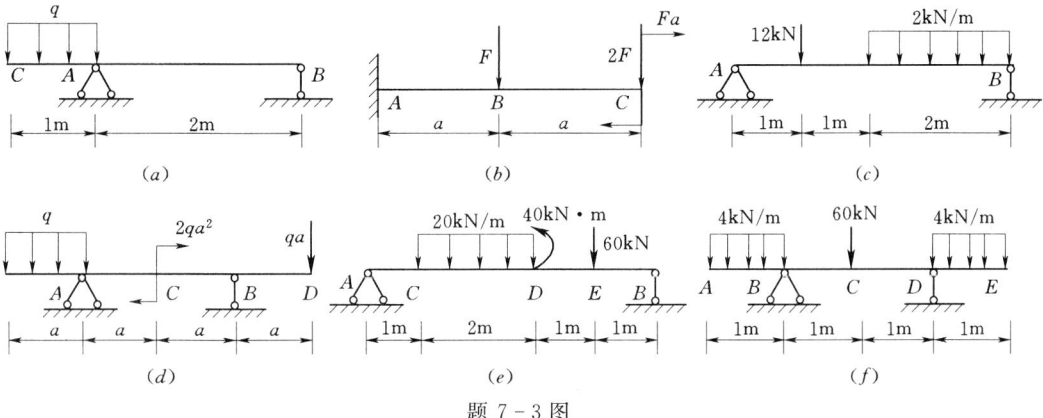

题 7-3 图

题 7-4　试用叠加法绘图示各梁的内力图。

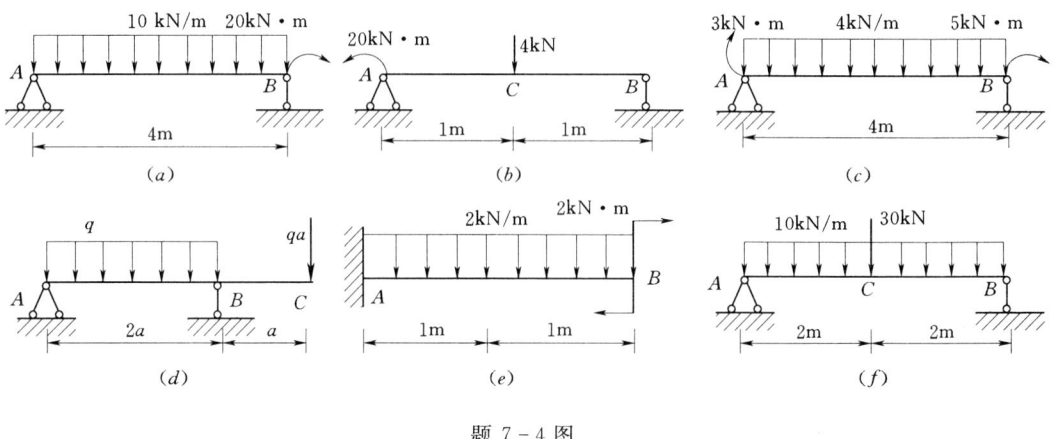

题 7-4 图

题 7-5　试用区段叠加法绘图示各梁的内力图。

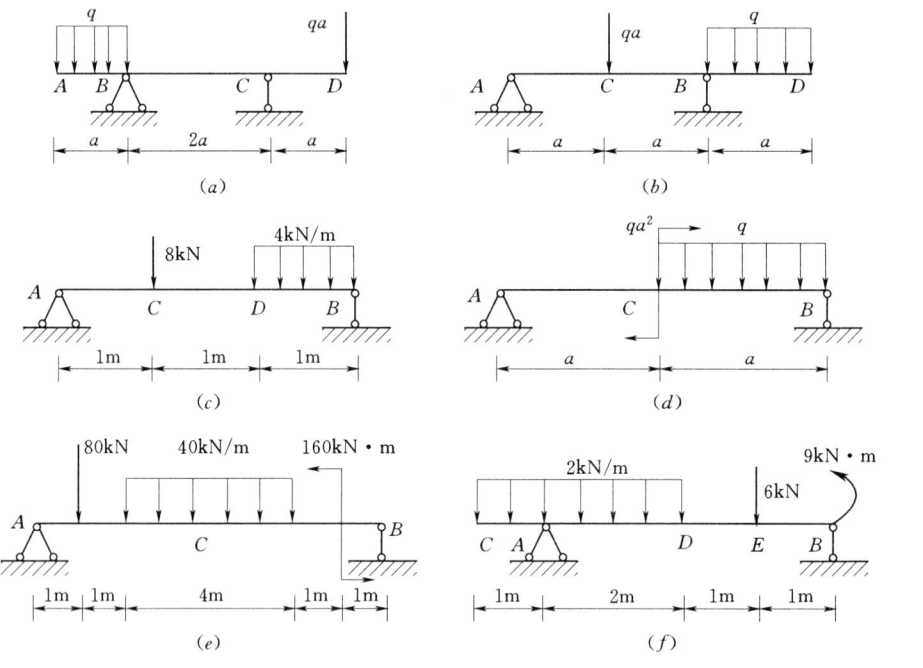

题 7-5 图

第八章 梁的强度和刚度计算

由第七章分析可知，在一般情况下，梁内同时存在剪力与弯矩两种内力。这两种内力分别代表梁横截面上分布内力的合力。显然，只有横截面上切向分布的内力才能组成剪力 Q，只有横截面上法向分布的内力才能组成弯矩 M。所以梁的横截面上将产生连续分布的正应力和剪应力。应力是影响构件强度的主要原因。本章将介绍梁横截面上应力的分布规律以及应力与内力之间的定量关系，由此来建立梁的强度条件。并且介绍梁的刚度计算的方法。

第一节 梁横截面上的正应力

平面弯曲时，如果梁的某段各截面只有弯矩而没有剪力，此梁段仅产生弯曲变形，这种平面弯曲称为**纯弯曲**。如果梁的某段各截面不仅有弯矩而且还有剪力存在，此段梁在发生弯曲变形的同时，还伴有剪切变形，这种平面弯曲称为**横力弯曲**或**剪切弯曲**。由于梁的正应力与弯矩有关，可取纯弯曲的梁段来研究其正应力。

一、实验观察分析

梁弯曲变形时，正应力在横截面上的分布规律不能直接观察到，因此需要观察梁的变形规律，通过变形与应力的内在联系，找出正应力的分布规律。取一矩形截面梁，在其表面画上与梁轴平行的纵向线和与纵线垂直的横线，如图 8-1（a）所示。然后，在梁的两端施加一对力偶，梁将发生纯弯曲变形，如图 8-1（b）所示。可观察到两个主要现象：

现象1：横向线仍保持为直线，只是它们相对旋转了一个角度，但仍与纵向线成正交。

现象2：各纵向线保持平行，但由直变弯；靠近曲线凹侧的纵向线缩短，凸侧伸长；对应纵向线缩短区域的横截面变宽，纵向伸长区域的横截面变窄。

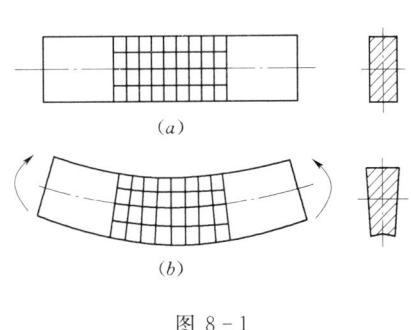

图 8-1

根据上述现象，由材料的均匀连续性假设设想梁内部的变形也与表面变形相应，因而可作如下假设：

（1）由现象1，梁弯曲变形后，其横截面仍保持为平面，且仍与弯曲后的纵线正交，这就是梁弯曲变形后的平面假设。

（2）根据现象2，可将梁看成是由无限多条纵向纤维组成的。假设梁各层的纵向纤维之间无挤压现象（即垂直于横截面的纵向截面上无正应力）。所以，各条纵向纤维仅承受

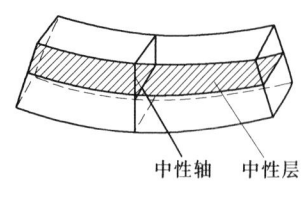

图 8-2

轴向拉伸或压缩变形,即各条纤维均处于单向受力状态。

由平面假设知,梁变形后各横截面仍保持与纵线正交,所以剪应变为零,由应力与应变的相应关系知,纯弯曲梁段无剪应力存在。

图 8-2 中的梁弯曲后,上部各层纵向纤维缩短,下部各层纵向纤维伸长,根据梁变形的连续性推断,中间必有一层长度不变的过渡层,称为中性层,中性层与横截面的交线称为中性轴。变形后仍保持为平面的横截面绕中性轴作相对转动。

二、正应力公式的推导

根据上述分析,可考虑几何、物理与静力学三方面关系建立弯曲正应力公式。

1. 变形几何关系

根据图 8-1 (b) 的变形情况和平面假定,用 $m_1 - m_1$ 和 $n_1 - n_1$ 截面截取梁上相距为 dx 的梁段,并且杆轴线设为 x 轴,截面对称轴为 y 轴,中性轴为 z 轴,见图 8-3 (a);两截面的相对转角为 $d\theta$,见图 8-3 (b),由 O_1O_2 所代表的中性层的曲率半径用 ρ 表示。则中性层的曲率为

$$\frac{1}{\rho} = \frac{d\theta}{dx}$$

故

$$dx = d\theta \rho$$

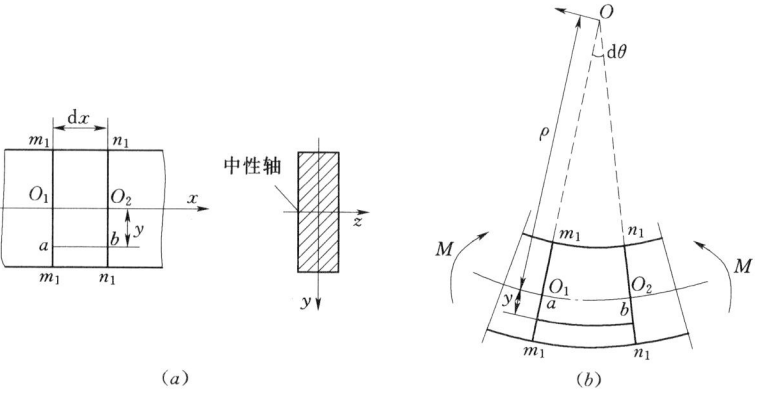

图 8-3

考察距中性层为 y 处的一层纤维的变形(每层上各条纤维的变形相同)。原长为

$$\overline{ab} = dx = d\theta \rho$$

变形后为 ab,其长度为

$$ab = d\theta(\rho + y)$$

于是,纵向纤维的线应变为

$$\varepsilon = \frac{ab - \overline{ab}}{\overline{ab}} = \frac{d\theta(\rho + y) - d\theta \rho}{dx} = \frac{d\theta y}{dx} = \frac{1}{\rho} y \quad (a)$$

由变形几何关系得出,各层纵向纤维的应变与它到中性轴的距离成正比。并且,梁愈弯(即曲率愈大),同一位置的线应变也愈大。

2. 物理关系

当变形在弹性范围时，各条纤维均处于单向应力状态，根据虎克定律知

$$\sigma = E\varepsilon$$

将式（a）代入上式得

$$\sigma = E\frac{y}{\rho} \quad (b)$$

式（b）表明，距中性轴等远的各点正应力相同，并且横截面上任意点的正应力与该点到中性轴的距离成正比。即沿梁截面高度正应力的分布呈线性变化。中性轴上各点的正应力均为零（图8-4）。

3. 静力学关系

式（b）说明了横截面上各点的变化规律，但中性层的曲率，以及中性轴的位置均是未知的。需通过静力学关系解决。

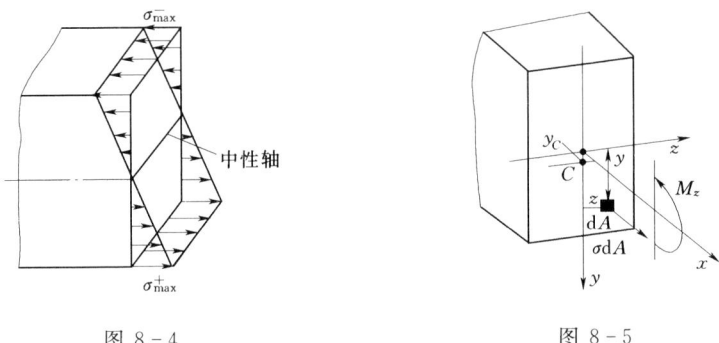

图 8-4　　　　　　　　图 8-5

梁弯曲时，横截面上的法向微内力组成垂直于横截面的空间平行力系（图8-5）。这一力系只可能简化成三个内力分量。即平行于轴的轴力，对 y 轴和 z 轴的力偶矩 M_y 和 M_z。由于横截面上只有绕中性轴转动的弯矩，所以，横截面法向微内力合成的轴力和力偶矩 M_y 均为零，于是有

$$N = \int \sigma \, dA = 0 \quad (c)$$

$$M_y = \int_A \sigma z \, dA = 0 \quad (d)$$

$$M_z = \int_A \sigma y \, dA \quad (e)$$

由以上三式分别导出三个重要结论：

（1）中性轴位置的确定。将式（b）代入式（c），即

$$\frac{E}{\rho}\int_A y \, dA = 0$$

式中：E/ρ=常量，不等于零，故只有积分表达式 $\int_A y \, dA = 0$。

此积分表达式即为截面对 z 轴的静矩 S_z，静矩等于零，说明中性轴必通过截面形心。中性轴包含在中性层内，梁轴线也一定在中性层内。

（2）荷载作用方向与中性轴的关系。将式（b）代入式（d），得

$$\frac{E}{\rho}\int_A yz\,\mathrm{d}A = 0$$

因 $E/\rho \neq 0$，则只有 $\int_A yz\,\mathrm{d}A = 0$，此积分式即为横截面对 y、z 轴惯性积 I_{yz} 的计算公式。由于 $I_{yz}=0$，所以 y、z 轴必为形心主轴，而 z 轴为中性轴，荷载作用面必是与中性轴垂直的另一形心主轴所形成的纵向平面。

（3）正应力计算公式。将式（b）代入式（e），得

$$M_z = \int_A \frac{E}{\rho}y^2\,\mathrm{d}A = \frac{E}{\rho}\int_A y^2\,\mathrm{d}A = \frac{E}{\rho}I_z$$

则
$$\frac{1}{\rho} = \frac{M_z}{EI_z} \tag{8-1}$$

式（8-1）表示的是中性层的曲率方程，也代表梁轴线的曲率方程。

将式（8-1）代入式（b），便得纯弯曲梁横截面上任一点处正应力计算公式

$$\sigma = \frac{M_z y}{I_z} \tag{8-2}$$

式中：M_z 为所求应力点横截面上的弯矩；y 为所求的应力点到中性轴的距离；I_z 为截面对中性轴的惯性矩。

利用式（8-2）时，M_z、y 可直接代绝对值，根据梁变形情况，判断纤维的伸缩而确定 σ 是拉应力还是压应力。

弯曲正应力公式（8-2）是根据矩形截面梁，在纯弯曲情况下推导出来的，但也可推广应用于以下情况：

（1）横力弯曲。对于横力弯曲的梁，由于横截面剪应力的作用，梁受载后，横截面将发生翘曲，平面假设不再成立。但若梁跨度 l 与截面高度 h 之比大于 5，可以证明应用式（8-2）计算，误差很小。因此，式（8-2）也可应用于横力弯曲的情况。

（2）其他截面。梁的正应力计算公式虽然用的是矩形截面梁，但公式在推导过程中，并不涉及矩形截面的几何性质。所以，只要发生平面弯曲的梁，式（8-2）均适用。

三、最大正应力

由正应力公式知，某一截面上距中性轴最远边缘 $y_{\max}$ 处的正应力最大，即

$$\sigma_{\max} = \frac{M_z y_{\max}}{I_z}$$

如果引用符号
$$W_z = \frac{I_z}{y_{\max}}$$

则
$$\sigma_{\max} = \frac{M_z}{W_z}$$

式中：W_z 为抗弯截面系数，是衡量截面抗弯强度的一个几何量，其量纲为 [长度]^3，单位一般用 mm^3 或 m^3。

对于宽为 b、高为 h 的矩形截面：

$$W_z = \frac{I_z}{y_{\max}} = \frac{\dfrac{bh^3}{12}}{\dfrac{h}{2}} = \frac{bh^2}{6}$$

对于直径为 D 的圆截面：

$$W_z = \frac{I_z}{y_{\max}} = \frac{\frac{\pi D^4}{64}}{\frac{D}{2}} = \frac{\pi D^3}{32}$$

对于内径为 d，外径为 D 的圆环形截面：

$$W_z = \frac{I_z}{y_{\max}} = \frac{\frac{\pi D^4}{64}(1-\alpha^4)}{\frac{D}{2}} = \frac{\pi D^3}{32}(1-\alpha^4)$$

式中，$\alpha = \dfrac{d}{D}$。

至于各种型钢的截面惯性矩 I_z 和抗弯截面系数 W_z 的数值，可从附录表中查到。

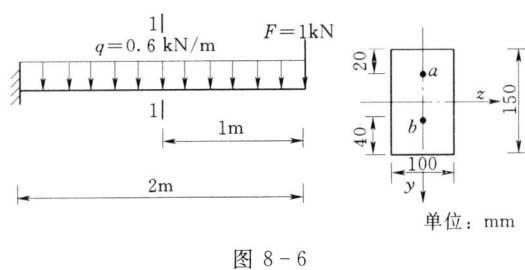

图 8-6

【**例 8-1**】 悬臂梁受力及截面尺寸如图 8-6 所示。求：梁 1—1 截面上 a，b 两点的正应力。

解：（1）计算 1—1 截面上的弯矩。

应用截面法和平衡条件，求得该截面上的弯矩为

$$M_z = -1 \times 1 - 0.6 \times 1 \times 0.5 = -1.3 \text{ kN·m}$$

（2）确定中性层的位置，并计算惯性矩。

因为截面有两根对称轴，如果力沿着 y 轴方向，则中性轴必为另一根对称轴 z，矩形截面对中性轴的惯性矩为

$$I_z = \frac{bh^3}{12} = \frac{100 \times 150^3}{12} = 2810 \times 10^4 \text{ mm}^4$$

（3）计算 a，b 两点的正应力。

截面 1—1 的弯矩为负弯矩，使得中性轴上侧受拉，下侧受压。所以 a 点产生拉应力，b 点产生压应力，其值分别为

$$\sigma_a = \frac{M_z y}{I_z} = \frac{1.3 \times 10^6 \times 55}{2810 \times 10^4} = 2.54 \text{ MPa}$$

$$\sigma_b = \frac{M_z y}{I_z} = \frac{1.3 \times 10^6 \times 35}{2810 \times 10^4} = 1.62 \text{ MPa}$$

第二节 梁横截面上的剪应力

横力弯曲的梁横截面上既有弯矩也有剪力，对应横截面上既有正应力也有剪应力。剪应力的分布情况与截面形状有关。下面介绍几种工程中常见截面的剪应力。

一、狭长矩形截面梁的剪应力

1. 横截面上剪应力分布规律的假设

在研究梁的剪应力时，依据剪应力互等定律和工程上的精度要求，对梁横截面上的剪

应力方向及分布规律作出两个假设。

（1）横截面上任一点处的剪应力方向均平行于剪力 Q。

（2）剪应力沿截面宽度均匀分布。

2. 剪应力计算公式

从图 8-7（a）梁中截取 dx 微段，其受力如图 8-7（b）所示。为了确定横截面上到中性轴距离为 y 处的剪应力，如图 8-7（c）所示，在该处取纵向截面，以下部为研究对象，根据剪应力互等定理，纵截面上也将产生剪应力，用 τ' 表示，见图 8-7（d）。以 N_1 和 N_2 分别代表左、右侧截面上法向分布内力的合力，dQ 代表顶面切向微内力组成的合力。则 N_1、N_2、dQ 分别为

$$N_1 = \int_{A^*} \sigma_{\text{I}} dA = \int_{A^*} \frac{M_z y_1}{I_z} dA = \frac{M_z}{I_z} \int_{A^*} y_1 dA \tag{f}$$

$$N_2 = \int_{A^*} \sigma_{\text{II}} dA = \int_{A^*} \frac{(M_x + dM) y_1}{I_z} dA = \frac{M_z + dM}{I_z} \int_{A^*} y_1 dA \tag{g}$$

$$dQ = \tau' b \, dx \tag{h}$$

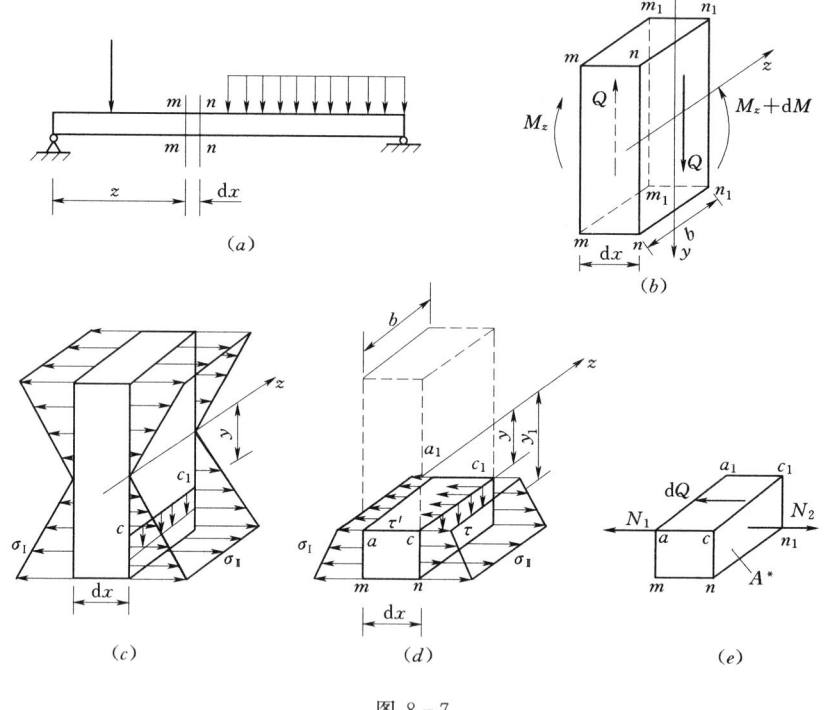

图 8-7

由平衡方程 $\sum F_x = 0 \quad N_2 - N_1 - dQ = 0$

将式（f）、式（g）、式（h）代入上式，并简化后得

$$\tau' = \frac{dM}{dx} \frac{\int_{A^*} y_1 dA}{I_z b}$$

式中：$\int_{A^*} y_1 dA$ 为面积对 z 轴的静矩，用 S_z 表示。并且 $\frac{dM}{dx} = Q$，$\tau = \tau'$，于是

可得
$$\tau = \frac{QS_z}{I_z b} \quad (8-3)$$

式中：Q 为横截面上的剪力；I_z 为横截面对中性轴的惯性矩；b 为所求剪应力作用点处的截面宽度；S_z 为所求剪应力作用点处横线以下（或以上）的面积 A^* 对中性轴的静矩。

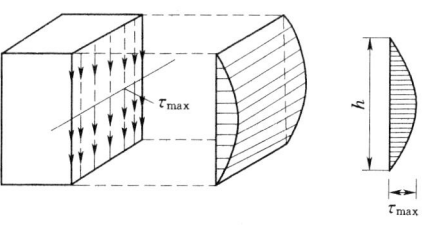

图 8-8

若将矩形截面的 I_z、S_z 代入式 (8-3)，可以证明，剪应力沿横截面高度按抛物线分布，其分布规律如图 8-8 所示。从图中可知，上下边缘处的剪应力为零，中性轴处的剪应力最大，并且可证明其最大值为整个横截面平均剪应力的 1.5 倍，即

$$\tau_{max} = 1.5 \frac{Q}{A} \quad (8-4)$$

二、其他截面梁的剪应力

1. 工字形截面及 T 形截面

工字形截面是由上下翼缘及中间腹板组成的。腹板截面是一个窄长的矩形，关于矩形截面上剪应力分布的两个假设仍然适用，并且腹板上的剪应力计算公式仍按矩形截面剪应力公式计算，即

$$\tau = \frac{QS_z}{I_z d} \quad (8-5)$$

式中：d 为腹板的宽度；S_z 为横截面上所求剪应力处的水平线以下（或以上）至边缘部分面积对中性轴的静矩（图 8-9）。

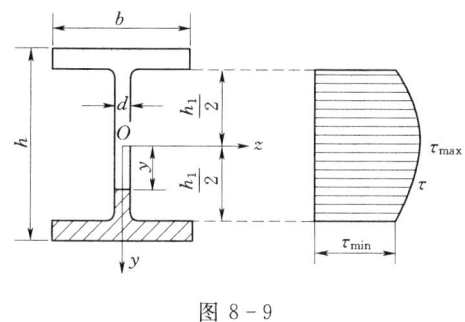

图 8-9

剪应力沿腹板高度仍是按抛物线规律分布（图 8-9），最大剪应力发生在中性轴上，其值为

$$\tau_{max} = \frac{QS_{z max}}{I_z d} \quad (8-6)$$

最小剪应力发生在腹板与翼缘交接处。由于最大与最小剪应力的差值很小，腹板上的剪应力可以认为接近均匀分布。另外，由计算表明，腹板上切向微内力 τdA 的合力（即腹板上的总剪力）可达到横截面上剪力 Q 的 95% 左右，可见，横截面上的剪力绝大部分为腹板所承担。因此，常将横截面上的剪力 Q 除以腹板面积，近似地计算工字形截面梁的最大剪应力。即

$$\tau_{max} \approx \frac{Q}{h_1 d} \quad (8-7)$$

在翼缘上，也有平行于 Q 的剪应力分量，分布情况比较复杂，其值较腹板剪应力小，通常并不进行计算。另外，翼缘还有沿翼缘侧边分布的剪应力分量，剪应力分布见图 8-10。通常称为剪应力流。它与腹板的剪应力比较也是次要的，强度计算一般也不予考虑。

工程中还会遇到 T 形截面（图 8-11）。T 形截面是由两个矩形组成。下面的窄长矩形仍可用矩形截面的剪应力公式计算。最大剪应力仍发生在截面的中性轴上。

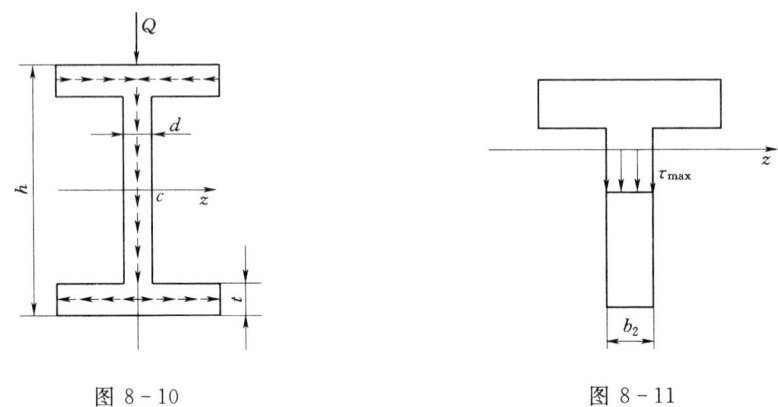

图 8-10　　　　　　　　　　　图 8-11

2. 圆形及圆环形截面

圆形及圆环形截面上的剪应力情况比较复杂。但最大剪应力仍发生在中性轴上各点处，并且剪应力方向都与剪力 Q 的方向平行，且各点处的剪应力均相等（图 8-12），其值为

圆形
$$\tau_{\max}=\frac{4}{3}\times\frac{Q}{A_1} \tag{8-8}$$

圆环形
$$\tau_{\max}=2\times\frac{Q}{A_2} \tag{8-9}$$

式中：Q 为所求点横截面上的剪力；A_1 为圆形截面的面积；A_2 为圆环形截面的面积。

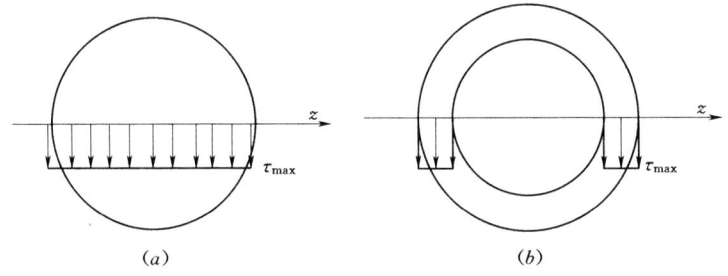

图 8-12

【例 8-2】　一矩形截面简支梁在跨中受集中力 $F=40\mathrm{kN}$ 作用（图 8-13），已知 $l=10\mathrm{m}$，$b=100\mathrm{mm}$，$h=200\mathrm{mm}$。（1）比较梁中的最大正应力和最大剪应力；（2）若采用 32a 号工字钢，求最大剪应力。

解：（1）采用矩形截面。

绘制 Q 图、M 图 [图 8-13（b）、（c）]。从内力图中看出，梁内的最大弯矩发生在跨中截面，其值为

$$M_{z\max}=\frac{1}{4}Fl=\frac{1}{4}\times 40\times 10=100\mathrm{kN\cdot m}$$

最大正应力发生在跨中截面的上下边缘处，其值为

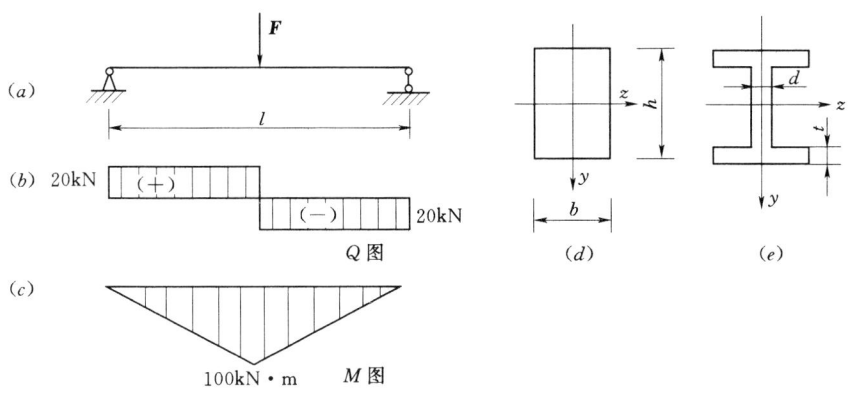

图 8-13

$$\sigma_{\max} = \frac{M_{z\max} y_{\max}}{I_z} = \frac{100 \times 10^6 \times 100}{\frac{100 \times 200^3}{12}} = 150 \text{MPa}$$

梁内最大剪力值为

$$Q_{\max} = 20 \text{kN}$$

最大剪应力发生在中性轴处，其值为

$$\tau_{\max} = 1.5 \times \frac{Q_{\max}}{A} = 1.5 \times \frac{20 \times 10^3}{100 \times 200} = 1.5 \text{MPa}$$

比较最大正应力和最大剪应力的计算结果，$\frac{\sigma_{\max}}{\tau_{\max}} = \frac{150}{1.5} = 100$，梁中的最大正应力比最大剪应力要大得多。所以有时在计算梁的强度时，可以忽略剪力的影响。

（2）工字钢截面。

由型钢表查得：32a 号工字钢 $h = 320$mm，$I_z = 11080$cm^4，$S_{z\max} = 400.5$cm^3，$d = 9.5$mm，$t = 15$mm。截面上的最大剪应力发生在中性轴上，其值为

$$\tau_{\max} = \frac{QS_{z\max}}{I_z d} = \frac{20 \times 10^3 \times 400.5 \times 10^3}{11080 \times 10^4 \times 9.5} = 7.61 \text{MPa}$$

若由式（8-7）近似公式计算，则

$$\tau_{\max} \approx \frac{Q}{h_1 d} = \frac{20 \times 10^3}{(320 - 2 \times 15) \times 9.5} = 7.26 \text{MPa}$$

由以上结果看出，两种计算的值非常接近，所以在工程中往往可以用腹板上的"平均剪应力"来代替工字形截面上的最大剪应力。

第三节 梁 的 强 度 计 算

一般情况下，梁弯曲时，各个截面上的弯矩和剪力是变化的。而且截面上的应力（包括正应力和剪应力）分布是不均匀的，即各点的应力不完全相同。所以进行梁的强度计算时，必须首先判断可能产生最大应力的危险截面及危险点。下面，分别来讲解梁的正应力强度计算和剪应力强度计算。

一、正应力强度计算

(一) 正应力强度条件

对等截面梁来说，弯矩最大的截面称为**危险截面**。危险截面距中性轴最远的地方（上下边缘处）正应力最大，显然危险截面距中性轴最远的正应力即是**危险点**：

$$\sigma_{\max} = \frac{M_{z\max}}{W_z} \quad (8-10)$$

保证梁内最大正应力不超过材料的许用应力，就是梁的强度条件，分两种情况表达如下：

1. 塑性材料

抗拉抗压的许用应力相等。为了使横截面上最大拉压应力同时达到其许用应力。工程中通常将梁的横截面做成与中性轴对称的形状。所以危险点则发生在最大弯矩作用的截面离中性轴最远的点处。强度条件为

$$\sigma_{\max} = \frac{M_{z\max}}{W_z} \leqslant [\sigma] \quad (8-11)$$

2. 脆性材料

抗拉和抗压许用应力不同。为了充分利用材料，通常将梁的横截面做成与中性轴不对称的形状。所以，强度条件应为

$$\left. \begin{aligned} \sigma_{\max}^+ &= \frac{M_{z1} y_1}{I_z} \leqslant [\sigma]^+ \\ \sigma_{\max}^- &= \frac{M_{z2} y_2}{I_z} \leqslant [\sigma]^- \end{aligned} \right\} \quad (8-12)$$

式中：$\sigma_{\max}^+$、$\sigma_{\max}^-$ 分别为最大拉应力和最大压应力；M_{z1}、M_{z2} 分别为产生最大拉应力和最大压应力截面上的弯矩；$[\sigma]^+$、$[\sigma]^-$ 分别为许用拉应力和许用压应力；y_1、y_2 分别为产生最大拉应力和最大压应力的点距中性轴的距离。

(二) 正应力强度计算

运用正应力强度条件，可解决梁中的三类强度计算问题。

1. 强度校核

这类问题是判断梁在截面尺寸及形状、材料的许用应力 $[\sigma]$ 及所受荷载已知的情况下，确定梁是否安全可靠。即判断正应力强度是否成立。

$$\sigma_{\max} = \frac{M_{z\max}}{W_z} \leqslant [\sigma]$$

应当指出，如果工作应力 $\sigma_{\max}$ 超过了许用应力 $[\sigma]$，但只要不超过许用应力的 5%，在工程计算中仍然是允许的。

2. 截面设计

已知梁所承受的荷载及材料的许用应力 $[\sigma]$ 的情况下，设计梁所需的横截面尺寸，即利用强度条件计算所需的抗弯截面系数

$$W_z \geqslant \frac{M_{z\max}}{[\sigma]}$$

然后，根据梁的截面形状进一步确定各部分的具体尺寸。

3. 确定许可荷载

已知梁的横截面尺寸及材料的许用应力 $[\sigma]$，根据强度条件计算梁所能承受的最大弯矩，即

$$M_{z\max} \leqslant [\sigma]W_z$$

再由 $M_{z\max}$ 与荷载之间的关系，计算梁所能承受的最大荷载。

对于脆性材料应用式（8-12）计算梁的强度。

【例 8-3】 支承在墙上的木梁承受由楼板传来的荷载（图 8-14）。若楼板上的均布面荷载 $q'=3\text{kN/m}^2$，木梁间距 $a=1.2\text{m}$，跨度 $l=5\text{m}$，截面 $b=150\text{mm}$，$h=220\text{mm}$，弯曲时木材的许用应力 $[\sigma]=12\text{MPa}$，试校核梁的强度。

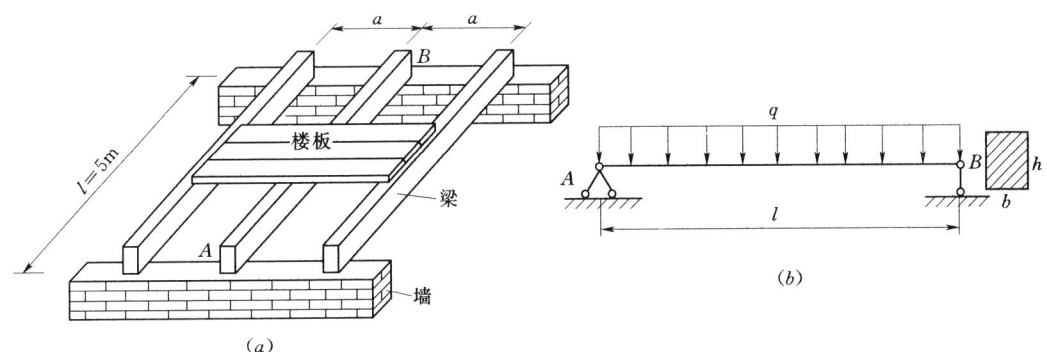

图 8-14

解：(1) 计算最大弯矩。

木梁支承在墙上，可按简支梁计算。每根木梁受荷宽度为 $a=1.2\text{m}$，每根木梁承受的均布线荷载为

$$q = q' \times a = 3 \times 1.2 = 3.6\text{kN/m}$$

最大弯矩发生在跨中截面，其值为

$$M_{z\max} = \frac{1}{8}ql^2 = \frac{1}{8} \times 3.6 \times 5^2 = 11.25\text{kN} \cdot \text{m}$$

(2) 计算抗弯截面系数。

矩形截面的抗弯截面系数为

$$W_z = \frac{bh^2}{6} = \frac{150 \times 220^2}{6} = 1210 \times 10^3 \text{mm}^3$$

(3) 强度校核。

最大正应力为

$$\sigma_{\max} = \frac{M_{z\max}}{W_z} = \frac{11.25 \times 10^6}{1210 \times 10^3} = 9.3\text{MPa} \leqslant [\sigma]$$

所以，此梁满足正应力强度要求。

【例 8-4】 一圆形截面木梁，梁上荷载如图 8-15 所示，已知 $l=3\text{m}$，$F=3\text{kN}$，$q=3\text{kN/m}$，弯曲时木材的许用应力 $[\sigma]=10\text{MPa}$，试选择圆木的直径。

解：(1) 作弯矩图，确定危险截面的弯矩值。

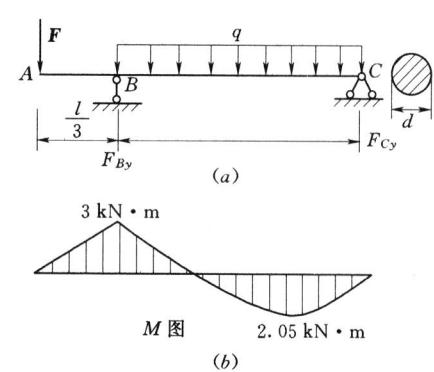

图 8-15

由静力平衡条件计算出支座反力为

$F_{By} = 8.5\text{kN}(\uparrow) \qquad F_{Cy} = 3.5\text{kN}(\uparrow)$

作弯矩图，从弯矩图上可知，危险截面在 B 截面

$$M_{z\max} = 3\text{kN} \cdot \text{m}$$

（2）设计截面的直径。

根据强度条件，此梁所需的抗弯截面系数为

$$W_z \geqslant \frac{M_{z\max}}{[\sigma]} = \frac{3 \times 10^6}{10} = 3 \times 10^5 \text{ mm}^3$$

由于圆截面的弯曲截面系数为

$$W_z = \frac{\pi d^3}{32}$$

代入上式，即

$$\frac{\pi d^3}{32} \geqslant 3 \times 10^5$$

则

$$d \geqslant \sqrt[3]{\frac{3 \times 10^5 \times 32}{\pi}} = 145 \text{mm}$$

取圆木的直径为 $d = 14.5\text{cm}$。

【例 8-5】 一简支梁受力如图 8-16（a）所示，$a = 2\text{m}$。如果梁采用热轧普通工字钢，型号为 20a，钢的许用应力 $[\sigma] = 160\text{MPa}$，求许可荷载 F。

解：（1）计算最大弯矩。

画出梁的弯矩图如图 8-16（b）所示，最大弯矩发生在 CD 两截面上，其弯矩值为

$$M_{z\max} = \frac{F}{3}a$$

（2）计算许用荷载。

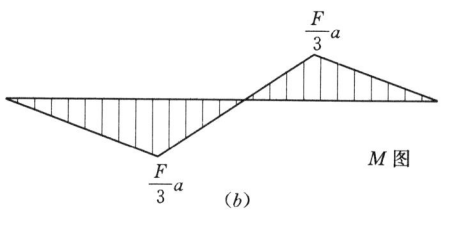

图 8-16

由型钢表查得 20a 热轧普通工字钢弯曲截面系数为

$$W_z = 236.9\text{cm}^3$$

根据强度条件，梁能承受的最大弯矩为

$$M_{z\max} \leqslant W_z[\sigma]$$

所以，得

$$\frac{F}{3}a \leqslant W_z[\sigma]$$

解之得

$$F \leqslant \frac{3W_z[\sigma]}{a} = \frac{3 \times 236.9 \times 10^3 \times 160}{2 \times 10^3} = 56856\text{N} = 56.9\text{kN}$$

此梁所能承受的最大荷载 F 为 56.9kN。

【例 8-6】 T 形截面铸铁梁的荷载和截面尺寸如图 8-17（a）所示。铸铁的抗拉许用应力为 $[\sigma]^+ = 30\text{MPa}$，抗压许用应力为 $[\sigma]^- = 160\text{MPa}$。已知截面对形心轴 z 的惯性矩为 $I_z = 763\text{cm}^4$，且 $y_1 = 52\text{mm}$。试校核该梁的强度。

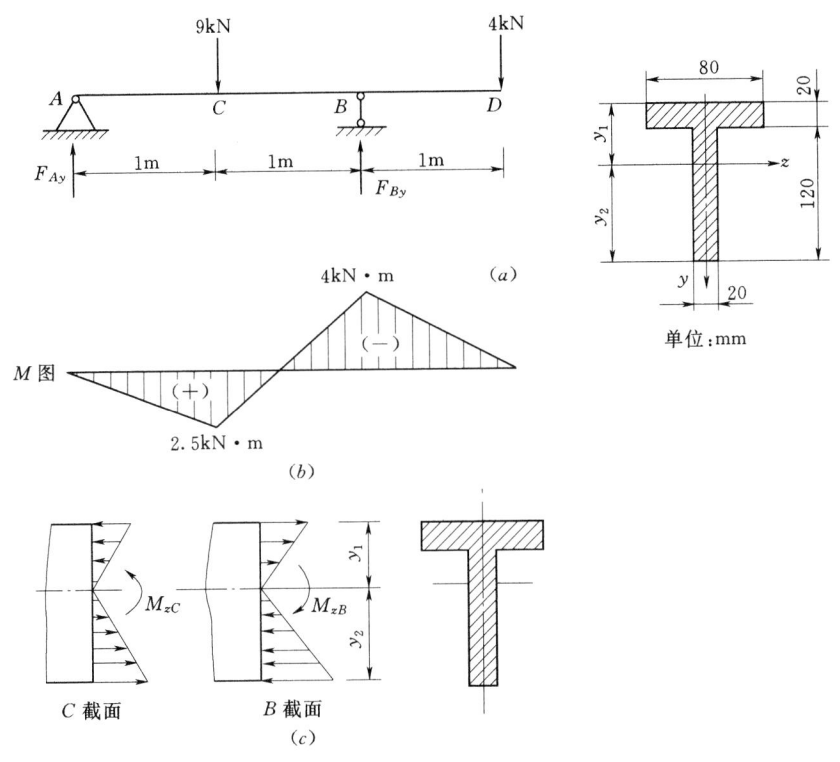

图 8-17

解：(1) 绘制梁的弯矩图，确定危险截面。

利用静力平衡方程，求出支座反力为

$$F_{Ay} = 2.5 \text{kN}(\uparrow) \qquad F_{By} = 10.5 \text{kN}(\uparrow)$$

梁的弯矩图如图 8-17 (b) 所示。对于用脆性材料做成的上下不对称截面的梁，由于截面对中性轴不对称，所以最大拉应力和最大压应力不一定都发生在弯矩绝对值最大的截面上。因此，在进行强度计算时，应该对最大正弯矩和最大负弯矩两个截面做具体分析。所以 C、B 两截面均为危险截面，且两截面的弯矩值分别为

最大正弯矩 $\qquad M_{zC} = 2.5 \text{kN} \cdot \text{m}$

最大负弯矩 $\qquad M_{zB} = 4 \text{kN} \cdot \text{m}$

(2) 强度校核。

C 截面强度校核：C 截面产生最大正弯矩，最大拉应力发生在截面的下边缘，最大压应力发生在截面的上边缘，见图 8-17 (c)。

$$\sigma_{\max}^+ = \frac{M_{zC} y_2}{I_z} = \frac{2.5 \times 10^6 \times (140 - 52)}{763 \times 10^4} = 28.8 \text{MPa} < [\sigma]^+$$

$$\sigma_{\max}^- = \frac{M_{zC} y_1}{I_z} = \frac{2.5 \times 10^6 \times 52}{763 \times 10^4} = 17.1 \text{MPa} < [\sigma]^-$$

B 截面强度校核：B 截面产生最大负弯矩，最大拉应力发生在截面的上边缘，最大压应力发生在截面的下边缘，见图 8-17 (c)。

$$\sigma_{\max}^+ = \frac{M_{zB}y_1}{I_z} = \frac{4\times 10^6 \times 52}{763\times 10^4} = 27.26\text{MPa} < [\sigma]^+$$

$$\sigma_{\max}^- = \frac{M_{zB}y_2}{I_z} = \frac{4\times 10^6 \times (140-52)}{763\times 10^4} = 46.13\text{MPa} < [\sigma]^-$$

从计算结果看出，该梁的强度满足要求。

二、剪应力强度计算

1. 剪应力强度条件

由上一节讨论已知，梁在荷载作用下产生的最大剪应力，发生在剪力最大的截面的中性轴上。由于这些点上的正应力为零，所以，这些危险点都处于纯剪切状态。最大剪应力为

$$\tau_{\max} = \frac{Q_{\max}S_{z\max}}{I_z b} \tag{8-13}$$

为了保证梁安全正常工作，梁不但要满足正应力强度条件，同时还要满足梁的剪应力强度条件，使全梁中的最大剪应力值不能超过材料在纯剪切时的许用剪应力 $[\tau]$，即

$$\tau_{\max} = \frac{Q_{\max}S_{z\max}}{I_z b} \leqslant [\tau] \tag{8-14}$$

2. 剪应力强度计算

对于梁的跨度比截面高度大得多的细长梁，正应力强度条件是梁强度计算的控制条件。因此，按照正应力强度条件所设计的截面（或确定的荷载），常可使剪应力远小于许用剪应力。所以，只需按正应力强度条件进行分析即可。但是，对于下面这些情况，则不仅应考虑正应力强度条件，而且还要考虑剪应力强度条件。

（1）薄壁截面梁因腹板较薄，使得中性轴处的剪应力较大。

（2）短而粗、集中荷载作用在支座附近的梁通常引起梁的最大弯矩较小，而剪力值较大。

（3）木梁在横力弯曲时，中性轴处将产生较大的剪应力，根据剪应力互等定理，中性层也将产生相同的剪应力值，由于木材在顺纹方向的抗剪能力较差，因而可能使木梁在顺纹方向发生剪切破坏。

【**例 8-7**】 一外伸工字型钢梁，型号为 22a，梁上荷载如图 8-18 所示。已知 $l=6\text{m}$，$F=30\text{kN}$，$q=6\text{kN/m}$，材料的容许应力 $[\sigma]=170\text{MPa}$，$[\tau]=100\text{MPa}$，试校核此梁的强度。

解：（1）计算支座反力，绘制剪力图和弯矩图。

由静力平衡方程，求出支座反力为

$F_{By}=29\text{kN}(\uparrow)$ $F_{Dy}=13\text{kN}(\uparrow)$

绘制内力图，由内力图知

最大弯矩为 $M_{z\max}=39\text{kN}\cdot\text{m}$

最大剪力为 $Q_{\max}=17\text{kN}$

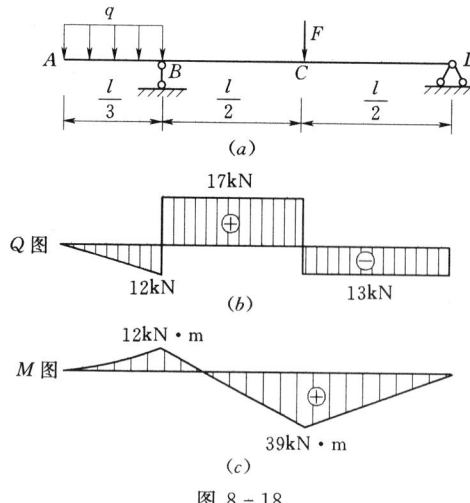

图 8-18

(2) 正应力强度校核。

由型钢规格表查得，22a 工字钢弯曲截面系数 $W_z=309.8\text{cm}^3$，惯性矩 $I_z=3406\text{cm}^4$，腹板厚度 $d=7.5\text{mm}$，半截面静矩 $S_{\max}=177.7\text{cm}^3$。

最大正应力为 $\sigma_{\max}=\dfrac{M_{z\max}}{W_z}=\dfrac{39\times10^6}{309.8\times10^3}=126\text{MPa}\leqslant[\sigma]$

(3) 剪应力强度条件校核。

最大剪应力为 $\tau_{\max}=\dfrac{Q_{\max}S_{z\max}}{I_z d}=\dfrac{17\times10^3\times177.7\times10^3}{3406\times10^4\times7.5}=11.8\text{MPa}\leqslant[\tau]$

此梁符合强度要求。

三、提高梁弯曲强度的措施

在设计梁时，既要保证梁有足够的强度，同时又应使设计的梁能充分发挥材料性能，以节省材料，达到既安全又经济的要求。由于弯曲正应力是控制梁强度的主要因素。由等截面梁的正应力强度条件

$$\sigma_{\max}=\dfrac{M_{z\max}}{W_z}\leqslant[\sigma]$$

看出，合理安排梁的受力情况，降低最大弯矩值 $M_{z\max}$；或者采用合理的截面形状，增大抗弯截面系数 W_z，都可提高梁的承载能力，或减少材料的消耗。以下则从这两方面进行讨论。

(一) 降低最大弯矩值 $M_{z\max}$

梁的强度计算是以最大弯矩为依据的，降低梁内最大弯矩，则可使梁弯曲时的工作应力减少。相对地说，也就是提高了梁的强度。梁支承的合理安排与荷载的合理布置，都是梁的最大弯矩值得到降低的较好的措施。

1. 梁支承的合理安排

例如，均布荷载作用下的简支梁 [图 8-19 (a)]，跨中最大弯矩 $M_{\max}=0.125ql^2$。若将梁支座的位置向中间移动 $0.2l$，此梁改为外伸梁 [图 8-19 (b)]，则最大弯矩减少为 $M_{z\max}=0.025ql^2$，仅为前者的 1/5，也就是说，按图 8-19 (b) 布置支座，荷载还可以增加四倍。

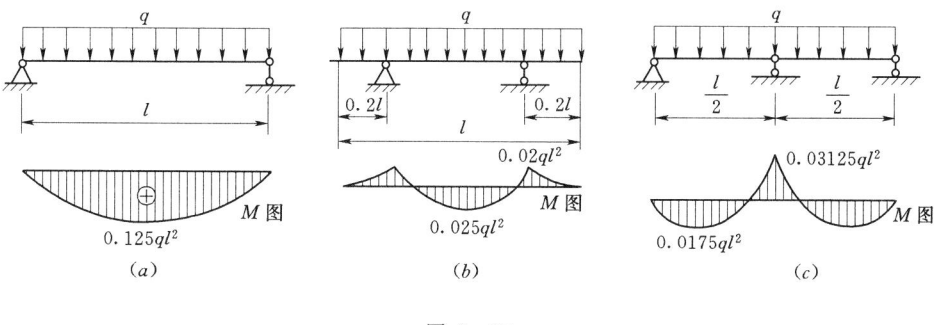

图 8-19

此外，还可以采用增加支座的方法来提高梁的承载能力。如图将 8-19 (a) 图的中间增加一个支座时 [图 8-19 (c)]，最大弯矩则为 $|M_z|_{\max}=0.03125ql^2$，为原简支梁

的 1/4。这些都说明，在一定荷载作用下，最大弯矩与支座的位置有关。

2. 荷载的合理布置

在工作条件允许的条件下，可采用将荷载分散布置的方法，或者通过使荷载靠近支座的方法，都可以取得降低 M_{zmax} 的效果。例如图 8-20 (a) 作用下的简支梁，将荷载作用点靠近支座 [图 8-20 (b)]，或者将其分散作用 [图 8-20 (c)]，都将显著地降低最大弯矩值。

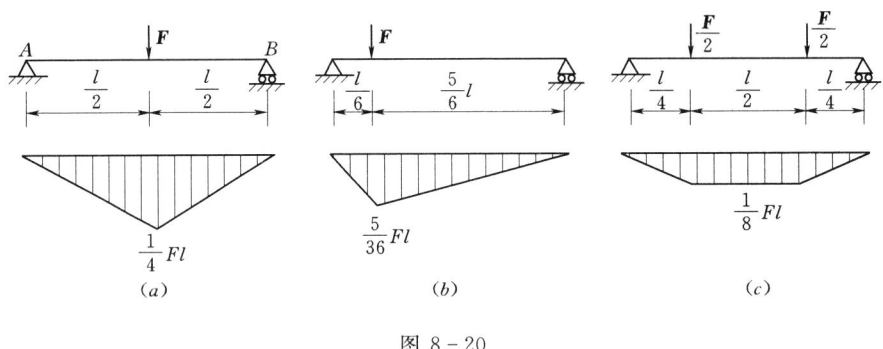

图 8-20

（二）选择合理的截面形状

1. 提高 W_z

当梁的跨度、支承、受力及所用的材料已经确定的情况下，增大 W_z 值则可提高梁的抗弯能力。若采用加大横截面面积来提高 W_z，则会增加材料的用量。所以，**合理的截面形状应是在截面面积相等的条件下获得最大的弯曲截面系数**，这才是最佳方案。通常用弯曲截面系数 W_z 与截面面积 A 的比值来衡量各种截面的经济程度。其值愈大，则其截面的形状愈合理、愈经济。

从表 8-1 看出，以圆截面的 W_z/A 比值为最小，矩形的其次。这是因为在截面面积 A 不变的情况下，W_z 值与截面的高度及截面面积分布有关。截面的高度愈大，面积分布得离中性轴愈远，W_z 值就愈大。由于矩形和圆形截面的一大部分材料靠近中性轴，其 W_z 值就小。若将圆截面改为空心圆截面，它的 W_z/A 的比值将大大增大。对矩形截面来说，竖放比横放合理。若再将矩形截面中部的一些材料移至上下边缘处，远离中性轴，改用工字形截面，比值 W_z/A 也将大大增加。

表 8-1 几种常用截面形状的 W_z/A 比值

截面形状	矩形	圆形	环形 内径 $d=0.8h$	槽钢	工字钢
$\dfrac{W_z}{A}$	$0.167h$	$0.125h$	$0.205h$	$(0.27\sim0.31)h$	$(0.27\sim0.31)h$

梁的合理截面也可以从梁截面的正应力分布情况上来分析。梁弯曲时，距中性轴愈远处正应力愈大，梁的强度计算是以边缘处最大正应力达到材料的许用应力 $[\sigma]$ 为条件的。由于中性轴附近各点处的正应力很小，使这部分材料并没有充分发挥作用。将大部分材料布置到离中性轴较远的位置，就能充分的提高材料的利用率。

以上分析只是从强度方面考虑梁的合理截面。工程中，还要综合考虑刚度、稳定性、加工、使用等各种因素。例如，矩形截面过高、过窄，梁则容易发生侧向失稳破坏。像木材之类材料，没有必要片面追求工字形或空心圆形，从而使加工工艺的难度与费用增大。

2. 根据材料特性选择截面形状

从材料的特性上看，当危险截面的最大拉应力与压应力均达到许用应力值时，材料才能得到充分利用。因此，对于抗拉与抗压强度相同的塑性材料梁，宜采用对中性轴对称的截面。而对于抗拉与抗压强度不同的脆性材料梁，则最好采用中性轴偏于受拉一侧的截面，例如，

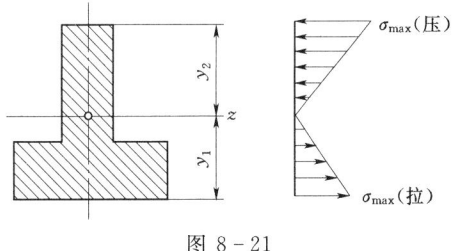

图 8-21

T 形（图 8-21）与槽形等截面。由脆性材料的强度条件公式，最理想的设计是

$$\frac{\sigma_{\max}^+}{\sigma_{\max}^-} = \frac{\dfrac{My_1}{I_z}}{\dfrac{My_2}{I_z}} = \frac{[\sigma]^+}{[\sigma]^-} = \frac{y_1}{y_2}$$

即截面受拉、受压的边缘到中性轴的距离与材料的抗拉、抗压许用应力成正比。

3. 采用等强度梁

在一般情况下，梁内不同横截面的弯矩不同。等截面梁的强度计算是由危险截面上的最大弯矩确定的。而其他截面上的弯矩值都比最大弯矩小，材料未充分利用。截面尺寸沿梁轴变化的梁，称为变截面梁。从弯曲强度方面考虑，最理想的变截面梁，是使所有横截面上的最大正应力均等于许用应力，即

$$\sigma_{\max} = \frac{M_z(x)}{W_z(x)} = [\sigma]$$

由此得
$$W_z(x) = \frac{M_z(x)}{[\sigma]} \qquad (8-15)$$

截面按式（8-15）而变化的梁，称为等强度梁。

等强度梁显然是理想的。但这种梁的加工制造比较困难。因此，在工程中通常采用较简单的变截面梁，如阳台或雨篷的悬臂梁［图 8-22 (a)］。上下加盖板的简支梁［图 8-22 (b)］和工业厂房中的鱼腹式吊车梁［图 8-22 (c)］。显然，这些变截面梁都是近似的等强度梁。

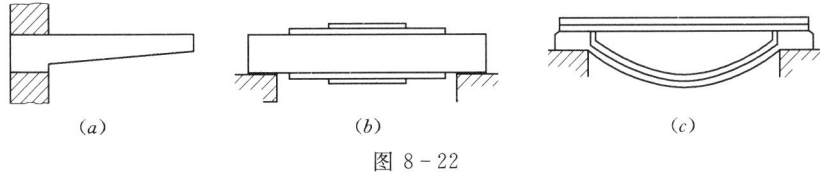

图 8-22

第四节 梁的变形和刚度计算

梁在荷载作用下，产生内力，同时也产生变形。工程中对某些杆件除了强度要求外，往往还有刚度要求。即要求构件的最大变形值控制在有关工程规范的范围之内。例如，吊车梁若变形过大，就会使吊车梁在行驶时发生剧烈的振动。又如水闸上的工作闸门若变形过大，则会影响闸门的正常工作。所以，计算梁变形的主要目的是对梁进行刚度计算，另一是求解超静定问题。本节介绍梁变形的计算方法及建立梁的刚度条件。

一、挠度和转角

梁在平面弯曲下，原为直线的轴线变成一条连续而光滑的曲线（图 8-23）称为挠曲线。研究梁的弹性变形时，也叫弹性曲线。

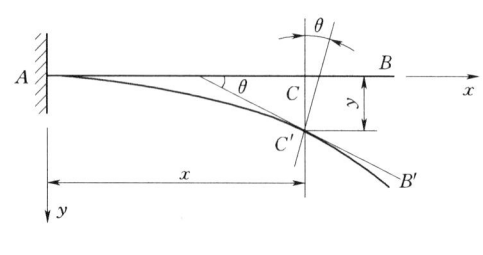

图 8-23

梁的变形可用两个基本量来度量。

(1) 挠度。梁任一横截面的形心的竖向位移 y，称为该截面的挠度。根据选取的坐标系（图 8-23），挠度以向下为正，否则为负，其单位用 mm 或 m 表示。

(2) 转角。梁任一横截面在梁变形时绕中性轴转过的角位移 θ，称为横截面的转角。符号规定以顺时针转动为正，反之为负，单位用弧度（rad）表示。

从图 8-23 可见，挠曲线上任意一点 x 的纵坐标 y 即为 x 截面的挠度。显然，各截面的挠度都是 x 的函数。所以梁在弯曲变形后的轴线在坐标平面内的挠曲线方程可表示为

$$y = f(x)$$

由微分学知，过挠曲线上任意点的切线与 x 轴夹角的正切就是挠曲线在该点处的斜率，即

$$\tan\theta = \frac{dy}{dx}$$

(3) 挠度与转角的关系。在梁为小变形的情况下，梁上任意横截面的挠度与转角二者存在如下关系

$$\theta \approx \tan\theta = \frac{dy}{dx}$$

上式挠度与转角间的微分关系说明了梁任一横截面的转角 θ 方程等于挠曲线方程的一阶导数。可见，只要确定了挠度方程，就可以计算任意截面的挠度和转角。

二、梁的挠曲线近似微分方程

从梁的弯曲正应力公式推导过程中，曾得梁在纯弯曲时的曲率表达式为

$$\frac{1}{\rho} = \frac{M_z}{EI_z}$$

在横力弯曲情况下，由于剪切变形的影响，变形后的梁轴线不再是圆弧，这时的 M、ρ 都不再是常量，对等截面梁，将上式改写为

$$\frac{1}{\rho(x)} = \frac{M_z(x)}{EI_z} \tag{i}$$

由微分学知，曲线的曲率与曲线方程之间存在下列关系

$$\frac{1}{\rho(x)} = \pm \frac{\dfrac{d^2 y}{dx^2}}{\left[1 + \left(\dfrac{dy}{dx}\right)^2\right]^{\frac{3}{2}}}$$

在小变形条件下，即当 $\left(\dfrac{dy}{dx}\right)^2 \ll 1$ 时，上式可近似地写为

$$\frac{1}{\rho(x)} = \pm \frac{d^2 y}{dx^2} \tag{j}$$

比较式（i）、式（j）两式，可得

$$\frac{d^2 y}{dx^2} = -\frac{M_z(x)}{EI_z} \tag{8-16}$$

式(8-16)略去了剪力对梁弯曲变形的影响，并且曲率采用近似的公式，所以称为**梁的挠曲线近似微分方程**。在应用上面的近似微分方程时，坐标系只能取 y 轴向下，x 轴向右。

三、积分法计算梁的位移

将挠曲线近似微分方程，积分一次得转角方程

$$\theta = \frac{dy}{dx} = \int \frac{M_z(x)}{EI_z} dx + C \tag{8-17}$$

积分二次得挠度方程

$$y = \int \left(\int \frac{M_z(x)}{EI_z} dx\right) dx + Cx + D \tag{8-18}$$

这种应用两次积分求出挠曲线方程的方法称为**积分法**。方程中的积分常数，由边界条件和连续条件确定。

积分法是计算梁变形的一种基本方法，其优点是可以求得梁的转角方程和挠度方程。但该法计算梁的某些特定截面的转角和挠度时，比较繁琐。为了实用上的方便。将梁在某些简单荷载作用下的变形列入表 8-2 中，以便直接查用。还可以利用表 8-2 较方便地计算指定截面的位移。

表 8-2　　　　　　　　　　　梁在简单荷载作用下的变形

序号	梁的简图	端截面转角	挠曲线方程	绝对值最大的挠度
1		$\theta_B = \dfrac{M_o l}{EI}$	$y = \dfrac{M_o x^2}{2EI}$	$y_B = \dfrac{M_o l^2}{2EI}$
2		$\theta_B = \dfrac{Fl^2}{2EI}$	$y = \dfrac{Fx^2}{6EI}(3l - x)$	$y_B = \dfrac{Fl^3}{3EI}$

续表

序号	梁的简图	端截面转角	挠曲线方程	绝对值最大的挠度
3	(悬臂梁,集中力F作用于C点,AC=c,梁长l)	$\theta_B = \dfrac{Fc^2}{2EI}$	$0 \leqslant x \leqslant c$ $y = \dfrac{Fx^2}{6EI}(3c - x)$ $c \leqslant x \leqslant l$ $y = \dfrac{Fc^2}{6EI}(3x - c)$	$y_B = \dfrac{Fc^2}{6EI}(3l - c)$
4	(悬臂梁,均布荷载q,梁长l)	$\theta_B = \dfrac{ql^3}{6EI}$	$y = \dfrac{qx^2}{24EI}(x^2 + 6l^2 - 4lx)$	$y_B = \dfrac{ql^4}{8EI}$
5	(简支梁,B端作用力偶M_o)	$\theta_A = \dfrac{M_o l}{6EI}$ $\theta_B = -\dfrac{M_o l}{3EI}$	$y = \dfrac{M_o x}{6lEI}(l^2 - x^2)$	$x = \dfrac{1}{\sqrt{3}}$ 处, $y = \dfrac{M_o l^2}{9\sqrt{3}EI}$ $x = \dfrac{1}{2}$ 处, $y_{\frac{1}{2}} = \dfrac{M_o l^2}{16EI}$
6	(简支梁,中间某处作用力偶M_o,AC=a,CB=b)	$\theta_A = -\dfrac{M_o}{6lEI}(l^2 - 3b^2)$ $\theta_B = -\dfrac{M_o}{6lEI}(l^2 - 3a^2)$ $\theta_C = -\dfrac{M_o}{6lEI}(3a^2 + 3b^2 - l^2)$	$0 \leqslant x \leqslant a$ $y = -\dfrac{M_o x}{6lEI}(l^2 - 3b^2 - x^2)$ $a \leqslant x \leqslant l$ $y = \dfrac{M_o(l-x)}{6lEI}[l^2 - 3a^2 - (l-x)^2]$	$x = \sqrt{\dfrac{l^2 - 3b^2}{3}}$ 处, $y = -\dfrac{M_o(l^2 - 3b^2)^{\frac{3}{2}}}{9\sqrt{3}lEI}$ $x = \sqrt{\dfrac{l^2 - 3a^2}{3}}$ 处, $y = \dfrac{M_o(l^2 - 3a^2)^{\frac{3}{2}}}{9\sqrt{3}lEI}$
7	(简支梁,跨中集中力F)	$\theta_A = -\theta_B - \dfrac{Fl^2}{16EI}$	$0 \leqslant x \leqslant \dfrac{l}{2}$ $y = \dfrac{Fx}{48EI}(3l^2 - 4x^2)$	$y_C = \dfrac{Fl^3}{48EI}$
8	(简支梁,集中力F作用于C点,AC=a,CB=b)	$\theta_A = \dfrac{Fab(l+b)}{6lEI}$ $\theta_D = -\dfrac{Fab(l+b)}{6lEI}$	$0 \leqslant x \leqslant a$ $y = \dfrac{Fbx}{6lEI}(l^2 - x^2 - b^2)$ $a \leqslant x \leqslant l$ $y = \dfrac{Fb}{6lEI}\left[(l^2 - b^2)x - x^3 + \dfrac{l}{b}(x - a)^3\right]$	若 $a > b$, 在 $x = \sqrt{\dfrac{l^2 - b^2}{3}}$ 处, $y = \dfrac{\sqrt{3}Fb}{27lEI}(l^2 - b^2)^{\frac{3}{2}}$ 在 $x = \dfrac{l}{2}$ 处, $y_{\frac{1}{2}} = \dfrac{F}{48EI}(3l^2 - 4b^2)$
9	(简支梁,均布荷载q)	$\theta_A = -\theta_B = \dfrac{ql^3}{24EI}$	$y = \dfrac{qx}{24EI}(l^3 - 2lx^2 + x^3)$	$y_C = \dfrac{5ql^4}{384EI}$

续表

序号	梁的简图	端截面转角	挠曲线方程	绝对值最大的挠度
10	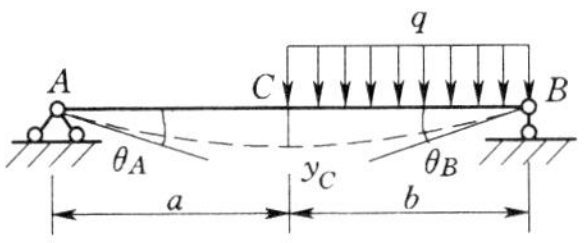 (梁简图：A—C—B，C处起分布荷载q，段长a和b)	$\theta_A = \dfrac{7qa^3}{48EI}$ $\theta_B = -\dfrac{3qa^3}{16EI}$	$0 \leqslant x \leqslant a$ $y = \dfrac{qa}{24EI}\left(\dfrac{7}{2}a^2 x - x^3\right)$ $a \leqslant x \leqslant 2a$ $y = \dfrac{q}{24EI}\left[\dfrac{7}{2}a^3 x + (x-a)^4 - ax^3\right]$	在 $x = \dfrac{l}{2}$ 处， $y_C = \dfrac{5qa^4}{48EI}$
11	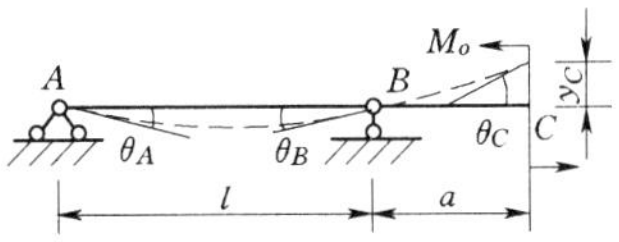 (梁简图：A—B外伸至C，端部力偶M_o)	$\theta_A = \dfrac{M_o l}{6EI}$ $\theta_B = -\dfrac{M_o l}{3EI}$ $\theta_C = -\dfrac{M_o}{3EI}(l+3a)$	$0 \leqslant x \leqslant l$ $y = \dfrac{M_o x}{6lEI}(l^2 - x^2)$ $l \leqslant x \leqslant l+a$ $y = -\dfrac{M_o}{6EI}(3x^2 - 4lx + l^2)$	在 $x = \dfrac{1}{\sqrt{3}}$ 处， $y = \dfrac{M_o l^2}{9\sqrt{3}EI}$ 在 $x = l+a$ 处， $y_C = -\dfrac{M_o a}{6EI}(2l+3a)$
12	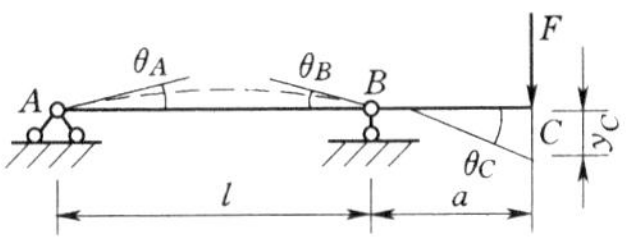 (梁简图：A—B外伸至C，端部集中力F)	$\theta_A = -\dfrac{Fal}{6EI}$ $\theta_B = \dfrac{Fal}{3EI}$ $\theta_C = \dfrac{Fa}{6EI}(2l+3a)$	$0 \leqslant x \leqslant l$ $y = -\dfrac{Fax}{6lEI}(l^2 - x^2)$ $l \leqslant x \leqslant l+a$ $y = \dfrac{F(x-l)}{6EI}[a(3x-l) - (x-l)^2]$	在 $x = \dfrac{1}{\sqrt{3}}$ 处， $y = -\dfrac{Fal^2}{9\sqrt{3}EI}$ 在 $x = l+a$ 处， $y_C = \dfrac{Fa^2}{3EI}(l+a)$
13	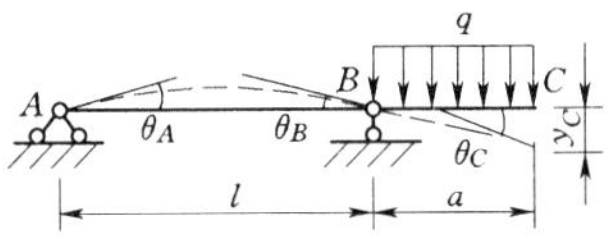 (梁简图：A—B外伸至C，BC段分布荷载q)	$\theta_A = -\dfrac{qa^2 l}{12EI}$ $\theta_B = \dfrac{qa^2 l}{6EI}$ $\theta_C = \dfrac{qa^2}{6EI}(l+a)$	$0 \leqslant x \leqslant l$ $y = -\dfrac{qa^2}{12EI}\left(lx - \dfrac{x^2}{l}\right)$ $l \leqslant x \leqslant l+a$ $y = \dfrac{qa^2}{12EI}\left[\dfrac{x^2}{l} - \dfrac{(2l+a)(x-l)^2}{al} + \dfrac{(x-l)^4}{2a^2} - lx\right]$	在 $x = \dfrac{1}{\sqrt{3}}$ 处， $y = -\dfrac{qa^2 l^2}{18\sqrt{3}EI}$ 在 $x = l+a$ 处， $y_C = \dfrac{qa^3}{24EI}(3a+4l)$

四、用叠加法求挠度和转角

由表 8-2 计算的位移结果，可采用叠加法求梁的变形。即梁在几个荷载共同作用下所引起的任一截面的挠度和转角，等于各荷载单独作用时所引起的该截面的挠度和转角的代数和。叠加法求梁的位移的限制条件是，梁在荷载作用下的变形是微小的，且材料在线弹性范围内工作。具备这两个条件后，梁的位移与荷载成线性关系，因此，梁上荷载引起的位移将不受其他荷载的影响。

【例 8-8】 一悬臂梁受力情况如图 8-24（a）所示。试用叠加法求自由端 B 截面的挠度 y_B 和转角 θ_B。

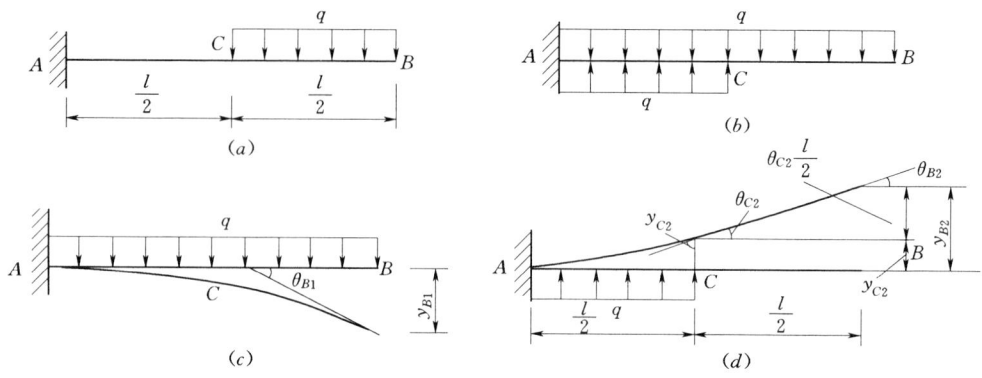

图 8-24

解：为了直接利用简单梁的位移计算结果，可以将图 8-24（a）所示的均布荷载改变成图 8-24（b）的荷载，再把图 8-24（b）图分解为图 8-24（c）和图 8-24（d）两种荷载的叠加。则

$$y_B = y_{B1} + y_{B2}$$
$$\theta_B = \theta_{B1} + \theta_{B2}$$

上两式中的 y_{B1} 和 θ_{B1} 是图 8-24（c）所示的梁在自由端 B 截面在均布荷载作用下所产生的挠度和转角，可由表 8-2 查得

$$y_{B1} = \frac{ql^4}{8EI_z}$$
$$\theta_{B1} = \frac{ql^3}{6EI_z}$$

y_{B2} 和 θ_{B2} 是图 8-24（d）所示的梁在自由端 B 截面引起的挠度和转角。从图 8-24（d）可以看出，由于 CB 梁段上没有荷载，在这一梁段上的剪力和弯矩都等于零，因而这一梁段不会发生变形，但它却会受 AC 梁段变形的影响而发生位移。B 截面的挠度是由两部分组成的：其一是由 C 截面的挠度引起的，其二是由 C 截面的转角引起的，则

$$y_{B2} = y_{C2} + \theta_{C2} \frac{l}{2} = -\frac{q\left(\frac{l}{2}\right)^4}{8EI_z} - \frac{q\left(\frac{l}{2}\right)^3}{6EI_z} \cdot \frac{l}{2} = -\frac{ql^4}{128EI_z} - \frac{ql^3}{48EI_z} \cdot \frac{l}{2} = -\frac{7ql^4}{384EI_z}$$

$$\theta_{B2} = \theta_{C2} = -\frac{ql^3}{48EI_z}$$

式中的负号表示挠度方向向上，转角逆时针转动，得悬臂梁在自由端 B 截面处的挠度和转角为

$$y_B = y_{B1} + y_{B2} = \frac{ql^4}{8EI_z} - \frac{7ql^4}{384EI_z} = \frac{41ql^4}{384EI_z} \quad （向下）$$

$$\theta_B = \theta_{B1} + \theta_{B2} = \frac{ql^3}{6EI_z} - \frac{ql^3}{48EI_z} = \frac{7ql^3}{48EI_z} \quad （顺时针）$$

五、梁的刚度校核

计算梁变形的主要目的在于对梁进行刚度计算。所谓梁要满足刚度要求，就是要把梁的变形控制在有关工程规范所规定的范围内。梁的变形过大，就会影响结构的正常工作。

因此，对受弯构件，不仅要有一定的强度，还必须满足刚度要求。即保证全梁中的最大挠度小于许用挠度，最大转角小于许用转角。这就是梁的刚度条件，即

$$y_{\max} \leqslant [y] \qquad (8-19)$$
$$\theta_{\max} \leqslant [\theta] \qquad (8-20)$$

式中：$[y]$ 和 $[\theta]$ 为规定的许可挠度和转角。可根据构件的不同用途在有关的规范中查出。

【例 8-9】 一由两根槽钢组成的简支梁，跨长 $l=4\text{m}$，受荷载如图 8-25 (a) 所示。已知 $q=10\text{kN/m}$，$F=20\text{kN}$，梁的许用挠度 $[y]=l/400$，$[\sigma]=170\text{MPa}$，$E=210\text{GPa}$，试选择截面尺寸。

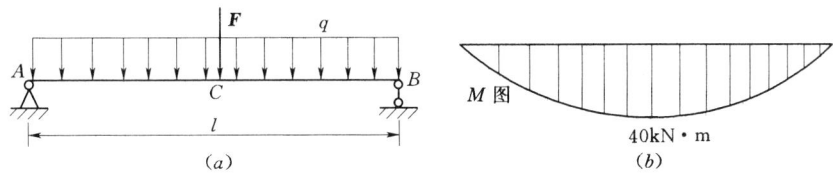

图 8-25

解： 这一类问题既要满足强度问题，也要满足刚度问题。

(1) 按强度条件设计。

由叠加法绘出弯矩图 [图 8-25 (b)]，最大弯矩发生在 C 截面处，其值为

$$M_{\max} = 40 \text{ kN} \cdot \text{m}$$

根据梁的正应力强度条件

$$\sigma_{\max} = \frac{M_{\max}}{W_z} \leqslant [\sigma]$$

得该梁所需的抗弯截面系数为

$$W_z \geqslant \frac{M_{\max}}{[\sigma]} = \frac{40 \times 10^6}{170} = 235 \times 10^3 \text{ mm}^3$$

一根槽钢所需的抗弯截面系数为

$$\frac{W_z}{2} = \frac{235 \times 10^3}{2} = 117.5 \times 10^3 \text{ mm}^3$$

查型钢表，选用 18a 号槽钢，其数据 $W_z=141.4\times10^3\text{mm}^3$，$I_z=1272.7\times10^4\text{mm}^4$。

(2) 按刚度条件校核。

根据梁的刚度条件 $\qquad y_{\max} \leqslant [y]$

由已知条件，梁的许用挠度为 $\qquad [y]=\dfrac{l}{400}=\dfrac{4000}{400}=10\text{mm}$

最大挠度发生在 C 截面处，查表其值为

$$y_{\max} = \frac{Fl^3}{48E(2I_z)} + \frac{5ql^4}{384E(2I_z)}$$
$$= \frac{20 \times 10^3 \times 4000^3}{48 \times 210 \times 10^3 \times 2 \times 1272.7 \times 10^4} + \frac{5 \times 10 \times 4000^4}{384 \times 210 \times 10^3 \times 2 \times 1272.7 \times 10^4}$$
$$= 11.23\text{mm} > [y]$$

按强度条件设计的截面不满足刚度条件，重新按刚度条件设计截面。由刚度条件得此梁的惯性矩应满足

$$2I_z \geqslant \left(\frac{Fl^3}{48E} + \frac{5ql^4}{384E}\right)\frac{1}{[y]} = \frac{20\times10^3\times4000^3}{48\times210\times10^3\times10} + \frac{5\times10\times4000^4}{384\times210\times10^3\times10}$$
$$= 2860\times10^4 \text{ mm}^4$$

一根槽钢的惯性矩为 $I_z = 2860\times10^4/2 = 1430\times10^4 \text{ mm}^4$。选用 20a 槽钢，$I_z = 1780.4\times10^4 \text{ mm}^4$。

思 考 题

思 8-1 弯曲正应力在横截面上是如何分布的？画出下列各横截面上 a—a 直线上的正应力分布图。并指出最大正应力点。设横截面上作用有正弯矩。

思 8-2 指出图中各梁 m—m 截面中性轴的位置，标出该截面的受拉区和受压区，并说明各梁的最大拉应力和最大压应力分别发生在何处？

思 8-3 在何种情况下需要作梁的剪应力强度校核？

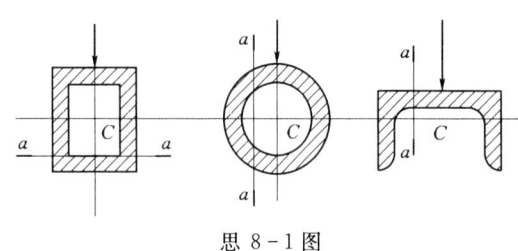

思 8-1 图

思 8-4 梁截面合理设计的原则是什

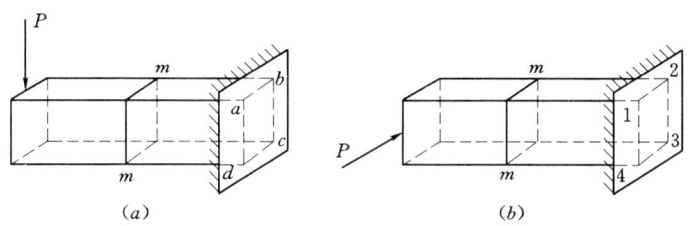

思 8-2 图

么？何谓变截面梁？何谓等强度梁？如何改变梁的受力情况？

思 8-5 铸铁梁的荷载及横截面形状如图所示。若荷载不变，但将 T 形横截面倒置，问是否合理？

思 8-6 用塑性材料和脆性材料制成的梁，在强度校核和合理截面形式的选择上有何不同？

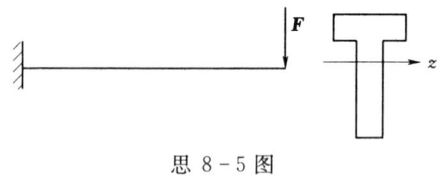

思 8-5 图

习 题

题 8-1 一空心矩形截面悬臂梁受均布荷载作用如图所示。已知梁跨长 $l=1.2$m，均布荷载集度 $q=20$kN/m，横截面尺寸为 $H=12$cm，$B=6$cm，$h=8$cm，$b=3$cm。试求此梁外壁和内壁处的最大正应力。

题 8-2 求图示工字梁的最大正应力及其所在位置。

题 8-3 图示截面梁，若剪力 $Q=200$kN（Q 沿 y 轴并向上），试计算最大弯曲剪应

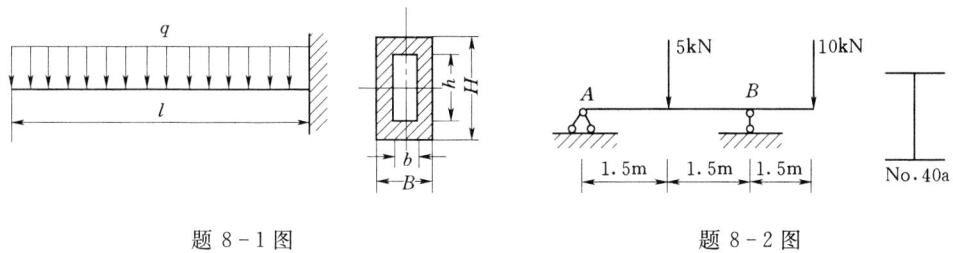

题 8-1 图　　　　　　　　　　　题 8-2 图

力及腹板与翼缘交界处的弯曲剪应力。

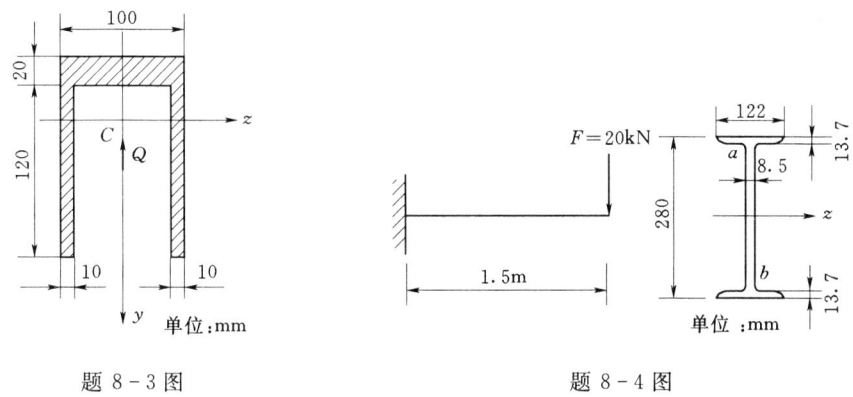

题 8-3 图　　　　　　　　　　　题 8-4 图

题 8-4　试求图示悬臂梁固定端截面上 a、b 两点处的剪应力和最大剪应力。

题 8-5　一受集中载荷的简支梁，由 18 号槽钢制成，如图所示。已知梁的跨长 $l=2\mathrm{m}$，$F=5\mathrm{kN}$，许用应力 $[\sigma]=170\mathrm{MPa}$，试校核此梁的强度。

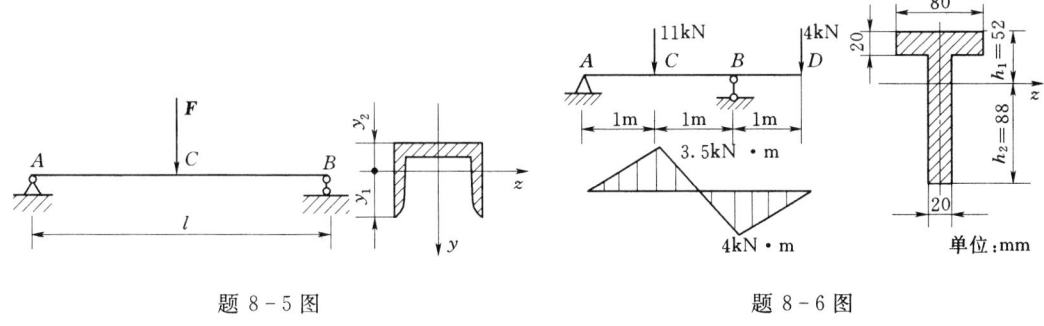

题 8-5 图　　　　　　　　　　　题 8-6 图

题 8-6　铸铁梁受力如图所示。截面对中性轴 z 的惯性矩 $I_z=764\times10^4\mathrm{mm}^4$，材料许用拉应力 $[\sigma]^+=30\mathrm{MPa}$，许用压应力 $[\sigma]^-=60\mathrm{MPa}$，试校核此梁的强度。

题 8-7　一矩形截面木梁如图所示，木梁的弯曲许用应力 $[\sigma]=10\mathrm{MPa}$，许用剪应力 $[\tau]=2\mathrm{MPa}$，$q=1.3\mathrm{kN/m}$，试校核此梁的强度。

题 8-8　一承受集中荷载的简支梁如图所示。已知荷载 $F_1=50\mathrm{kN}$，$F_2=100\mathrm{kN}$，许用应力 $[\sigma]=160\mathrm{MPa}$，许用剪应力 $[\tau]=100\mathrm{MPa}$。试选择工字钢型号。

题 8-9　一矩形截面木梁如图所示，已知 $F=15\mathrm{kN}$，$a=0.8\mathrm{m}$，木材的许用应力 $[\sigma]=10\mathrm{MPa}$。设梁横截面的高宽比 $h/b=3/2$，试选择梁的截面尺寸。

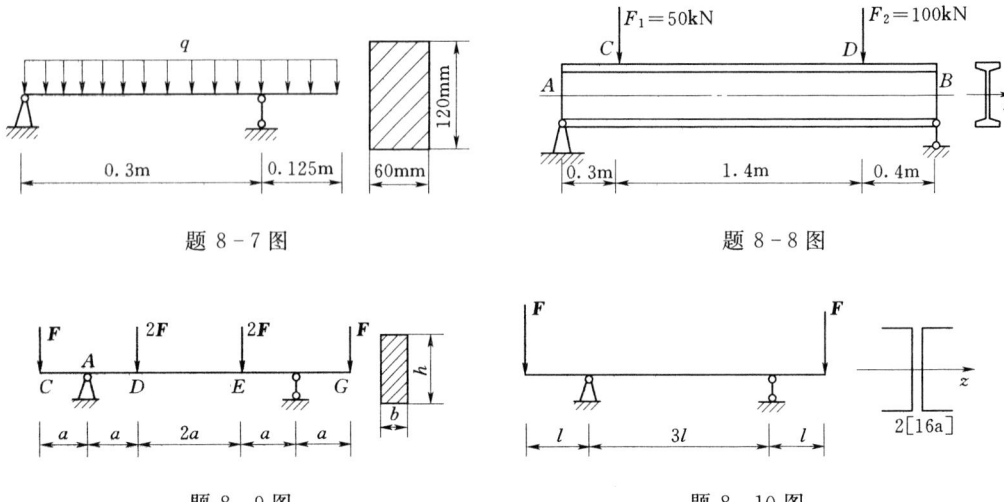

题 8-7 图 题 8-8 图 题 8-9 图 题 8-10 图

题 8-10 两个 16a 槽钢组成的外伸梁受荷载如图所示。已知 $l=2\mathrm{m}$，钢材弯曲许用应力 $[\sigma]=170\mathrm{MPa}$，试求容许此梁所承受的最大荷载 F。

题 8-11 一吊车梁由 32b 号工字钢制成。梁跨度 $l=10.5\mathrm{m}$，材料为 A_3 钢，许用应力 $[\sigma]=140\mathrm{MPa}$，电葫芦自重 $G=15\mathrm{kN}$，梁自重不计，求该梁可能承载的起重量 Q。

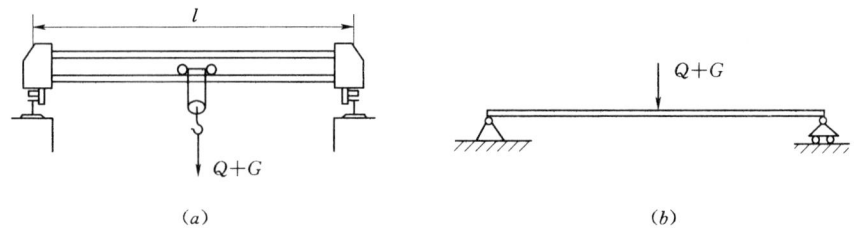

题 8-11 图

题 8-12 用叠加法求各梁截面 A 的挠度和截面 B 的转角。梁的 EI 为已知。

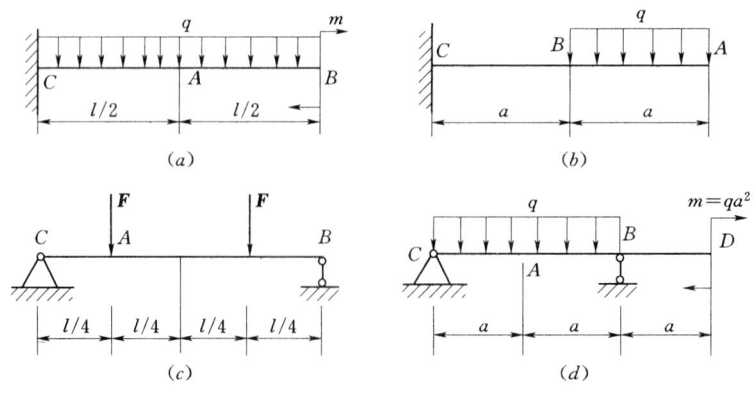

题 8-12 图

题 8-13　图示简支梁由两根槽钢组成，已知 $l=4\mathrm{m}$，$E=200\mathrm{GPa}$，$F=100\mathrm{kN}$，许用挠度 $[y]=l/400$，试按刚度条件选定槽钢的型号。

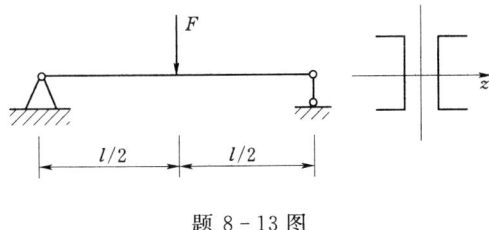

题 8-13 图

第九章 应力状态

第一节 应力状态的概念

前面研究了构件在横截面上的应力分布规律及其计算，并建立了横截面上的最大应力应满足的强度条件是

$$\sigma_{\max} \leqslant [\sigma] \qquad \tau_{\max} \leqslant [\tau]$$

但实际上梁构件破坏有时也可能沿斜截面发生。如图 9-1 所示的钢筋混凝土梁，通常在它的受拉区布置足够的纵向受拉钢筋，保证了横截面的强度。但梁还可能发生斜裂缝而破坏。这种现象说明，在梁的斜截面上也存在会导致破坏的应力。因此，只有全面地研究构件上每一点的所有应力情况，才能保证构件的强度安全。

直梁弯曲时，截面上的正应力沿截面的高度呈线性变化。实际上，即使同一个点，在不同方位的截面上，应力也是不相同的。**通过一个点的所有截面上的应力情况，称为该点的应力状态。**

研究点的应力状态，可围绕所研究的点，切取一个无限小的正六面体——单元体来研究。作用在单元体各面上的应力可认为是均匀分布的，并且互相平行截面上的应力大小相等（图 9-2）。

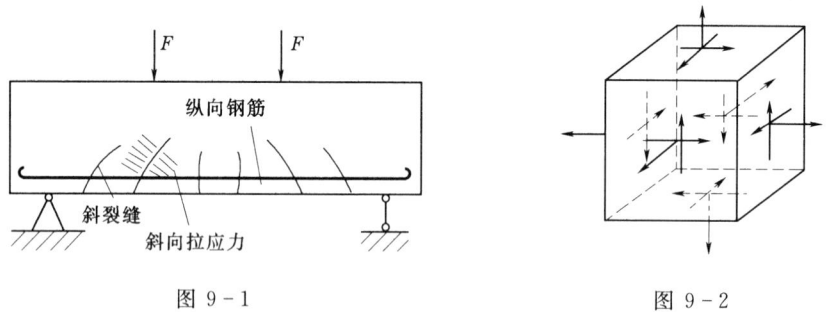

图 9-1　　　　　　　　　图 9-2

可以证明，受力构件上的任意点的应力状态，总可以找到三对互相垂直的面。在这些面上剪应力等于零，而只有正应力。这样的面称为主平面。主平面上的正应力称为主应力。按代数值的大小，分别用符号 σ_1、σ_2、σ_3 表示，并规定 $\sigma_1 \geqslant \sigma_2 \geqslant \sigma_3$。如果有两个主应力等于零，称为单向应力状态 [图 9-3 (a)]。如果只有一个主应力等于零称为二向（或者双向）应力状态 [图 9-3 (b)]。如果三个主应力都不等于零，称为三向应力状态 [图 9-3 (c)]。

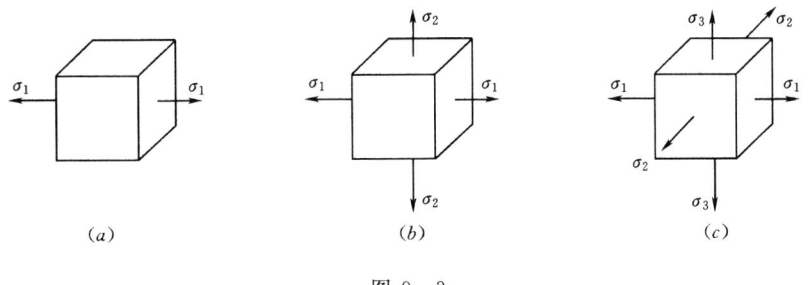

图 9-3

由于三向应力状态全部应力不在同一平面内,则也称为空间应力状态。而双向、单向应力状态全部应力位于同一平面内,则也称为平面应力状态。本节主要研究平面应力状态问题。

第二节 平面应力状态分析

分析应力状态的方法有解析法和图解法两种,下面分别进行介绍。

一、任意斜截面上的应力

（一）解析法

研究构件内任意一点斜截面上的应力时,围绕此点取出一个单元体［图 9-4 (a)］,法线和 x 轴重合的面称为 x 面,在 x 面上的正应力和剪应力分量分别记为 σ_x 和 τ_x。同样法线和 y 轴重合的面称为 y 面,y 面上的正应力和剪应力分量分别记为 σ_y 和 τ_y。由于单元体处于平面应力状态,可将它简化为图 9-4 (b) 所示的平面图形。现研究任一斜截面 ef 上的应力,用 x 轴与斜截面 ef 的外法线 n 间的夹角 α 表示斜截面的位置,该截面上的应力用 σ_a、τ_a 表示。利用截面法,沿截面 ef 将微体切开,取 ebf 部分为研究对象［图 9-4 (c)］。设截面 ef 的面积为 dA,则截面 eb 与 bf 的面积分别为 $dA\cos\alpha$ 与 $dA\sin\alpha$。微体的受力图如图 9-4 (e) 所示。

取斜截面的法线 n 和切向 t 为坐标轴,由平衡方程 $\sum F_n = 0$ 和 $\sum F_t = 0$ 得斜截面的应力公式

$$\sigma_a = \frac{\sigma_x + \sigma_y}{2} + \frac{\sigma_x - \sigma_y}{2}\cos2\alpha - \tau_x\sin2\alpha \tag{9-1}$$

$$\tau_a = \frac{\sigma_x - \sigma_y}{2}\sin2\alpha + \tau_x\cos2\alpha \tag{9-2}$$

应用式 (9-1) 和式 (9-2) 可求得单元体任意斜截面上的正应力和剪应力。

式中应力和斜截面方位 α 的正负规定:正应力以拉为正,压为负;剪应力以绕单元体内任一点顺时针转为正,反之为负;α 角以从 x 轴正向起反时针转至斜截面法线 n 时为正,反之为负。上述用计算公式确定一点的应力状态的方法称为解析法。

（二）图解法

任意斜截面上的应力 σ_a 和剪力 τ_a 除可以利用式 (9-1) 和式 (9-2) 计算外,还可以利用图解法求得。

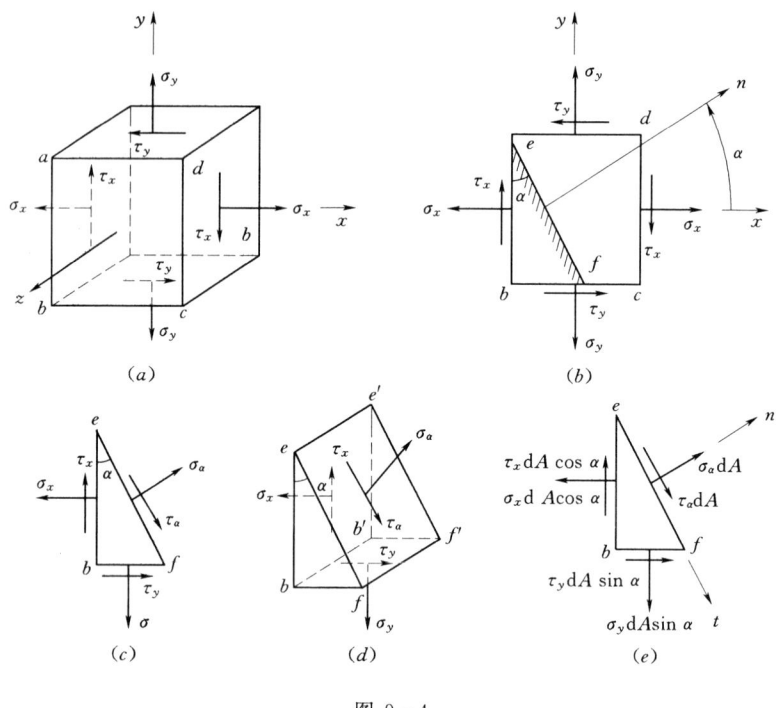

图 9-4

1. 应力圆的概念

将式 (9-1) 和式 (9-2) 改写并两端各自平方

$$\left[\sigma_a - \frac{\sigma_x + \sigma_y}{2}\right]^2 = \left[\frac{\sigma_x - \sigma_y}{2}\cos2\alpha - \tau_x\sin2\alpha\right]^2$$

$$\tau_a^2 = \left[\frac{\sigma_x - \sigma_y}{2}\sin2\alpha + \tau_x\sin2\alpha\right]^2$$

将以上两式相加，消去参数 $\sin2\alpha$ 和 $\cos2\alpha$，得

$$\left(\sigma_a - \frac{\sigma_x + \sigma_y}{2}\right)^2 + \tau_a^2 = \left(\frac{\sigma_x - \sigma_y}{2}\right)^2 + \tau_x^2 \tag{9-3}$$

在 σ_x、τ_x、σ_y 是已知的情况时，则式 (9-3) 为一圆的轨迹方程式，其

圆心坐标为 $\left(\dfrac{\sigma_x + \sigma_y}{2}, 0\right)$

半径为 $R = \sqrt{\left(\dfrac{\sigma_x - \sigma_y}{2}\right)^2 + \tau_x^2}$

根据圆心坐标和半径，就能够画出一个确定的圆（图 9-5）。圆上任意一点的坐标值即代表单元体某一截面上的正应力和剪应力。整个圆各点的坐标值表达了所求构件内某一点的平面应力状态，所以称为应力圆。

2. 应力圆的画法

以图 9-6 (a) 所示的单元体为例，说明应力圆的绘制。

(1) 取 σ 及 τ 为直角坐标系的两轴，选取适当的应力比例尺，见图 9-6 (b)；

(2) 量取 $OA = \sigma_x$，$AD_1 = \tau_x$，得到 D_1 点；量取 $OB = \sigma_y$，$BD_2 = \tau_y$，得到 D_2 点；

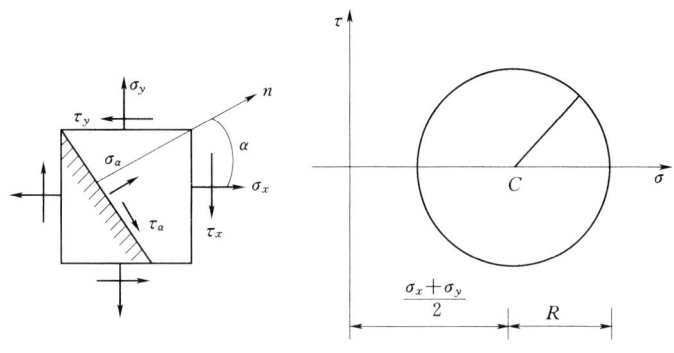

图 9-5

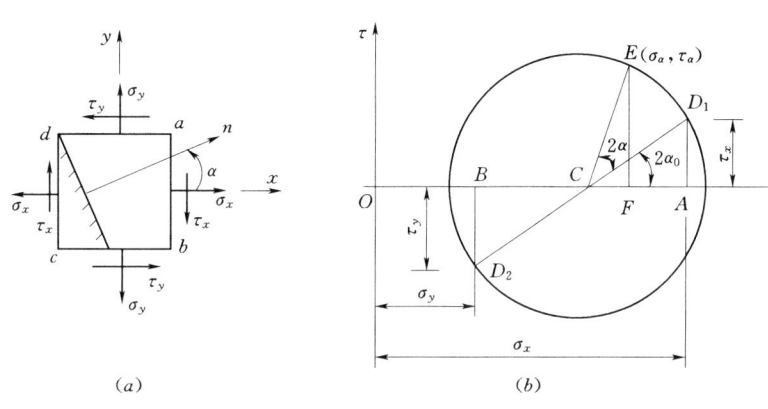

图 9-6

（3）连接 D_1D_2 点交横轴于 C 点，以 C 点为圆心，CD_1 为半径作圆，此圆即为图 9-6（a）单元体所对应的应力圆。

3. 由应力圆求任意截面上的应力

若要确定图 9-6（a）单元体 α 截面上的应力，则在应力圆上的 D_1 点沿圆周与单元体上 α 角同向转动 2α 角，所得 E 点的横坐标和纵坐标即为该斜截面上的正应力 σ_α 和剪应力 τ_α。

在利用应力圆分析应力时，应注意应力圆上的点与单元体截面的对应关系。

（1）应力圆上的任一点坐标值与单元体上某一对应截面上的正应力和剪应力相对应；

（2）从单元体的 x 轴转到某一截面的法向方向 n 为 α 角，应力圆从 D_1 点以相同的方向转 2α 角；

（3）单元体上两个垂直面，对应应力圆上同一直径的两点。

【例 9-1】 试分别用解析法和图解法求图 9-7（a）所示单元体在 α 斜截面上的应力。已知 $\sigma_x=2.2\text{MPa}$，$\tau_x=1.1\text{MPa}$。

解：（1）解析法。

把 σ_x、τ_x、$\alpha=30°$ 已知值，代入式（9-1）和式（9-2）得 α 斜截面上的应力为

$$\sigma_\alpha = \frac{2.2}{2} + \frac{2.2}{2}\cos(-2\times30°) - 1.1\sin(-2\times30°) = 2.60\text{MPa}$$

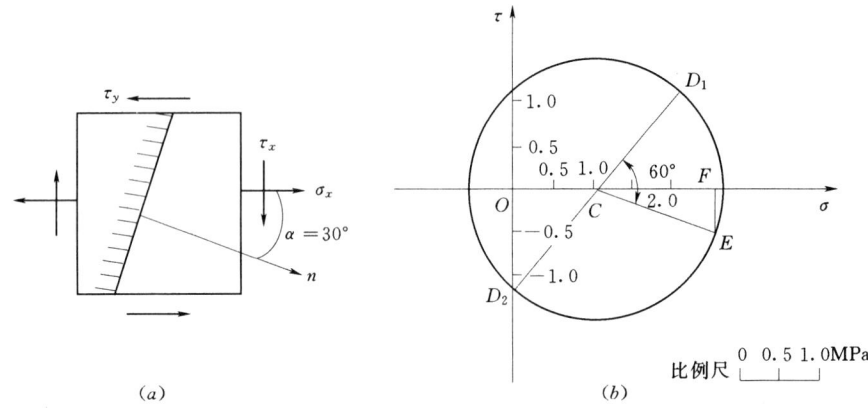

(a)　　　　　　　　　　　(b)

图 9 - 7

$$\tau_a = \frac{2.2}{2}\sin(-2\times 30°)+1.1\cos(-2\times 30°)=-0.40\text{MPa}$$

(2) 图解法。

建立直角坐标系 $\sigma O\tau$，按选定的比例尺，以 $\sigma_x=2.2\text{MPa}$，$\tau_x=1.1\text{MPa}$ 为坐标确定 D_1 点，以 $\sigma_y=0$，$\tau_y=1.1\text{MPa}$ 为坐标确定 D_2 点，连接 D_1D_2 交 σ 轴于 C 点，以 C 点为圆心，D_1D_2 为直径作应力圆，见图 9 - 7 (b)。

在应力圆上由 D_1 点顺时针沿圆周转 $2\alpha=60°$，所得 E 点的坐标即为该截面的应力。按选定的比例尺量得

$$\sigma_a = \overline{OF}=2.6\text{MPa}$$
$$\tau_a = \overline{EF}=-0.4\text{MPa}$$

二、主应力及主平面的确定

1. 用应力圆求主应力及主平面的位置

利用应力圆可以确定主应力的数值及主平面的方位。对于图 9 - 8 (a) 所示的单元体，从相对应的应力圆 [图 9 - 8 (b)] 上可看出 A_1 点的横坐标（正应力）大于所有其他点的横坐标；而 A_2 点的横坐标则小于所有其他点的横坐标。而这两点的纵坐标值（剪应

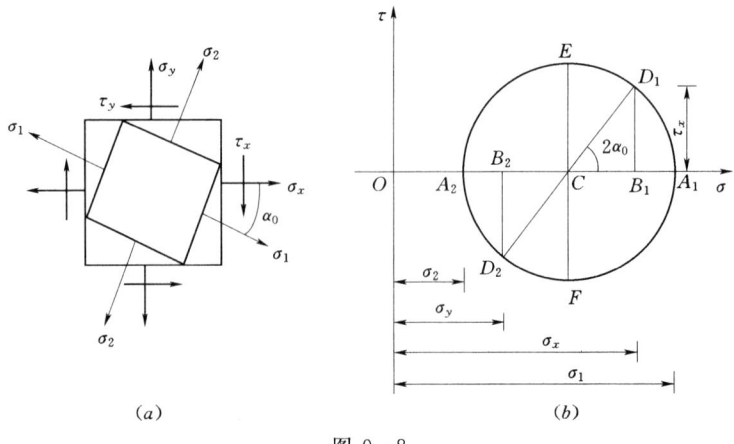

(a)　　　　　　　　　　　(b)

图 9 - 8

力)皆为零。所以,这两个点就对应着单元体上的两个主平面。A_1、A_2 两点分别代表主平面上的两个主应力值。一个是极大值 σ_1,一个是极小值 σ_2(而法向方向垂直于纸面的两个面的主应力值为零,即 $\sigma_3=0$)。

两个主应力的大小可由应力圆按所用的比例尺直接量出

$$\sigma_1 = \overline{OA_1} \qquad \sigma_2 = \overline{OA_2}$$

主平面的位置也可以从应力圆上确定。在应力圆上由 D_1 点(代表法线为 x 轴的平面)沿圆周顺时针旋转到 A_1 点所对应的圆心角为 $2\alpha_0$,根据倍角对应,转向相同的点面对应关系。在单元体中由 x 轴平面顺时针旋转 α_0,就是主应力 σ_1 作用的主平面位置。与该面相垂直的截面即为另一正应力 σ_3 的作用平面的位置。

2. 解析法求正应力及主平面的位置

从图 9-8 (b) 应力圆上的几何关系,可以得出平面应力状态主应力的计算公式

$$\left.\begin{array}{l}\sigma_1 = OA_1 = \overline{OC} + \overline{CA_1} = \overline{OC} + \overline{CD_1} = \dfrac{\sigma_x + \sigma_y}{2} + \sqrt{\left(\dfrac{\sigma_x - \sigma_y}{2}\right)^2 + \tau_x^2} \\ \sigma_2 = \overline{OA_2} = \overline{OC} - \overline{A_2C} = \overline{OC} - \overline{CD_1} = \dfrac{\sigma_x + \sigma_y}{2} - \sqrt{\left(\dfrac{\sigma_x - \sigma_y}{2}\right)^2 + \tau_x^2}\end{array}\right\} \quad (9-4)$$

并且

$$\tan(-2\alpha_0) = \dfrac{\overline{D_1B_1}}{\overline{CB_1}} = \dfrac{\tau_x}{\dfrac{1}{2}(\sigma_x - \sigma_y)}$$

或

$$\tan(2\alpha_0) = -\dfrac{2\tau_x}{\sigma_x - \sigma_y} \quad (9-5)$$

由式 (9-5) 可求出两互相垂直的两个主平面位置。其中一个是 σ_1 所在的平面,另一个是 σ_2 所在的平面。当 $\sigma_x > \sigma_y$ 时,α_0 是 σ_1 与 σ_x 之间的夹角;但当 $\sigma_x < \sigma_y$ 时,α_0 应是 σ_2 与 σ_x 之间的夹角;当 $\sigma_x = \sigma_y$ 时,由单元体应力情况直接判断。

三、最大剪应力的确定

由图 9-8 (b) 应力圆上看出 E、F 两点的纵坐标分别是最大和最小值,故分别代表最大剪应力值和最小剪应力值。即

$$\left.\begin{array}{l}\tau_{\max} = \overline{CF} = \overline{CD_1} = \sqrt{\left(\dfrac{\sigma_x - \sigma_y}{2}\right)^2 + \tau_x^2} \\ \tau_{\min} = \overline{CE} = -\overline{CD_1} = -\sqrt{\left(\dfrac{\sigma_x - \sigma_y}{2}\right)^2 + \tau_x^2}\end{array}\right\} \quad (9-6)$$

方位角的计算公式为

$$\tan(2\alpha_1) = \dfrac{\sigma_x - \sigma_y}{2\tau_x} \quad (9-7)$$

并可知最大剪应力或者最小剪应力作用的平面总是与主平面夹角为 $45°$。

【例 9-2】 用图解法求图 9-9 (a) 所示单元体的主应力的大小和作用面方位。已知 $\sigma_x = 25 \text{MPa}$,$\tau_x = 130 \text{MPa}$,$\sigma_y = -125 \text{MPa}$。

解:(1)作应力圆。

在 σ—τ 平面内,按选定的比例尺,由坐标 (25, 130) 与 (−125, −130) 分别确定 D_1、D_2 点 [图 9-9 (b)],以 D_1D_2 为直径即可画出相应的应力圆。

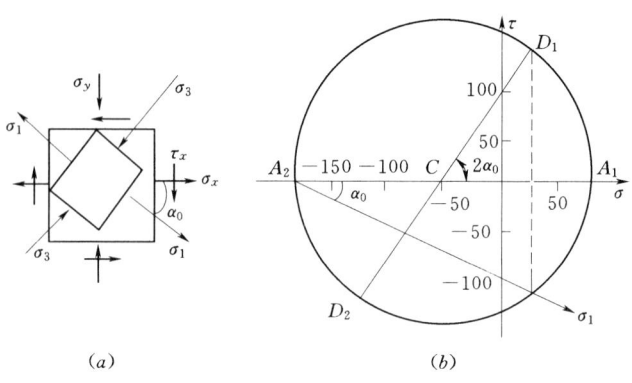

图 9-9

(2) 求主应力大小。

按比例尺量得 $\sigma_1 = 75\text{MPa}$ $\sigma_3 = -157\text{MPa}$

(3) 求主应力方向。

从应力圆上由 D_1 点到 A_1 点顺时针旋转，所对应的圆心角量得 $2\alpha_0 = 60°$，所以在单元体中从 x 轴以顺时针方向量取 $\alpha_0 = 30°$，即为 σ_1 所在主平面的法线。

【例 9-3】 图 9-10 (a) 所示一焊接工字钢梁，图 9-10 (b) 为截面形状。已知：$b = 220\text{mm}$，$h_1 = 800\text{mm}$，$t = 22\text{mm}$，$d = 10\text{mm}$，横截面对中性轴的惯性矩 $I_z = 2062 \times 10^6 \text{mm}^4$，翼缘对中性轴的静矩为 $S_z = 1990 \times 10^3 \text{mm}^3$，梁的剪力图和弯矩图如图 9-10 (c) 和图 9-10 (d) 所示。求集中力左截面翼缘和腹板的交界的 K_1 点和腹板下边缘 K 点的主应力和主平面的方位。

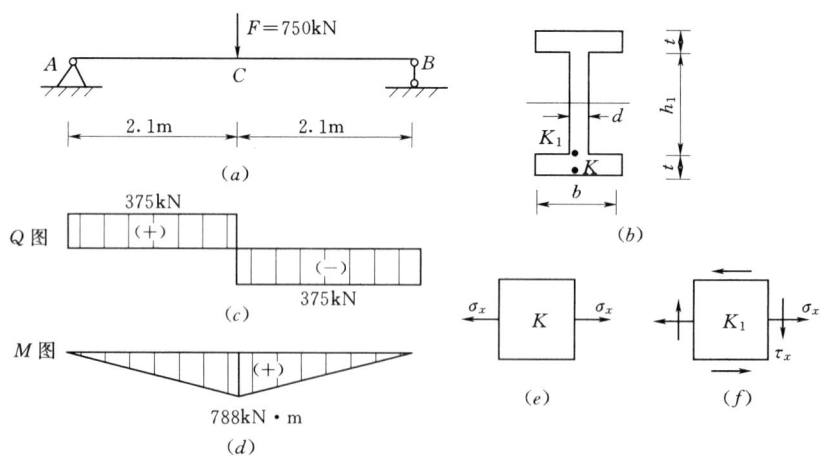

图 9-10

解： 由内力图知，集中力左截面剪力 $Q = 2.1\text{kN}$，弯矩 $M = 788\text{kN} \cdot \text{m}$。

(1) K 点的主应力和主平面的方位。

K 点在其横截面最下边缘，只有正应力，无剪应力，属于单向应力状态，$\sigma_1 = \sigma_x$，即

$$\sigma_1 = \sigma_x = \frac{My_{max}}{I_z} = \frac{788 \times 10^6 \times 422}{2062 \times 10^6} = 161 \text{MPa}$$

其主平面的方位沿横截面法线方向。

(2) K_1 点的主应力和主平面的方位。

K_1 点的正应力和剪应力为

$$\sigma_x = \frac{M}{I_z}y = \frac{788 \times 10^6}{2062 \times 10^6} \times 400 = 153 \text{MPa}$$

$$\tau_x = \frac{QS_z}{I_z d} = \frac{375 \times 10^3 \times 1990 \times 10^3}{2062 \times 10^6 \times 10} = 36.2 \text{MPa}$$

K_1 点的主应力

$$\begin{matrix}\sigma_1 \\ \sigma_3\end{matrix} = \frac{\sigma_x}{2} \pm \sqrt{\left(\frac{\sigma_x}{2}\right)^2 + \tau_x^2} = \frac{153}{2} \pm \sqrt{\left(\frac{153}{2}\right)^2 + 36.2^2} = \begin{matrix}161.1 \text{MPa} \\ -8.1 \text{MPa}\end{matrix}$$

$$\tan(2\alpha_0) = -\frac{2\tau_x}{\sigma_x - \sigma_y} = -\frac{2 \times 36.2}{153} = -0.473$$

$$\alpha_0 = -12.7°$$

在单元体中从 x 轴以顺时针方向量取 $\alpha_0 = 12.7°$，即为 σ_1 的方位。

第三节 主应力迹线的概念

一截面为矩形的简支梁，承受均布荷载。考察任意截面上点 1，2，3，4，5 的应力状态，见图 9-11 (a)，1，5 两点处于梁的上下边缘属于单向应力状态；3 点在中性轴上为纯剪切应力状态；而 2，4 点均属于平面应力状态。各点处的主应力 σ_1 和 σ_3 的方向如图 9-11 (b) 所示。如果对梁取若干个横截面，用直线 1—1，2—2…表示 [图 9-11 (c)]。从 1—1 截面 a 点开始求出其主应力 σ_1（或 σ_3）的方向，将这一方向延长至相邻 2—2 截面相交于 b 点，求出 b 点的主应力方向。依此类推，可得一条折线，当横截面的间距小，此折线愈接近于曲线，此曲线任意一点处的切线方向就是该点处的主应力方向，这种曲线

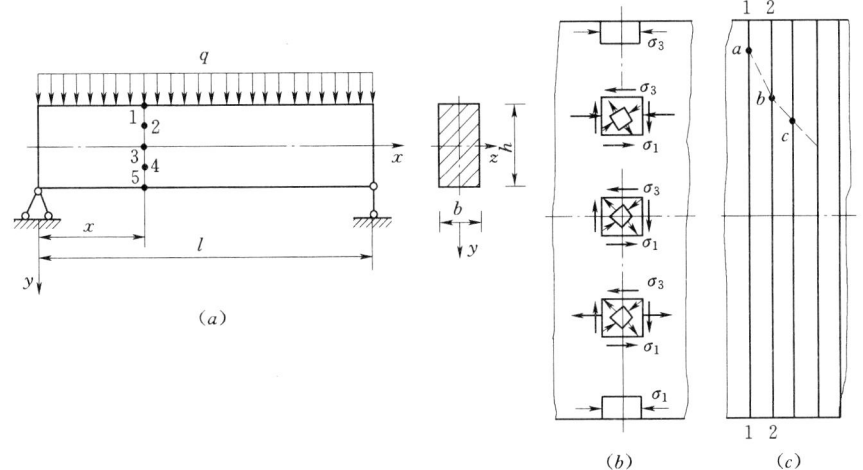

图 9-11

称为主应力迹线。

主应力迹线在工程当中具有很重要的作用。例如,对于钢筋混凝土梁。由于拉应力的存在,就会因混凝土强度不够而沿着 σ_1 所在的主平面方向开裂。图 9-12 (a) 为布满均布载荷的简支梁的主应力迹线图,在梁中不仅要配置纵向受拉钢筋,而且还要配置斜向弯起钢筋,来承担主拉应力方向的拉应力[图 9-12 (b)]。

主应力迹线随梁的类型和所受载荷不同而不同。但它们的共同特点是:σ_1 与 σ_3 迹线相互正交;梁的上下边缘处主应力迹线与梁轴线平行或正交;中性层处主应力迹线与梁轴线夹角均为 45°。图 9-13 为钢筋混凝土悬臂梁在悬臂端受集中力作用下,梁的主应力迹线和此梁的配筋图。

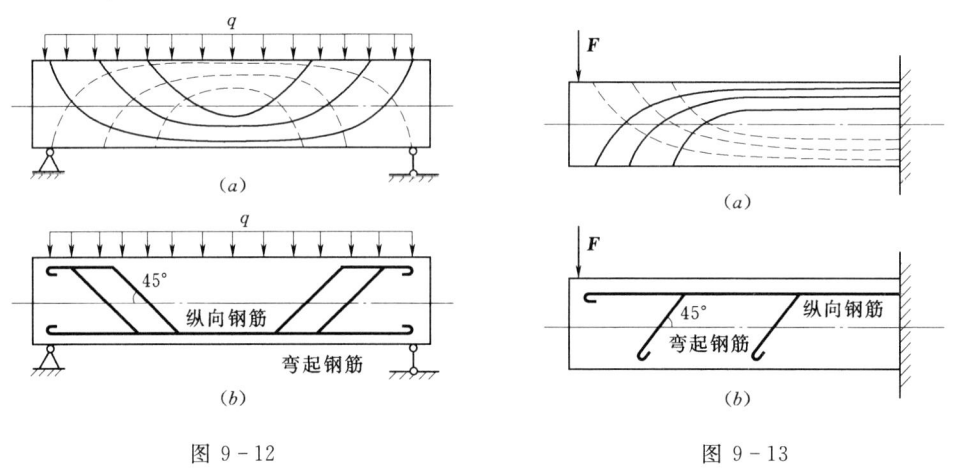

图 9-12   图 9-13

第四节 强 度 理 论

当材料处于单向应力状态时,其极限应力 σ^0 可利用拉伸与压缩实验测定,或者处于纯剪切应力状态时,极限应力 τ^0 则可利用纯剪切实验测定。但工程中许多构件的危险点处于复杂应力状态。而且不同的主应力比值达到危险状态时的极限应力值是各不相同的,要想通过实验测出每种情况下的极限应力值是难以实现的。因而,也就无法像单向拉(压)和纯剪应力状态那样,通过实验建立复杂应力状态下的强度理论条件。

试验表明,材料的破坏形式主要有两种,一种是断裂破坏,破坏时没有显著的塑性变形,并且这种破坏的原因常常是由拉应力或拉应变过大所致;而另一种是屈服破坏,破坏时有显著的塑性变形。而这种破坏的原因常常是剪应力过大所致。为此,人们根据材料在复杂应力状态下破坏时的一些现象与形式,采用判断和推理的方法,对材料破坏现象提出了各种不同的假说,这些关于材料破坏规律的假说称为强度理论。

到目前为止,已建立了各种强度理论。对于工程上广泛采用的塑性材料解释塑性破坏的强度理论在梁的强度计算中得到比较广泛地应用。

1. 最大剪应力理论

此理论认为:无论材料处于何种应力状态,只要最大剪应力 τ_{max} 达到材料单向拉伸屈

服时的最大剪应力 τ^0，材料即发生屈服。按此理论，材料的屈服条件为

$$\tau_{max} = \tau^0 \qquad (a)$$

由式（9-6）知，梁内任意点的最大应力为

$$\tau_{max} = \sqrt{\left(\frac{\sigma}{2}\right)^2 + \tau^2} = \frac{1}{2}\sqrt{\sigma^2 + 4\tau^2} \qquad (b)$$

而材料在单向拉伸时，横截面上的拉应力达到屈服极限时，与此相对应的最大剪应力为

$$\tau^0 = \frac{\sigma^0}{2} \qquad (c)$$

将式（b）、式（c）代入式（a），得材料的屈服条件为

$$\frac{1}{2}\sqrt{\sigma^2 + 4\tau^2} = \frac{\sigma^0}{2}$$

于是强度条件为

$$\sqrt{\sigma^2 + 4\tau^2} \leqslant [\sigma] \qquad (9-8)$$

式中：σ 和 τ 分别为同一危险面上危险点的正应力和剪应力；$[\sigma]$ 为材料拉伸时的许用应力。

这一理论与塑性材料在大多数应力状态下的实验结果比较接近。

2. 形状改变比能强度理论

所谓形状改变比能是材料单位体积内所储存的一种由变形而产生的能量。这种理论认为：不论材料处于何种应力状态，只要形状改变比能达到材料单向拉伸时的形状改变比能，材料即发生屈服。这种理论经过推导后可得到强度条件是

$$\sqrt{\sigma^2 + 3\tau^2} \leqslant [\sigma] \qquad (9-9)$$

以上两种理论通常适用于塑性材料将发生屈服或剪断时。但必须指出，材料破坏的形式不但取决于材料的性质，而且，还与材料所处的条件和应力状态有关。例如，塑性材料处于三向拉伸应力状态下，会表现为脆性断裂；而脆性材料处于三向压缩状态时，也可以表现为剪断破坏。

思 考 题

思 9-1 图示为一平面应力状态的单元体及其应力圆，试在应力圆上表示出三个方位的位置。

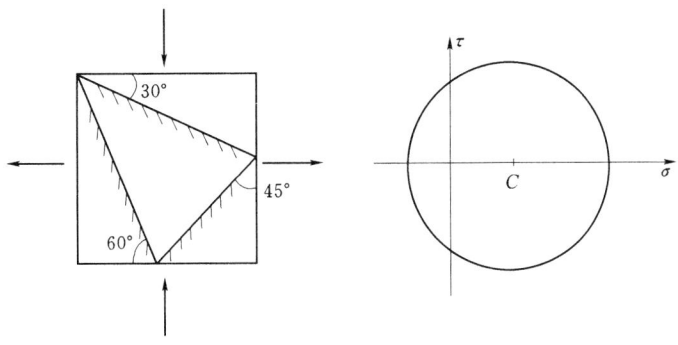

思 9-1 图

思 9-2 单元体上的主应力和正应力有什么区别？试指出图示单元体中哪些是主平面？哪些正应力是主应力？

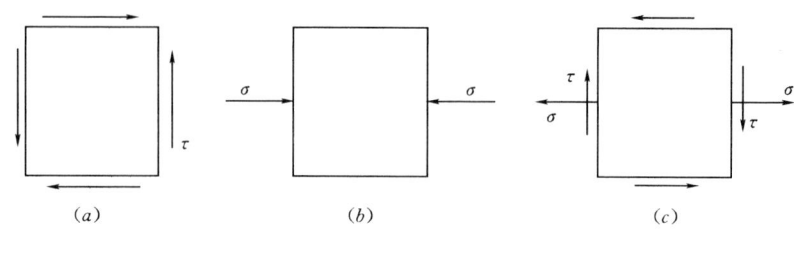

思 9-2 图

思 9-3 在单元体最大正应力作用面上有没有剪应力？在最大剪应力作用面上有没有正应力？

习　题

题 9-1 试计算图示各单元体指定斜截面上的应力。

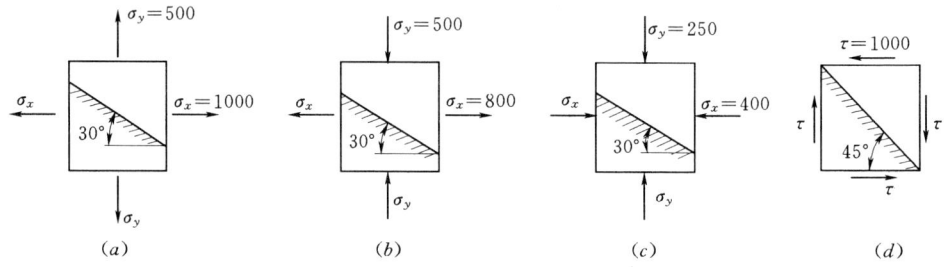

题 9-1 图　（单位：MPa）

题 9-2 已知单元体如图所示（单位：MPa）。试求：（1）主应力的大小和方向，并在单元体中表示出主平面的位置；（2）求最大剪应力的值。

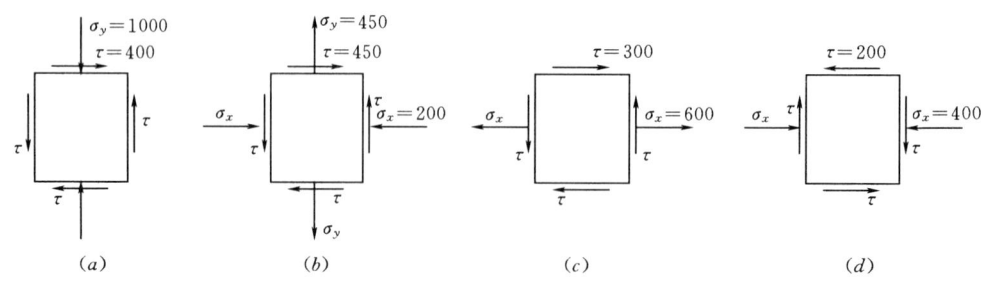

题 9-2 图

题 9-3 试画出图示简支梁上点 a、b 和 c 处的单元体图，并标出单元体各面上的应力值。

题 9-4 矩形截面简支梁如图所示。试求（1）$m—m$ 截面上 A、B、C 点处各单元体的应力状态；（2）求各单元体的主应力，并说明它们属于何种应力状态。

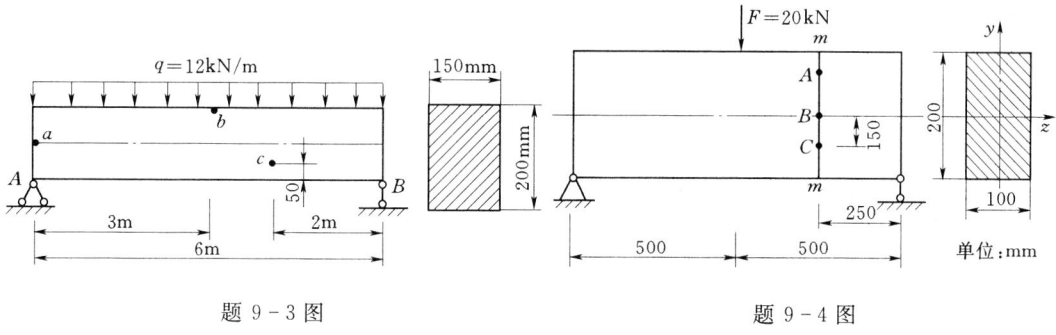

题 9-3 图　　　　　　　　　　题 9-4 图

题 9-5　试画出图中简支梁上 A 和 B 点处的单元体，用应力圆求这两点的主应力，画出这两点的主单元体。已知 $q=12\text{kN/m}$。

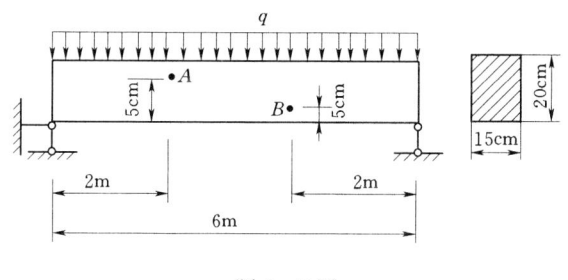

题 9-5 图

题 9-6　图示外伸臂梁，承受荷载 $F=130\text{kN}$ 作用，许用应力 $[\sigma]=170\text{MPa}$，试按最大剪应力强度理论校核翼缘与腹板交接处 c 点的强度。

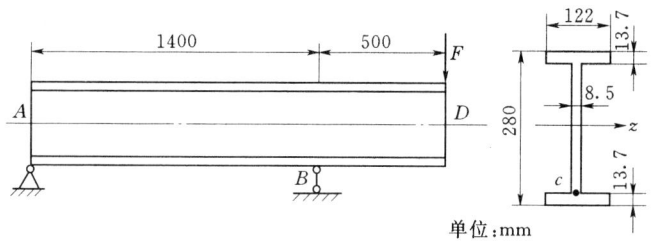

题 9-6 图

第十章 组 合 变 形

第一节 概　述

前面研究了杆件在轴向拉伸（压缩）、扭转和弯曲等基本变形时的应力和强度计算问题。在工程实际中构件的受力情况是复杂的，许多杆件受力后同时产生两种或两种以上的基本变形。这类变形形式称为**组合变形**。例如：图 10-1（a）所示屋架上檩条承受的屋面荷载并不作用在其纵向对称平面内，因此，檩条受屋面荷载作用发生的变形并不是平面弯曲，而是由互相垂直的两个纵向对称平面内的平面弯曲组合而成的斜弯曲。图 10-1（b）所示烟囱，除因受自身重力引起的轴向压缩变形外，还受到因水平风力引起的弯曲变形，是压弯组合问题。图 10-1（c）所示设有吊车的厂房柱，吊车轨道作用在柱子上的压力 F 不沿柱的轴线，因而柱子产生压弯组合变形。图 10-1（d）中所示的挡土墙的变形也属于压缩和弯曲的组合变形。

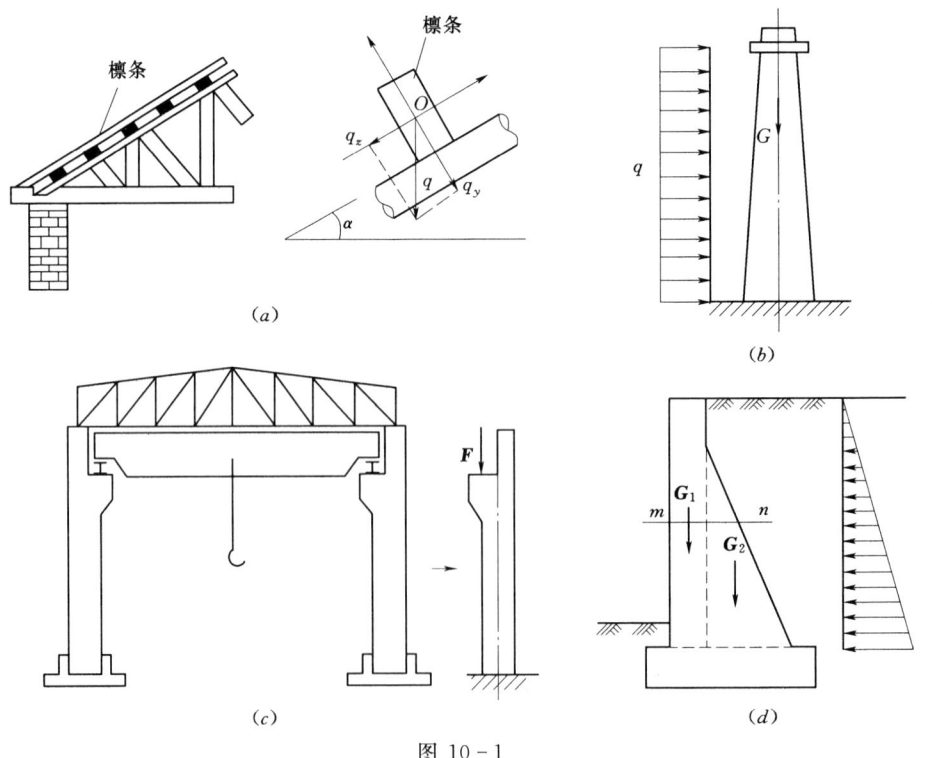

图 10-1

求解组合变形的基本方法是**叠加法**。在材料服从虎克定律和小变形条件下，内力、应力、变形等参量均与荷载成线性关系，故可用叠加原理。其做法是首先将组合变形分解为几个基本变形，然后分别考虑构件在每一种基本变形情况下的应力和变形，最后再叠加起来。本章主要研究杆件在斜弯曲、压（拉）弯组合变形和偏心压缩时的应力和强度计算问题，其分析方法同样适用于其他组合变形形式。

第二节 斜 弯 曲

在第八章讨论平面弯曲问题中曾经指出：对于横截面具有对称轴的梁，当外力作用在该对称轴与梁的轴线所组成的纵向对称平面内时，变形后梁的挠曲线仍在此对称平面内，且仍在外力作用平面内，这种变形形式称为平面弯曲。进一步提到当外力作用在截面的形心主轴与梁轴线组成的纵向平面内时，不论截面有无对称轴，所引起的也是平面弯曲。但当外力不作用在形心主轴纵向平面内时，如图 10-1（a）屋面檩条的受力情况，受力后梁的挠曲线并不在荷载平面内，即不属于平面弯曲，这种弯曲称为斜弯曲，也称为双向平面弯曲。

斜弯曲可以分解为两个平面弯曲计算。下面以矩形截面悬臂梁为例，说明斜弯曲时的应力和强度计算方法。

一、外力分析

图 10-2（a）所示的矩形截面悬臂梁，在自由端作用有一个集中力 F，力 F 通过截面的形心且与形心主轴 y 成夹角 φ，因此该梁发生斜弯曲。先将力 F 沿形心主轴 y、z 方向分解为两个分力 F_y、F_z，其中两个分力的大小为：$F_y = F\cos\varphi$，$F_z = F\sin\varphi$。F_y 将使梁在铅垂平面 xoy 内发生平面弯曲；而 F_z 将使梁在水平平面 xoz 内发生平面弯曲。

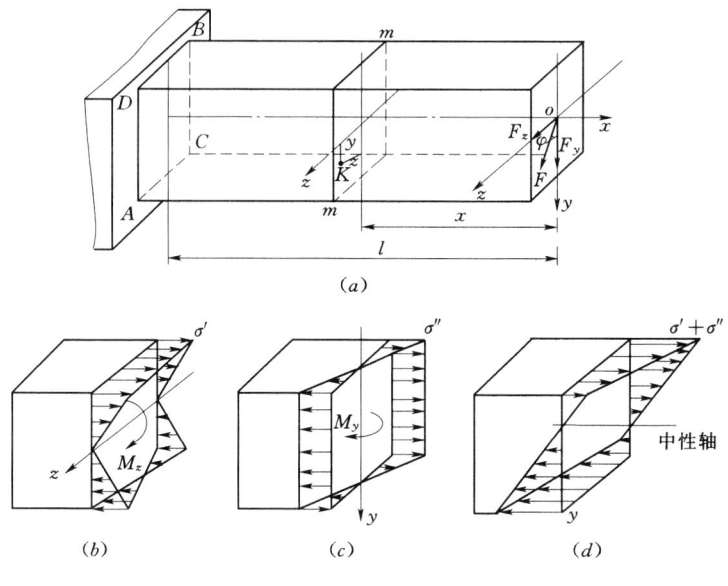

图 10-2

二、内力分析

与平面弯曲一样，在斜弯曲梁的横截面上也有剪力和弯矩两种内力。但剪力影响较小，常忽略不计而只计算弯矩。在距自由端为 x 处横截面 $m-m$ 上引起的弯矩分别为

$$M_y = F_z x = F\sin\varphi x = M\sin\varphi$$
$$M_z = F_y x = F\cos\varphi x = M\cos\varphi$$

式中：M 为 F 对 $m-m$ 截面形心的弯矩，即 $M = Fx$。

三、应力分析

在 $m-m$ 截面上任一点 $K(y,z)$ 处，由弯矩 M_z 和 M_y 引起的正应力分别为 σ' 和 σ''，即

$$\sigma' = \frac{M_z}{I_z}y \qquad \sigma'' = \frac{M_y}{I_y}z$$

K 点处总的弯曲正应力等于 σ' 和 σ'' 的代数和，即根据叠加原理：

$$\sigma = \sigma' + \sigma'' = \frac{M_z}{I_z}y + \frac{M_y}{I_y}z$$

同理，可求出截面上其他各点的正应力，其叠加后的应力分布图如图 10-2（d）所示。从应力分布图中可以看出，截面的中性轴通过截面形心，一般与荷载作用线不垂直，表明斜弯曲的变形特点。

对于各种支承形式和荷载情况的梁，计算斜弯曲的一般公式为

$$\sigma = \pm\frac{M_z}{I_z}y \pm \frac{M_y}{I_y}z \tag{10-1}$$

式中：I_z、I_y 分别为截面对形心轴 z、y 轴的惯性矩。

用式（10-1）计算应力时，M_z、M_y 和 z、y 均取绝对值，应力的符号可根据梁的变形来决定每项应力的正负，受拉时应力取正号，受压时应力取负号。

四、强度计算

进行强度计算时，必须首先确定危险截面和危险点的位置。图 10-2 所示的悬臂梁，固定端截面的弯矩最大，是危险截面。由 M_y 引起的最大拉应力发生在 BC 边线上，由 M_z 引起的最大拉应力发生在 DB 边线上。根据叠加原理，梁的最大拉应力发生在 B 点，最大压应力发生在 A 点。危险点就是 B、A 两点。所以，对于矩形、工字形等具有两个对称轴及棱角的截面，最大正应力必发生在危险截面上距中性轴最远的角点处。因为 B、A 两点的最大拉、压应力的绝对值相等，则危险点的最大正应力为

$$\sigma_{\max} = \frac{M_{y\max}}{W_y} + \frac{M_{z\max}}{W_z}$$

若材料的抗拉和抗压强度相等，则其强度条件为

$$\sigma_{\max}^{\pm} = \pm\frac{M_{y\max}}{W_y} \pm \frac{M_{z\max}}{W_z} \leqslant [\sigma]^{\pm} \tag{10-2}$$

由此，可解决斜弯曲梁的强度计算三类问题。其中设计截面时，因公式中同时出现 W_y 和 W_z 两个未知量，故需先假设一个 W_z/W_y 的比值，然后和式（10-2）联解求出 W_y 和 W_z，选出截面后再按式（10-2）进行强度校核。矩形截面通常取 $W_z/W_y = 1.2 \sim 2$；工字形截面取 $W_z/W_y = 8 \sim 10$。

五、挠度计算

梁在弯曲时的挠度也按叠加原理计算，由于分别计算的挠度 f_y、f_z 方向不同，故应几何相加求截面总挠度：

$$f = \sqrt{f_z^2 + f_y^2} \qquad (10-3)$$

【例 10-1】 图 10-3（a）中的桥式吊车梁由 25a 工字钢制成，许用应力 $[\sigma]=160\text{MPa}$，弹性模量 $E=210\text{GPa}$，梁长 $l=4\text{m}$。当吊车工作时，由于惯性或其他原因，荷载 F 偏离铅垂线而与 y 轴夹角为 $\alpha=15°$。若 $F=20\text{kN}$，试校核梁的强度。

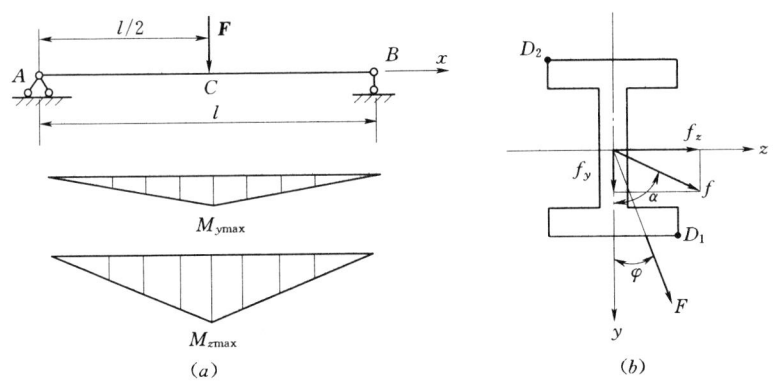

图 10-3

解：（1）分解荷载。

当吊车行至梁跨中点时，吊车梁处于最不利的受力状态。此时跨中截面 C 上的 M_y 和 M_z 均为最大值，所以截面 C 是危险截面。将力 F 沿 y 轴、z 轴分解，其分力的大小为

$$F_y = F\cos\varphi = 20\times\cos15° = 19.3 \text{ kN}$$
$$F_z = F\sin\varphi = 20\times\sin15° = 5.18 \text{ kN}$$

（2）计算内力。由 F_y、F_z 引起跨中截面 C 上的最大弯矩分别为

$$M_{z\max} = F_y \cdot l/4 = 19.3\times 4/4 = 19.3 \text{ kN}\cdot\text{m} \qquad \text{（在铅垂平面内）}$$
$$M_{y\max} = F_z \cdot l/4 = 5.18\times 4/4 = 5.18 \text{ kN}\cdot\text{m} \qquad \text{（在水平平面内）}$$

（3）叠加并判定危险点。由型钢表查得 25a 工字钢 y 轴、z 轴的抗弯截面系数分别为 $W_y=48.4\text{cm}^3$，$W_z=401.4\text{cm}^3$，由图 10-3（b）可知，危险点在截面 C 的角点 D_1 和 D_2 处，D_2 点产生最大压应力；D_1 点产生最大拉应力，其值为

$$\sigma_{\max}^{\pm} = \pm\frac{M_{y\max}}{W_y} \pm \frac{M_{z\max}}{W_z} = \pm\frac{5.18\times 10^6}{48.3\times 10^3} \pm \frac{19.3\times 10^6}{401.4\times 10^3} = \pm 155.3 \text{ MPa}$$

（4）校核强度。由于 $\sigma_{\max}^{+} = |\sigma_{\max}^{-}|$，且工字钢为塑性材料，故强度条件为

$$\sigma_{\max} = 155\text{MPa} < [\sigma] = 160 \text{ MPa}$$

计算结果表明，该吊车梁的强度安全。

（5）讨论。若荷载不偏离 y 轴，即 $\varphi=0$，（此时梁只在铅垂平面 xoy 内发生平面弯曲），则跨中 C 截面的最大应力为

$$\sigma_{\max} = \frac{M_{\max}}{W_z} = \frac{Fl}{4W_z} = \frac{20\times 10^3\times 4\times 10^3}{4\times 401.4\times 10^3} = 49.8 \text{ MPa}$$

可见，由于截面的高宽比较大，W_y 与 W_z 相差较大，当外力 F 偏离 y 轴很小角度（$\varphi=15°$）时，就使最大正应力由 49.8MPa 增加到 155.3MPa，增加了 3.1 倍，因此，工程中对这种梁，应尽量避免产生斜弯曲。

（6）挠度计算。查型钢表 $I_z=5017\text{cm}^4$，$I_y=280.4\text{cm}^4$。

查梁变形表
$$f_y=\frac{F_y l^3}{48EI_z}=\frac{19.3\times 4^3\times 10^{12}}{48\times 210\times 10^3\times 5017\times 10^4}=2.44\text{ mm}$$

$$f_z=\frac{F_z l^3}{48EI_y}=\frac{5.18\times 4^3\times 10^{12}}{48\times 210\times 10^3\times 280.4\times 10^4}=11.73\text{ mm}$$

计算可得
$$f=\sqrt{f_z^2+f_y^2}=\sqrt{11.73^2+2.44^2}=11.98\text{ mm}$$

$$\tan\alpha=\frac{f_z}{f_y}=\frac{11.73}{2.44}=4.81 \quad \alpha=78.2°$$

进一步证明
$$\tan\alpha=\frac{f_z}{f_y}=\frac{F_z l^3/48EI_y}{F_y l^3/48EI_z}=\frac{\sin\varphi I_z}{\cos\varphi I_y}=\frac{I_z}{I_y}\tan\varphi$$

一般情况下 $I_z\neq I_y$，所以 $\alpha\neq\varphi$，说明斜弯曲梁的挠曲线与荷载作用平面不重合，这就是平面弯曲与斜弯曲的本质区别，见图 10-3（b）。

第三节　拉伸（压缩）与弯曲的组合

若直杆受横向力的同时，还有轴向力作用，即为拉伸（压缩）与弯曲的组合变形。现以承受均布横向力 q、轴向拉力 F 的直杆为例［图 10-4（a）］，说明拉弯组合变形杆件的强度计算方法。

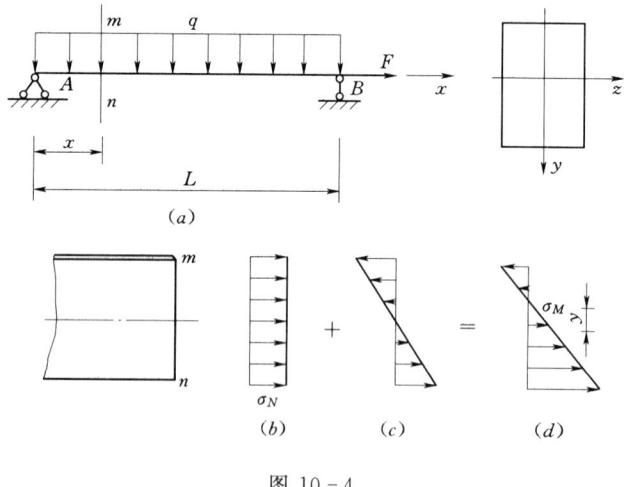

图 10-4

一、分别计算其内力、应力

由图 10-4 可知，轴向力 F 使梁的任意横截面 m—n 上产生轴力 $N=F$，与轴力相对应的正应力均匀分布，如图 10-4（b）所示，其值为

$$\sigma_N=\frac{N}{A}$$

横向力 q 使杆产生弯曲，其 m—n 截面上的弯矩为 M_z，并且此截面上产生按线性分布的弯曲正应力，如图 10-4（c）所示，距中性轴 z 的距离为 y 的任一点上对应的正应力为

$$\sigma_M = \frac{M_z}{I_z} y$$

二、叠加计算总应力

将以上两种应力分布图叠加，便得到拉伸与弯曲组合变形时横截面上的正应力分布图，如图 10-4（d）所示。截面上任一点的总应力为

$$\sigma = \sigma_N + \sigma_M = \frac{N}{A} \pm \frac{M_z}{I_z} y \tag{10-4}$$

式中第二项正负号由计算点的弯曲正应力的正负号来确定。

三、强度计算

根据总应力分布图，可以判定，最大正应力发生在弯矩最大的截面上，并且是在距中性轴最远的上下边缘处，且为

$$\sigma_{\min}^{\max} = \frac{N}{A} \pm \frac{M_{\max}}{W_z} \tag{10-5}$$

则强度条件为

$$\sigma_{\min}^{\max} = \frac{N}{A} \pm \frac{M_{\max}}{W_z} \leqslant [\sigma] \tag{10-6}$$

以上各式同样适用于压缩与弯曲组合变形的情况，式中第一项应取负号。

【例 10-2】 图 10-5 所示一挡土墙。承受土压力 $F = 30\text{kN}$，墙的高度 $H = 3\text{m}$，厚度 $b = 0.75\text{m}$。许用压应力 $[\sigma]^- = 1\text{MPa}$，许用拉应力 $[\sigma]^+ = 0.1\text{MPa}$，墙的单位体积重量为 $\gamma = 16\text{kN/m}^3$，试校核挡土墙的强度。

解：（1）确定危险截面的内力。

沿挡土墙纵向取单宽 1m 段，可以将这一段墙简化为一端固定的悬臂梁。它受到侧向土压力作用产生弯曲变形，又由于本身自重作用而产生压缩变形且受力最大的将是基础截面，在该截面上的应力计算可以看作同时受压缩及弯曲的问题。挡土墙的最大弯矩截面应是 I—I 截面，其弯矩

$$M_{\max} = F \times \frac{H}{3} = 30 \times 1 = 30 \text{ kN·m}$$

同时，这个截面上受整个墙的自重作用也是轴向压力最大值。

$$N_{\max} = 0.75 \times 1 \times 3 \times 16 = 36 \text{ kN（压）}$$

这个截面的面积 A 和抗弯截面系数 W_y 分别为

$$A = 0.75 \times 1 = 0.75 \text{ m}^2 \qquad W_y = \frac{bh^2}{6} = \frac{1}{6} \times 1 \times 0.75^2 = 0.0938 \text{ m}^3$$

(2) 验算墙的强度。

最大压应力为

$$\sigma_{max}^- = -\frac{N_{max}}{A} - \frac{M_{max}}{W_y} = -\frac{36 \times 10^3}{0.75 \times 10^6} - \frac{30 \times 10^6}{0.0938 \times 10^9} = -0.37 \text{ MPa}$$

$$|\sigma_{max}^-| = 0.37 \text{MPa} < [\sigma]^- = 1 \text{ MPa}$$

最大拉应力为

$$\sigma_{max}^+ = -\frac{N_{max}}{A} + \frac{M_{max}}{W_y} = -\frac{36 \times 10^3}{0.75 \times 10^6} + \frac{30 \times 10^6}{0.0938 \times 10^9} = 0.27 \text{ MPa}$$

$$\sigma_{max}^+ = 0.27 \text{MPa} > [\sigma]^+ = 0.1 \text{ MPa}$$

所以，此挡土墙压应力虽安全，但抗拉强度条件不满足，应重新设计。

第四节 偏心压缩（拉伸）

当作用在杆件上的外力与杆轴平行但不重合时，杆件所发生的变形称为偏心压缩（拉伸）。这种外力称为**偏心力**，偏心力的作用线与轴线间的距离 e 称为**偏心距**。偏心压缩（拉伸）是工程实际中常见的组合变形形式。例如混凝土重力坝刚建成还未挡水时，坝的水平截面仅受不通过形心的重力作用，此时属偏心压缩。再如，图 10 - 1 (c)、(d) 所示的吊车梁的厂房立柱及挡土墙，也分别属于偏心压缩问题。

偏心荷载可以抽象为两种情况：

1. 单向偏心压缩（拉伸）

偏心压力 F 作用在截面上的某一对称轴上的点时，杆件产生的偏心压缩称为单向偏心压缩，见图 10 - 6 (a)。

2. 双向偏心压缩（拉伸）

外力 F 不作用在对称轴上，而是作用在横截面上任意位置时，产生的偏心压缩称为双向偏心压缩，见图 10 - 6 (b)。

双向偏心压缩（拉伸）构件的计算方法和步骤与单向偏心压缩（拉伸）构件相同。我们只介绍单向偏心压缩（拉伸）构件的强度计算。

一、偏心压缩（拉伸）时的强度计算

1. 荷载简化和内力计算

当偏心力 F 作用在截面上的某一对称轴上时，杆件产生的偏心压缩称为单向偏心压缩 [图 10 - 7 (a)]。将偏心压力 F 向截面形心简化，得到一个轴向压力 F 和一个力偶矩为 $m = Fe$ 的力偶 [图 10 - 7

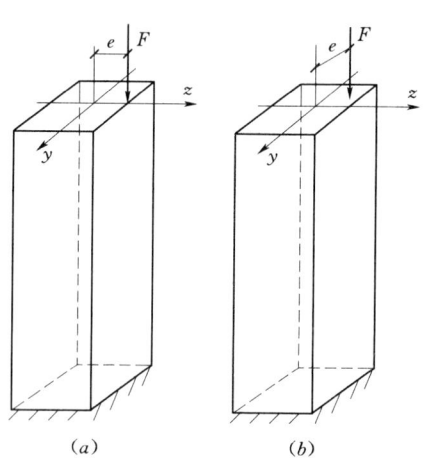

图 10 - 6

(b)]。F 使杆件产生压缩变形，力偶则使杆件产生弯曲变形。可见，偏心压缩实际上是轴向压缩和平面弯曲的组合变形。

运用截面法可求出任意截面上的内力。显然各横截面的轴力均为 $N = -F$，在 m 作用下，杆件在 xoy 平面内弯曲，各横截面弯矩均为 $m = Fe$ [绝对值，图 10 - 8 (a)]。

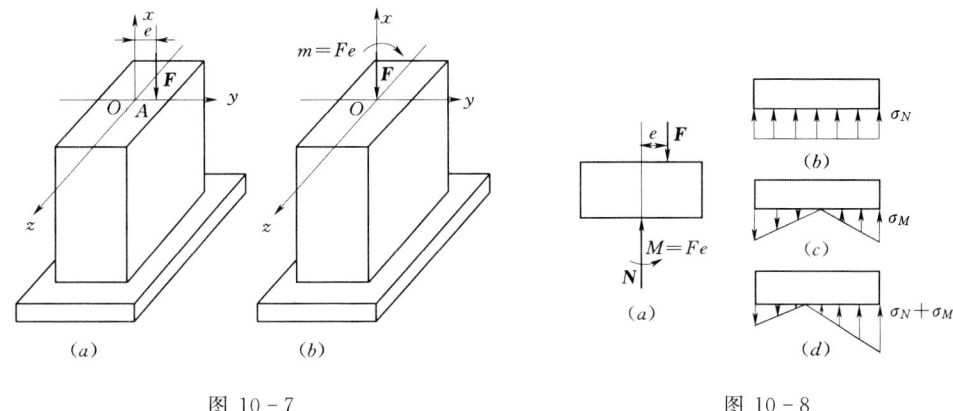

图 10-7   图 10-8

2. 应力计算和强度条件

根据叠加原理,将轴力对应的正应力 σ_N 与弯矩对应的正应力 σ_M 相叠加,即得单向偏心压缩时任意截面上任一点处的正应力的计算公式

即
$$\sigma = \sigma_N + \sigma_M = -\frac{N}{A} \pm \frac{M_z}{I_z}y = -\frac{F}{A} \pm \frac{Fe}{I_z}y \tag{10-7}$$

其应力分布如图 10-8(d) 所示。应用式 (10-7) 计算应力时,式中各量均以绝对值带入。公式中的第二项前的正负号通过观察弯曲变形确定。该点在受拉区为正,在受压区为负。

由图 10-8(d) 可知偏心压缩时的中性轴不再通过截面形心,最大正应力和最小正应力分别发生在距中性轴最远的左、右两边缘上,其值为

$$\sigma_{\min}^{\max} = -\frac{F}{A} \pm \frac{Fe}{W_z} \tag{10-8}$$

二、截面核心

在工程实际中,常用砖、石、混凝土等材料制作构件,由于这类构件材料的抗拉强度远低于抗压强度,所以在设计由这类材料制成的偏心受压构件时,要求横截面上不出现拉应力。由式 (10-8) 可知,当偏心压力 F 和截面形状、尺寸确定后,应力的分布只与偏心距有关。偏心距愈小,横截面上拉应力的数值也就愈小。因此。总可以找到包含截面形心在内的一个特定区域,当偏心压力作用在该区域时,截面上就不会出现拉应力,这个区域称为**截面核心**。如图 10-9(a) 所示的矩形截面杆,在单向偏心压缩时,要使截面上不出现拉应力,就应使最大拉应力

$$\sigma_{\max}^+ = -\frac{F}{A} + \frac{Fe}{W_z} \leqslant 0$$

将 $A=bh$、$W_z=\dfrac{bh^2}{6}$ 代入上式可得

$$1 - \frac{6e}{h} \geqslant 0$$

从而得 $e \leqslant \dfrac{h}{6}$,这说明当偏心压力作用在 y 轴上 $\pm \dfrac{h}{6}$ 范围以内时,截面上不会出现拉应

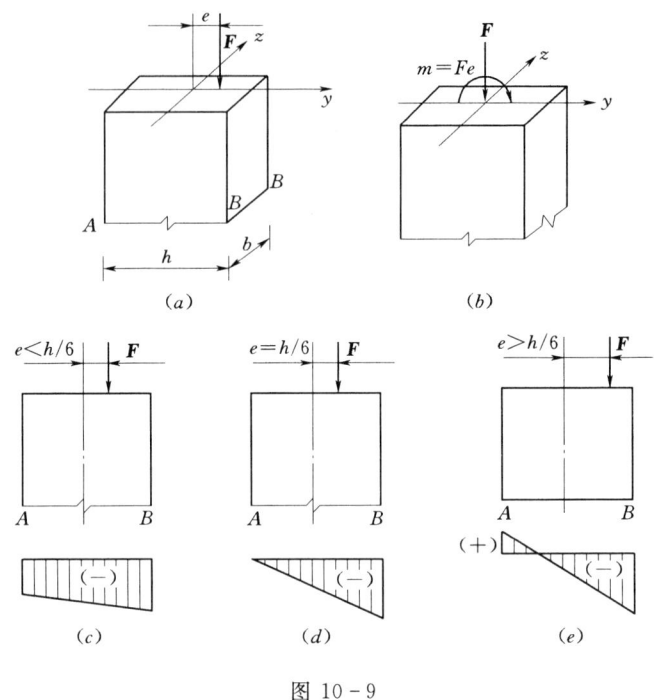

图 10-9

力。同理,当偏心压力作用在 z 轴上 $\pm\dfrac{b}{6}$ 范围以内时,截面上就不会出现拉应力。当偏心压力不作用在对称轴上时,则为双向平面弯曲。可以证明常见截面的截面核心如图 10-10 所示。

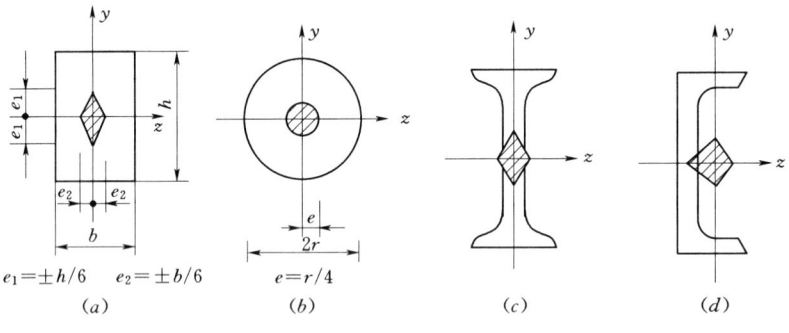

图 10-10

【例 10-3】 图 10-11 所示为一厂房的牛腿柱。设由屋架传来的压力 $F_1=100\text{kN}$,由吊车梁传来的压力 $F_2=30\text{kN}$,F_2 与柱子的轴线有一偏心距 $e=0.2\text{m}$。如果柱横截面宽度 $b=180\text{mm}$,试求:当 h 为多少时,截面上才不会出现拉应力,并求柱这时的最大压应力。

解:将力 F_2 平移至轴线,得总的轴向力为
$$N = F_1 + F_2 = 130 \text{ kN}$$
附加力偶矩为
$$M_z = F_2 e = 30 \times 0.2 = 6 \text{ kN·m}$$

要使截面上不出现拉应力，应满足

$$\sigma_{\max} = -\frac{F}{A} + \frac{M_z}{W_z} \leqslant 0$$

即

$$-\frac{130 \times 10^3}{180h} + \frac{6 \times 10^6}{\frac{180h^2}{6}} \leqslant 0$$

解得

$$h \geqslant 280 \text{ mm}$$

取 $h = 280$mm，截面上的最大压应力为

$$\begin{aligned}\sigma_{\max}^- &= -\frac{F}{A} - \frac{M_z}{W_z} \\ &= -\frac{130 \times 10^3}{180 \times 280} - \frac{6 \times 10^6}{\frac{1}{6} \times 180 \times 280^2} \\ &= -5.13 \text{ MPa}\end{aligned}$$

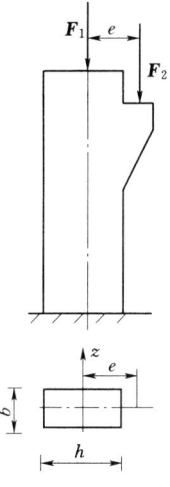

图 10-11

【**例 10-4**】 某水库溢洪道的浆砌石挡土墙如图 10-12 所示。通常取单位长度（1m）的挡土墙来进行计算。已知墙体自重 $G_1 = 72$kN，$G_2 = 77$kN，土压力 $F = 95$kN，其与水平面夹角 $\theta = 42°$，作用点至点 O 的水平距离和竖向距离分别为 $x_o = 0.43$m，$y_o = 1.67$m。砌体的许用压应力 $[\sigma]^- = 3.5$MPa，许用拉应力 $[\sigma]^+ = 0.14$MPa，试对 BC 截面进行强度校核。

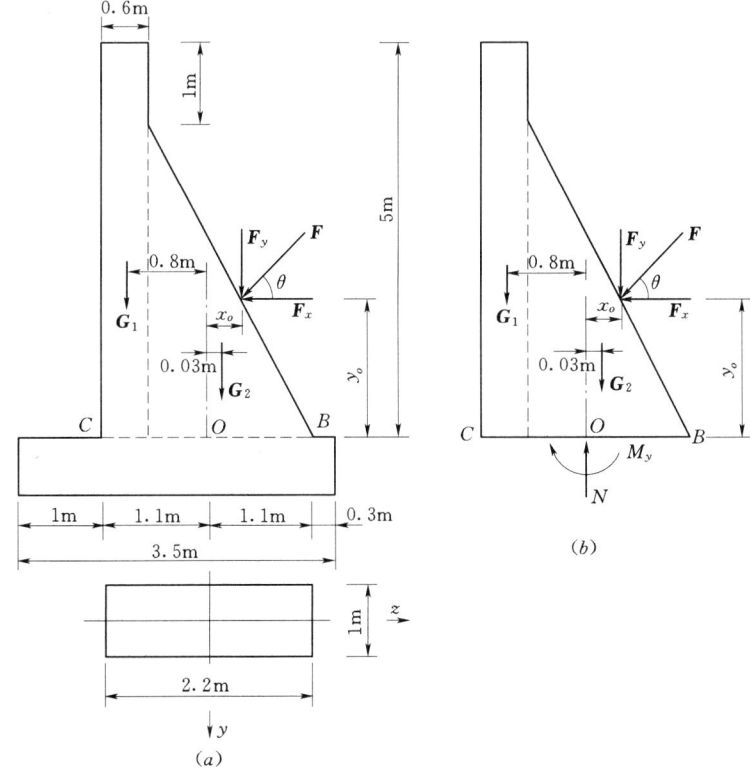

图 10-12

解：(1) 求 BC 截面的内力。

取 BC 截面以上为脱离体[图 10-12 (b)]，先对土压力 F 进行分解

水平分力 $\qquad F_x = F\cos\theta = 95\cos42° = 70.6$ kN

竖向分力 $\qquad F_y = F\sin\theta = 95\sin42° = 63.7$ kN

BC 截面的轴力为 $\quad N = -(G_1 + G_2 + F_y) = -(72 + 77 + 63.7) = 212.7$ kN

BC 截面的弯矩为 $\quad M_y = -0.8G_1 + 0.03G_2 + x_oF_y - y_oF_x$

$\qquad\qquad\qquad\qquad = -0.8 \times 72 + 0.03 \times 77 + 0.43 \times 63.7 - 1.67 \times 70.6$

$\qquad\qquad\qquad\qquad = -145.86$ kN·m

负值说明 M_y 使 BC 截面 C 侧受压。

(2) 求 BC 截面的最大正应力。

C 点处：$\sigma_C = -\dfrac{N}{A} - \dfrac{M_y}{W_y} = -\dfrac{212.7 \times 10^3}{(1 \times 2.2) \times 10^6} - \dfrac{145.86 \times 10^6}{\dfrac{1 \times 2.2^2}{6} \times 10^9} = -0.28$ MPa

B 点处：$\sigma_B = -\dfrac{N}{A} + \dfrac{M_y}{W_y} = -\dfrac{212.7 \times 10^3}{(1 \times 2.2) \times 10^6} + \dfrac{145.86 \times 10^6}{\dfrac{1 \times 2.2^2}{6} \times 10^9} = 0.084$ MPa

(3) 强度校核。

最大压应力 $\qquad \sigma_{max}^- = \sigma_C = 0.28$ MPa $< [\sigma]^-$

最大拉应力 $\qquad \sigma_{max}^+ = \sigma_B = 0.084$ MPa $< [\sigma]^+$

故 BC 截面满足强度要求。

思 考 题

思 10-1　何谓组合变形？组合变形强度计算的理论依据是什么？基本方法是什么？

思 10-2　何谓平面弯曲？何谓斜弯曲？二者有何区别？

思 10-3　什么是偏心拉伸或压缩？它与轴向拉伸或压缩有何区别？

思 10-4　如何确定组合变形杆件的危险截面和危险点？

思 10-5　何谓截面核心？在设计脆性材料杆件时应注意什么问题？

习 题

题 10-1　矩形截面木檩条，跨度 $l=4$m，荷载及截面尺寸如图所示。木材的许用应力 $[\sigma]=12$MPa，试校核檩条强度。

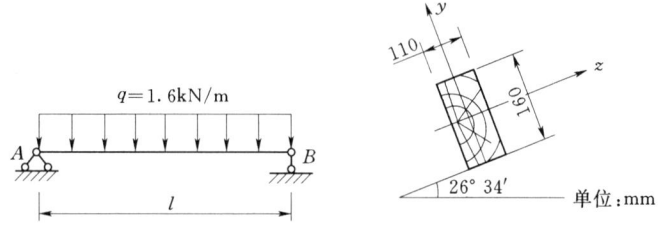

题 10-1 图

题 10-2　如图所示作用于悬臂梁上的荷载有：在水平平面内 $F_1=800\text{N}$，在铅垂平面内 $F_2=1650\text{N}$，木材的许用应力 $[\sigma]=10\text{MPa}$。(1) 若梁为矩形截面，且 $\dfrac{h}{b}=2$，试确定截面尺寸。(2) 如果截面为圆形，$d=130\text{mm}$，试求最危险截面上的最大正应力。

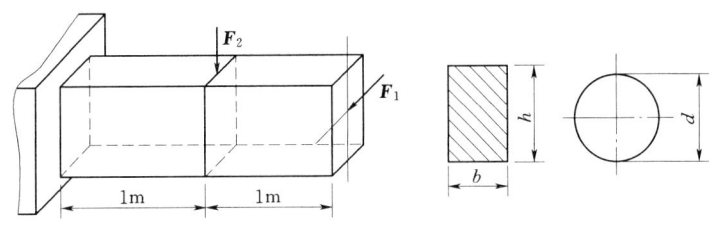

题 10-2 图

题 10-3　如图所示一正方形木斜梁，长为 2.5m，$a=10\text{cm}$，竖向荷载 $F=3\text{kN}$，试求梁的最大拉应力和最大压应力及其位置。

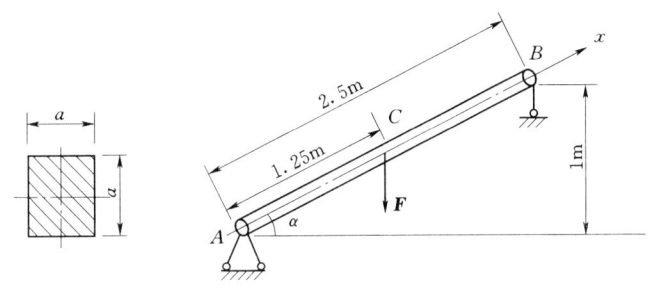

题 10-3 图

题 10-4　图示水塔连同基础共重 $G=2000\text{kN}$，在离地面 $H=15\text{m}$ 的地方受水平风压力 $F=60\text{kN}$ 作用，基础埋置深度 $h=3\text{m}$，设土的许用压应力 $[\sigma]^-=0.2\text{MPa}$，求圆形基础直径 d 应为多大？

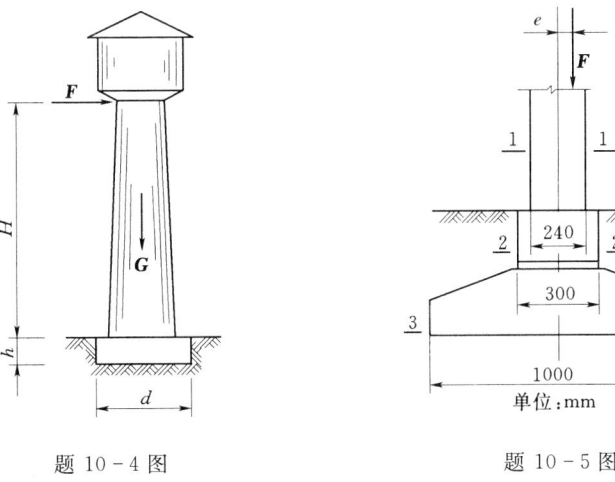

题 10-4 图　　　　　　　　题 10-5 图

题 10-5 砖墙和基础如图所示。设在 1m 长的墙上有偏心力 $F=40$kN 作用，偏心距 $e=0.05$m，试画出 1—1、2—2、3—3 截面的正应力分布图。

题 10-6 图示正方形截面立柱受力 F 作用，若将柱的中间部分挖去一槽，槽深为 $\dfrac{a}{4}$。试求开槽前后柱内的最大压应力值。

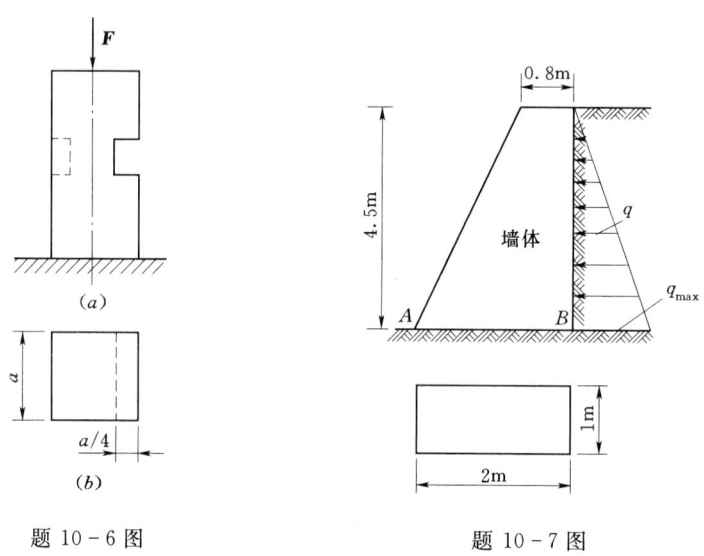

题 10-6 图　　　　　题 10-7 图

题 10-7 一挡土墙如图所示。取 1m 长的墙体，墙体的容重 $\gamma=18$kN/m³，泥土的压力 q 是水平的，并且沿墙的高度按三角形规律分布，在墙根的最大压力 $q_{max}=15$kN/m。试求墙底的最大和最小压应力。

题 10-8 如图所示，一矩形截面柱子受压力 F_1、F_2 作用，F_2 与柱轴线的偏心距 $e=20$cm，$b=18$cm，$h=30$cm；求 σ_{max} 及 σ_{min}。如果要使柱截面内不出现拉应力，试问截面高度 $h=$？此时的最大压应力 σ_{min} 是多少？

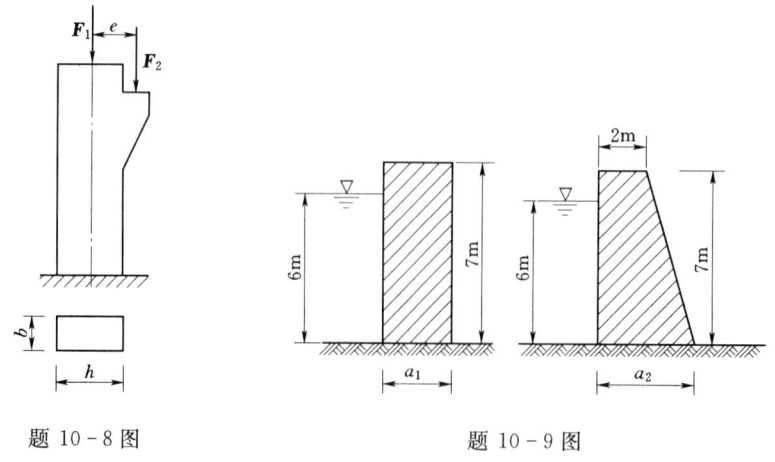

题 10-8 图　　　　　题 10-9 图

题 10-9 图示两种高为 $H=7$m 的混凝土堤坝的横截面。若取混凝土容重为 $\gamma=20$kN/m³，为使堤坝的底面上不出现拉应力，试求坝所必需的宽度 a_1 和 a_2。（取 1m 长堤坝）

第十一章 压杆稳定

杆件正常工作需满足强度、刚度、稳定性的要求，前面几章已经对杆件的强度、刚度进行了讨论，本章将专门研究轴向受压杆的稳定性问题。

第一节 压杆稳定的概念

工程中把承受轴向压力的直杆称为压杆。从强度角度出发，压杆只要能满足轴向压缩的强度条件就能保证杆件正常工作，这种结论对于短粗杆来说是正确的。实践表明，对于细长的杆件，在轴向压力作用下，杆内的应力在远没有达到材料的许用应力时，就可能发生突然弯曲而破坏，这种现象称为压杆丧失稳定。因此，对于这类受压杆件，除考虑强度问题外，还必须考虑稳定性问题。**压杆的稳定性，是指受压杆件保持其原有平衡状态的能力。**

以图11-1所示轴心受压直杆为例，说明压杆稳定性的概念。在大小不变的压力 F 作用下，对压杆施加横向干扰力 Q，使其处于弯曲状态，可观察到压杆直线平衡状态所表现的不同特性。

(1) 当力 F 值不大时，杆件保持直线状态，此时对杆件施加一个横向干扰力 Q，压杆轴线由直变弯 [图1-1 (a)]，而在撤去横向力 Q 后，压杆经过震荡后仍能恢复到原来的直线状态 [图11-1 (b)]。这说明压杆原来的直线状态的平衡是**稳定平衡**。

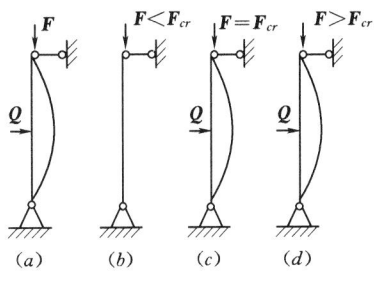

图 11-1

(2) 当压力 F 值增大到某一数值 F_{cr} 时，杆件仍保持直线状态，施加横向干扰力 Q，杆件微弯，撤去横向力 Q，杆件不能再恢复到原来的直线状态，而在微弯状态下处于新的平衡 [图11-1 (c)]。这时的直线形状的平衡状态叫做**临界平衡**状态。这说明压杆原来的直线状态的平衡是不稳定的。

(3) 当压力 F 值继续增大超过该数值 F_{cr}，干扰力作用下的微弯曲在撤去横向力 Q 后会继续增大甚至使压杆弯断。这时的直线平衡是**不稳定平衡**，这说明左杆原来的直线状态的平衡是不稳定的。

压杆不能保持原有平衡状态的现象，称为**丧失稳定**，简称**失稳**。压杆处于稳定平衡和不稳定平衡之间的临界状态时，其轴向压力称为**临界力**，用 F_{cr} 表示。临界力 F_{cr} 是判别压杆是否会失稳的重要指标。

第二节 细长压杆的临界力

一、两端铰支细长压杆

如图 11-2 所示为一两端铰支的细长压杆，当压力达到临界值 F_{cr} 时，压杆在微弯状态下保持平衡。瑞士科学家欧拉（Leonard Euler，1707—1783）利用梁的挠曲线近似微分方程，于 1774 年首先推导得到了临界力的计算公式，即为：

$$F_{cr} = \frac{\pi^2 EI}{l^2} \qquad (11-1)$$

这就是两端铰支时压杆临界力的计算公式，通常称为临界力的**欧拉公式**。

二、其他支承形式压杆的临界力

在工程实际中，除上述两端为铰支的压杆外，还可能遇到其他支承形式的压杆。例如，千斤顶的受压螺杆，其下端可简化为固定端，上端可简化为自由端。为便于计算，现将常见支承情况下细长压杆的临界力计算公式列于表 11-1 中。

将以上四种支承情况下临界力的计算公式统一写作

$$F_{cr} = \frac{\pi^2 EI}{(\mu l)^2} \qquad (11-2)$$

式中：l 为杆件的实际长度；μl 为受压杆的计算长度；μ 称为"长度系数"，其值由杆端支撑情况确定，反映杆件约束条件对临界力的影响。此式即为欧拉公式的普遍形式。

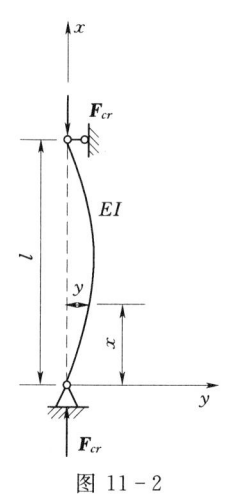

图 11-2

表 11-1　　各种支承情况下等截面细长压杆长度系数和临界力

支承情况	两端固定	一端固定一端铰支	两端铰支	一端固定一端自由
杆端支承情况	（图示）	（图示）	（图示）	（图示）
临界力 F_{cr}	$F_{cr} = \dfrac{\pi^2 EI}{(0.5l)^2}$	$F_{cr} = \dfrac{\pi^2 EI}{(0.7l)^2}$	$F_{cr} = \dfrac{\pi^2 EI}{l^2}$	$F_{cr} = \dfrac{\pi^2 EI}{(2l)^2}$
相当长度 μl	$0.5l$	$0.7l$	l	$2l$
长度系数 μ	0.5	0.7	1	2

欧拉公式反映了临界力与压杆的材料、长度、支承、截面的形状与尺寸之间的关系，即

(1) 临界力与压杆的抗弯刚度 EI 成正比,压杆的抗弯刚度愈大,临界力也愈大;

(2) 压杆失稳时,在两端支承各方向相同时,杆件总是在抗弯刚度最小平面发生弯曲,所以在计算临界力时,公式中 I 值应取 $I_{\min}$,若杆件在各个方向支承条件不同时,则应分别计算各个方向的临界力,并取其中最小值;

(3) 临界力与压杆的计算长度的平方成反比。

第三节 压杆的临界应力

一、临界应力与柔度

压杆在临界荷载的作用下,其横截面上的平均应力称为压杆的临界应力,用 σ_{cr} 表示,即

$$\sigma_{cr} = \frac{F_{cr}}{A} = \frac{\pi^2 EI}{(\mu l)^2 A}$$

式中:A 为压杆的横截面面积。

令 $i = \sqrt{I/A}$,称为惯性半径,引入上式,得

$$\sigma_{cr} = \frac{\pi^2 E}{\left(\frac{\mu l}{i}\right)^2} = \frac{\pi^2 E}{\lambda^2} \tag{11-3}$$

式 (11-3) 为欧拉公式的另一种表达形式,二者并无本质区别,都是在材料服从虎克定律的基础上推导的。式中,$\lambda = \frac{\mu L}{i}$ 称为**柔度或长细比**,它是一个无量纲量,综合反映了压杆的长度、几何形状和尺寸、杆件的支承情况对临界应力的影响。此式反映出,对同一种材料的压杆,临界力与柔度的平方成反比,柔度愈大,杆件越细长,临界力也就越小,压杆的稳定性愈差。

二、欧拉公式的适用范围

欧拉公式的推导是在材料服从虎克定律的条件下得到的。因此,欧拉公式的适用范围应该是临界应力不超过材料的比例极限 σ_p,欧拉公式的适用条件可表达为

$$\sigma_{cr} = \frac{\pi^2 E}{\lambda^2} \leqslant \sigma_p \tag{11-4}$$

当 $\sigma_{cr} = \sigma_p$ 时

$$\lambda_p = \pi \sqrt{\frac{E}{\sigma_p}} \tag{11-5}$$

λ_p 就是对一定的材料的压杆,用欧拉公式计算临界应力所对应的最小柔度值。则欧拉公式的适用范围用柔度表达的形式为

$$\lambda \geqslant \lambda_p = \pi \sqrt{\frac{E}{\sigma_p}} \tag{11-6}$$

上式表明,只有当压杆的柔度 λ 不小于某一特定值 λ_p 时,才能用欧拉公式计算其临界荷载和临界应力。满足这一条件的压杆称为**细长杆或大柔度杆**。由于 λ_p 与材料的比例极限 σ_p 和弹性模量 E 有关,因而不同材料压杆的 λ_p 是不同的。例如,Q_{235} 钢制成的压杆,$\sigma_p = 200\text{MPa}$,$E = 2.06 \times 10^5 \text{MPa}$,代入式 (11-5) 后,得 $\lambda_p = 100$。因此,只有当

$\lambda_p \geqslant 100$ 时,才能使用欧拉公式。同理可得铸铁压杆的 $\lambda_p = 80$,松木压杆的 $\lambda_p = 110$。

三、超出比例极限时压杆的临界应力

1. 经验公式

对于 $\lambda < \lambda_p$ 的中小柔度杆,不能再用欧拉公式来计算临界力。对于这类压杆,一般采用经验公式,如直线公式、抛物线公式等,工程中常用的抛物线公式为

$$\sigma_{cr} = a - b\lambda^2 \tag{11-7}$$

临界力公式则为

$$F_{cr} = \sigma_{cr} A = (a - b\lambda^2)A \tag{11-8}$$

式中:a、b 是与材料有关的两个常数,其值随材料的不同而不同,可通过实验测得,例如:

Q235 钢 $\sigma_{cr} = 235 - 0.00668\lambda^2$

16 锰钢 $\sigma_{cr} = 343 - 0.0142\lambda^2$

由该式计算所得临界应力的单位为 MPa。

2. 临界应力总图

由上可知,无论是大柔度杆件还是中小柔度杆件,其临界应力均为杆件柔度的函数,将式(11-3)和式(11-7)中临界应力与柔度之间的函数关系 $\sigma_{cr} \sim \lambda$ 表示在直角坐标系内,将所得关系曲线称为临界应力总图(图 11-3)。

如图 11-3 所示,从理论上讲,原应以 λ_p 作为两段曲线的分界点,但考虑到实际工程中轴心受压构件不可能处于理想状态,因而将分界点修正为 λ_c,这样就更能反映压杆的实际工作情况。

对于柔度较小的短粗杆,其临界应力 σ_{cr} 接近材料的屈服极限 σ_s,由此可见,杆件的破坏并非由失稳引起,其承载力计算按强度问题处理。对于 $\lambda < \lambda_p$ 的中小柔度杆件,用经验公式计算临界荷载;而对于 $\lambda \geqslant \lambda_p$ 的大柔度杆件,则采用欧拉公式计算临界荷载。

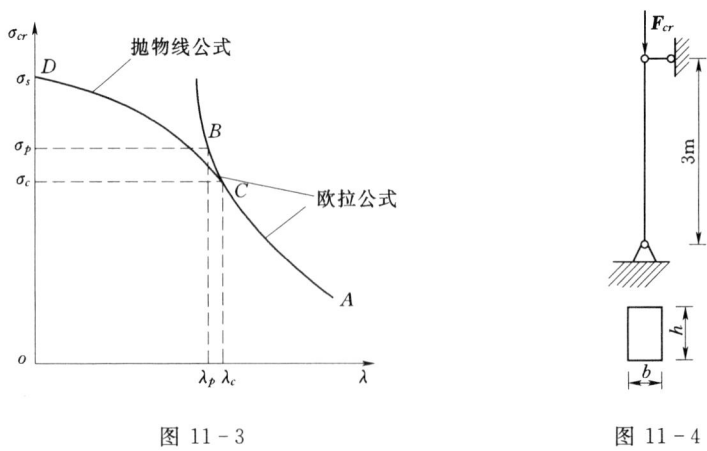

图 11-3   图 11-4

【例 11-1】 一松木制成的受压柱,两端铰支,如图 11-4 所示。已知压杆材料的比例极限 $\sigma_p = 9\mathrm{MPa}$,弹性模量 $E = 1.0 \times 10^4 \mathrm{MPa}$。压杆截面形状为以下两种:(1)$h = 120\mathrm{mm}$,$b = 90\mathrm{mm}$ 的矩形;(2)$h = b = 104\mathrm{mm}$ 的正方形。试比较二者的临界荷载(已知

松木 $a=29.3$MPa,$b=0.19$MPa)。

解：(1) 矩形截面：压杆两端为铰支，$\mu=1$。由于 $h=120$mm，$b=90$mm，故

$$i_{\min}=\sqrt{\frac{I_{\min}}{A}}=\sqrt{\frac{\frac{hb^3}{12}}{hb}}=\frac{b}{\sqrt{12}}=\frac{90}{\sqrt{12}}=26.0 \text{ mm}$$

压杆的柔度为

$$\lambda=\frac{\mu l}{i}=\frac{1\times 3\times 10^3}{26.0}=115.4$$

$$\lambda_p=\sqrt{\frac{\pi^2 E}{\sigma_p}}=\sqrt{\frac{\pi^2\times 1\times 10^4}{9}}=104.7$$

可见 $\lambda>\lambda_p$，该压杆为大柔度杆，故可以用欧拉公式计算其临界荷载，得

$$F_{cr}=\frac{\pi^2 EI}{(\mu l)^2}=\frac{\pi^2\times 1\times 10^4\times \frac{1}{12}\times 120\times 90^3}{(1\times 3\times 10^3)^2}=79944\text{N}=79.9 \text{ kN}$$

(2) 正方形截面：压杆两端为铰支，$\mu=1$。截面的 i 为

$$i=\frac{b}{\sqrt{12}}=\frac{104}{\sqrt{12}}=30.0 \text{ mm}$$

压杆的柔度为

$$\lambda=\frac{\mu l}{i}=\frac{1\times 3\times 10^3}{30.0}=100$$

此时 $\lambda<\lambda_p$，杆件为中小柔度杆，故需用经验公式计算其临界应力，得

$$\sigma_{cr}=a-b\lambda^2=29.3-0.0019\times 100^2=10.3 \text{ MPa}$$

$$F_{cr}=\sigma_{cr}A=10.3\times 104^2=111405\text{N}=111.4 \text{ kN}$$

计算结果表明，两种截面的面积基本相等，而正方形截面压杆的临界荷载较大，不容易失稳。

第四节 压杆的稳定计算

一、稳定条件

为了使压杆能够正常工作而不失稳，须使压杆所受的轴向压力 F 小于临界荷载 F_{cr}；或使压杆的压应力 σ 小于临界应力 σ_{cr}。对于工程实际中的压杆，由于存在各种不利因素，再考虑一定的安全储备，所以要有足够的稳定安全系数 n_{st}。将临界应力 σ_{cr} 除以稳定安全系数 n_{st} 得到稳定许用应力 $[\sigma_{st}]$，则压杆的稳定条件可以写为

$$\sigma\leqslant[\sigma_{st}]=\frac{\sigma_{cr}}{n_{st}} \tag{11-9}$$

稳定安全系数 n_{st} 的确定，除了要考虑影响强度安全系数的因素之外，还要考虑影响压杆的诸如材料不均匀、存在初曲率和荷载的偏心等不利因素，所以通常稳定安全系数 n_{st} 的数值要比强度安全系数 n 大。例如对于钢材，取 $n_{st}=1.8\sim 3.0$；对于铸铁，取 $n_{st}=5.0\sim 5.5$；对于木材，取 $n_{st}=2.8\sim 3.2$。

二、折减系数 φ

为了便于计算，通常将式 (11-9) 中的稳定容许应力 $[\sigma_{st}]$ 表示为

$$[\sigma_{st}] = \varphi[\sigma]$$

其中 $[\sigma]$ 为强度许用应力，其值通常大于稳定许用应力 $[\sigma_{st}]$，所以 φ 是一个小于 1 的系数，称为**折减系数**。φ 值随材料和柔度 λ 的不同而变化，可从设计规范中查出。常用材料压杆的 φ 值可从表 11-2 中查得，λ 值为非整数时，可用内插法近似求出相应 φ 值。

表 11-2　　　　　　　　　压杆的 $\lambda \sim \varphi$ 表

λ	φ 值				λ	φ 值			
	Q235 钢	16 锰钢	铸　铁	木　材		Q235 钢	16 锰钢	铸　铁	木　材
0	1.000	1.000	1.00	1.00	110	0.536	0.384		0.248
10	0.995	0.993	0.97	0.971	120	0.466	0.325		0.208
20	0.981	0.973	0.91	0.932	130	0.401	0.279		0.178
30	0.958	0.940	0.81	0.883	140	0.349	0.242		0.154
40	0.927	0.895	0.69	0.822	150	0.306	0.213		0.133
50	0.888	0.840	0.57	0.757	160	0.272	0.188		0.117
60	0.842	0.776	0.44	0.668	170	0.243	0.168		0.102
70	0.789	0.705	0.34	0.575	180	0.218	0.151		0.093
80	0.731	0.627	0.26	0.470	190	0.197	0.136		0.083
90	0.669	0.546	0.20	0.371	200	0.180	0.124		0.075
100	0.604	0.462	0.16	0.300					

由此，压杆的稳定条件可写为如下形式

$$\sigma = \frac{N}{A} \leqslant \varphi[\sigma] \tag{11-10}$$

应当注意到，对截面有局部削弱（如有油孔、螺钉孔等）的压杆进行稳定计算时，可不考虑杆件的局部削弱，而按未削弱横截面的尺寸计算惯性矩和横截面面积。因为这种削弱对压杆整体稳定性的影响很小。但是对削弱的横截面在进行强度计算时，削弱部分则必须考虑。

三、压杆的稳定计算

1. 稳定校核

若已知压杆的几何尺寸、支承情况、所受压力及所用材料，则可进行压杆的稳定校核。

$$\sigma = \frac{N}{A} \leqslant \varphi[\sigma]$$

2. 设计截面

若已知压杆所受压力、杆件长度、支承情况及所用材料，可由稳定条件设计截面。

$$A \geqslant \frac{F}{\varphi[\sigma]}$$

此时，由于 φ 和 A 都是未知量，且二者互相联系，所以设计截面常采用试算法进行计算。步骤如下：

（1）先假设一个 φ_1 值（一般取 $\varphi_1 = 0.5 \sim 0.6$），由此可初步定出截面尺寸 A_1；

（2）按计算所得 A_1 选取截面，计算柔度 λ_1，由表 11-2 查出相应的 φ'_1，比较 φ_1 与 φ'_1，若两者接近，可对所选截面进行稳定校核；若 φ_1 与 φ'_1 相差较大，可再设 $\varphi_2 = \dfrac{\varphi_1 + \varphi'_1}{2}$，重

复上述两个步骤,直至求得 φ' 与所设的 φ 接近,且所选截面满足稳定条件为止。

3. 确定许用荷载

若已知压杆的几何尺寸、支承情况及材料,则可按稳定条件来计算压杆的许用轴力,根据轴力与荷载之间的平衡关系确定外荷载。

$$[N] \leqslant A\varphi[\sigma]$$

【例 11-2】 一圆形木柱高 6m,直径 $d=20$cm,两端铰接。承受轴向压力 $F=60$kN,木材的许用应力 $[\sigma]=10$MPa。试校核柱的稳定性。

解:(1)计算截面的惯性半径。

$$i = \frac{d}{4} = \frac{20}{4} = 5 \text{ cm}$$

(2)计算柔度 λ。两端铰接,$\mu=1$,所以

$$\lambda = \frac{\mu l}{i} = \frac{1 \times 600}{5} = 120$$

(3)查折减系数。由表 11-2 查得,$\varphi=0.208$

(4)稳定校核。

$$\sigma = \frac{F}{A} = \frac{60 \times 10^3}{\frac{\pi(20 \times 10)^2}{4}} = 1.91 \text{ MPa}$$

$$\varphi[\sigma] = 0.208 \times 10 = 2.08 \text{ MPa}$$

由于 $\sigma < \varphi[\sigma]$,所以该木柱满足稳定条件。

【例 11-3】 一压杆为工字钢,其上端铰支,下端固定,已知 $l=4.2$m,$F=280$kN,材料的许用应力 $[\sigma]=160$MPa,试由稳定条件选择工字钢的型号。

解:(1)首先假设 $\varphi_1=0.5$,得

$$A_1 = \frac{F}{\varphi_1[\sigma]} = \frac{280 \times 10^3}{0.5 \times 160} = 3500 \text{mm}^2 = 35 \text{ cm}^2$$

选取 20a 号工字钢:$A_1'=35.55$cm^2,$i_z=2.11$cm。

对选取型号进行校核,柔度

$$\lambda_1 = \frac{\mu l}{i_z} = \frac{0.7 \times 4.2}{2.11 \times 10^{-2}} = 139$$

查表 11-2,折减系数 $\varphi_1'=0.354$,由稳定条件校核得

$$\frac{F}{\varphi_1' A_1'} = \frac{280 \times 10^3}{0.354 \times 35.55 \times 10^2} = 222\text{MPa} > [\sigma]$$

(2)再取 $\varphi_2 = \frac{1}{2}(\varphi_1 + \varphi_1') = 0.427$,得

$$A_2 = \frac{F}{\varphi_2[\sigma]} = \frac{280 \times 10^3}{0.427 \times 160} = 4098 \text{mm}^2 = 41\text{cm}^2$$

选取 22a 号工字钢:$A_2'=42.1$cm^2,$i_z=2.32$cm。

对选取型号进行校核,柔度

$$\lambda_2 = \frac{\mu l}{i_z} = \frac{0.7 \times 4.2}{2.32 \times 10^{-2}} = 127$$

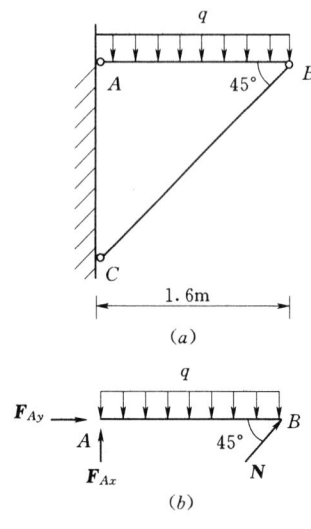

图 11-5

查表 11-2，折减系数 $\varphi'_2 = 0.42$，由稳定条件校核得

$$\frac{F}{\varphi'_2 A'_2} = \frac{280 \times 10^3}{0.42 \times 42.1 \times 10^2} = 158.4 \mathrm{MPa} < [\sigma]$$

故选取 22a 号工字型钢能满足稳定条件。

【例 11-4】 如图 11-5 所示的托架，已知 BC 杆为钢管，外径 $D = 40\mathrm{mm}$，内径 $d = 30\mathrm{mm}$，两端均为铰接。钢管的许用应力 $[\sigma] = 160\mathrm{MPa}$，试确定均布荷载 q 的最大值。

解：（1）计算 BC 杆的截面惯性半径。

$$i = \frac{\sqrt{D^2 + d^2}}{4} = \frac{\sqrt{4^2 + 3^2}}{4} = 1.25 \text{ cm}$$

（2）计算柔度。

$$\lambda = \frac{ul}{i} = \frac{1 \times \frac{160}{\cos 45°}}{1.25} = 181$$

根据 λ 值，查表得 $\varphi = 0.218 - \frac{0.218 - 0.197}{10} \times 1 = 0.216$

（3）计算 BC 杆的许可轴力。

$$N \leqslant \varphi A [\sigma] = 0.216 \times \frac{\pi \times (40^2 - 30^2)}{4} \times 160 = 19000\mathrm{N} = 19 \text{ kN}$$

（4）确定均布荷载 q 的最大值。

取 AB 杆为研究对象，其受力图如图 11-5（b）所示，列平衡方程

$$\sum M_A = 0$$

$$N \sin 45° \times 1.6 - \frac{1}{2} \times q \times 1.6^2 = 0$$

$$q = \frac{2 \times 19 \times \sin 45°}{1.6} = 16.79 \text{ kN/m}$$

第五节 提高压杆稳定性的措施

临界压力的大小反映了压杆稳定性的高低，要提高压杆的稳定性，使压杆能够承受更大的荷载而不失稳，关键在于提高其临界力或临界应力。临界力取决于压杆的长度、截面形状和尺寸、杆端约束以及材料的弹性模量等因素。因此，为提高压杆的稳定性，应从这些方面采取适当的措施。

一、减小压杆长度

压杆的稳定性随杆件长度的增加而降低，因此，在条件允许的情况下，应尽可能减小压杆的长度，或者通过改变结构、增加支撑以达到减小杆长的目的。

二、改变压杆约束条件

压杆支座的约束条件也直接影响临界力的大小。若压杆约束条件越强，长度系数 μ 值越低，则其临界力也就越大。如将两端铰支的压杆，改为一端固定，另一端铰支的压

杆，长度系数 μ 值由 1 降低为 0.7，临界力则将增大为原来的 2.04 倍。因此，可通过改变压杆的约束条件来提高压杆的稳定性。

三、合理选择截面形式

对于长度和约束条件一定的压杆，在截面面积 A 不变的情况下，应选择惯性矩较大的截面形状。为此，可尽量使材料远离截面的中性轴以增大截面的惯性矩 I，来提高压杆的临界力 F_{cr}。因此，空心的截面就比实心截面合理。例如，四根角钢分散放置在截面的四个角处就比集中放置在形心附近合理（图 11-6）。

当压杆在两个方向的约束条件相同时，若 $I_z \neq I_y$，压杆总是在 $I_{\min}$ 的平面内失稳。因此，当截面面积 A 不变时，应尽量改变其截面形状，使截面对任一形心主轴的惯性矩相同（即 $I_z = I_y$），这样可使压杆在两个方向上具有相同的稳定性。因此在截面面积 A 相同的情况下，正方形截面就比矩形截面合理。

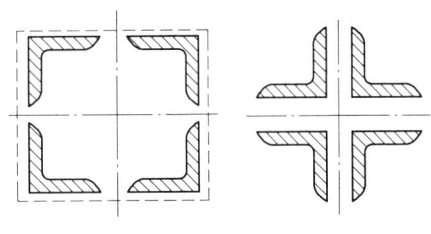

图 11-6

当压杆在两个方向的约束条件不同时，可采取 $I_z \neq I_y$ 的截面来与相应的约束条件配合，使压杆在两个方向的柔度值相等，即 $\lambda_z = \lambda_y$，这样才能保证压杆在两个方向上具有相同的稳定性。

四、选择适当的材料

大柔度压杆的临界荷载与材料的弹性模量 E 有关，在其他约束条件相同的情况下，选用弹性模量较高的材料，显然可以提高压杆的稳定性。例如钢材的弹性模量就比铜、铁、木材的弹性模量大。但应注意，对于各种钢材，它们的弹性模量 E 大致是相等的，故选用高强度钢材是不能提高压杆的稳定性的，反而不经济了。

对于中小柔度杆，其临界应力 $\sigma_{cr} = a - b\lambda^2$。由于钢的质量愈好，$a$ 值愈大，σ_{cr} 值也就愈高，故用高强度钢能提高这种中小柔度杆的稳定性。

思 考 题

思 11-1　杆件的强度、刚度和稳定性有何区别？

思 11-2　何谓失稳？何谓稳定平衡与不稳定平衡？

思 11-3　什么叫压杆的临界压力？它与哪些因素有关？

思 11-4　如图所示，把一张竖直卡片纸立在桌子上［图 (a)］，其自重就可以把它压弯；若把卡片纸折成角钢形立在桌子上［图 (b)］，其自重就不会把它压弯了；而把卡片纸卷成圆筒形［图 (c)］立在桌子上，即使在其顶部加一小砝码也不会把它压弯，这是为什么？

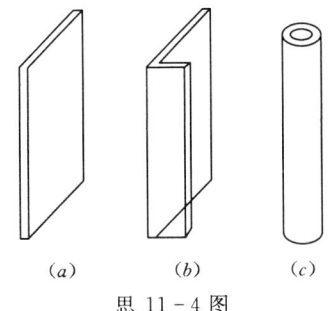

思 11-4 图

思 11-5　惯性半径 i、柔度 λ 的物理意义及量纲分别是什么？要减小柔度有哪些措施？

思 11-6　当压杆在局部有截面削弱时，在强度条件中通常按净面积计算，在稳定条件中通常按未削弱的面积计算，这是为什么？

思 11-7 应用欧拉公式的条件是什么？如果超过范围继续使用欧拉公式，则计算结果是偏于安全还是偏于危险？

思 11-8 图所示两组截面，截面面积相同，试问作为压杆时（两端为球铰），各组中哪一种截面形状合理？

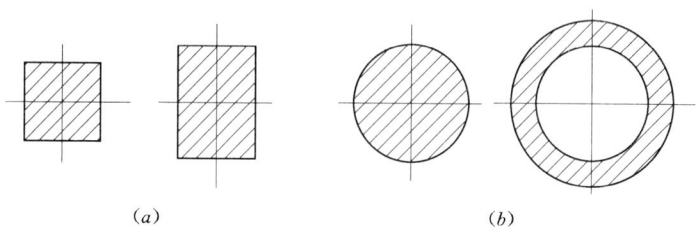

思 11-8 图

思 11-9 何谓稳定系数？它随哪些因素变化？

思 11-10 提高压杆的稳定性可以采取哪些措施？采用优质钢材对提高压杆稳定性的效果如何？

习 题

题 11-1 图示四根压杆的材料及截面均相同，试判断哪一根杆最容易失稳？哪一根杆最不容易失稳？

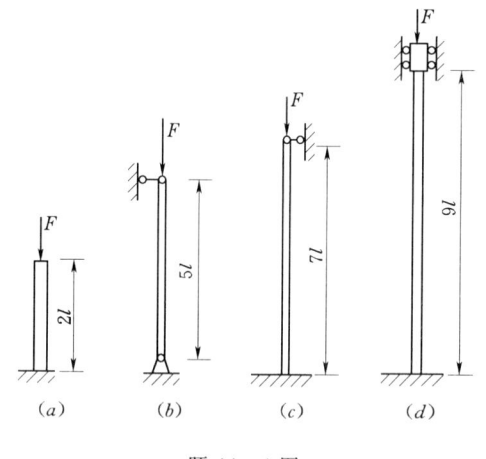

题 11-1 图

题 11-2 一根 22a 号工字钢柱，长 $l=3m$，两端铰接，钢的弹性模量 $E=200GPa$。试问此杆是否能够承受 $F=500kN$ 的轴向压力。

题 11-3 图示结构中，两根杆的横截面均为 $50mm \times 50mm$，材料的 $E=70 \times 10^3 MPa$。试用欧拉公式确定结构失稳时临界荷载 F 的值。

题 11-4 图示支架中圆形截面压杆 AB 的直径为 28mm，材料为 A3 钢，弹性模量 $E=200GPa$，试求荷载 F 的临界值。

题 11-5 某塔架的横撑杆长 $l=6m$，杆由四根 $70 \times 70 \times 8$ 的等边角钢组成，截面形式如图所示。材料为 Q235 钢，$E=2.1 \times 10^5 MPa$，容许应力 $[\sigma]=160MPa$。若按两端铰支考虑，试求此杆所能承受的最大安全压力。

题 11-6 钢柱由两根 10 号槽钢制成，截面如图示，杆长 $l=10m$，许用应力 $[\sigma]=140MPa$，两端固定。承受的轴向压力为 $F=150kN$。试对压杆进行稳定性校核。

题 11-7 图示一简单托架，其撑杆 AB 为圆截面木杆，已知 $q=60kN/m$，许用应力 $[\sigma]=11MPa$，AB 两端为柱形铰，试求撑杆所需的直径 d。

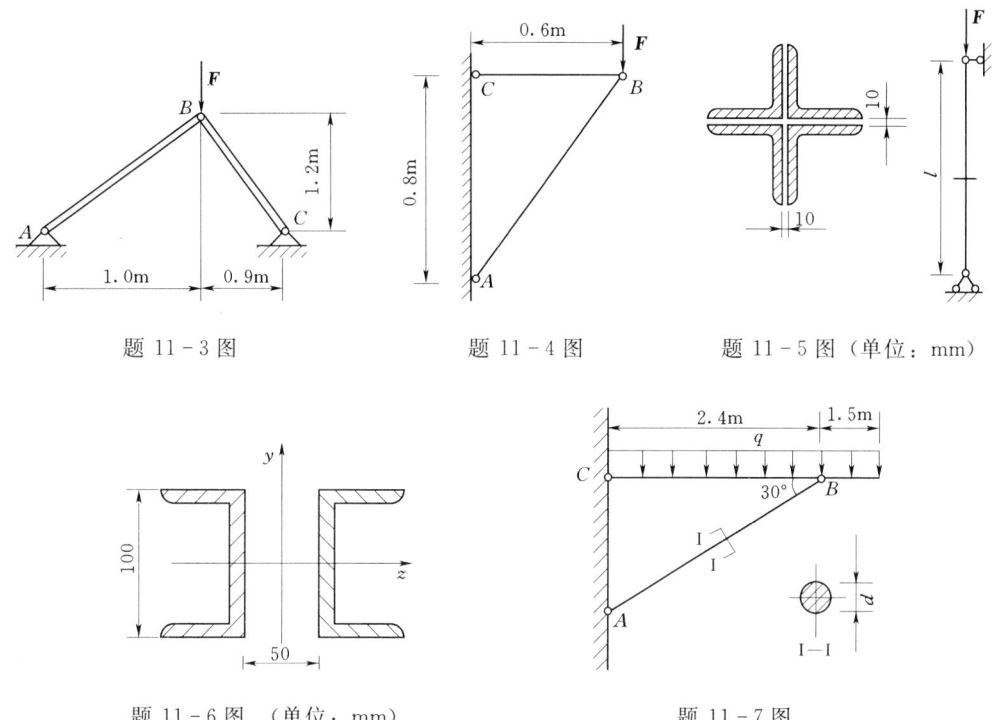

题 11-3 图   题 11-4 图   题 11-5 图（单位：mm）

题 11-6 图（单位：mm）   题 11-7 图

题 11-8 图示立柱，一端固定，一端自由，顶端承受轴向压力 $F=200\text{kN}$ 的作用。立柱用工字钢制成，材料为 Q235 钢，许用应力为 $[\sigma]=170\text{MPa}$。试选择工字钢型号。

题 11-9 图示结构中，AB 为刚性梁，A 端为水平链杆，在 B 点和 C 点分别与直径 $d=40\text{mm}$ 的钢圆杆铰接。已知 $q=35\text{kN/m}$，圆杆材料为低碳钢，$[\sigma]=170\text{MPa}$。试问此结构是否安全？

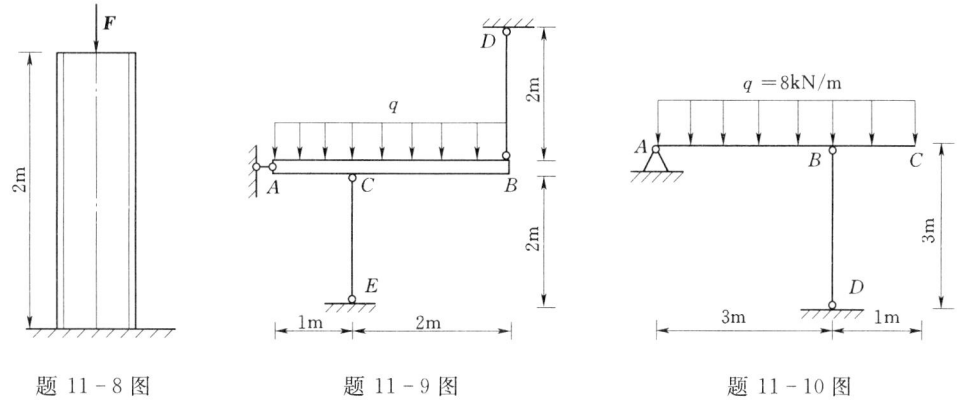

题 11-8 图   题 11-9 图   题 11-10 图

题 11-10 图示结构中钢梁 AC 及柱 BD 分别由 22b 工字钢和圆木构成，均布荷载集度 $q=8\text{kN/m}$。梁的材料为 Q235 钢，许用应力 $[\sigma]=160\text{MPa}$；柱的材料为杉木，直径 $d=160\text{mm}$，$[\sigma]=11\text{MPa}$，两端铰支。试校核梁的强度和立柱的稳定。

第十二章 结构的计算简图和平面体系的几何组成分析

第一节 结构的计算简图和分类

一、杆件结构的计算简图

在结构设计中,实际结构是很复杂的,要完全按照结构的实际情况进行力学分析往往是有困难的。为此,在对实际结构进行力学计算时,必须根据实际结构的受力特点,略去一些次要因素,反映其主要特点,将结构加以简化,用一个既能反映原结构的受力状态,又能进行力学计算的简化图形来代替原结构,这种代替实际结构的简化图形称为结构的计算简图。计算简图的选取,是结构分析的基础,它直接影响着计算结果的精确度和计算工作量的大小。通常,结构计算简图的简化原则是:

(1) 要正确反映实际结构的主要性能和受力特点,使计算的数据精确可靠。

(2) 略去次要因素,力求计算简单方便。

根据上述原则,对杆系结构通常从以下几个方面简化。

1. 结构体系的简化

一般的工程结构都是空间结构,如房屋建筑是由许多纵向梁柱和横向梁柱组成的。工程中常将其简化成为若干个纵向梁柱组成的纵向平面结构和若干个由横向梁柱组成的横向平面结构。并且,简化后的荷载与梁、柱各轴线位于同一平面内,即略去了横、纵向的联系作用,把原来的空间结构简化为若干个平面结构来分析。同时,在平面简化过程中,用梁、柱的轴线来代替实体杆件,以各杆轴线所形成的几何轮廓代替原结构。这种从空间到平面,从实体到杆轴线几何轮廓的简化称为结构体系的简化。

2. 结点的简化

在杆系结构中,杆件的相互联结处称为结点。根据联结处的构造情况和结构的受力特点,可将其简化为铰结点和刚结点两种基本类型。

(1) 刚结点。刚结点的特征是结点上所连接的各杆端之间不能有相对移动和相对转动。在刚结点处不但能承受和传递力,而且能承受和传递力矩。如图 12-1 (a) 所示钢筋混凝土结构的某一结点,其特点是上柱、下柱和梁之间用钢筋联成整体并用混凝土浇注在一起,这种结点即可视为刚结点,其计算简图如图 12-1 (b) 所示。

(2) 铰结点。铰结点的特征是汇交于结点的各杆件可绕铰结点做相对转动,但无相对移动。在铰结点处只能承受力和传递力,而不能承受和传递力矩。应指出,在实际结构中完全理想的铰是不存在的,这种简化有一定的近似性。如图 12-2 (a) 所示木屋架的端

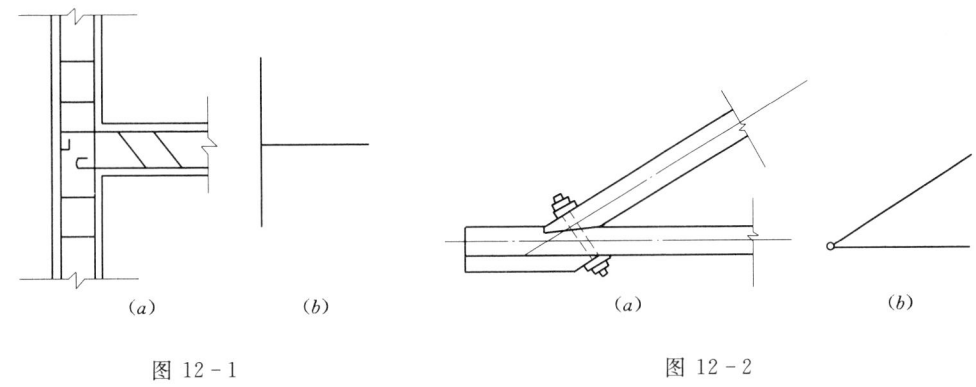

图 12-1　　　　　　　　图 12-2

结点，在外力作用下，两杆间可发生微小的相对转动，工程中将它简化为铰结点，图12-2（b）为其计算简图。

（3）组合结点。组合结点为铰结点与刚结点共存的结点。组合结点铰连接的杆端有相对转动，无相对移动。但刚结点连接的杆端既无相对转动，也无相对移动。图12-3（a）所示为一组合结点示意图，横梁下面连接一竖向杆件，其计算简图如图12-3（b）所示。

3. 支座的简化

结构与基础相联结的装置称为支座，它起着支承结构的作用。支座一般可简化为可动铰支座、固定铰支座、固定端支座和定向支座四种基本形式。

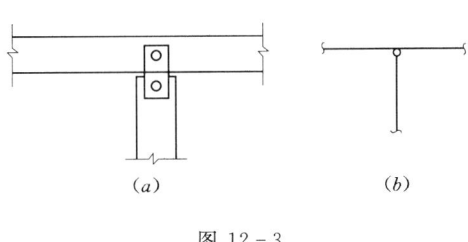

图 12-3

（1）可动铰支座。可动铰支座又称辊轴支座或者链杆支座，它能限制结构沿垂直于支承面方向的移动，但不能限制沿支承面方向的移动和绕铰中心的转动，故只产生一个通过铰中心并垂直于支承面的反力，其计算简图与支座反力如图12-4（d）所示。图12-4（a）、（b）、（c）中所示为实际支座的结构图，各支座均可视为可动铰支座。

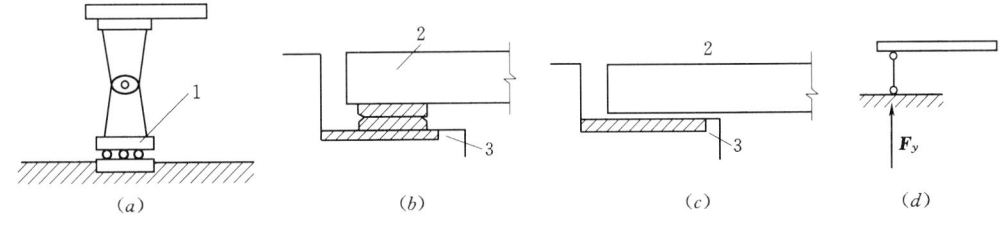

图 12-4
1—辊轴支座；2—梁；3—桥墩

（2）固定铰支座。固定铰支座简称铰支座，能限制结构沿任何方向的移动，但允许杆端绕铰中心自由转动，故将产生通过铰中心的支座反力。但其大小和方向是未知的，通常用两个互相垂直的未知反力来表示。图12-5（a）、（b）、（c）所示为实际支座的材料和结构图，各支座均可视为固定铰支座，计算简图和支座反力如图12-5（d）所示。

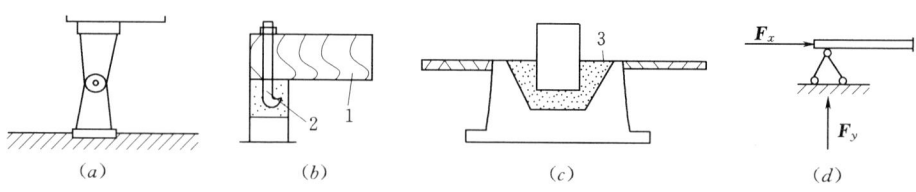

图 12-5
1—木梁；2—锚栓；3—沥青麻丝

（3）固定端支座。这种支座既能限制结构与基础之间的相对转动，又可限制它们之间的相对移动，故产生两个互相垂直的反力和一个反力偶矩。如图 12-6（a）、（b）、（c）所示为实际支座的材料和结构图，各支座均可视为固定端支座，其计算简图与支座反力如图 12-6（d）所示。

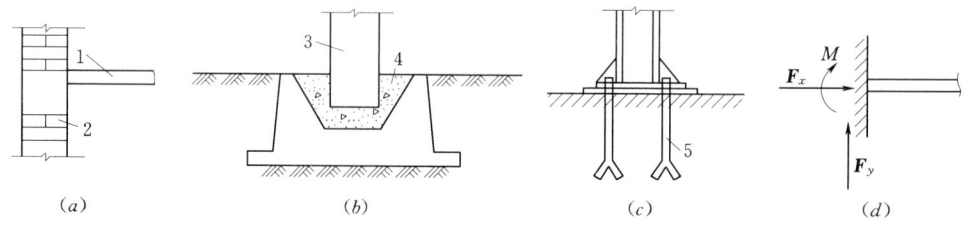

图 12-6
1—雨篷；2—砖墙；3—柱；4—混凝土；5—底脚螺栓

（4）定向支座。这种支座限制了结构沿垂直于支承面方向的移动和转动，但允许结构沿平行于支承面方向的移动，故产生一个沿支座链杆方向的反力和一个反力偶矩，其计算简图如图 12-7（b）所示。

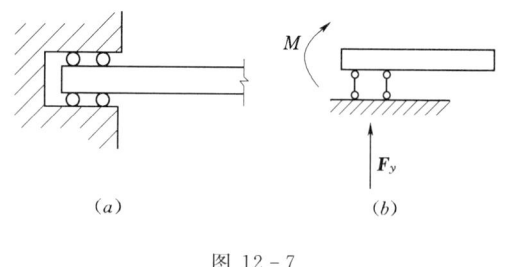

图 12-7

4. 荷载的简化

结构所承受的荷载可分为体积力和表面力两类。体积力是作用在结构内各点的荷载，如结构自重、惯性力等；表面力是作用在结构表面的荷载，如水压力、土压力、车轮对桥梁的压力等。在杆系结构中，由于杆件可用其轴线表示，所以不论是体积力还是表面力，都应按静力等效原则作用在杆轴线上。根据荷载分布状况，可分为集中荷载和分布荷载。当力的作用长度远小于杆长时应简化为集中荷载（集中力、力偶）；当力的作用长度较长时应简化为分布荷载（均匀分布、线性分布、曲线分布等）。

确定结构的计算简图，特别是比较复杂结构的计算简图，需要有丰富的工程知识，不但要了解结构的整体和各部分的构造情况，正确判断结构所承受的荷载的影响，而且还要熟悉结构的实验手段和计算工具。可以肯定的是，随着计算机技术的飞速发展，结构计算简图的选取会越来越接近实际结构，计算结果会愈趋精确。

现举例进一步说明结构计算简图的选取方法。

图 12-8 (a) 所示为一钢筋混凝土渡槽，在设计中常把结构分解为纵向平面结构和横向平面结构进行简化。

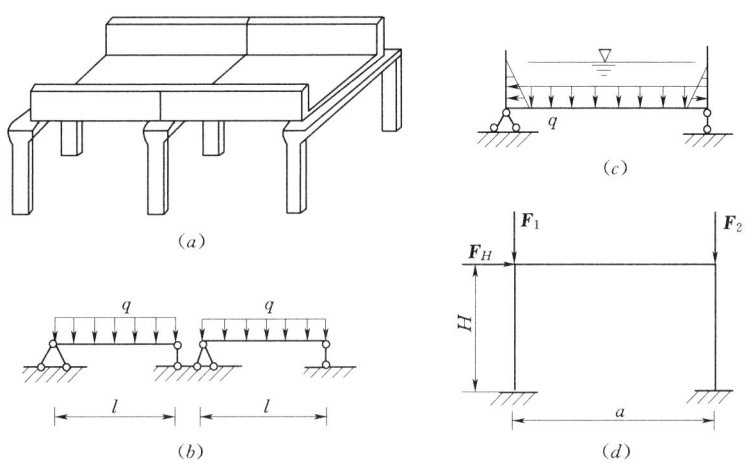

图 12-8

(1) 纵向计算简图。由渡槽的实际构造和受力性质，两支承排架间的槽身可视为支承在排架上的简支梁，以其纵轴线表示。当每段槽身底面两端与排架接触面不大时，可取其两接触面中心的间距为梁的计算跨度 l，槽身的横截面为 U 形，沿轴线方向固定不变，其承受的自重和水重简化为作用在轴线上的均布荷载（荷载集度为 q），如图 12-8 (b) 所示。

(2) 横向计算简图。从上部槽身中截取单位长度来计算，由于侧墙和底板用钢筋连接并用混凝土浇灌在一起，简化为刚结点，所以槽身是一个 U 形刚架，对于所截取的单位长度的槽身，此段槽身上的竖向荷载靠两侧壁内的竖向剪力差支持，可用两根竖向链杆支承两侧墙底面，作为竖向剪力差的作用，故横向计算简图为简支的 U 形刚架，如图 12-8 (c) 所示。槽身承受荷载为其自重和水压力，在底板上均匀分布，在两侧壁为三角形分布。

下部支架由横梁与立柱组成，结点处用钢筋连接并用混凝土浇灌，可简化为刚结点，柱的下端插入杯形基础中并用细石混凝土紧密填实，简化为固定端支座。柱高 H 取基础顶面到梁轴线间的距离，刚架的跨度 a 取两柱轴线之间的距离。支架承受槽身传来的荷载及作用于支架上的风荷载，将其简化为作用于柱顶上的结点荷载 F_1、F_2 及 F_H，如图 12-8 (d) 所示。

二、平面杆系结构的分类

为了便于进行力学分析，根据结构的力学特点，通常将平面杆系结构分为以下几类：

(1) 梁。梁是以受曲变形为主的受弯构件，如图 12-9 (a) 所示。通常在竖向荷载作用下，横截面只产生剪力和弯矩，在斜向荷载作用下还有轴力。

(2) 刚架。刚架是由梁和柱组成的结构，结点全部或部分为刚结点，也可有铰结点和组合结点，如图 12-9 (b) 所示，荷载作用后各杆件以弯曲变形为主，杆件各截面的内

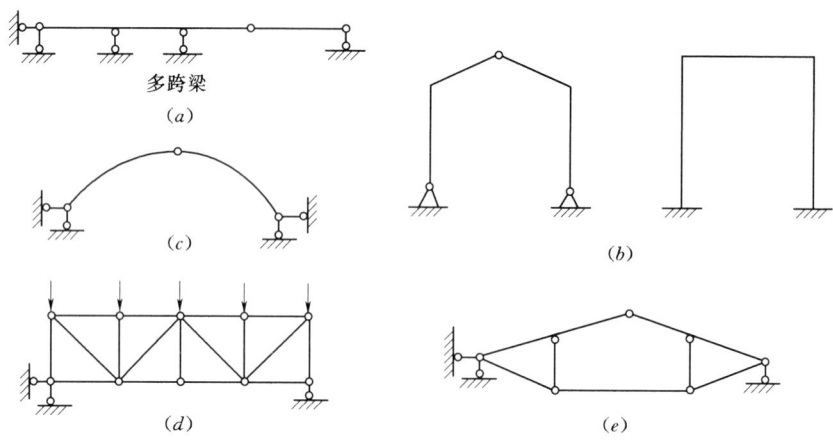

图 12-9

力有弯矩、剪力和轴力。

(3) 拱。拱轴线通常为曲线,如图 12-9 (c) 所示,其受力特点是在竖向荷载作用下,在支座处产生水平推力,以受压变形为主。拱截面内力有轴力、剪力和弯矩。

(4) 桁架。桁架由直杆组成,连接各杆端的结点均为理想的铰结点,如图 12-9 (d) 所示。桁架在结点荷载作用下,结构中各杆仅产生轴向变形和轴力。

(5) 组合结构。组合结构是由受拉(压)杆件和受弯杆件组合而成,又称混合结构,如图 12-9 (e) 所示。

第二节　体系的几何组成分析概述

一、几何不变体系与几何可变体系

杆系结构是由若干根杆件按一定方式组成的体系,用来安全地承受荷载作用。如果忽略由材料应变引起的杆件微小变形,即可把结构抽象为刚性结构。在荷载作用下,能保持原有几何形状和位置不变的体系,称为**几何不变体系**。而受到荷载作用后不能保持其原有几何形状和位置的体系称为**几何可变体系**。

如图 12-10 (a) 所示的体系在受到荷载作用后其几何形状和位置是不会改变的。但如果把该体系中的斜杆 BC 撤去,体系中的各杆就会产生相对运动,从而使体系的形状发生变化,成为几何可变体系,如图 12-10 (b) 所示。显然,可变体系是不能作为建筑结构的。

二、几何组成分析的目的

对体系进行几何组成分析的目的在于:

(1) 判别某一体系是否几何不变,从而决定它能否作为结构使用。

(2) 通过几何组成分析,判定结构是静定的还是超静定的,从而选择合理的受力分析计算方法。

(3) 明确体系的几何组成顺序,有助于了解结构各部分之间的受力和变形关系,确定

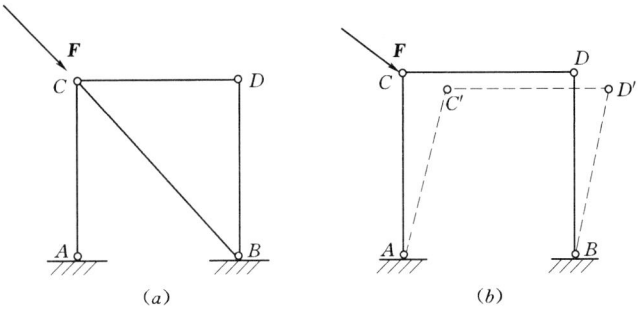

图 12-10

相应的计算顺序。

三、平面体系的自由度

为了便于对体系进行几何组成分析,引入平面体系自由度的概念。所谓**平面体系的自由度,是指该体系在平面内运动时,用来确定其位置所需独立的几何参数的数目。**

1. 一个点的自由度

在平面内的一点 A,其位置需由两个独立的参数 x 和 y 来确定 [图 12-11 (a)]。因此,平面内一个点有两个自由度。

2. 一个刚片的自由度

在平面体系中,由于不考虑其微小变形,于是可以把一根杆件或体系中已经肯定为几何不变的某个部分看作一个平面刚体,简称为刚片。一个刚片在平面内运动时,其位置可由它上面的任一点 A 的坐标 x、y 和过点 A 的任一直线 AB 的倾角 φ 来确定 [图 12-11 (b)]。因此,平面内一个刚片有三个自由度。地基是自由度为零的刚片。自由度小于或等于零是体系几何不变的必要条件;而凡是自由度大于零的体系都是几何可变体系。

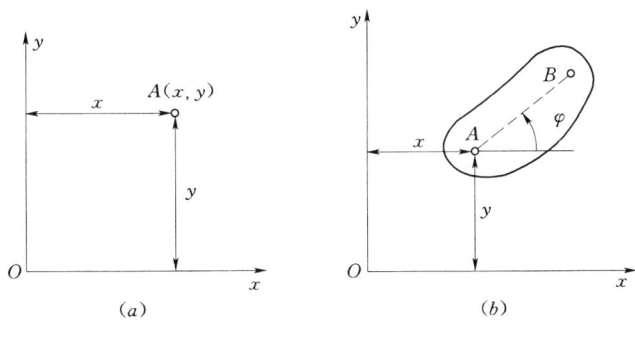

图 12-11

四、约束

用来阻止或限制体系运动的装置称为**体系的约束,也叫联系。**约束能使体系减少自由度,能减少体系的自由度的个数即约束的数目。约束有两大类:支座约束和刚片间的约束。下面讨论几种常见的约束。

1. 支座约束

(1) 活动铰支座。如图 12-12 (a) 所示，刚片 AB 上用活动铰支座约束后，刚片只能绕 A 转动和铰 A 绕 C 点转动。使原刚片由三个自由度减为两个，因此，活动铰支座可使刚片减少一个自由度，相当于一个约束。

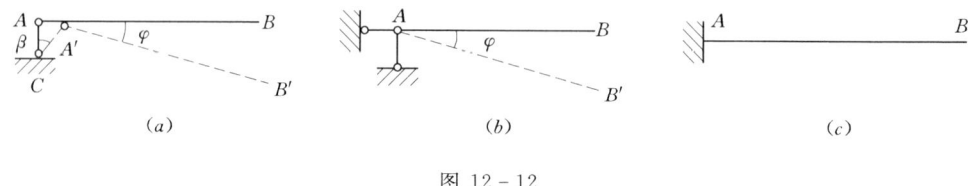

图 12-12

(2) 固定铰支座。如图 12-12 (b) 所示固定铰支座，可阻止刚片 AB 上、下和左、右的移动，只能产生转动，因此，固定铰支座可使刚片减少两个自由度，相当于两个约束，也相当于两根链杆。

(3) 固定端支座。如图 12-12 (c) 所示固定端，不仅阻止刚片 AB 上、下和左、右的移动，也阻止转动。因此，固定端支座可使刚片减少三个自由度，相当于三个约束。

2. 刚片之间的约束

(1) 链杆约束。如图 12-13 (a) 所示，平面内有两个结点 A、B，共四个自由度，用一根链杆约束连接，此两点被杆件连接后成为一个整体，可看作一个刚片，一个刚片有三个自由度，故链杆约束可减少一个自由度，相当于一个约束。

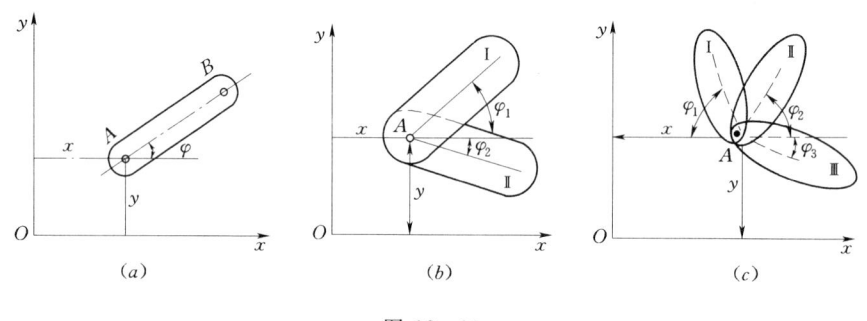

图 12-13

(2) 铰约束。

单铰。如图 12-13 (b)，两个相互独立的刚片 Ⅰ 和 Ⅱ 在平面内共有六个自由度，若用铰 A 连接这两个刚片，这时用 x、y 和 φ_1 三个坐标确定了刚片 Ⅰ 的位置后，则因刚片 Ⅱ 只能绕铰 A 转动，其位置只需一个参数 φ_2 便能确定。**只连接两个刚片的铰，称为单铰。** 显然，一个单铰相当于两个约束，能减少两个自由度。

复铰。连接两个以上刚片的铰称为复铰。连接 m 个刚片的复铰相当于 $(m-1)$ 个单铰，能减少 $2(m-1)$ 个自由度。如图 12-13 (c) 所示，三个刚片 Ⅰ、Ⅱ 和 Ⅲ 之间用同一个复铰连接后，它们的自由度由九个减少为五个，相当于减少了四个 [$2×(3-1)$] 约束。

虚铰。如图 12-14 所示，刚片 Ⅰ 用两根链杆 AC、BD 与地面相连，A、B 两点至 A'、B' 的位移，相当于刚片 Ⅰ 绕两链杆延长线的交点 O 的转动，交点 O 称为瞬时转动中心。

因此，这两根链杆的约束作用与一个在点 O 处的单铰约束相同，但刚片 I 作一微小转动后，链杆轴线的交点随之改变到 O'，因此，这两根链杆约束相当于一个瞬铰。这种铰实际上并不存在，故称为**虚铰**。

(3) 刚性连接。刚性连接即刚结点或固定端支座，一个刚性连接能减少体系的三个自由度，相当于三个约束。联结 n 个杆件的刚结点相当于 $3(n-1)$ 个约束。

约束就其维持体系几何不变性的作用来分，有必要约束和多余约束。**维持体系几何不变性所必需的约束称为必要约束**；反之，**维持体系几何不变性所不必要的约束称为多余约束**。显然，如果在一个体系

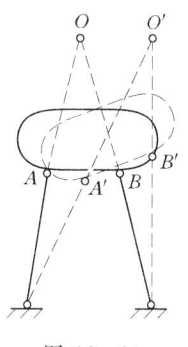

图 12-14

上增加或减少一个约束而体系的自由度并不改变，则这个约束为多余约束。多余约束不减少体系的自由度。值得指出的是，多余约束不是固定不变的，在保证体系几何不变的前提下，其位置可以改变，但体系多余约束的数目不变。

第三节　几何不变体系的组成规则

一、二元体规则

将图 12-15 (a) 中的杆件 I 视为刚片，并假设不动，则点 A 有两个自由度，先用链杆 AC 连接 A，A 点只能以链杆 AC 长为半径绕铰 C 转动，运动轨迹为圆弧。如果是先加链杆 AB，A 点又只能在以 B 为圆心、链杆 AB 长为半径的圆弧上移动。链杆 AC 与 AB 同时加于 A 点时，A 点完全被固定，因此组成几何不变体系，且无多余约束。由此得出：

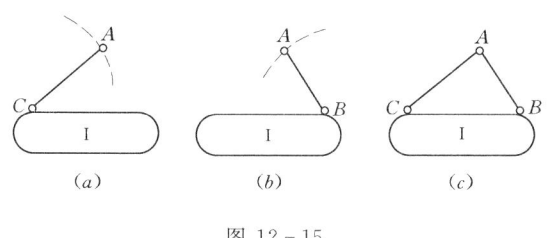

图 12-15

规则一：一个点和一个刚片用不共线的两根链杆相连，组成无多余约束的几何不变体系。

把不共线的两根链杆固定一个结点的装置称为二元体。如图 12-15 (c) 中的 A-B-C 部分即是二元体。

由上节已知，一个点的自由度等于 2，因两根不在同一直线上的链杆相当于两个约束。所以，增加或去掉一个二元体对体系的自由度无影响。据此可得**规则一的推论：在一个体系上增加或去掉一个二元体，不会改变体系的几何可变性**。利用这一推论，一方面可在原来几何不变体系的基础上依次增加二元体组成几何不变体系；另一方面，在分析某体系的几何组成时，可先将二元体依次拆去，再对剩余部分进行分析。这两种方法的结论相同。

二、两刚片规则

图 12-16 (a) 所示两刚片 I、II。假定两刚片先用铰 C 联系，当刚片 I 固定不动时，则 C 点也不能移动，此时刚片 II 只能绕铰 C 转动。如果在不通过 C 铰处加一链杆 AB，则该体系的自由度被约束，组成无多余约束的几何不变体系。

若把铰 C 用两根链杆构成的虚铰来代替，即为两刚片由三根不完全平行也不同交于一点的链杆相连方式，如图 12-16 (b) 所示，这两种情况都为无多余约束的几何不变

体系，由此得出：

规则二：两刚片由一个铰和一根与铰不共线的链杆相连，或两刚片用不完全平行也不全交于一点的三根链杆相连，组成无多余约束的几何不变体系。

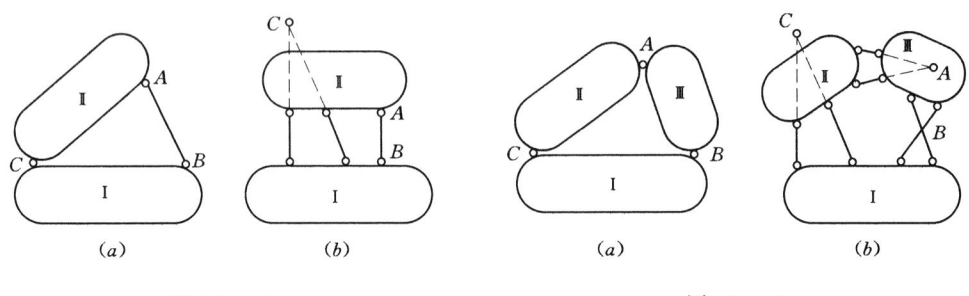

图 12-16 　　　　　　　　　　图 12-17

三、三刚片规则

三刚片用 A、B、C 三铰相连如图 12-17（a）所示。设刚片Ⅰ固定不动，则刚片Ⅱ上的 A 点只能沿以 AC 为半径的圆弧绕 C 点转动，刚片Ⅲ上的 A 点只能沿以 AB 为半径的圆弧绕 B 点转动。若刚片Ⅱ与Ⅲ用铰 C 联在一起，A 点不能同时沿两个不同的圆弧运动。由此可知三刚片之间不能产生相对运动。所以这样组成的体系是几何不变体系。

也可把三个铰 A、B 和 C 分别用两根链杆构成的虚铰或者实铰来代替，即成为三刚片用不共线的铰两两相连的方式，如图 12-17（b）所示，这种情况也是无多余约束的几何不变体系。由此得出：

规则三：三刚片由三个不共线的单铰两两相连，组成无多余约束的几何不变体系。

上述三个组成规则是组成无多余约束的几何不变体系的充分必要条件，它们既规定了刚片之间所必需的最少约束数目，又说明了刚片之间应遵循的连接方式，即合理的约束布置方式，这两个限制条件应同时满足。否则，就是几何可变体系。利用这三个规则及其推论可对体系进行几何组成分析。

四、瞬变体系和常变体系

对于几何可变体系根据其性质不同又可分为瞬变体系和常变体系。

1. 瞬变体系

几何形状和位置在受载后的瞬时发生变化的体系称为几何瞬变体系。 瞬变体系的特点是，当它发生瞬时变动之后，就成为几何不变体系。一般来说，这种体系的约束数目是满足规则要求的，但约束的布置不合理。以规则一为例，规则要求连接一个结点和刚片的两根链杆不能共线。如图 12-18（a）所示，假设连接地基和结点 A 的两根链杆 BA 和 CA 位于一条直线上。则在外力 $\boldsymbol{F}$ 作用的瞬间，结点 A 处于以 BA 和 CA 为半径的两个圆弧的公切线上，故铰 A 会向下发生一微小位移而到位置 A' 处于平衡状态，如图 12-18（b）所示。由图 12-18（c）所示，由结点 A 的平衡条件 $\sum F_y$ 可得两杆内力 N 为

$$N = \frac{F}{2\sin\varphi}$$

因为 A 点发生的位移很微小 $\varphi \to 0$，于是

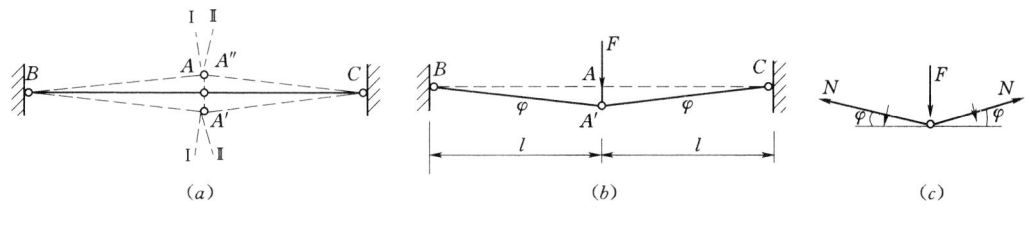

图 12-18

$$N = \lim_{\varphi \to 0} \frac{F}{2\sin\varphi} = \infty$$

可见,杆 AB 和 AC 将产生很大的内力和变形,这是瞬变体系的一般静力特征。因此,瞬变体系和接近于瞬变的体系在工程中绝不能采用。

2. 常变体系

常变体系是指几何形状和位置可以发生较大的连续变化的体系。如图 12-19(a)所示,两刚片用三根平行且等长的链杆相连,则两刚片在发生相对运动后,此三根链杆仍互相平行,相对运动可连续进行下去,故为常变体系。图 12-19(b)、(c)也为常变体系。

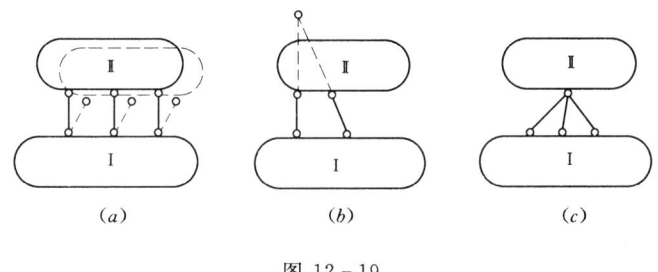

图 12-19

几何常变体系的内力和变形一般无静力学解答,绝对不能作为工程结构使用。

第四节 几何组成分析的方法和举例

综上所述,杆件体系有几何不变体系(包括有多余约束和无多余约束)和几何可变体系(包括几何瞬变体系和几何常变体系)。进行体系几何组成分析的依据是前述三个基本规则,分析时首先把体系中的某些部分(包括点、地基、一根杆件或已确定为几何不变的部分)当作可以自由运动的分析主体——刚片,再确定限制各主体运动的约束,然后再灵活运用三个基本规则来判定体系是否几何不变,并且是否有多余约束。需要注意的是,三个基本规则是可以相互沟通的,不同之处仅仅在于把哪些部分看作刚片,把哪些部分看作对刚片施加的约束。对同一体系,可按不同的规则来分析,但分析所得的结论必定是相同的。

【例 12-1】 试对图 12-20 所示体系进行几何组成分析。

解:依据规则一,从地基上增加一个二元体至结点 1,此时地基扩展为包含结点 1 的几何不变体系,以它为基础再依次增加二元体至结点 2,3,4,…,10,最后组成该桁架,因考虑了所有的杆件和结点,故它是无多余约束的几何不变体系。

若用拆去二元体的方法分析时，可按 10，9，8，…的顺序依次拆去二元体，最后剩下的地基是几何不变的，故原体系是无多余约束的几何不变体系。

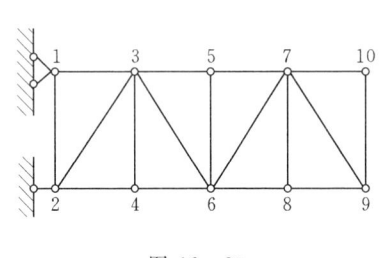

图 12－20　　　　　　　　　　　图 12－21

当体系具有二元体时，可先依次拆去其外轮廓上明显的二元体，再对剩余的部分进行几何组成分析。对于类似桁架的铰结体系有时也可先从体系中几何不变的一部分（一根杆或一个铰结三角形）开始依次增加二元体，采用体系扩展的方式分析。

【例 12－2】 试对图 12－21（a）所示体系进行几何组成分析。

解：先考察 AB 杆，此杆用三根链杆与地基相连，为此，我们把地基视为刚片Ⅰ，AB 杆视为刚片Ⅱ，三根链杆 1、2、3 视为刚片之间的约束，即 AB 杆与地基满足规则二，组成一个无多余约束的几何不变体系，如图 12－21（b）所示。然后把该几何不变部分看作一个大刚片［Ⅰ，Ⅱ］，再把 BC 杆视为刚片Ⅲ，此时大刚片［Ⅰ，Ⅱ］由铰 B 和不通过铰 B 的链杆 4 与刚片Ⅲ相连，仍满足规则二，组成无多余约束的几何不变部分。同理，把该几何不变部分看作一个大刚片［［Ⅰ，Ⅱ］，Ⅲ］，把 CD 杆视为刚片Ⅳ，它们之间用铰 C 和不通过铰 C 的链杆 5 相连，满足规则二，故整个体系为无多余约束的几何不变体系。

对体系进行几何构造分析时，首先寻找第一个刚片，由第一个刚片逐步组装成整体。此例题组装的顺序是：从地基开始，组成第一刚片，在此基础上按规则逐步组成整体。

【例 12－3】 试对图 12－22（a）所示体系进行几何组成分析。

解：杆 AB（视为刚片Ⅰ）与基础用三根既不全交于一点又不完全平行的链杆相连，符合规则二。又此大刚片［Ⅰ，地基］与刚片Ⅱ用四根链杆相连，符合规则二，但有一个多余约束，如图 12－22（b）所示。故该体系为有一个多余约束的几何不变体系。

当体系用三根支承链杆按规则二与基础相连时，可以去掉这三根链杆，不考虑基础，只对体系本身进行分析，分析结论即为整个体系的分析结论。若体系的支承链杆多于三根或不满足规则二时，则必须把基础视为刚片，支承链杆视为约束，对整个体系（包括支承链杆和基础）进行分析。

【例 12－4】 试对图 12－23（a）所示体系进行几何组成分析。

解：该体系本身与基础用四根链杆相连，所以不能去掉支承链杆，必须对体系整体进行分析。首先，可去掉二元体 D－C－G 部分，如图 12－23（b）所示，再将基础与杆 AB 组成的几何不变部分视为刚片Ⅰ，把铰结三角形 EGH 视为刚片Ⅱ，此时，刚片Ⅰ和刚片Ⅱ之间用两根不共线的链杆 AE 和 BE 相连。再把杆 FD 视为刚片Ⅲ，三个刚片分别用由两根链杆组成的铰两两相连，符合规则三，故整个体系为无多余约束的几何不变体系。

【例 12－5】 试对图 12－24（a）所示体系进行几何组成分析。

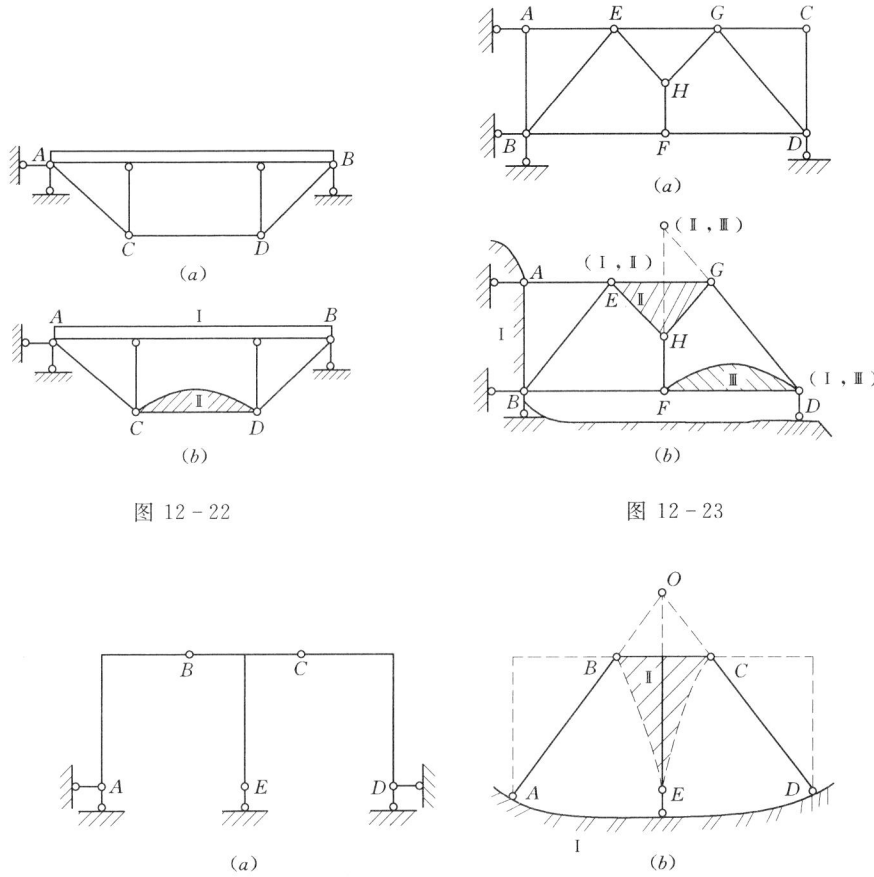

图 12-22

图 12-23

图 12-24

解： 体系中折杆 AB 和 CD 都是以其两端的铰和其他杆件相连，可等效代换为链杆，如图 12-23（b）所示。将地基视为刚片Ⅰ，T 形杆 BCE 视为刚片Ⅱ，杆 AB、CD 和结点 E 的支承链杆视为联结刚片Ⅰ和Ⅱ的约束，三链杆交于一点 O，不满足规则二，故整个体系为几何瞬变体系。

对体系进行几何组成分析时，利用等效代换的概念可使问题得以简化。如，已确定为几何不变的部分可视作一个刚片；复杂形状的链杆（曲链杆、折链杆）可看作通过两铰心的直链杆；连接两刚片的两根链杆可用其交点的虚铰代替等。

第五节 静定结构和超静定结构

如前所述，工程中用来作为结构使用的体系必须是几何不变的，而几何不变体系又可分为无多余约束的几何不变体系和有多余约束的几何不变体系两类。

对于无多余约束的几何不变体系，它的每一个约束均为必要约束，体系的全部反力和内力都可由静力平衡条件求得，这类结构称为**静定结构**。如图 12-25 所示的简支梁为静定结构，它的三个支座链杆就维持其本身的几何不变性来说都是必要的，未知的约束反力数目为三个，整个结构可列三个独立的静力平衡方程，所有未知力都可由平衡方程求得。

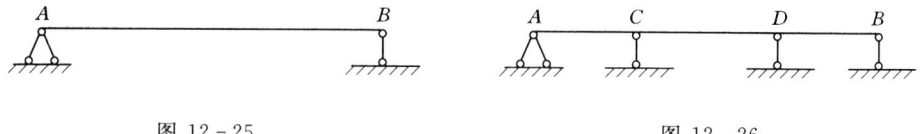

图 12-25　　　　　　　　　　　　　　图 12-26

对于有多余约束的几何不变体系，它的所有约束中除了满足其几何不变性的要求外尚有多余约束，仅由静力平衡条件无法求出全部反力和内力，须建立补充方程才能求解，这类结构称为**超静定结构**。在工程中，为了减少结构的变形和内力，达到提高结构的强度和刚度的目的，有时在静定结构上增加多余的约束而形成超静定结构。如图 12-26 所示连续梁，其未知约束反力数目为五个，而整个结构只可列三个独立的静力平衡方程，因而仅利用静力平衡条件无法求得全部未知的反力和内力，故为超静定结构。

思　考　题

思 12-1　什么叫结构的计算简图？如何选取结构的计算简图？结构的计算简图有哪些方面的简化？

思 12-2　对体系进行几何组成分析的目的何在？其依据是什么？

思 12-3　几何可变体系为什么不能作为结构使用？试举例说明。

思 12-4　何为自由度？它与约束有什么关系？自由度为零的体系是否一定为几何不变体系？为什么？

思 12-5　几何可变体系一定是无多余约束的体系吗？试举例说明。

习　题

题 12-1～题 12-14　试对图示体系作几何组成分析。

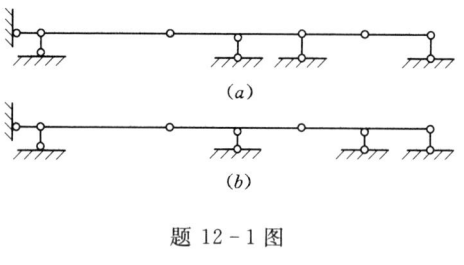

题 12-1 图

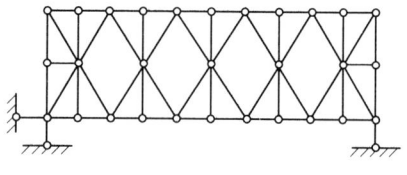

题 12-2 图

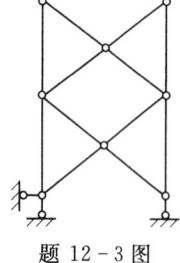

题 12-3 图

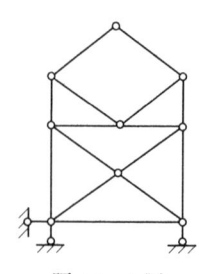

题 12-4 图

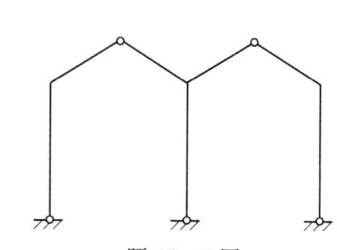

题 12-5 图

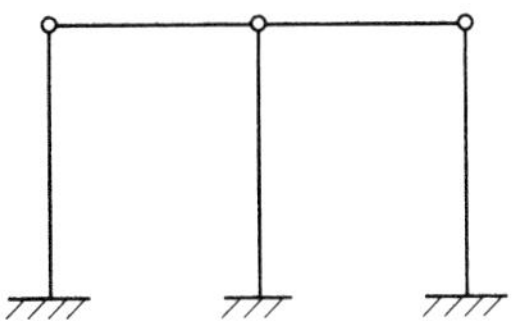

题 12-6 图 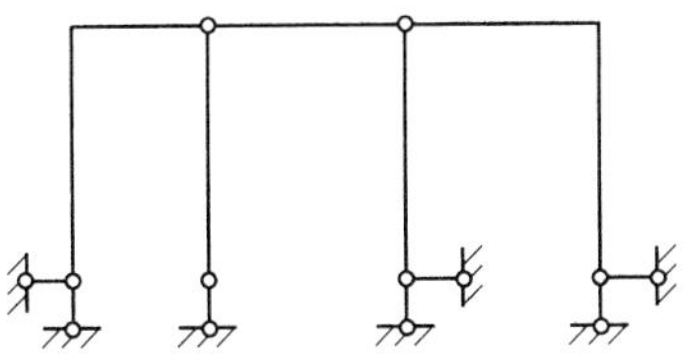 题 12-7 图 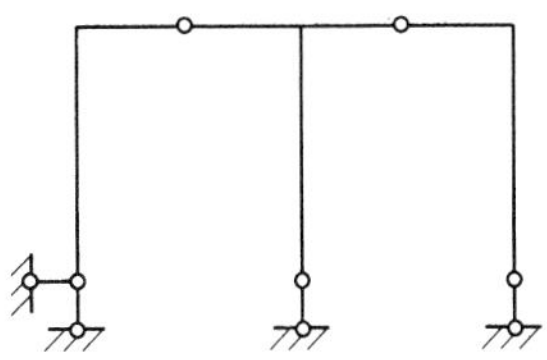 题 12-8 图

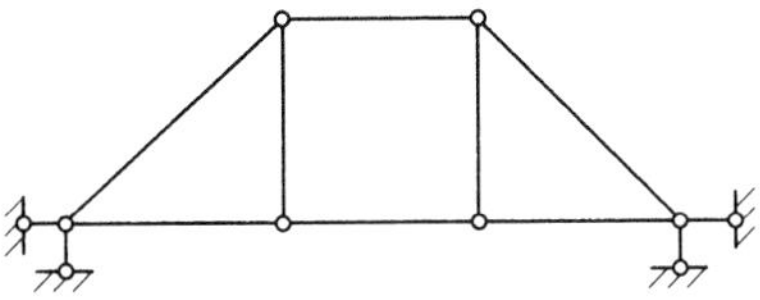

题 12-9 图 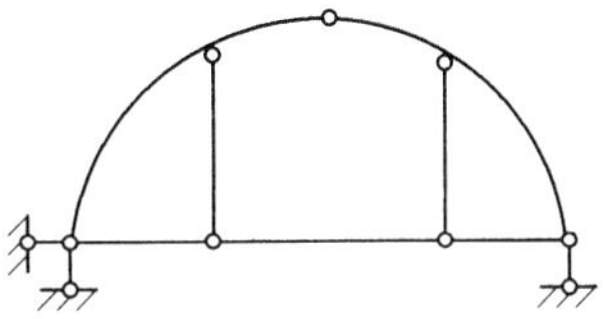 题 12-10 图

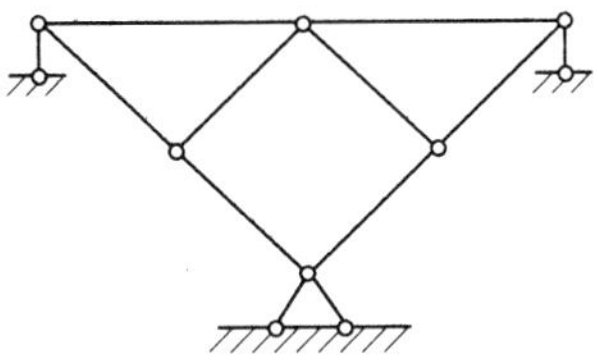

题 12-11 图 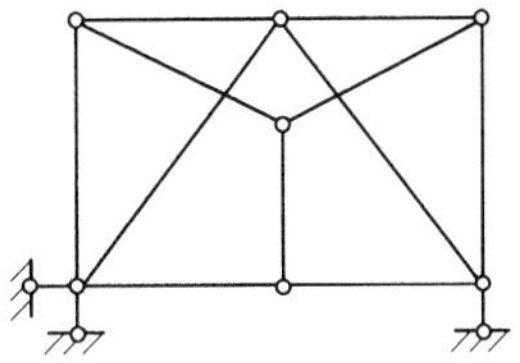 题 12-12 图

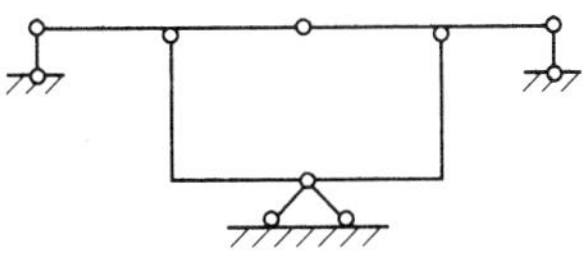

题 12-13 图 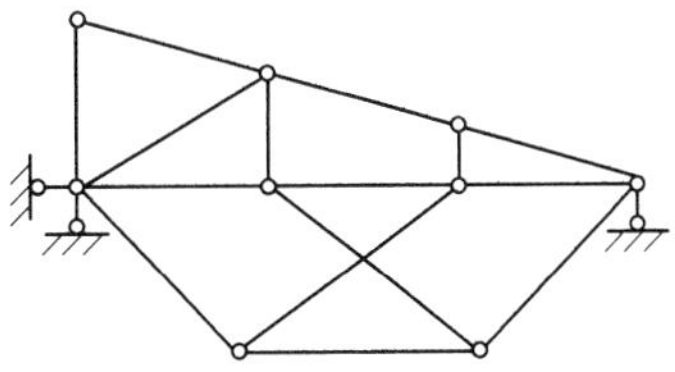 题 12-14 图

题 12-15 在图示的体系中有几个多余约束？为保证其几何不变，哪些链杆是不能去掉的？

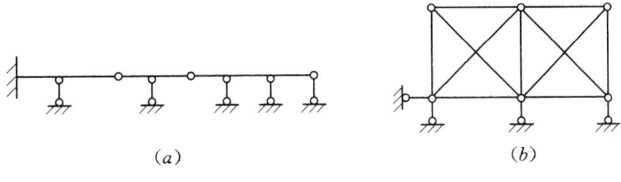

题 12-15 图

第十三章 静定结构的内力分析

工程实际中,不少结构可简化为静定结构,静定结构的内力计算也是超静定结构内力计算的基础。因此,有必要了解各种静定结构的受力特性,并熟练掌握静定结构内力分析的方法。本章主要介绍多跨静定梁、静定平面刚架、三铰拱、静定平面桁架及组合结构等几种典型静定结构的受力特点、内力计算原理、方法和内力图的绘制。

第一节 多跨静定梁

一、多跨静定梁的特点

多跨静定梁是由若干单跨静定梁用铰联结而成的静定结构。由于其受力性能较好,在工程结构中常用来跨越几个相连的跨度。如图 13-1(a)所示公路桥梁则采用这种结构形式。其计算简图如图 13-1(b)所示。

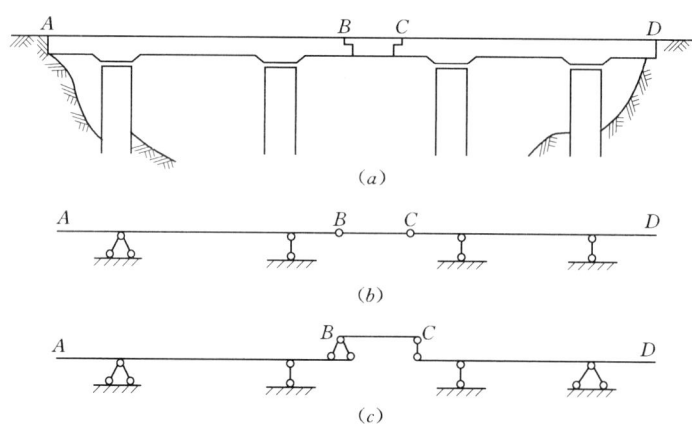

图 13-1

静定多跨梁其组成特点是:可以在铰处分解为单跨梁为单元的基本部分和附属部分。其中若不依赖于其他部分本身就能独立地承受荷载并能保持平衡的梁段,称作多跨静定梁的**基本部分**;而依赖于其他部分的存在,才能承受荷载而维持平衡的梁段,称作多跨静定梁的**附属部分**。例如,在图 13-1(b)中,梁 AB 与基础连接满足规则二,是几何不变部分,梁 CD 若在竖向荷载作用下仍能独立地维持平衡,当然也应算作基本部分。梁 BC 则须依靠左右两个基本部分支持才能保证其几何不变性,因此为附属部分。为了清楚地表示多跨静定梁各部分之间的支承依赖关系,把基本部分画在最下层,各附属部分依次画在相邻基本部分上层,这样形成的图形,称为**层次图**,如图 13-1(c)所示。从层次图可以看出:一旦基本部分遭到破坏,附属部分的几何不变性也随之破坏;若附属部分遭到破坏,则对基本部分的几何不变性并无任何影响。因此多跨静定梁的构造顺序为:**先基本部分,后附属部分**。

二、多跨静定梁的内力分析及内力图绘制

根据多跨静定梁的几何组成和表示其各部分之间支承关系的层次图,可将多跨静定梁拆分成单跨静定梁分别进行计算。从力的传递关系上看,荷载是从最上层的附属部分逐次往下传给基本部分的。所以,计算基本部分时,要考虑附属部分对它的作用,而在计算附属部分时,无须考虑基本部分上作用的荷载。因此,计算多跨静定梁应遵循**先附属部分后基本部分**的计算原则,将附属部分的支座反力反其指向,即为加在基本部分的荷载。对每一单跨梁分别计算并绘出其内力图后,拼接在一起,即为多跨静定梁的内力图。

【**例 13-1**】 作图 13-2（a）所示多跨静定梁的内力图。

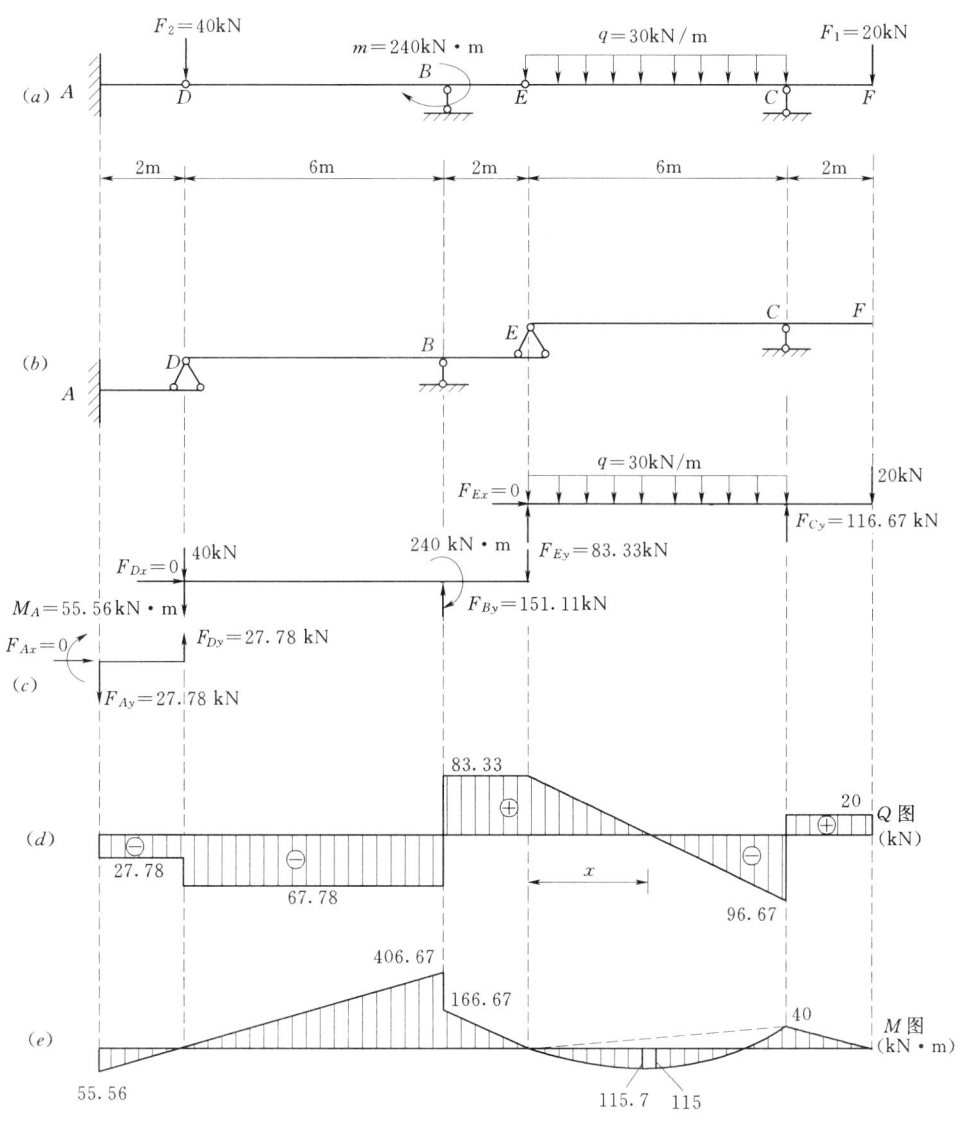

图 13-2

解：(1) 作层次图。

此梁的构造顺序为先固定基本部分悬臂梁，再依次固定附属部分 DE 和 ECF 外伸梁，层次图如图 13-2 (b) 所示。

(2) 计算支座反力。

由层次图可以看出，整个多跨静定梁可分为悬臂梁 AD 及两个外伸梁 DE 和 ECF，共三层。按由最高层到最低层的计算次序，先计算 ECF 梁，求出支座 E 处的支座反力后，将其反向作用于外伸梁 DE 上作为其一个外荷载，再依次计算梁 DE 和 AD。计算结果如图 13-2 (c) 所示。

(3) 作内力图。

当支座反力求出后，即可分别作出各梁段的内力图。再将各梁段的内力图连在一起，即为整个多跨静定梁的内力图，如图 13-2 (d)、(e) 所示。

从上例可以看出，多跨静定梁中间铰处的弯矩为零。因此，可以调整铰的位置从而改变全梁弯矩的分布情况。

【例 13-2】 图 13-3 (a) 所示为一两跨梁，全长承受均布荷载 q，试求铰的位置，使负弯矩峰值与正弯矩峰值相等。

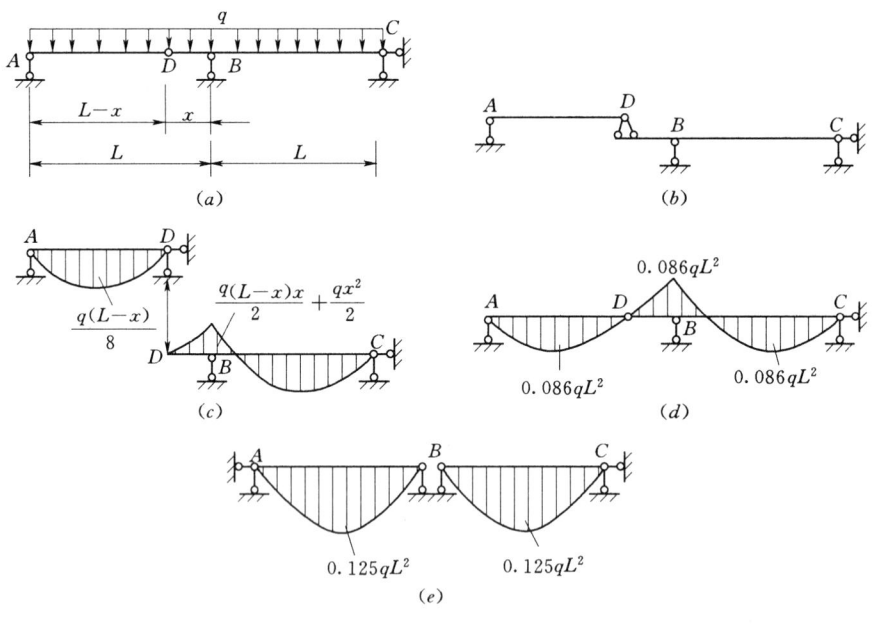

图 13-3

解：此两跨梁由附属部分 AD 和基本部分 CD 组成，见图 13-3 (b)。

附属部分 AD 为简支梁，设铰 D 位于支座 B 左侧 x 处，D 支座反力为 $\dfrac{q(L-x)}{2}$，跨中正弯矩峰值为 $\dfrac{q(L-x)^2}{8}$。

基本部分 CD 为外伸梁，支座 B 处负弯矩峰值为 $\dfrac{q(L-x)x}{2}+\dfrac{qx^2}{2}$。根据题意，令正

负弯矩峰值相等，即

$$\frac{q(L-x)^2}{8} = \frac{q(L-x)x}{2} + \frac{qx^2}{2}$$

得
$$x = 0.172L$$

作多跨静定梁的弯矩图如图 13-3（d）所示，其中弯矩峰值等于 $0.086qL^2$。

若改用两个跨度均为 L 的简支梁，其弯矩图如图 13-3（e）所示。与多跨静定梁弯矩峰值相比，即 $\dfrac{0.086qL^2}{0.125qL^2} = 68.8\%$。由此可知，多跨静定梁的弯矩峰值比一系列简支梁的要小，且内力分布较均匀，截面设计可以更经济，但中间铰的构造比较复杂。因此，在实际工程中采用哪种形式，还需要根据多方面的具体条件比较才能确定。

第二节 静定平面刚架

一、刚架的构造及特点

刚架是由若干根不同方向的直杆用全部或部分刚结点连接而组成的结构。

由于刚结点具有约束杆端相对转动的作用，所以能承受和传递弯矩。图 13-4（a）中刚架因受荷载作用而产生变形，在刚结点 B（或 C）处，各杆件之间的夹角保持不变，刚结点所连接各杆端产生相同的转角 φ。而图 13-4（b）所示 B、C 为铰结点的结构为一几何可变体系，要想使其成为几何不变体系，一种方法是增设斜杆 [图 13-4（c）]，另一种方法是把铰结点 B、C 改为刚结点。由以上的对比可看出，刚架的整体性好，刚度大，弯矩分布较均匀，故比较节省材料。此外，刚架还具有能形成较大的空间便于利用和制作方便等优点。因而，刚架的应用极广，在工业与民用建筑、水工建筑和桥梁工程中钢筋混凝土刚架都被广泛采用。

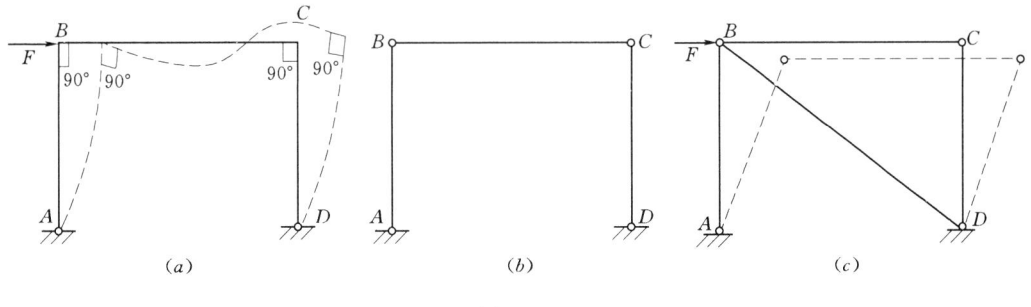

图 13-4

静定平面刚架常见的形式有三种：悬臂刚架、简支刚架和三铰刚架，如图 13-5（a）、（b）、（c）所示。此外，这三种刚架也可组成组合刚架，如图 13-5（d）、（e）所示。

二、刚架的内力分析及内力图绘制

刚架各杆端截面上的内力有：弯矩 M、剪力 Q 和轴力 N。为明确表示杆端内力，一般用有两个脚标：第一个表示内力所属截面，第二个表示该截面所在杆件的另一端。例如：M_{AB} 表示 AB 杆 A 端截面的弯矩，Q_{BA} 表示 AB 杆 B 端截面的剪力。

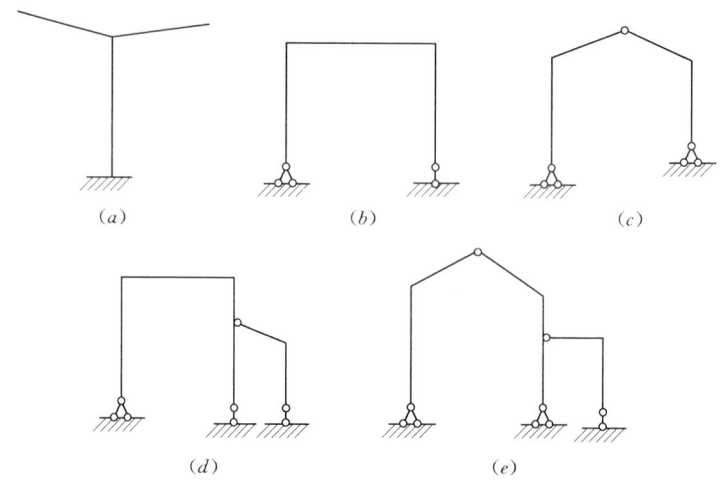

图 13-5

静定平面刚架的内力计算方法原则上与静定梁相同，其解题步骤通常如下：

(1) 先由整体或某些部分的静力平衡条件求出支座反力。

(2) 刚架中的内力 M、Q 和荷载集度 q 之间的微分关系与梁相同。根据荷载集度 q 的作用情况，将刚架分解为若干杆段。然后在待求内力的截面处假想地把刚架截成两部分，取其中一部分为隔离体。建立静力平衡方程，计算待求截面内力。在熟练的基础上也可不必把隔离体取出，直接按照下面所述计算原则计算待求截面的内力值。

1) 弯矩数值大小等于截面一侧所有外力对截面形心力矩的代数和。正负号本书规定：横梁以下侧纤维受拉为正，立柱以左侧纤维受拉为正，反之为负。弯矩图规定画在杆件受拉侧，不注正负号。

2) 剪力数值大小等于截面一侧所有外力沿截面切线方向投影的代数和。正负号规定与静定梁相同。即剪力以使隔离体有顺时针转动趋势者为正，反之为负。剪力图可画在杆件的任一侧，但必须注明正负号。

3) 轴力数值大小等于截面一侧所有外力沿截面法线方向投影的代数和。规定拉力为正，压力为负。轴力图也可画在杆件的任一侧，但必须注明正负号。

(3) 由杆端内力并运用叠加原理逐杆绘制内力图，从而得到整个刚架的内力图。

【例 13-3】 绘制图 13-6 (a) 所示刚架的内力图。

解：(1) 计算支座反力。

由刚架的整体平衡条件可求得：

$$\sum F_x = 0, \quad 10 \times 4 - F_{Bx} = 0, \quad F_{Bx} = 40 \text{kN}(\leftarrow)$$
$$\sum M_B = 0, \quad 60 \times 3 + 30 - F_{Ay} \times 6 = 0, \quad F_{Ay} = 35 \text{kN}(\uparrow)$$
$$\sum F_y = 0, \quad F_{Ay} + F_{By} - 60 = 0, \quad F_{By} = 25 \text{kN}(\uparrow)$$

(2) 计算杆端内力。

AC 杆：取隔离体如图 13-7 (a) 所示，得

$$M_{AC} = 0, \quad M_{CA} = \frac{1}{2} \times 10 \times 4^2 = 80 \text{kN} \cdot \text{m}(左侧受拉)$$

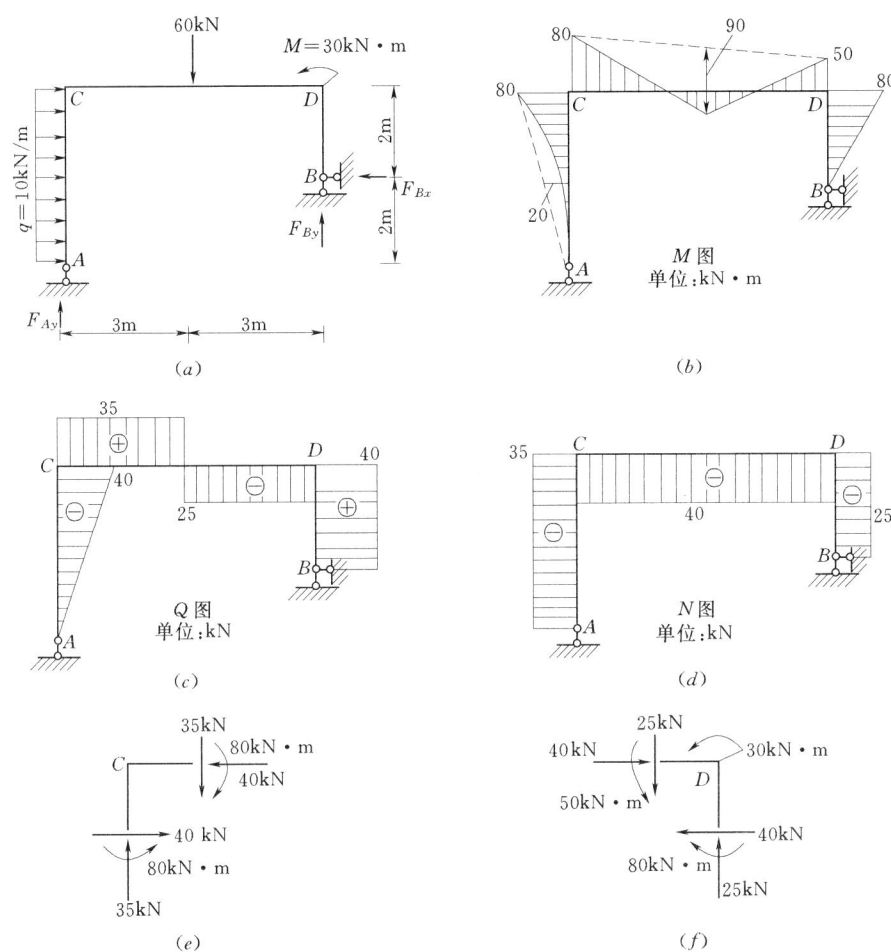

图 13-6

$$Q_{AC}=0, \quad Q_{CA}=-10\times 4=-40\text{kN}$$
$$N_{AC}=N_{CA}=-35\text{kN}$$

CD 杆：取隔离体如图 13-7（b）所示，得

$$M_{CD}=-\frac{1}{2}\times 10\times 4^2=-80\text{kN·m}(上侧受拉)$$

$$Q_{CD}=35\text{kN}$$
$$N_{CD}=-10\times 4=-40\text{kN}$$

CD 杆：取隔离体如图 13-7（c）所示，得
$$M_{DC}=35\times 6-80-60\times 3=-50\text{kN·m}(上侧受拉)$$
$$Q_{DC}=35-60=-25\text{kN}$$
$$N_{DC}=-40\text{kN}$$

BD 杆：取隔离体如图 13-7（d）所示，得
$$M_{DB}=-40\times 2=-80\text{kN·m}(右侧受拉), M_{BD}=0$$
$$Q_{DB}=40\text{kN}, Q_{BD}=40\text{kN}$$
$$N_{DB}=-25\text{kN}, N_{BD}=-25\text{kN}$$

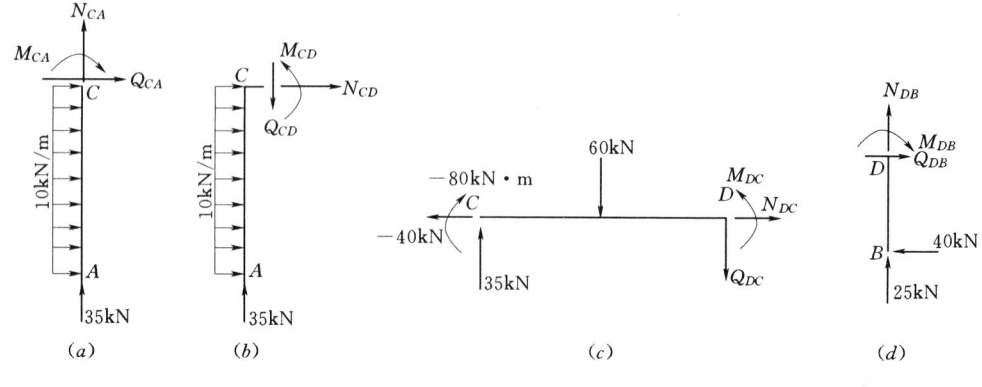

图 13-7

(3) 绘制内力图。

绘制弯矩图：根据计算出来的各杆端的弯矩先画在杆的受拉一侧。AC 杆上有均布荷载作用，将两杆端弯矩先用虚线相连再以此虚线为临时基线，将相应简支梁在均布荷载单独作用下的弯矩图叠加上即可。CD 杆上有集中荷载作用，将两杆端弯矩先用虚线相连再以此虚线为临时基线，将相应简支梁在集中荷载单独作用下的弯矩图叠加上即可。DB 杆上无荷载作用，将两杆端弯矩直接用直线相连。刚架弯矩图如图 13-6 (b) 所示。

绘制剪力图：根据上述计算结果及剪力与荷载集度的关系，可绘制出刚架的剪力图如图 13-6 (c) 所示。

绘制轴力图：因各杆均没有轴向荷载，各杆轴力都是常数。根据计算结果，可绘制出刚架轴力图，如图 13-6 (d) 所示。

(4) 校核。

图 13-6 (e) 为结点 C 的隔离体受力图，由

$$\sum F_x = 40 - 40 = 0, \quad \sum F_y = 35 - 35 = 0, \quad \sum M_C = 80 - 80 = 0$$

可知，该结点满足平衡条件。

图 13-6 (f) 为结点 D 的隔离体受力图，由

$$\sum F_x = 40 - 40 = 0, \quad \sum F_y = 25 - 25 = 0, \quad \sum M_D = 50 + 30 - 80 = 0$$

可知，该结点满足平衡条件。故知整个刚架计算无误。

【例 13-4】 绘制图 13-8 (a) 所示刚架的内力图。

解：刚架内力图的另一种绘制方法。先求出刚架中各杆端弯矩，结合区段叠加法绘制刚架的弯矩图，再根据已绘出的弯矩图，利用 M、Q 间微分关系来求刚架中各杆端的剪力，作出 Q 图；最后取结点为研究对象，利用已求得的杆端剪力来求杆端轴力，作 N 图。当刚架承受的荷载较为复杂时，应用此法更为方便。本题将采用该方法绘制刚架的内力图。

(1) 计算刚架的支座反力。

由刚架的整体平衡：

$$\sum F_x = 0 \quad F_{Ax} = 40 \text{kN}(\rightarrow)$$
$$\sum M_A = 0 \quad F_{Dy} = 125 \text{kN}(\uparrow)$$
$$\sum F_y = 0 \quad F_{Ay} = 75 \text{kN}(\uparrow)$$

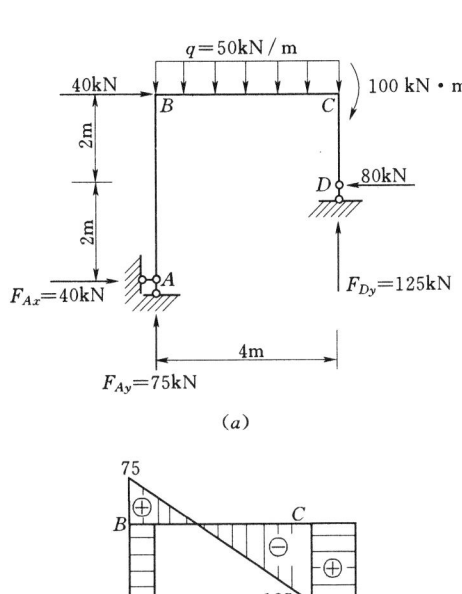
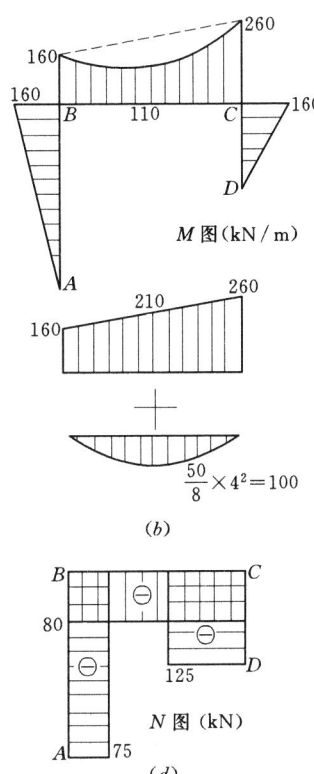

图 13-8

(2) 绘制刚架的弯矩图。

AB 杆：$\quad M_{AB} = 0, \quad M_{BA} = 40 \times 4 = 160 \text{kN} \cdot \text{m}$（左侧受拉）

该杆段中间无荷载，其 M 图为直线。

BC 杆：$\quad M_{BC} = -160 \text{kN} \cdot \text{m}$（上侧受拉）

$$M_{CB} = -40 \times 4 + 75 \times 4 - \frac{50}{2} \times 4^2 = -260 \text{kN} \cdot \text{m}（上侧受拉）$$

将杆端弯矩先用虚线相连再以此虚线为临时基线，将相应简支梁在均布荷载 q 作用下的弯矩图叠加，即可得到该段杆件的弯矩图。

CD 杆：$\quad M_{DC} = 0, \quad M_{CD} = -80 \times 2 = -160 \text{kN} \cdot \text{m}$（右侧受拉）

该杆段中间无荷载，其 M 图为直线。

刚架的弯矩图绘于图 13-8(b) 中。

(3) 绘制刚架的剪力图。

根据已绘制出的弯矩图，利用 M、Q 间微分关系$\left(\text{即 } Q = \dfrac{\text{d}M}{\text{d}x}\right)$来求刚架中各杆端的剪力，并作出刚架的剪力图。

AB 杆：弯矩图为斜直线，剪力图应为平行于杆轴线的直线。

所以 $Q_{AB} = Q_{BA} = \dfrac{\text{d}M}{\text{d}x} = -\dfrac{M_{BA} - M_{AB}}{l} = -\dfrac{160 - 0}{4} = -40 \text{kN}$（该段弯矩图直线为减函数，

剪力为负）

BC 杆：弯矩图为抛物线，剪力图应为斜直线，下面将 BC 杆的弯矩图分解为一个梯形和一个标准抛物线。分别求对应杆端剪力（图 13 - 9）。

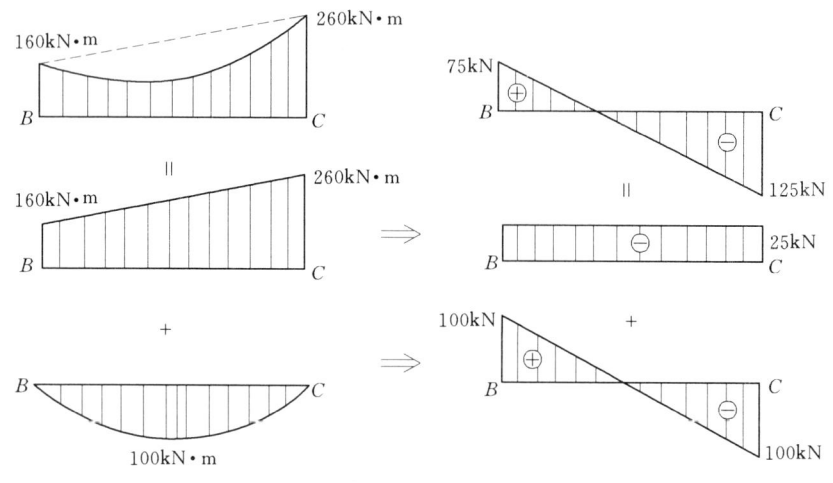

图 13 - 9

梯形对应的剪力为：
$$Q'_{BC} = Q'_{CB} = \frac{dM}{dx} = -\frac{260-160}{4} = -25 \text{kN}（该段弯矩图直线为减函数，剪力为负）$$

抛物线对应的剪力为：
$$Q''_{BC} = \frac{ql}{2} = \frac{50 \times 4}{2} = 100 \text{kN}$$
$$Q''_{CB} = -\frac{ql}{2} = -\frac{50 \times 4}{2} = -100 \text{kN}$$

运用叠加原理，得
$$Q_{BC} = Q'_{BC} + Q''_{BC} = -25 + 100 = 75 \text{kN}$$
$$Q_{CB} = Q'_{CB} + Q''_{CB} = -25 - 100 = -125 \text{kN}$$

CD 杆：弯矩图为斜直线，其剪力图为平行于杆轴线的直线。
$$Q_{CD} = Q_{DC} = \frac{dM}{dx} = \frac{M_{CD} - M_{DC}}{l}$$
$$= \frac{160 - 0}{2} = 80 \text{kN}（该段弯矩图曲线为增函数，剪力为正）$$

刚架的剪力图绘于图 13 - 8（c）中。

（4）绘制刚架轴力图。

根据结点的投影平衡方程来求刚架中各杆件的轴力，如图 13 - 10 所示，分别取结点 B、C。

结点 B：由 $\sum F_x = 0$，得 $N_{BC} = -80 \text{kN}$
  $\sum F_y = 0$，得 $N_{BA} = -75 \text{kN}$

结点 C：由 $\sum F_x = 0$，得 $N_{CB} = -80 \text{kN}$
  $\sum F_y = 0$，得 $N_{CD} = -125 \text{kN}$

刚架的轴力图绘于图 13 - 8（d）中。

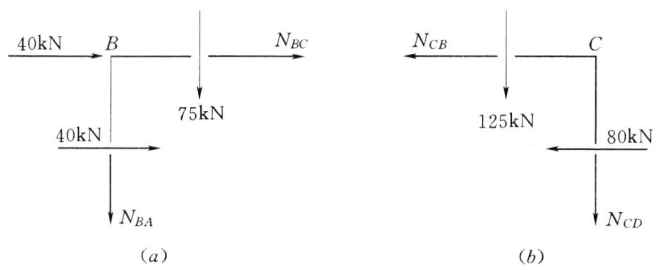

图 13-10

【例 3-5】 试绘制图 13-11（a）所示三铰刚架的内力图。

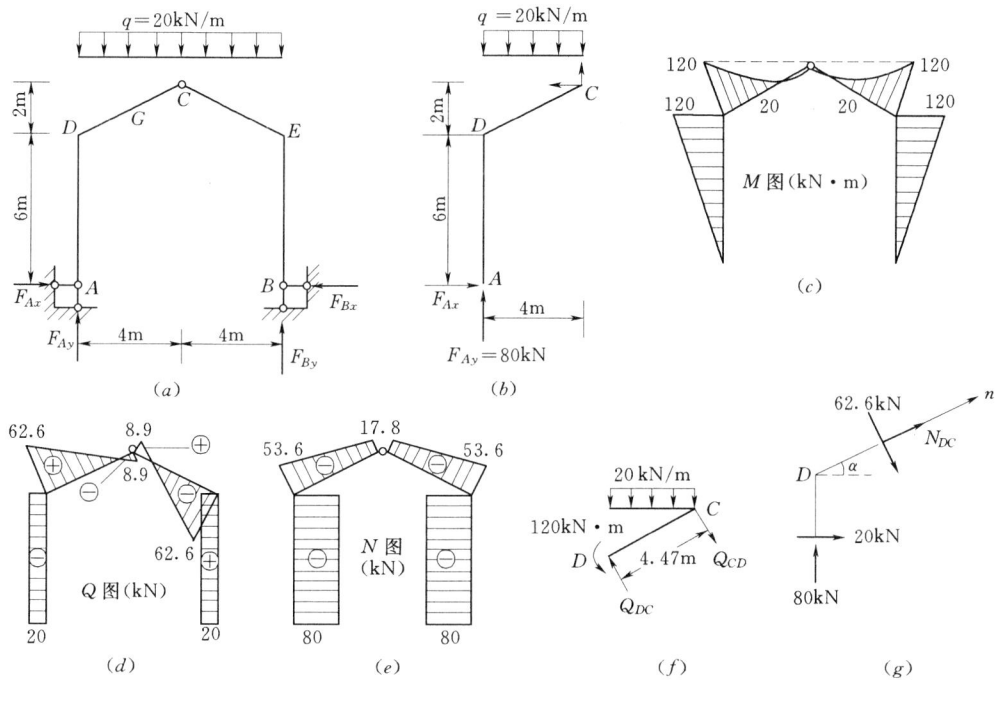

图 13-11

解：（1）计算三铰刚架的支座反力。

先由三铰刚架的整体平衡

$$\sum M_B = 0 \qquad 8F_{Ay} - \frac{20}{2} \times 8^2 = 0 \qquad F_{Ay} = 80\text{kN}(\uparrow)$$

$$\sum F_y = 0 \qquad F_{Ay} + F_{By} - 20 \times 8 = 0 \qquad F_{By} = 80\text{kN}(\uparrow)$$

$$\sum F_x = 0 \qquad F_{Ax} - F_{Bx} = 0 \qquad F_{Ax} = F_{Bx}$$

再取刚架左半部 ADC 为隔离体如图 13-11（b）所示

$$\sum M_C = 0 \qquad -4F_{Ay} + 8F_{Ax} + \frac{20}{2} \times 4^2 = 0 \qquad F_{Ax} = 20\text{kN}(\rightarrow)$$

则

$$F_{Bx} = 20\text{kN}(\leftarrow)$$

(2) 绘制刚架弯矩图。

AD 杆：$M_{AD}=0$ $M_{DA}=20\times 6=120\text{kN}\cdot\text{m}$（左侧受拉）

DC 杆：由刚结点的特点

$$M_{DC}=-120\text{kN}\cdot\text{m}（上侧受拉）\qquad M_{CD}=0$$

杆段中作用有均布荷载，M 图为二次抛物线。DC 杆中点 G 的弯矩可用叠加法计算，其值

$$M_G=-\frac{1}{2}\times 120+\frac{1}{8}\times 20\times 4^2=-20\text{kN}\cdot\text{m}（上侧受拉）$$

本例题为对称结构，并作用的荷载为正对称荷载，那么结构的弯矩 M 也是正对称的。故可只计算刚架的一半即可。结构的另半边弯矩图可根据对称性绘出，弯矩图绘于图 13-11 (c) 中。

(3) 绘制剪力图。

AD 杆：$Q_{AD}=Q_{DA}=-\dfrac{120}{6}=-20\text{kN}$（弯矩图中 AD 段弯矩曲线为减函数，剪力为负）

DC 杆：取 CD 杆为研究对象，受力图如图 13-11 (f) 所示，

由 $\sum M_C=0$，得 $Q_{DC}=\dfrac{120}{4.47}+\dfrac{20\times 4\times 2}{4.47}=62.6\text{kN}$

由 $\sum M_D=0$，得 $Q_{CD}=\dfrac{120}{4.47}-\dfrac{20\times 4\times 2}{4.47}=-8.9\text{kN}$

根据对称关系，因剪力符号相反，故刚架结构右半部分剪力图可按反对称绘出〔图 13-11 (d)〕。

(4) 绘制轴力图。

AD 杆：直接由竖直反力可求得。

$$N_{DA}=N_{AD}=-80\text{kN}$$

DC 杆：取结点 D 为隔离体〔图 13-11 (g)〕

由 $\sum F_n=0$，得 $N_{DC}+80\sin\alpha+20\cos\alpha=0$

因为 $\sin\alpha=\dfrac{2}{4.47}=0.447$ $\cos\alpha=\dfrac{4}{4.47}=0.894$

所以 $N_{DC}=-80\times 0.447-20\times 0.894=-53.6\text{kN}$（压）

$$N_{CD}=N_{DC}+20\times 4\times\sin\alpha=-53.6+80\times 0.447=-17.8\text{kN}（压）$$

刚架的右半部分轴力图也可按正对称绘出。整个刚架的轴力图绘于图 13-11 (e) 中。

【例 13-6】 试作图 13-12 (a) 所示多层刚架的 M 图。

解：该结构为一个双层三铰刚架，其构成的次序是先固定下层的三铰刚架，再固定上层的三铰刚架。其计算次序与构成次序相反，即先求上层刚架的约束反力，然后将求得结果反其指向加于下层刚架上作为荷载，再求下层刚架的支座反力。计算结果如图 13-12 (b) 所示。约束反力求出后，即可绘制双层刚架的弯矩图，如图 13-12 (c) 所示。

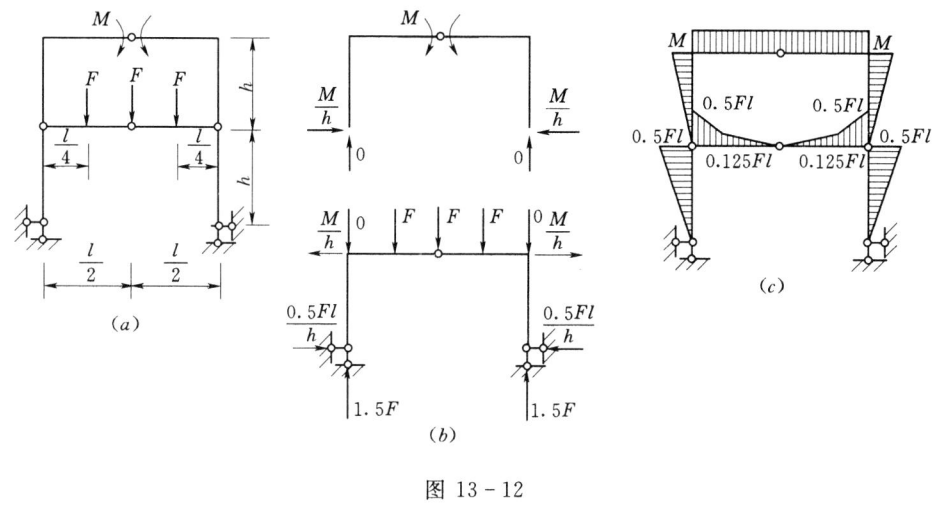

图 13-12

第三节 三 铰 拱

一、概述

拱结构的轴线为曲线，而且在仅有竖向荷载作用时也能产生水平支座反力。如图 13-13（a）所示三铰拱。拱的水平反力指向拱内，又称为水平推力。在如图 13-13（b）所示结构，其轴线虽然也是曲线，但在竖向荷载作用下不产生水平反力，其截面弯矩与相应的简支梁（同跨度、同荷载的梁）相同，故称其为曲梁。因此，在竖向荷载作用下，有无水平推力是拱区别于梁的重要标志。

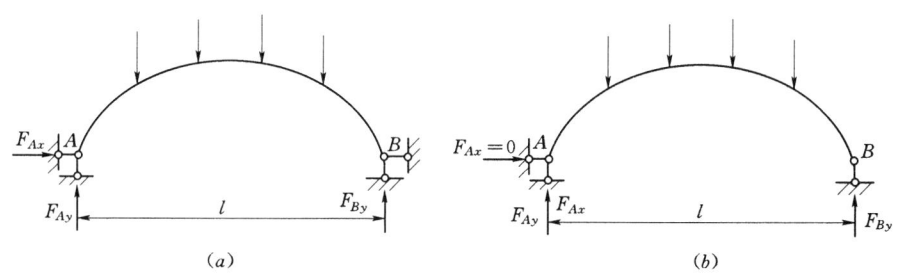

图 13-13

由于水平推力的存在，拱的截面弯矩比相应的简支梁的弯矩要小得多，且拱的自重轻，用料省。因此，拱比梁更适宜用于大跨度的结构；拱主要承受压力，所以拱可以采用抗压强度较高的砖、石、混凝土等廉价的建筑材料；此外，拱的外形美观，且拱下有较大的空间可以利用。因为拱结构有以上诸多优点，所以在水利工程、房屋建筑和桥梁工程中得到广泛的应用。例如图 13-14（a）为一桥梁结构，其下部支承部分是一个拱式结构 [图 13-14（b）为计算简图]。又如图 13-15（a）所示为某玻璃厂使用的装配式钢筋混凝土三铰拱 [图 13-15（b）为计算简图]。

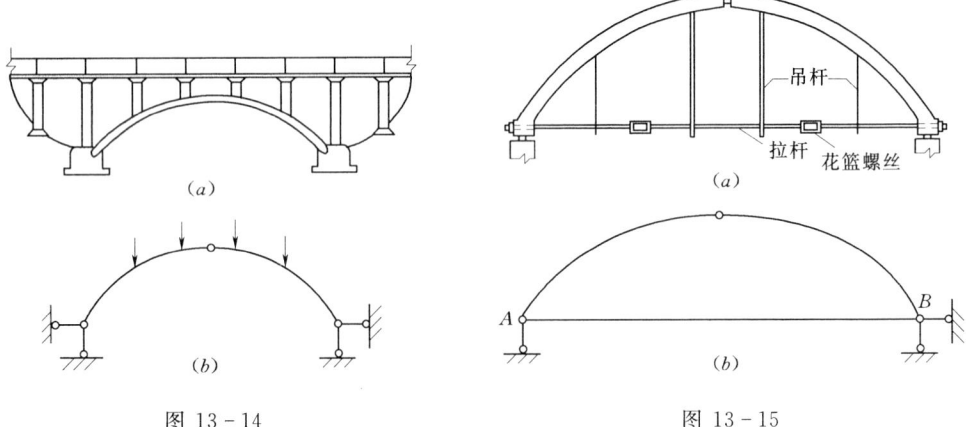

图 13 - 14 　　　　　图 13 - 15

拱结构也有缺点，拱的外形给施工带来不便，拱对基础作用着向外的水平推力，因此要求具有较坚固的基础。为减轻基础的推力影响，可以在拱脚设置拉杆，称为有拉杆的拱（图 13 - 15）。

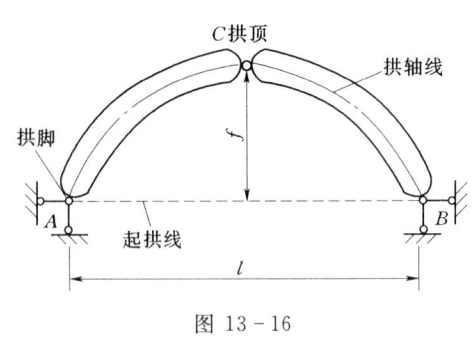

图 13 - 16

在图 13 - 16 中，拱的两端支座处 A、B 称为拱脚。拱轴最高处 C 称为拱顶。中间铰通常放在拱顶处，称为顶铰。两拱脚间的水平距离 l 称为拱跨。两拱脚连线称为起拱线。起拱线为水平线的拱称为平拱，否则为斜拱。拱顶到两拱脚连线的竖向距离 f 称为拱高。拱高与拱跨之比 $\dfrac{f}{l}$ 称为高跨比。高跨比是拱结构的基本参数，工程实际中高跨比的变化范围为 $1 \sim \dfrac{1}{10}$。

拱的轴线形状常用的有抛物线、圆弧线和悬链线等。拱轴线形状的选择需视荷载情况而定。

根据拱结构中存在铰的多少，拱可以分为无铰拱［图 13 - 17（a）］、两铰拱［图 13 - 17（b）］和三铰拱（不带拉杆、带拉杆）［图 13 - 17（c）、(d)］。其中三铰拱是静定的，无铰拱和两铰拱是超静定的。本节只讨论静定的三铰对称平拱的计算。

二、三铰拱的计算

1. 支座反力的计算

三铰拱属于一种静定的拱式结构，其反力可由静力平衡方程全部求得。图 13 - 18（a）所示三铰拱，有四个支座反力 F_{Ax}、F_{Ay}、F_{Bx}、F_{By}。取拱的整体为隔离体，由

$$\sum M_B = 0, 得 \qquad F_{Ay} = \frac{1}{l}(F_1 b_1 + F_2 b_2) = \frac{\sum F_i b_i}{l}(\uparrow)$$

$$\sum M_A = 0, 得 \qquad F_{By} = \frac{1}{l}(F_1 a_1 + F_2 a_2) = \frac{\sum F_i a_i}{l}(\uparrow)$$

$$\sum F_x = 0, 得 \qquad F_{Ax} - F_{Bx} = 0 \qquad F_{Ax} = F_{Bx} = F_x$$

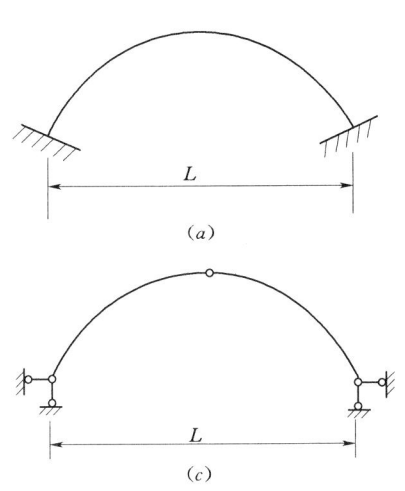
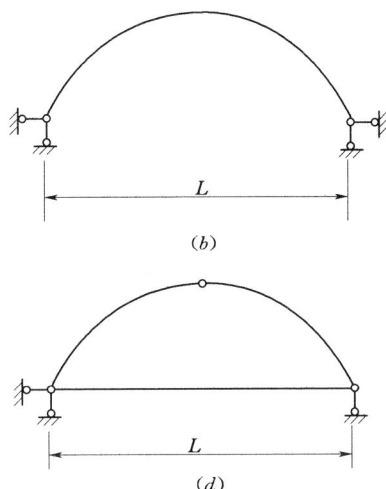

图 13-17

再取左半拱为隔离体，由 $\sum M_C = 0$，得

$$F_{Ax} = \frac{F_{Ay}\frac{l}{2} - F_1\left(\frac{l}{2} - a_1\right)}{f}(\rightarrow)$$

为了便于比较，现取一个跨度与荷载及其作用位置都与三铰拱相同的简支梁［图 13-18(b)］，这样的简支梁称为拱式结构的"代"梁。其支座反力分别以 F^0_{Ay}、F^0_{By} 表示。由"代"梁的平衡条件可得

$$F^0_{Ay} = F_{Ay} \qquad F^0_{By} = F_{By} \quad (13-1)$$

由上二式可见，在竖向荷载作用下，三铰拱的竖向支座反力与其代梁的支座反力相同。

分析拱的水平反力 F_x 可知，其分子式恰好是其代梁跨中截面 C 处的弯矩，以 M^0_C 表示。则

$$F_{Ax} = F_{Bx} = F_x = \frac{M^0_C}{f} \quad (13-2)$$

通过上面的表述，三铰拱的支座反力有如下的特点：

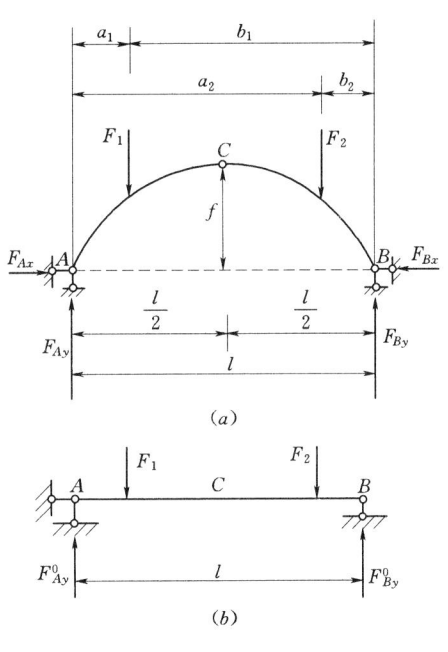

图 13-18

(1) 水平支反力与拱轴形状无关，而与三个铰的位置有关。

(2) 竖向支反力与拱的矢高无关。

(3) 拱的水平推力 F_x 与拱的矢高 f 成反比。即拱愈高水平推力愈小，反之，拱愈低水平推力愈大。如果 $f \rightarrow 0$，推力趋于无限大，此时，A、B、C 三个铰在一条直线上，根据几何组成分析，此时结构将变成瞬变体系。即使 f 不为零但较小时，水平推力也是非常大，这就会给基础相当大的推力，因此，应根据地基的耐推能力来选定拱的矢高。

2. 内力计算

在外力作用下,拱中任一截面 k 的内力有弯矩 M_k、剪力 Q_k 和轴力 N_k,其内力符号规定与梁的规定相同。如图 13-19(a) 所示三铰拱,在 k 处用一截面将拱截开,k 截面形心坐标为 $(x_k、y_k)$,k 截面处拱轴切线与水平线所成的锐角 φ_k(规定 k 截面在左半拱时 φ_k 为正值,在右半拱时 φ_k 为负值),如图 13-19(b) 所示。以上几何参数可由拱轴方程 $y=f(x)$ 及其导数 $\dfrac{\mathrm{d}y}{\mathrm{d}x}=\tan\varphi$ 求出。

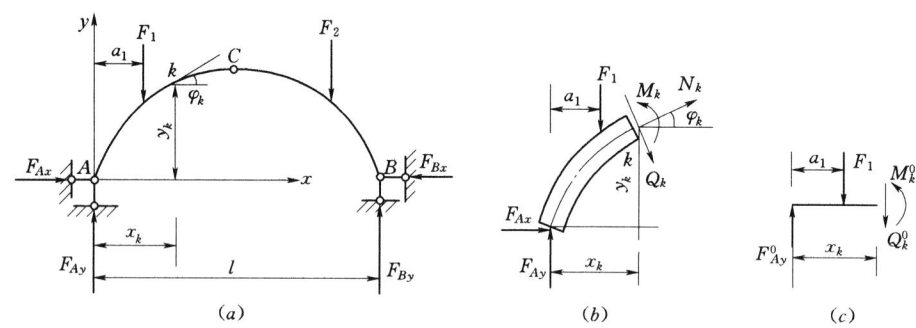

图 13-19

(1) 弯矩 M_k 的计算。

由 $\sum M_k=0$,得 $\qquad M_k=[F_{Ax}x_k-F_1(x_k-a_1)]-F_x y_k$

上式中括号内之值恰好等于拱的代梁上 k 截面上的弯矩 M_k^0 [图 13-19(c)],故上式可写为:

$$M_k=M_k^0-F_x y_k \qquad (13-3)$$

式(13-3)表明,竖向荷载作用下三铰拱任一截面的弯矩 M_k 等于相应简支代梁对应截面上的弯矩 M_k^0 减去由于拱的水平推力所产生的弯矩 $F_x y_k$。可见由于水平推力的影响,三铰拱某截面上的弯矩比其代梁上的同位置截面的弯矩要小。

(2) 剪力 Q_k 的计算。

由 k 截面切线方向的投影方程:$\sum F_\tau=0$,得

$$Q_k=F_{Ay}\cos\varphi_k-F_1\cos\varphi_k-F_x\sin\varphi_k=(F_{Ay}-F_1)\cos\varphi_k-F_x\sin\varphi_k$$

上式中 $(F_{Ay}-F_1)$ 为代梁 k 截面上的剪力 Q_R^0,故上式可写为:

$$Q_k=Q_k^0\cos\varphi_k-F_x\sin\varphi_k \qquad (13-4)$$

(3) 轴力 N_k 的计算。

由 k 截面法线方向的投影方程:$\sum F_n=0$,得

$$N_k=-F_{Ay}\sin\varphi_k+F_1\sin\varphi_k-F_x\cos\varphi_k=-(F_{Ay}-F_1)\sin\varphi_k-F_x\cos\varphi_k$$

即

$$N_k=-Q_k^0\sin\varphi_k-F_x\cos\varphi_k \qquad (13-5)$$

利用式(13-3)、式(13-4)、式(13-5)可求出在竖向荷载作用下三铰拱任一截面上的内力。

(4) 内力图的绘制。

三铰拱的轴线是曲线,各截面上的内力大小均与其坐标位置、倾角 φ_k 大小有关,内

力图特征均为曲线。拱式结构内力图绘制方法为：首先将拱沿其跨度方向或拱轴线方向等分成若干段，然后利用式（13-3）、式（13-4）、式（13-5）分别求出各等分截面上的内力数值，取适当的比例将内力绘在拱轴线或水平基线两侧。规定：弯矩图画在受拉一侧，不需标注正负号，剪力图和轴力图可画在基线的任一侧，但须标明正负号。最后将各点连成光滑曲线即为所求内力图。

【例 13-7】 试作图 13-20（a）所示三铰拱的内力图。拱轴线方程为 $y = \dfrac{4f}{l^2}(l-x)x$，荷载与拱的矢高及跨度如图所示。

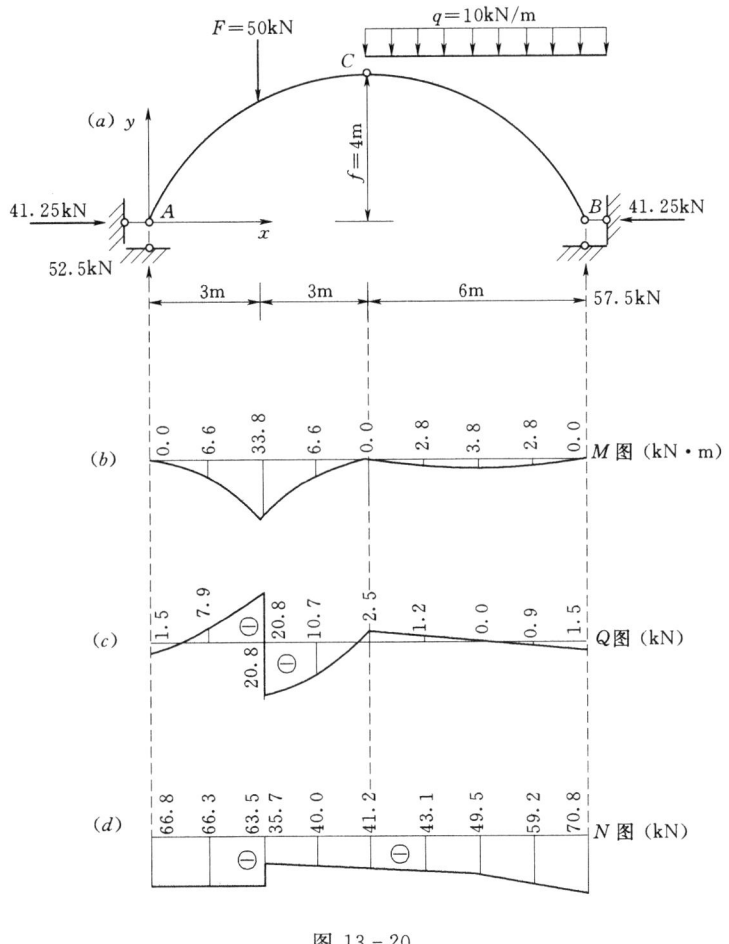

图 13-20

解：(1) 求支座反力。

$$F_{Ay} = F_{Ay}^0 = \frac{1}{12}(50 \times 9 + 10 \times 6 \times 3) = 52.5 \text{kN}(\uparrow)$$

$$F_{By} = F_{By}^0 = \frac{1}{12}(50 \times 3 + 10 \times 6 \times 9) = 57.5 \text{kN}(\uparrow)$$

$$F_x = \frac{M_c^0}{f} = \frac{1}{4}(52.5 \times 6 - 50 \times 3) = 41.25 \text{kN}(\rightarrow\leftarrow)$$

(2) 计算拱内各截面内力。

将拱沿跨度等分八段，分别用式（13-3）、式（13-4）、式（13-5）内力计算公式列表计算各截面上的内力（见表13-1）。

(3) 绘制内力图。

根据表13-1的内力数值，按比例绘于水平基线上下两侧，然后用光滑曲线相连，即可绘出内力图。如图13-20（b）、（c）、（d）所示。

三、三铰拱的压力线与合理拱轴线

1. 压力线的概念

一般情况下，三铰拱的截面上有弯矩 M、剪力 Q、轴力 N 三个内力分量，由理论力学可知，这三个内力分量可以合成为一个合力 F_R。因为拱截面上作用的轴力通常为压力，所以合力 F_R 称为该截面的总压力。三铰拱各截面总压力作用点的连线，称为三铰拱的压力线。

2. 合理拱轴线的概念

一般来说，三铰拱的截面上承受偏心压力，截面上的法向应力呈不均匀分布。但是，当所选取的拱轴线恰好与压力线完全重合时，拱身各截面上将没有弯矩和剪力，仅有轴向压力。此时，拱截面上的法向应力均匀分布，从而使拱的材料得到最充分的利用。在一定荷载作用下，使拱处于均匀受压状态（即无弯矩状态）的拱轴线，称为合理拱轴线。

合理拱轴线可根据弯矩为零的条件来确定。由式（13-3）可知

$$y = \frac{M^0}{F_x} \tag{13-6}$$

式（13-6）称为三铰拱在竖向荷载作用下合理拱轴线的一般方程。它表明，在竖向荷载作用下，三铰拱合理拱轴线的纵坐标 y 与相应简支梁（即代梁）弯矩图的竖标成正比。当荷载已知时，只需求出代梁的弯矩方程，然后除以常数 F_x，便得到合理拱轴线方程。

【例 13-8】 试求图13-21（a）所示三铰拱在竖向满跨均布荷载 q 作用下的合理拱轴线。

解： 取支座 A 为坐标原点，坐标系如图所示。

拱的简支代梁[图13-21（b）]的弯矩方程为 $M^0 = \frac{ql}{2}x - \frac{q}{2}x^2$

拱的水平推力为 $F_x = \frac{M_c^0}{f} = \frac{ql^2}{8f}$

由式（13-6）可得三铰拱的合理拱轴方程为 $y = \frac{M^0}{F_x} = \frac{4f}{l^2}x(l-x)$

可见，在沿跨长的竖向均布荷载作用下，三铰拱的合理拱轴线为二次抛物线。因此，在屋面建筑中用拱来作为屋面承重结构时，常采用抛物线拱就是由于上述缘故。

【例 13-9】 如图13-22（a）所示为一圆弧三铰拱，受径向均布荷载作用时，试证明拱身任一截面的弯矩和剪力等于零，只有轴力，且合理拱轴线为圆弧线。

解： 从铰 C 截开考虑左半拱[图13-22（b）]，因为是对称结构上作用着正对称荷载，所以拱顶上的剪力为零。

表 13-1 三铰拱内力计算表

拱轴分号	横坐标 x (m)	纵坐标 y (m)	$\tan\varphi_k$	φ_k	$\cos\varphi_k$	$\sin\varphi_k$	Q_k^0 (kN)	M_k (kN·m)			Q_k (kN)			N_k (kN)		
								M_k^0	$-F_xy_k$	M_k	$Q_k^0\cos\varphi_k$	$Q_k^0\sin\varphi_k$	Q_k	$-Q_k^0\sin\varphi_k$	$-H\cos\varphi_k$	N_k
0	0	0	1.333	53°8′	0.600	0.800	52.5	0	0	0	31.5	−33	−1.5	−42.0	−24.8	−66.8
1	1.5	1.75	1.000	45°	0.707	0.707	52.5	78.8	−72.2	6.6	37.1	−29.2	7.9	−37.1	−29.2	−66.3
2	3.0	3.0	0.667	33°42′	0.832	0.555	5.25 2.5	157.5	−123.8	33.8	43.7 2.1	−22.9	20.8 −20.8	−29.2 −1.4	−34.3	−63.5 −35.7
3	4.5	3.75	0.333	18°25′	0.949	0.316	2.5	161.3	−154.7	6.6	2.4	−13.1	−10.7	−0.8	−39.2	−40.0
4	6.0	4.0	0.000	0°	1.000	0.000	2.5	165.0	−165.0	0	2.5	0	2.5	0	−41.2	−41.2
5	7.5	3.75	−0.333	−18°25′	0.949	−0.316	−12.5	157.5	−154.7	2.8	−12.9	13.1	1.2	−4.0	−39.1	−43.1
6	9.0	3.0	−0.667	−33°42′	0.832	−0.555	−27.5	127.5	−123.8	3.7	−22.9	22.9	0	−15.2	−34.3	−49.5
7	10.5	1.75	−1.000	−45°	0.707	−0.707	−42.5	75.0	−72.2	2.8	−30.1	29.2	−0.9	−30.1	−29.1	−59.2
8	12.0	0	−1.333	−53°8′	0.600	−0.800	−57.5	0	0	0	−34.5	33.0	−1.5	−46.0	−24.8	−70.8

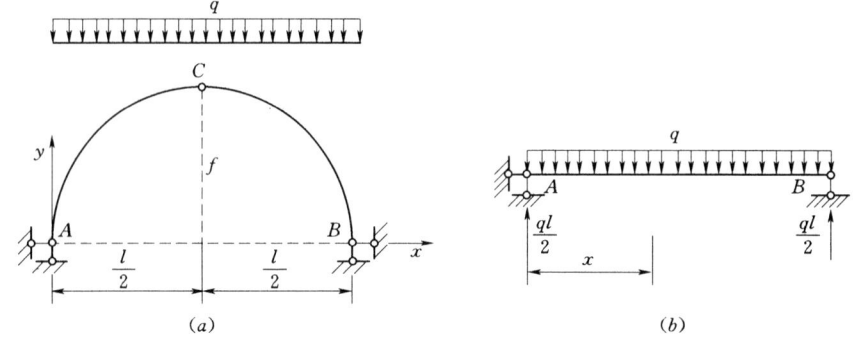

图 13-21

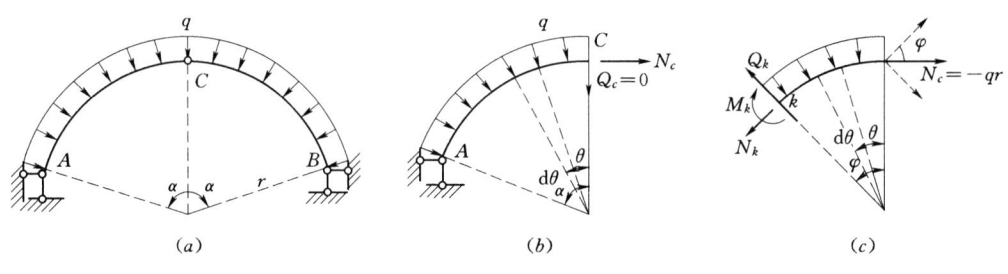

图 13-22

以 A 点为矩心建立力矩方程。由 $\sum M_A = 0$，有

$$N_c r(1-\cos\alpha) + \int_0^\alpha qr\,d\theta\, r\sin(\alpha-\theta) = 0$$

积分计算得

$$N_c r(1-\cos\alpha) + qr^2(1-\cos\alpha) = 0$$

最后解得 $N_c = -qr$

下面求任意截面的内力 [图 13-22 (c)]

$$M_k = -N_c r(1-\cos\varphi) - \int_0^\varphi qr\,d\theta\, r\sin(\varphi-\theta) = qr^2(1-\cos\varphi) - qr^2(1-\cos\varphi) = 0$$

$$Q_k = N_c r\sin\varphi + \int_0^\varphi qr\,d\theta\cos(\varphi-\theta) = -qr\sin\varphi + qr\sin\varphi = 0$$

$$N_k = N_c\cos\varphi - \int_0^\varphi qr\,d\theta\sin(\varphi-\theta) = -qr\cos\varphi - qr(1-\cos\varphi) = -qr$$

上述结果表明，三铰拱在径向均布荷载作用下合理拱轴线为圆弧线，而且，任一截面的轴力为常数 qr。因此，在水管、隧洞衬砌、涵洞等输水结构中常采用圆形截面，拱坝的轴线也常采用圆弧线。

应当指出，合理拱轴是针对一种荷载而言的。当荷载改变时，合理拱轴随之而变。而在实际工程中，三铰拱往往要受到各种不同荷载的作用，而每一种荷载都有其对应的合理拱轴线。因此，根据某一荷载所确定的合理拱轴线并不能使拱在各种荷载作用下都处于无弯矩状态。在设计中为了尽可能使拱的受力状态接近于无弯矩状态，通常是以主要荷载作用下的合理轴线作为拱的轴线，这样，在所有荷载共同作用下拱不会产生太大的弯矩。

第四节 静定平面桁架

一、桁架的特点和组成

桁架是由若干直杆在两端用铰连接而成的一种杆系结构。这种结构当荷载作用在各结点上时，各杆的截面内力主要是轴力，横截面上应力基本上均匀分布，与梁相比，材料的使用经济合理，自重较轻。桁架的缺点是结点多、施工复杂。所以，桁架多用在桥梁、屋架、水闸闸门构架、输电塔架及其他大跨度结构中。图 13-23 (a) 所示为钢筋混凝土屋架的示意图。

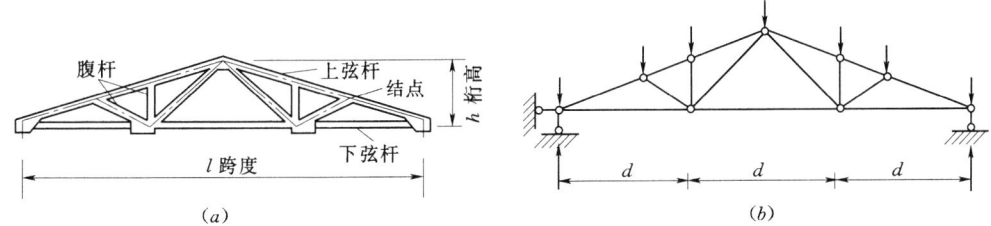

图 13-23

实际工程中的桁架一般都是空间结构，但其中有很多可以分解为平面桁架进行分析。为了简化计算，选取既能反映结构的主要受力性能，又便于计算的计算简图。通常对实际桁架的计算简图采用下列假定：

（1）桁架的各结点都是光滑无摩擦的理想铰结点；
（2）各杆的轴线都是直线且在同一平面之内并通过铰的中心；
（3）荷载和支座反力都作用在结点上，而且位于桁架的平面内；
（4）各杆重量略去不计，或平均分配在杆件两端的结点上。

满足上述特点的桁架称为理想桁架，理想桁架中的各杆均为二力杆。图 13-23 (b) 就是根据上述的假设简化得到的图 13-23 (a) 所示实际桁架的计算简图。

在桁架中，由于各杆件所处位置不同，分别有不同的名称。如图 13-23 (a) 所示的屋架中，桁架上边外围的杆件称为上弦杆，在下边外围的杆件为下弦杆，上弦杆与下弦杆之间的杆件称为腹杆。腹杆又可分为竖杆和斜杆。各杆的连接处称为结点（或节点）。弦杆相邻结点间的距离 d 称为节间，两支座间的水平距离 l 称为跨度。上下弦杆间的最大距离 h 称为桁架的高度，简称桁高。

工程中的桁架受力比较复杂，与理想桁架特点并不完全符合。除木桁架的榫接处比较接近于铰结点外，钢桁架和钢筋混凝土桁架的结点都有很大的刚性。另外，各杆轴不一定绝对平直；各杆轴线也不一定全交于一点；荷载也不一定都作用在结点上，等等。但科学实验和工程实践证明，结点刚性等因素对桁架的影响一般来说是次要的，由次要因素引起的桁架内力本节不作讨论。

按桁架几何构造的特点，一般桁架可分为三类：

（1）简单桁架：由基础或一个基本铰结三角形开始，逐次增加二元体所组成静定结构。如图 13-24（a）、(b) 所示。

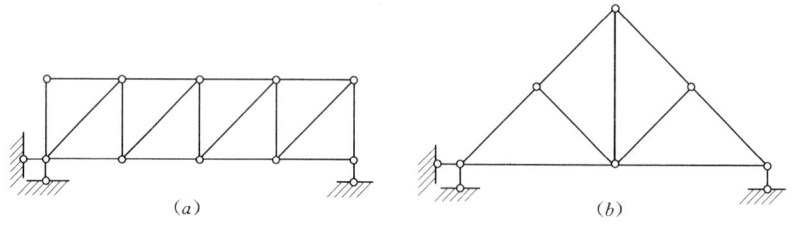

图 13-24

（2）联合桁架：由几个简单桁架按两刚片、三刚片规则组成的铰结体系，如图 13-25（a）所示。

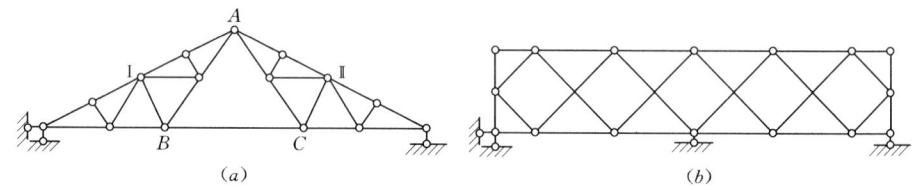

图 13-25

（3）复杂桁架：凡不属于前两类的桁架则属于复杂桁架。如图 13-25（b）所示。

二、桁架的内力计算

1. 结点法

截取桁架的一个结点为隔离体计算杆件内力的方法称为结点法。此时，桁架所受的外荷载、支座反力以及杆件的内力都汇交于一点，组成一平面汇交力系。对于每个结点可以列出两个平衡方程（$\sum F_x = 0$，$\sum F_y = 0$），求解出两个未知力。结点法最适宜用来计算简单桁架。

用结点法计算简单桁架时，可先由整体平衡求出支座反力，然后按简单桁架组成的逆顺序，即从最后增加的一个二元体开始，逆组成顺序依次应用结点法，即可求出整个桁架中各杆的内力。下面举例说明。

【**例 13-10**】 试用结点法求图 13-26（a）所示桁架中各杆的内力。

解：由于该桁架及荷载都是对称的，在对称位置上的支座反力和内力必然相等，故只需计算半边桁架的内力。

（1）计算桁架的支座反力。

$$F_{Ay} = F_{By} = 13\text{kN}(\uparrow) \qquad F_{Ax} = 0$$

（2）计算各杆内力。

求出反力后，从仅有两个未知轴力的结点开始，逐次截取出各结点求出各杆的内力。本题先从第 F（或 H）结点开始，然后依次按 $G \rightarrow C \rightarrow D \rightarrow A$（或 $G \rightarrow E \rightarrow D \rightarrow B$）的次序进行取结点求解。画结点受力图时，一律假定杆件受拉。

结点 F：其隔离体如图 13-26（b）所示。根据平衡条件

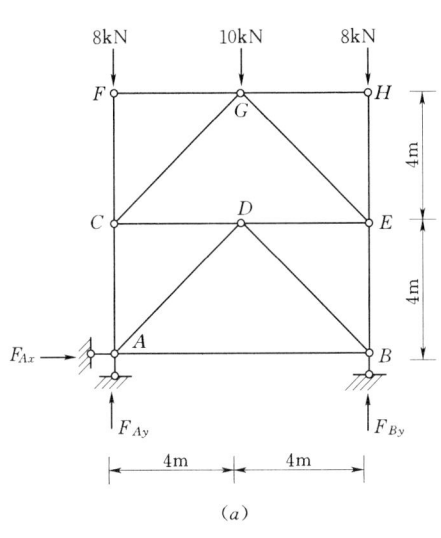
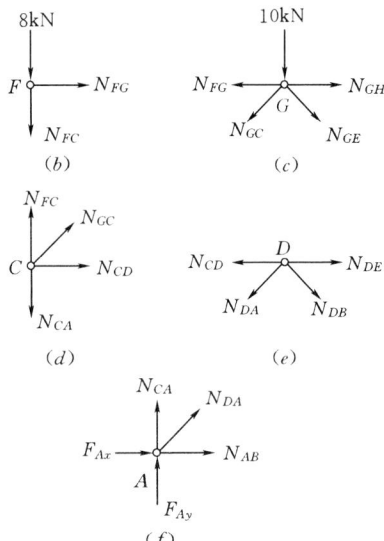

图 13-26

由 $\sum F_y = 0$,得 $\qquad N_{FC} = -8\text{kN}(压)$

由 $\sum F_x = 0$,得 $\qquad N_{FG} = 0$

结点 G:其脱离体如图 13-26(c)所示。

由 $\sum F_y = 0$,得 $\qquad -N_{GC}\cos45° - N_{GE}\cos45° - 10 = 0$

由 $\sum F_x = 0$,得 $\qquad N_{GE}\sin45° - N_{GC}\cos45° = 0$

得 $\qquad N_{GC} = N_{GE} = -5\sqrt{2}\text{kN}(压)$

结点 C:其脱离体如图 13-26(d)所示。

由 $\sum F_y = 0$,得 $\qquad N_{FC} + N_{GC}\cos45° - N_{CA} = 0$

由 $\sum F_x = 0$,得 $\qquad N_{GC}\cos45° + N_{CD} = 0$

得 $\qquad N_{CD} = 5\text{kN}(拉), \qquad N_{CA} = -13\text{kN}(压)$

结点 D:其脱离体如图 13-26(e)所示。利用对称性

由 $\sum F_y = 0$,得 $\qquad -N_{DA}\cos45° - N_{DB}\cos45° = 0$

得 $\qquad N_{DA} = N_{DB} = 0$

结点 A,其脱离体如图 13-26(f)所示。

由 $\sum F_x = 0$,得 $\qquad N_{AB} = 0$

另半边桁架杆件的内力,可根据对称性求得。

上例中的 FG、GH、AD、DB、AB 五杆轴力均为零。**桁架中内力为零的杆称为零杆。** 计算中若先判断出零杆(或直接可求出的杆),可使计算得到简化,此种情况有以下几种:

(1) 不共线的两杆结点上无荷载作用时[图 13-27(a)],则该两杆均为零杆。

(2) 不共线的两杆结点上有荷载作用,且荷载沿某一杆轴线方向时[图 13-27(b)],则另一杆必为零杆。

(3) 三杆结点上无荷载作用时[图 13-27(c)],若其中两杆在一直线上,则另一杆

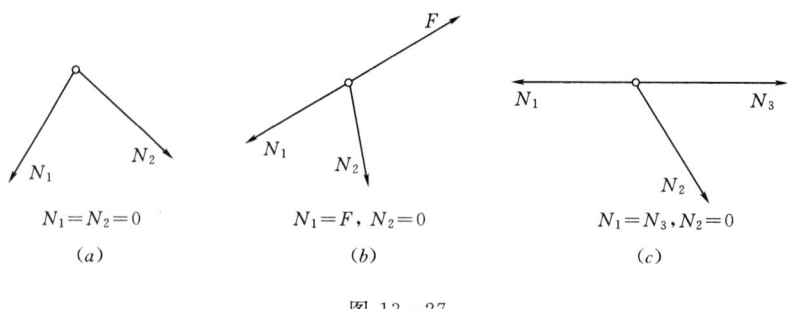

$N_1 = N_2 = 0$ $N_1 = F, N_2 = 0$ $N_1 = N_3, N_2 = 0$
(a)   (b)   (c)

图 13-27

必为零杆。

上述结论都不难由结点平衡条件得到证实。在分析桁架时，可先利用上述原则找出零杆，这样可使计算工作简化。例如：图 13-28（a）、（b）所示，图中的虚线杆即为零杆。找出零杆后，再用结点法便可求得其余杆件的内力。

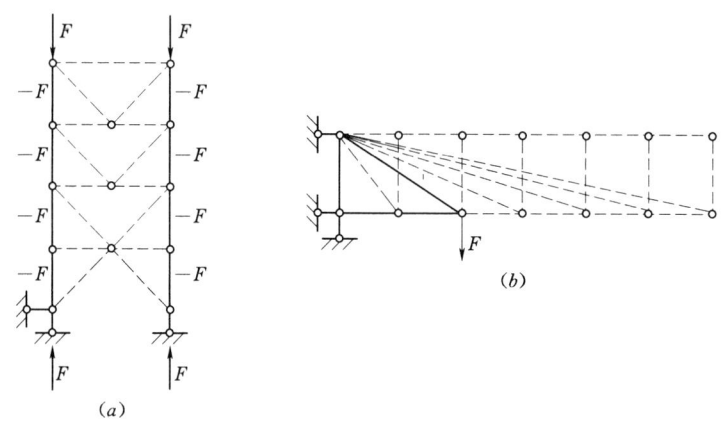

图 13-28

2. 截面法

在桁架的内力计算中，有时只需要计算某几个指定杆的内力，这时用截面法比较方便。

截面法就是选择一适当的截面切断欲求内力的杆件，取桁架的一部分（至少包括两个结点）为脱离体，作用在脱离体上的力组成一个平面一般力系，利用平衡条件：$\sum F_x = 0, \sum F_y = 0, \sum M = 0$，可求出三个未知内力。截面法适用于下列情况：联合桁架的计算，简单桁架指定杆件的计算。

为了计算方便，最好使每一个平衡方程中只包含一个未知力，以避免解算联立方程。为此，要注意选择恰当的投影轴和力矩中心。

【例 13-11】 试用截面法计算图 13-29（a）所示桁架指定杆的内力。其中 $F = 10\text{kN}$。

解：(1) 计算支座反力（本题可以不计算支座反力）。

(2) 计算指定杆①、②、③的内力。

用截面 m—m 切断①、②、③杆，取截面上部分为隔离体，如图 13-29（b）所示。

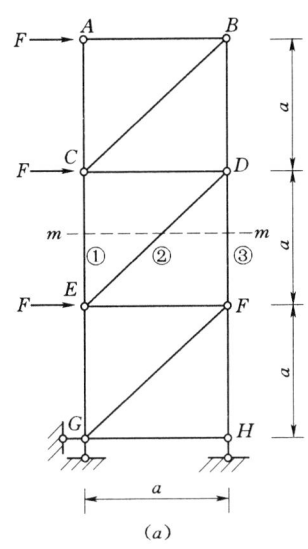
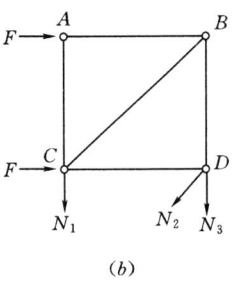

图 13-29

由 $\sum M_D = 0, N_1 a - Fa = 0$,得 $\qquad N_1 = F = 10\text{kN}(拉)$

由 $\sum F_x = 0, 2F - N_2\cos45° = 0$,得 $\qquad N_2 = 2\sqrt{2}F = 20\sqrt{2}\text{kN}(拉)$

由 $\sum F_y = 0, -N_1 - N_2\cos45° - N_3 = 0$,得 $N_3 = -30\text{kN}(压)$

3. 结点法与截面法的联合应用

有的桁架杆件用截面法一次难以求得其内力,可以联合使用结点法和截面法求解。下面举例加以说明。

【例 13-12】 试求图 13-30(a)所示桁架中杆 a、杆 b、杆 c 的内力。

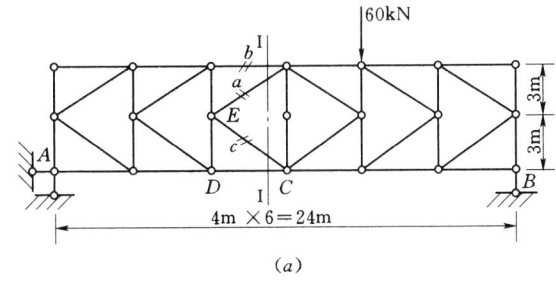
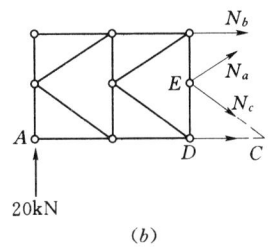
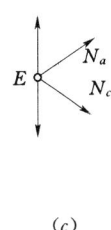

图 13-30

解:(1)求支座反力。

由 $\sum F_x = 0$ 得 $\qquad F_{Ax} = 0$

由 $\sum M_B = 0 \quad -F_{Ax} \times 24 + 60 \times 8 = 0$ 得 $\qquad F_{Ay} = 20\text{kN}(\uparrow)$

由 $\sum F_y = 0 \quad 20 + F_{By} - 60 = 0$ 得 $\qquad F_{By} = 40(\uparrow)$

(2)求杆 a、杆 b 及杆 c 的内力。

作截面 I—I 并取其以左部分为隔离体 [图 13-30(b)]。由于此截面切断了四根杆件,仅由上面所取的隔离体不能解算出四根杆件的未知内力,故需由其他的隔离体算出某一个未知力或找出其中某两个未知力的关系,而使该截面只含有三个独立的未知数后,才能进一步计算。

先运用结点法来计算结点 E [图 13-30 (c)]

由 $\sum F_x = 0$,得 $\qquad N_a = -N_c$

再由 Ⅰ—Ⅰ 截面左边的隔离体

由 $\sum F_y = 0$,得 $\qquad N_a \times \dfrac{3}{5} - N_c \times \dfrac{3}{5} + 20 = 0$

得 $\qquad N_a = -16.7 \text{kN} \quad N_c = 16.7 \text{kN}$

由 $\sum M_c = 0$,得 $\qquad -20 \times 12 - N_a \times \dfrac{4}{5} \times 6 - N_b \times 6 = 0$

得 $\qquad N_b = -26.7 \text{kN}$

4. 截面法中特殊情况的应用

用截面法求桁架内力时,应尽量使所截杆件不超过三根。这样,就可直接利用隔离体的三个平衡方程将三根杆件的内力求出。然而,在某些特殊情况下,若被切断的内力未知杆件虽然超过三根,但其中除所求的一根杆外,其余各杆均汇交于一点或互相平行,可取各杆之交点为矩心或取垂直于各杆的直线为投影轴,由力矩方程或投影方程,直接求出另一杆的内力。

例如,图 13-31 (a) 所示桁架中求 a 杆的轴力,作 Ⅰ—Ⅰ 截面取脱离体 [图 13-31 (b)],虽然截面上包含有五个未知内力,但因除 N_a 外,其余四个未知内力均交于 C 点,故由隔离体的平衡条件 $\sum M_c = 0$,可求出 N_a。又如图 13-32 (a) 所示桁架,若取截面 Ⅰ—Ⅰ 以下部分为隔离体 [图 13-32 (b)],则由 $\sum F_{x'} = 0$,可求出 N_a。

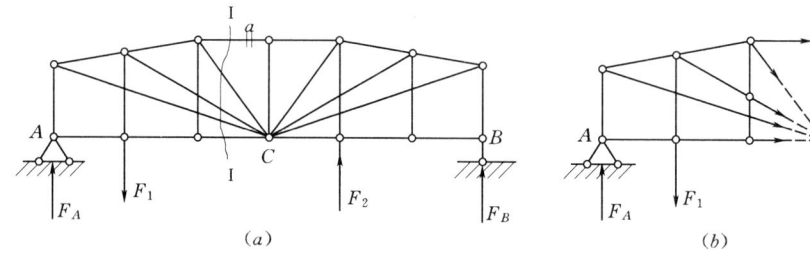

图 13-31

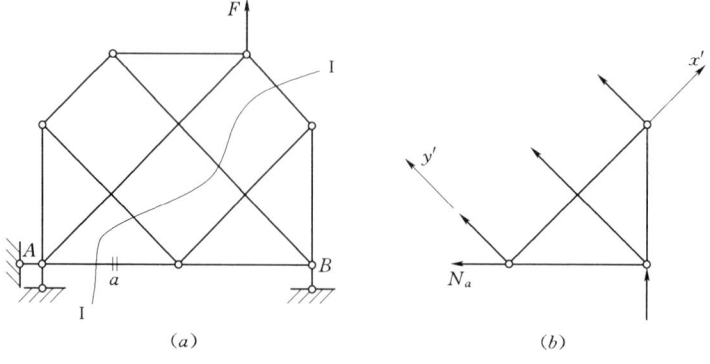

图 13-32

第五节 组　合　结　构

组合结构是由仅有轴力的链杆和承受弯矩、剪力、轴力的梁式杆组合而成的结构。如图 13-33（a）所示，屋架的上弦是钢筋混凝土制作的受弯构件——梁，下弦和竖杆是由型钢制作的两端相当于铰接的链杆。图 13-33（b）所示是其计算简图。

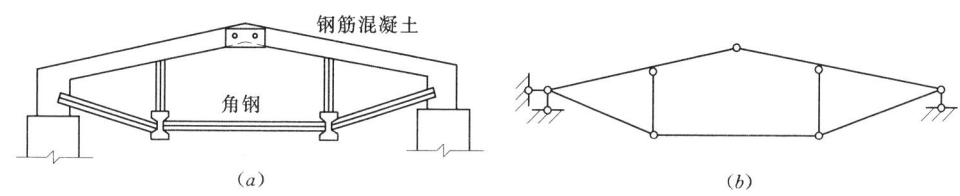

图 13-33

组合结构能充分发挥桁架和梁各自的优点。质量轻、方便施工，可采用各种力学性能不同的材料建造，能承受较大的荷载，常为各种跨度的建筑物采用。

计算组合结构的关键是正确区分两类杆件。其特点分别为：①链杆：两端铰结且无横向力作用的直杆。这类杆件只产生轴向变形，其截面上只有轴力，又称为二力杆。②梁式杆：承受横向力作用的杆件。这类杆件可产生弯曲变形，其截面上一般有弯矩、剪力和轴力，又称受弯构件。

计算组合结构时，应先根据其几何组成来确定计算的顺序，一般是先计算支座反力，然后计算各链杆的轴力，最后计算各梁式杆的内力，绘制内力图。

第六节　静定结构小结

一、静定结构的基本特征

（1）从静力特征方面来说，静定结构的全部反力和内力均可由静力平衡条件求得，且其解答是唯一的确定值，从几何组成方面来说，静定结构是没有多余联系的几何不变体系。

（2）静定结构的反力和内力只须由静力平衡条件就可确定，而不需考虑结构的变形条件，因此，静定结构的反力和内力只与荷载以及结构的几何形状和尺寸有关，而与构件所用的材料以及截面的形状、尺寸无关。

（3）由于静定结构没有多余联系，因此，它在支座位移、温度改变、制造误差等因素影响下，不产生反力和内力，但能使结构产生位移。如图 13-34（a）所示三铰刚架，当支座 B 下沉时，整个刚架随之而发生虚线所示的刚性转动，不产生反力和内力。又如图 13-34（b）所示柱子，当两侧的温度变化不一样时，柱子可自由地伸长和弯曲，发生如图中虚线所示的变形，但不产生反力和内力。

（4）静定结构受平衡力系作用时，其影响的范围只限于受该力系作用的最小几何不变部分，此范围之外不受影响，如图所示受平衡力系作用的桁架，只在粗线所示的杆件中产

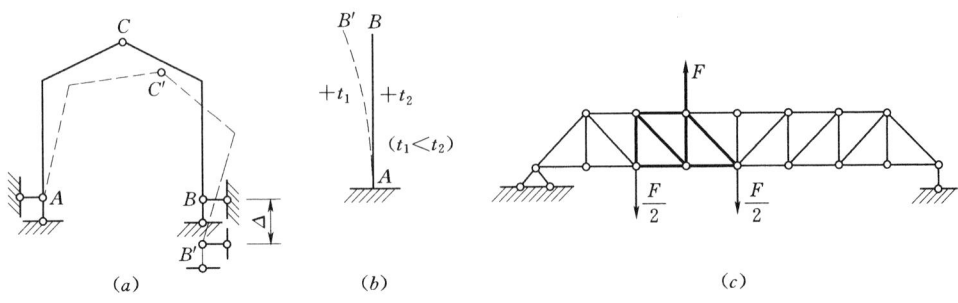

图 13-34

生内力,而反力和其他杆件的内力都等于零。粗线所示部分就是受平衡力系作用的最小几何不变部分。

二、静定结构的受力分析

求解静定结构的反力和内力时,基本方法是截取脱离体,将未知力暴露出来,使之成为脱离体上的外力。脱离体所受力系包括原有荷载及切割面上的内力或约束力。根据脱离体的平衡条件,列出平衡方程组加以求解。

当作用在脱离体上的力系为平面汇交力系时,利用两个独立的平衡条件,可求解两个未知力;若为平面一般力系,则有三个独立的平衡条件,可求解三个未知力。

三、常用静定结构的内力特点

实际工程中常用的静定结构为梁、桁架、三铰拱、刚架和组合结构。

(1) 梁。梁为受弯构件,由于截面上的应力分布不均匀,故材料得不到充分利用。

(2) 桁架。在理想的情况下,桁架中各杆只产生轴力,截面上应力分布均匀且能同时达到极限值,故材料能得到充分利用。与梁相比桁架能跨越较大的空间。

(3) 三铰拱。三铰拱中的内力主要是轴向压力。由于有水平推力,所以拱中的弯矩比相应简支梁的要小,拱下空间比简支梁的大。

(4) 刚架。刚架是受弯杆系结构,且具有较大的空间,可作为厂房等大型建筑承重结构。

(5) 组合结构。同一结构中因含有受力性质完全不同的两类杆件,故此结构兼有梁和桁架结构的特点。

思 考 题

思 13-1 如何区分多跨静定梁的基本部分和附属部分?当荷载作用在基本部分上时,为什么附属部分不产生内力?

思 13-2 如何正确认识多跨静定梁的弯矩分布总比同样多跨数独立简支梁的弯矩分布均匀?

思 13-3 如何根据刚架的弯矩图作出它的剪力图,又如何根据剪力图作出它的轴力图?

思 13-4 试比较拱与梁的受力特点。

思 13-5 什么叫三铰拱的合理拱轴?三铰拱只有一条合理拱轴吗?

思 13-6　计算桁架内力时，应如何利用其几何组成特点简化计算，以避免解算联立方程？

习　题

题 13-1　试作图示多跨静定梁的 M、Q 图。

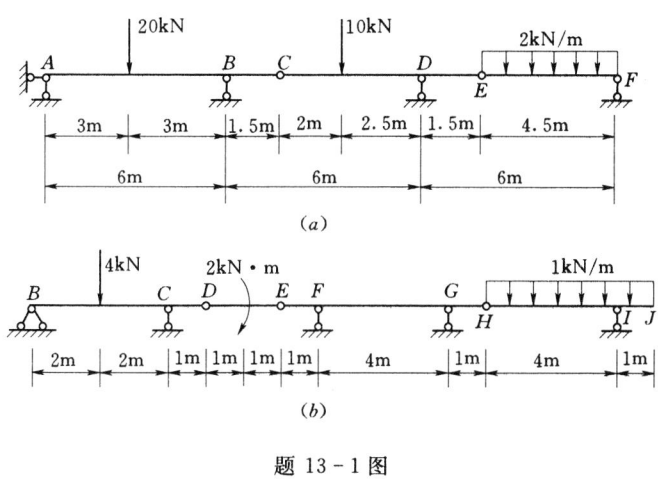

题 13-1 图

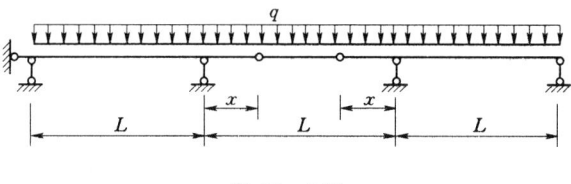

题 13-2 图

题 13-2　试选择铰的位置 x，使图示三跨静定梁中间一跨的跨中弯矩与两个边跨的支座弯矩的绝对值相等。

题 13-3～题 13-6　试作图示刚架的内力图。

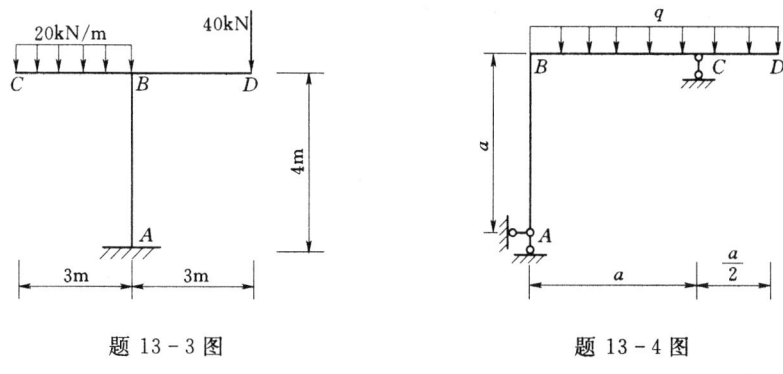

题 13-3 图　　　　　　　题 13-4 图

题 13-7～题 13-9　试作图示刚架的弯矩图。

题 13-10　试求图示圆弧三铰拱的支座反力，并求截面 K 的内力。

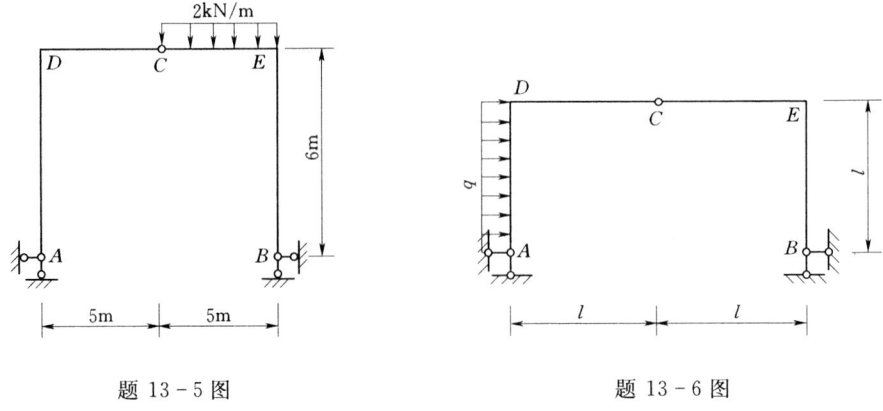

题 13-5 图　　　　　　　题 13-6 图

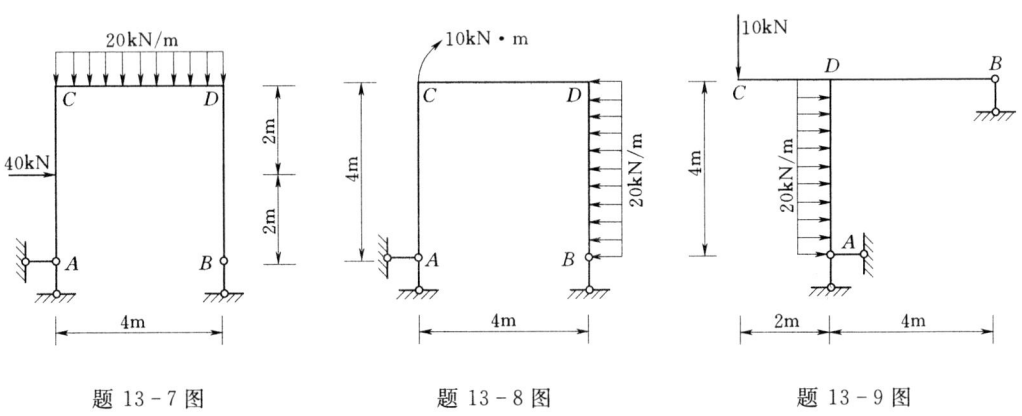

题 13-7 图　　　　题 13-8 图　　　　题 13-9 图

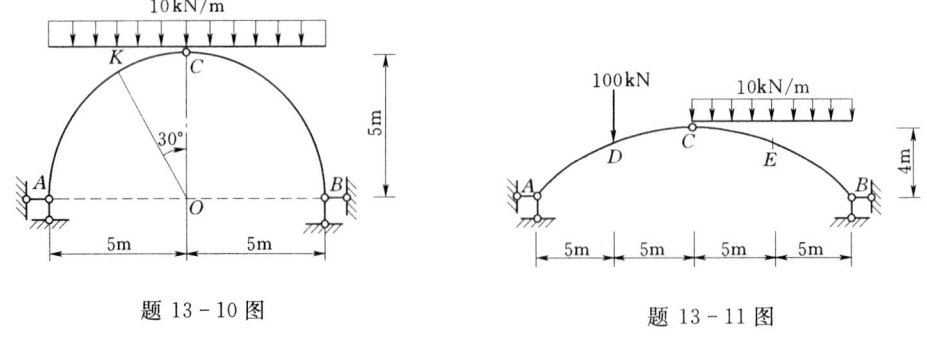

题 13-10 图　　　　　　　题 13-11 图

题 13-11　试求图示抛物线三铰拱的支座反力，并求截面 D 和 E 的内力。拱轴方程为：$y = \dfrac{4f}{l^2}(l-x)x$。

题 13-12　分析图示桁架的类型，并指出零杆。

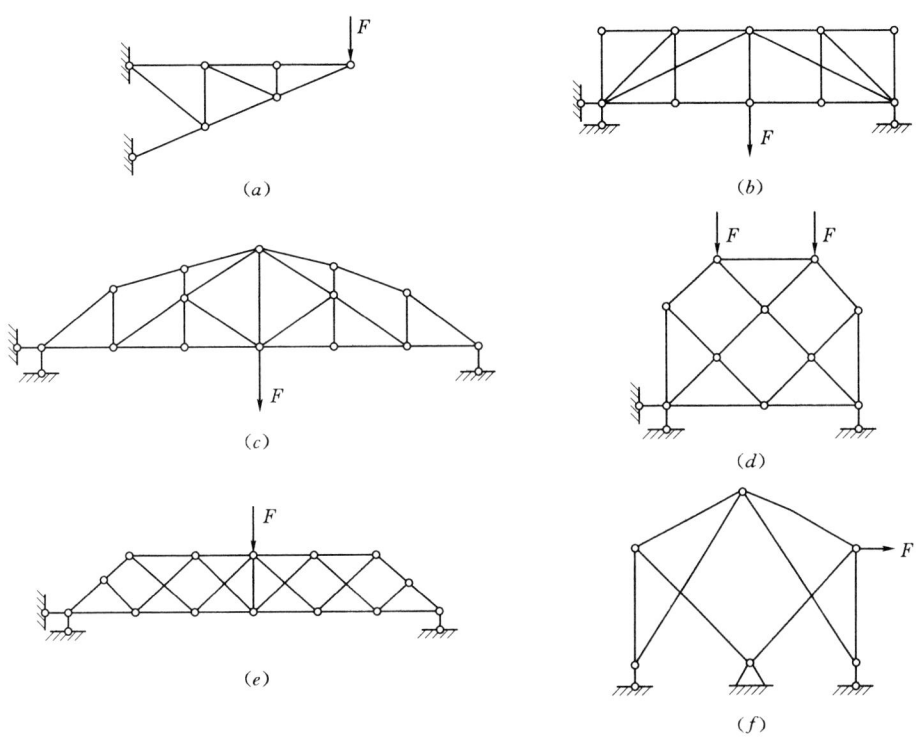

题 13-12 图

题 13-13　试用结点法求图示桁架各杆的轴力。

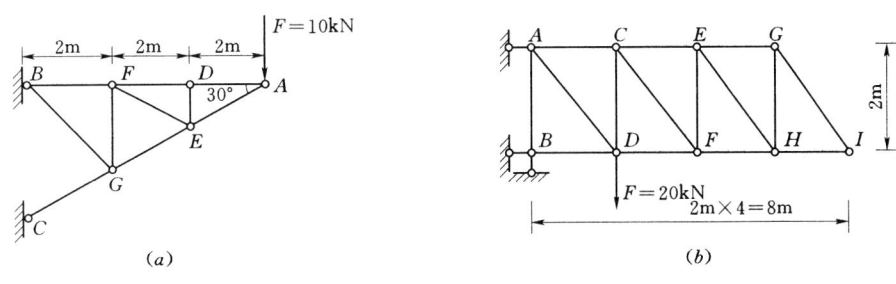

题 13-13 图

题 13-14　试用截面法或结点法求下面图示桁架中指定杆件的内力。

题 13-15　图示组合屋架承受均布荷载 $q=20\text{kN/m}$ 作用，求杆 AF、DF、FG、EG、BG 的轴力，并绘出杆 AC、BC 的弯矩图。

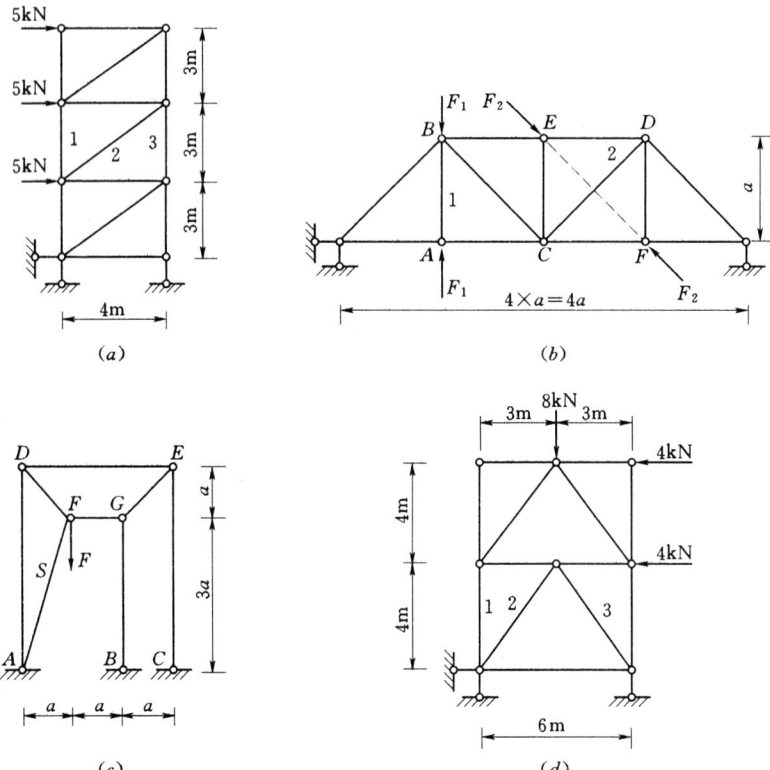

题 13-14 图

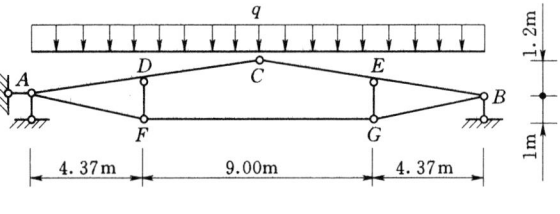

题 13-15 图

第十四章 静定结构的位移计算

第一节 结构位移计算概述

结构在荷载作用、温度变化、支座沉降、制造装配误差等因素作用下会发生变形。变形时，结构中某点或某截面的位置的改变称为结构的位移。与梁的位移相同，结构各截面的位移可分为两种：截面形心沿直线方向移动的距离称为线位移和截面绕中性轴转动的角度称为角位移。

如图 14-1 (a) 所示刚架在荷载作用下，刚架变形后的轴线如图 14-1 (a) 虚线所示，使 A 截面的形心移到 A' 点，线段 AA' 称为 A 点的线位移记为 Δ_A，若将 Δ_A 沿水平和竖直的方向分解，如图 14-1 (b) 所示，则其分量，Δ_{Ax} 和 Δ_{Ay} 分别称为 A 点的水平线位移和竖向线位移。同时，截面 A 还转动了一个角度，称为截面 A 的角位移，用 θ_A 表示。

结构位移计算的目的有三个。其一是验算结构的刚度。在结构设计中，除了应该满足结构的强度要求外，还应该满足结构的刚度要求，即工程实践中规定结构的位移不能超过规范规定的允许值。例如：民用建筑中屋盖和楼盖梁的挠度容许值为梁跨度的 1/200～1/400；吊车梁的挠度容许值为梁跨度的 1/600。其二，是为计算超静定结构做准备。在计算超静定结构内力时，除利用静力平衡条件外，还需要考虑变形协调条件，因此需要计算结构的位移。其三，有时在结构的制作、架设和养护等过程中，常需要预先知道结构变形后的位置，以便作出一定的施工措施。

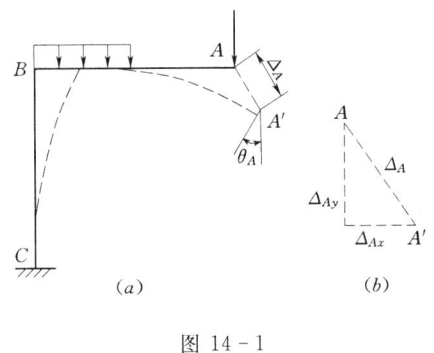

图 14-1

本章只讨论线性变形体系的位移计算。线性变形体系也称为线性弹性体系，在其计算时，线性变形体系的位移与荷载呈线性关系，因此可以应用叠加原理。结构力学中计算位移的一般方法是以虚功原理为基础的。本章先介绍变形体系的虚动原理，然后导出结构位移计算的单位荷载法。

第二节 虚功和虚功原理

一、虚功

在力学中，功的定义是：一个不变的集中力所作的功等于该力的大小与其作用点沿力作用线方向所产生的位移的乘积。

如图 14-2 (a) 所示，大小和方向都不变的力 F 所作的功为：$W=F\Delta$。

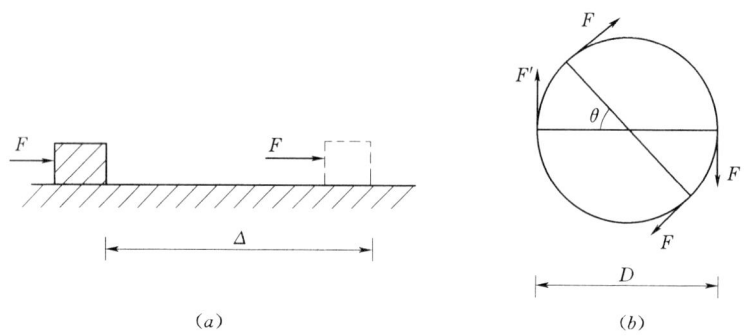

图 14-2

如图 14-2 (b) 所示，一力偶作用在圆盘上，其力偶矩 $m=FD$，该圆盘在力偶平面内顺时针方向转过角度 θ，则此力偶所作的功为：$W=m\theta$，表明力偶所作的功等于力偶矩与角位移的乘积。

我们将力和力偶所作的功用一个统一的公式表示：

$$W = F\Delta \tag{14-1}$$

式中 F 称为广义力。作功的广义力可以是一个力，一个力偶，一对力，甚至是一个力系，这些力统称为广义力。Δ 称为广义位移。相对的广义位移可以是线位移、角位移，两截面之间的相对线位移或相对角位移，统称为广义位移。广义力与广义位移应有相对应关系，例如，集中力与线位移相对应，集中力偶与角位移相对应。力 F 与相对位移 Δ 方向一致时，所作的功为正功，反之，功为负功。

由上可知，功包含了两个要素——力和位移。当做功的力与相应位移彼此相关时，即当位移是由做功的力本身引起时，此功称为**实功**。当作用力 F 与经历的位移 Δ 是独立无关的，二者无因果关系，即荷载 F 在由其他因素所引起位移上做的功称为**虚功**。

如图 14-3 (a) 所示简支梁受力 F_1 作用，待其达到实曲线所示的弹性平衡位置后，如果由于某种外因（如其他荷载或温度变化等）使该梁继续发生微小变化而达到虚曲线所示位置，力 F_1 对相应位移 Δ_2 所做的功就是虚功。在虚功中，力与位移是无因果关系、彼此独立的两个因素。因此，可将两者看成是分别属于同一体系的两种彼此无关的状态，其力系所属状态称为力状态或第一状态 [图 14-3 (b)]。位移所属状态为位移状态或第二状态 [图 14-3 (c)]。若用 W_{21} 表示第一状态的力在第二状态位移上所做的虚功，则有 $W_{21}=F_1\Delta_2$。

虚位移可以是虚设的位移，即所谓虚位移是指被约束条件所允许的任何微小的位移。既然位移状态是可以虚设的，同样，力状态也可以是虚设的，它们各有不同的应用。

二、虚功原理

对于变形体系，其虚功原理可表述为：变形体系在任意力系作用下处于平衡，又设变形体系由于任何其他原因产生了微小的符合约束条件和变形连续条件的虚位移，则体系上所有外力在位移上所做的虚功总和等于各微段内力在其变形上所做的虚功总和。简单表述

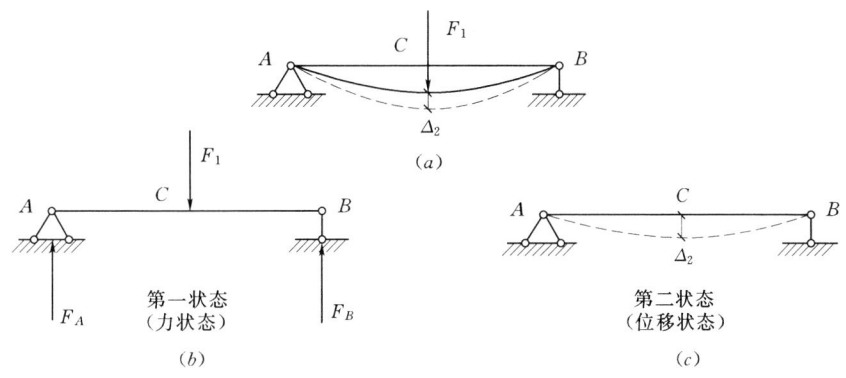

图 14-3

为：外力虚功等于内力虚功。即

$$W_e = W_i \tag{14-2}$$

式中：W_e 为外力虚功，即力状态的外力在位移状态的位移上所做的虚功总和；W_i 为内力虚功，即力状态的内力在位移状态的变形上所做的虚功总和。

式（14-2）称为变形体系的虚功方程。

虚功原理在应用时须注意：

(1) 位移和变形是微小量，位移曲线光滑连续，并符合约束条件。

(2) 对于弹性、非弹性、线性、非线性变形体，虚功原理均适用。

(3) 当结构作为刚体时，则 $W_i=0$，于是变形体系虚功方程变为 $W_e=0$，即刚体的虚功方程。

(4) 在虚功原理中，做功的力系和位移可以彼此独立无关，而且两者之一可以是虚设的，即对应于某一个给定的平衡力系，可以选取多种变形状态；或者对应于某一个给定的变形状态，可以选取多种平衡力系。下面在求结构位移的计算时，就是以变形体虚功原理为理论基础的。

第三节 单位荷载法计算位移

本节将从虚功原理出发，利用虚功方程式（14-2）导出计算杆系结构位移的一般公式。

一、平面杆系结构的虚功方程

图 14-4（a）、(b) 所示为同一平面杆系结构的两个彼此独立无关的状态。图 14-4（a）为力状态，力系处于平衡；图 14-4（b）为位移状态，位移和变形微小、连续，符合约束条件。所以力状态在位移状态上所做的外力虚功和内力虚功分别为

$$W_\text{外} = F_1\Delta_1 + F_2\Delta_2 + F_3\Delta_3 + (-F_{Ay}C_1) + (-F_{By}C_2) = \sum F_i\Delta_i + \sum F_R C_i$$

$$W_\text{内} = \sum \int_s N\,\mathrm{d}u + \sum \int_s M\,\mathrm{d}\varphi + \sum \int_s Q\,\mathrm{d}\eta$$

按式（14-2），得到平面杆系结构的虚功方程为

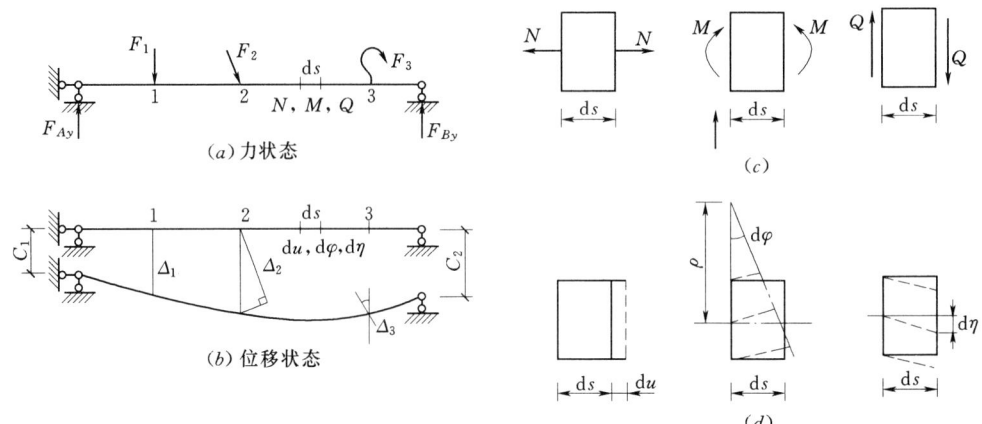

图 14-4

$$\sum F_i \Delta_i + \sum F_R C_i = \sum \int_s N\,\mathrm{d}u + \sum \int_s M\,\mathrm{d}\varphi + \sum \int_s Q\,\mathrm{d}\eta \tag{14-3}$$

式中：F_i、F_R 分别为力状态中的作用力和支座反力；Δ_i、C_i 分别为位移状态中在力作用点处和支座处的位移；N、M、Q 分别为力状态结构中 $\mathrm{d}s$ 微段上的内力，如图 14-4（c）所示；$\mathrm{d}u$、$\mathrm{d}\varphi$、$\mathrm{d}\eta$ 分别为位移状态结构中 $\mathrm{d}s$ 微段上的相对轴向变形、相对剪力变形和相对转角，如图 14-4（d）所示。

二、单位荷载法

将虚功原理应用于位移计算时，位移状态是拟求位移的实际状态，力状态则是虚设的。为了求某一线位移或角位移，必须使所建立的虚功方程中含有且仅含有这一个未知量。因此，虚设力系中应只有一个在拟求位移上作虚功的外力。为了计算简便，可将此外力取为单位荷载，建立虚力状态，由平面杆系结构的虚功方程式（14-3），得到位移计算的一般公式

$$1 \times \Delta = \sum \int_s \overline{N}\,\mathrm{d}u + \sum \int_s \overline{M}\,\mathrm{d}\varphi + \sum \int_s \overline{Q}\,\mathrm{d}\eta - \sum \overline{F_R} C_i \tag{14-4}$$

式（14-4）为单位荷载法求位移的计算公式。

式中：$\overline{N}$、$\overline{M}$、$\overline{Q}$ 为虚设单位荷载在结构中 $\mathrm{d}s$ 微段上的内力；$\overline{F_R}$ 为虚设单位荷载产生的支座反力。

应用单位荷载法时应注意：单位力状态是个虚设的状态，但其力的性质和方位必须与所求位移相对应，其指向（或转向）可以随意假设。若计算结果为正，说明实际位移的方向与虚设单位力的方向相同，为负则反向。

单位荷载法不仅可以用于计算结构的线位移，而且可以计算任意的广义位移。在计算各种位移时，可按以下方法虚设单位力。

（1）设要求图 14-5（a）、（b）所示结构上 C 点的竖向线位移，可在该点沿所求位移方向加一单位力。

（2）设要求图 14-5（c）、（d）所示结构上截面 A 的角位移，可在该处加一单位力偶。若要求图 14-5（e）所示桁架中 AB 杆的角位移，则应加一单位力偶，构成这一力偶

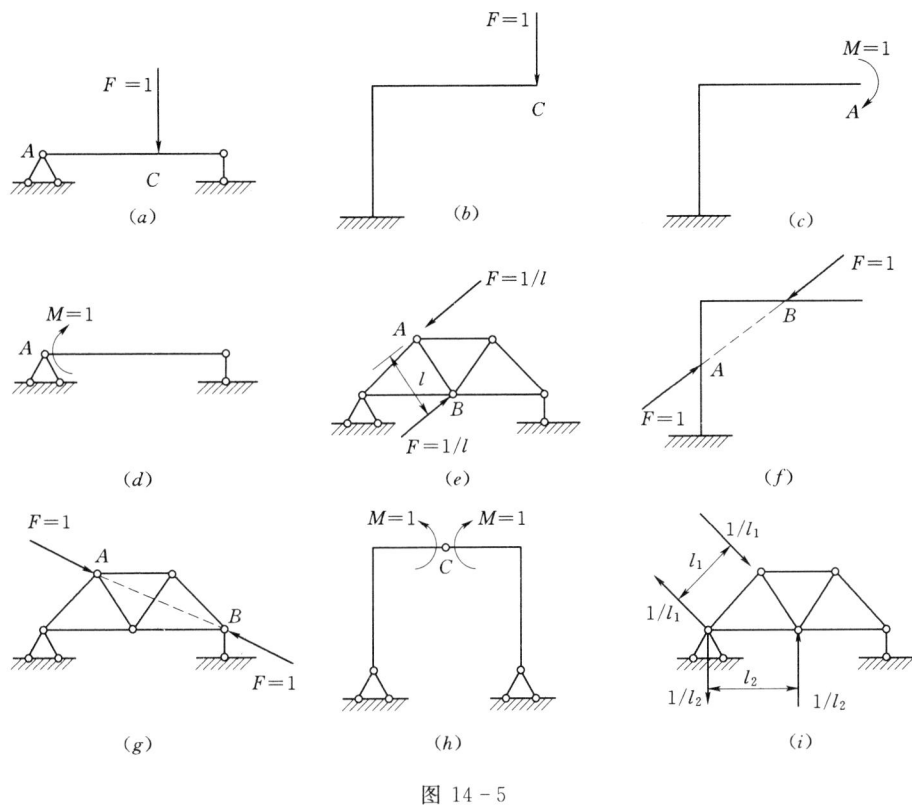

图 14-5

的两个集中力,各作用于该杆的两端并与杆轴垂直,其值为 $1/l$,l 为该杆长度。

(3) 设要求图 14-5(f)、(g) 所示结构上 A、B 两点沿其连线方向的相对线位移,可在该两点沿其连线加上两个方向相反的单位力。

(4) 设要求梁或刚架上两个截面的相对角位移,可在这两个截面上加两个方向相反的单位力偶,如图 14-5(h) 所示,为求铰 C 处左、右两侧截面的相对角位移,则应加两个方向相反的单位力偶。若要求桁架中两根杆件的相对角位移,则应加两个方向相反的单位力偶 [图 14-5(i)]。

第四节 结构在荷载作用下的位移计算

一、荷载作用下位移的计算公式

如果结构只受到荷载作用,且不考虑支座位移的影响(即 $C_i=0$)时,则式 (14-4) 可以简化为如下形式:

$$\Delta = \sum \int_s \overline{N} du + \sum \int_s \overline{M} d\varphi + \sum \int_s \overline{Q} d\eta \tag{14-5}$$

式中微段的变形(du、$d\eta$、$d\theta$)是由实际荷载引起的,以 N_F、M_F、Q_F 表示实际状态中微段 ds 所受内力,则由材料力学可知轴向变形： $\mathrm{d}u = \varepsilon\mathrm{d}s = \dfrac{N_F}{EA}\mathrm{d}s$

弯曲转角： $\mathrm{d}\varphi = \dfrac{1}{\rho}\mathrm{d}s = \dfrac{M_F}{EI}\mathrm{d}s$ (a)

剪切变形： $\mathrm{d}\eta = \gamma\mathrm{d}s = K\dfrac{Q_F}{GA}\mathrm{d}s$

将式（a）代入式（14-5）得

$$\Delta = \sum\int_s \frac{\overline{N}N_F}{EA}\mathrm{d}s + \sum\int_s \frac{\overline{M}M_F}{EI}\mathrm{d}s + \sum\int_s K\frac{\overline{Q}Q_F}{GA}\mathrm{d}s \tag{14-6}$$

式中：EA、GA、EI 分别为杆件截面的抗拉（压）、抗剪和抗弯刚度；K 为由于剪力产生的剪应力沿截面分布不均匀而引用的修正系数，其值与截面形状有关，如矩形截面，$K=1.2$，圆形截面，$K=\dfrac{10}{9}$ 等；M_F、Q_F、N_F 分别为实际荷载引起的弯矩、剪力、轴力；$\overline{M}$、$\overline{Q}$、$\overline{N}$ 分别为虚设单位荷载引起的弯矩、剪力、轴力。

式（14-6）是静定结构在荷载作用下位移计算的一般公式。公式右边三项分别表示：轴向变形、剪切变形、弯曲变形的影响，在实际计算中，根据结构的具体情况和受力特点，保留主要影响，忽略次要影响而得到不同结构的简化公式。

（1）梁和刚架。在梁和刚架中，位移主要是弯矩引起的，轴力和剪力的影响很小，可以忽略不计。所以式（14-6）可简化为

$$\Delta = \sum\int_s \frac{\overline{M}M_F}{EI}\mathrm{d}s \tag{14-7}$$

（2）桁架。在桁架中，各杆只受轴力，而其每一杆件的截面面积 A 和轴力 $\overline{N}$、N_F 以及弹性模量 E 沿杆长都是常数。所以式（14-6）可简化为

$$\Delta = \sum\int \frac{\overline{N}N_F}{EA}\mathrm{d}s = \sum \frac{\overline{N}N_F}{EA}l \tag{14-8}$$

（3）组合结构。在组合结构中，梁式杆主要受弯矩，链杆只受轴力，所以式（14-6）可简化为：

$$\Delta = \sum\int_s \frac{\overline{M}M_F}{EI}\mathrm{d}s + \sum \frac{\overline{N}N_F}{EA}l \tag{14-9}$$

（4）拱。在拱结构和曲梁中，杆件的曲率对结构变形的影响可以忽略，只考虑弯矩的影响；而在计算扁平拱 $\left(\dfrac{f}{l}<\dfrac{1}{5}\right)$ 中需同时考虑弯矩和轴力的影响。

$$\Delta = \sum\int_s \frac{\overline{M}M_F}{EI}\mathrm{d}s + \sum\int_s \frac{\overline{N}N_F}{EA}\mathrm{d}s \tag{14-10}$$

二、荷载作用下位移计算举例

【例 14-1】 试求图 14-6（a）所示简支梁中点 C 的竖向位移 Δ_{Cy}，并比较弯曲变形和剪切变形对该位移的影响。梁为矩形截面 $b\times h$、EI、GA 均为常数。

解：（1）建立虚设状态。在 C 点加相应于竖向位移的单位力 $F=1$，如图 14-6(b)所示。

（2）分别列出两种状态各梁段的内力方程。设坐标原点在 A 点，由于对称，可取左半部分 AC 段进行计算 $\left(0\leqslant x\leqslant \dfrac{l}{2}\right)$，任意截面的内力表达式为：

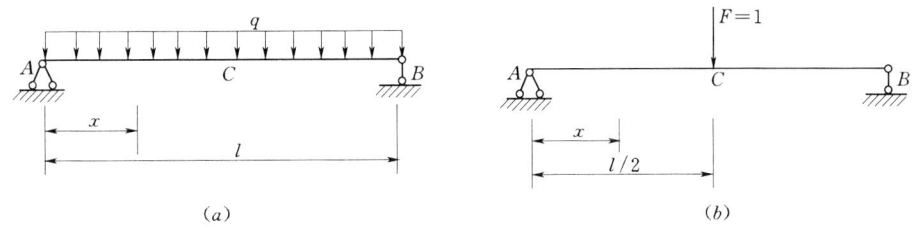

图 14-6

实际荷载　　　　　　　　虚设单位力 $F=1$

$$M_F = \frac{q}{2}(lx - x^2) \qquad \overline{M} = \frac{1}{2}x$$

$$Q_F = \frac{q}{2}(l - 2x) \qquad \overline{Q} = \frac{1}{2}$$

(3) 计算 Δ_{Cy}。

将上述各式代入式 (14-5) 即可得 C 点的竖向位移。

$$\begin{aligned}
\Delta_{Cy} &= 2\left(\int_0^{\frac{l}{2}} \frac{\overline{M}M_F}{EI}\mathrm{d}x + \int_0^{\frac{l}{2}} K\frac{\overline{Q}Q_F}{GA}\mathrm{d}x\right) \\
&= 2\left[\frac{1}{EI}\int_0^{\frac{l}{2}} \frac{x}{2} \times \frac{q}{2}(lx - x^2)\mathrm{d}x + \frac{K}{GA}\int_0^{\frac{l}{2}} \frac{1}{2} \times \frac{q}{2}(l - 2x)\mathrm{d}x\right] \\
&= \frac{q}{2EI}\int_0^{\frac{l}{2}}(lx^2 - x^3)\mathrm{d}x + \frac{Kq}{2GA}\int_0^{\frac{l}{2}}(l - 2x)\mathrm{d}x \\
&= \frac{5ql^4}{384EI} + \frac{Kql^2}{8GA}(\downarrow)
\end{aligned}$$

上式中第一项是弯曲引起的位移，第二项是剪切引起的位移。若此梁为矩形截面，其 $K=1.2$，$A=bh$，$I=bh^3/12$，设 $G=0.4E$，$\frac{h}{l}=\frac{1}{15}$，把以上数据代入上式得：

$$\Delta_{Cy} = \frac{ql^2}{EI}\left(\frac{5l^2}{384} + \frac{5l^2}{36000}\right)$$

式中剪力产生的第二项仅为弯矩产生的第一项的 1.1%，梁的截面高度与跨度之比 (h/l) 越小，则剪力影响引起的位移越小，所以受弯构件只计算弯矩一项，剪切变形对位移的影响通常可略去不计。

【例 14-2】 图 14-7(a) 所示桁架，计算下弦中点 D 的竖向位移 Δ_{Dy}，已知各杆弹性模量 $E=2.1\times10^4\mathrm{kN/cm^2}$，图中标号内数值表示杆件的截面面积。

解：(1) 在 D 点加单位力 $F=1$，如图 14-7(b) 所示。

(2) 用结点法分别求出实际荷载作用下和单位力 $F=1$ 作用下各杆轴力 N_F、$\overline{N}$，具体数值见表 14-1。

(3) 求 Δ_{Dy}。

根据桁架位移计算公式 (14-8) 可得到：

$$\Delta_{Dy} = \sum \frac{\overline{N}N_F}{EA}l = \frac{2415}{21000} = 0.115 \text{ (cm)}(\downarrow)$$

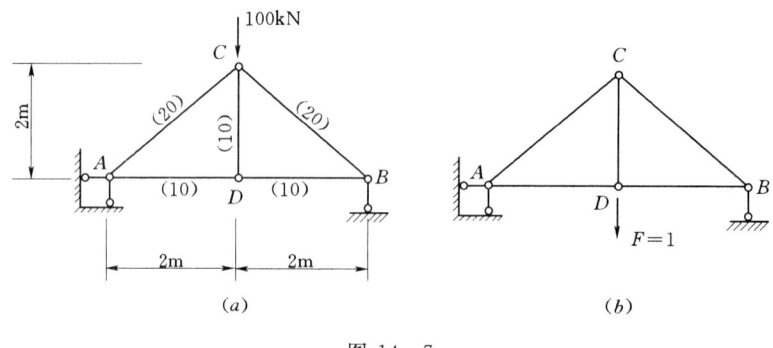

图 14-7

正号表示 D 点竖向线位移的实际方向与单位荷载 $F=1$ 的假设方向一致,即方向向下。

表 14-1　　　　　　　　桁架位移计算

杆件	l (cm)	A (cm²)	$\overline{N}$	N_F (kN)	$\overline{N}N_F l/A$ (kN/cm)
AC	283	20	−0.707	−70.71	707.5
BC	283	20	−0.707	−70.71	707.5
AD	200	10	0.5	50.0	500
BD	200	10	0.5	50.0	500
CD	200	10	1.0	0	0
					∑2415.0

第五节　图　乘　法

由上节可知,计算在荷载作用下梁、刚架的位移时,其计算公式为

$$\Delta = \sum \int_s \frac{\overline{M} M_F}{EI} ds$$

式中的 $\overline{M}$、M_F 是两种状态弯矩的函数式,用积分来计算位移的工作是比较麻烦的。但当结构的杆件或杆件的一段符合下列条件时:(1) 杆轴为直线;(2) $EI=$ 常数;(3) $\overline{M}$ 和 M_F 两个弯矩图中至少有一个是直线图形,均可采用图乘法来代替积分运算。

一、图乘法计算公式

图 14-8 所示为直杆 AB 的两个弯矩图,其中 $\overline{M}$ 图为直线,M_F 图为任意形状,$EI=$ 常数,则有

$$\Delta = \frac{1}{EI} \int_A^B \overline{M} M_F dx$$

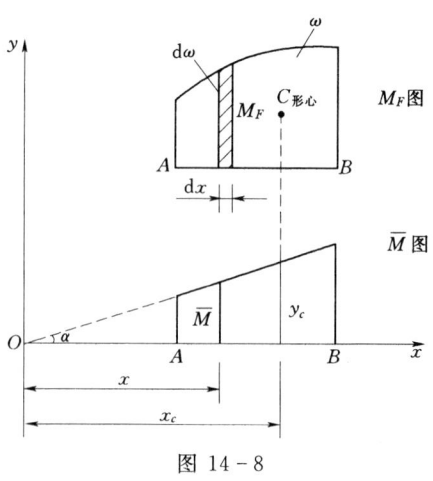

图 14-8

由图 14-8 可知，$\overline{M}$ 图中某一点的竖矩（纵坐标）为 $\overline{M}=y=x\tan\alpha$ 代入上述积分式中，则有：

$$\Delta = \frac{1}{EI}\int_A^B \overline{M} M_F dx = \frac{1}{EI}\int_A^B x\tan\alpha M_F dx = \frac{1}{EI}\tan\alpha \int_A^B x d\omega \tag{a}$$

式中：$d\omega = M_F dx$，M_F 图的有阴影线的微分面积 $\int x d\omega$ 是 M_F 图的面积 ω 对 y 坐标轴的静矩，它等于 M_F 图的面积 ω 乘以其形心到 y 轴的坐标距离 x_c。即

$$\int_A^B x d\omega = \omega x_c \tag{b}$$

代入式（a）有

$$\Delta = \frac{1}{EI}\int_A^B \overline{M} M_F dx = \frac{1}{EI}\tan\alpha \int_A^B x d\omega = \frac{1}{EI}\tan\alpha \omega x_c = \frac{1}{EI}\omega y_c$$

式中：$y_c = x_c \tan\alpha$ 是 M_F 图的形心 C 处所对应的 $\overline{M}$ 图的纵坐标。

上式将 $\overline{M}$，M_F 两个弯矩函数积分变为一个弯矩图的面积 ω 乘以其形心处所对应的另一个直线弯矩图上的竖矩 y_c 再除以 EI，这就是用图乘法计算结构位移的公式

$$\Delta = \sum \int_s \frac{\overline{M} M_F}{EI} ds = \sum \frac{1}{EI}\omega y_c \tag{14-11}$$

在应用图乘法时应注意下列各点：（1）必须符合上述前提条件；（2）竖矩 y_c 只能取自直线图形；（3）ω 与 y_c 若在杆件的同侧乘积取正号，异侧取负号。

图 14-9 给出了位移计算中几种常见图形的面积和形心的位置。在应用图示抛物线图形的公式时，必须注意顶点处的切线与基线平行，即在顶点处 $Q=0$，这种图形称为标准抛物线图形。

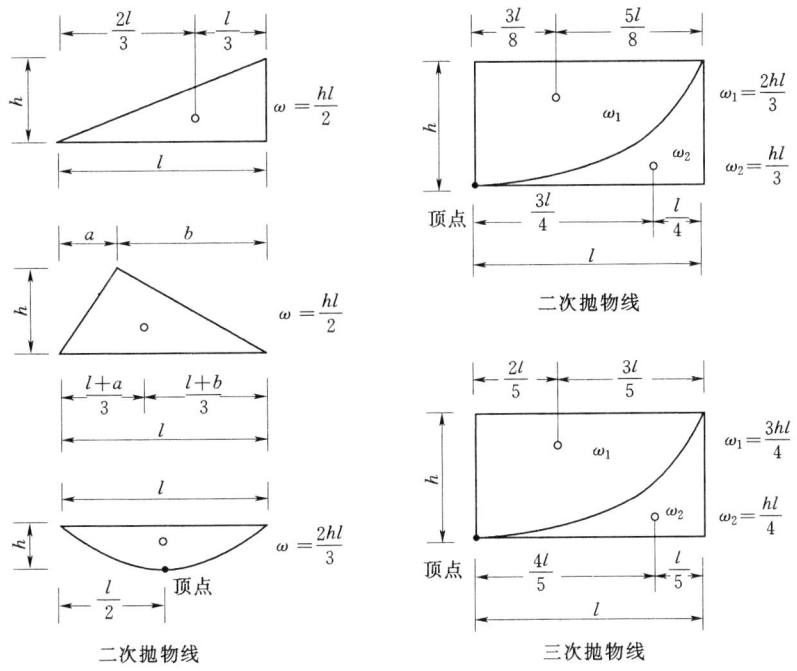

图 14-9

二、复杂图形的分段与叠加

在图乘法的运算中应注意分段和叠加等技巧的应用。

1. 分段的原则

(1) 若一个图形是曲线，一个图形是直线，则纵坐标 y_c 应在直线图形中量取；若两个图形都是直线，则纵坐标 y_c 可取自其中任一图形。

(2) 一个图形是曲线，另一个图形是由几段直线组成的折线，则应分段计算，如图 14-10 所示。位移计算公式为 $\Delta = \dfrac{1}{EI}(\omega_1 y_1 + \omega_2 y_2 + \omega_3 y_3)$。

(3) 杆件各段有不同的 EI，则应在 EI 变化处分段，如图 14-11 所示。

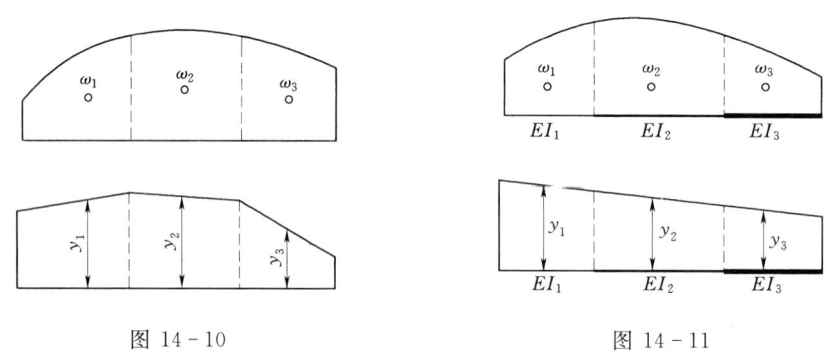

图 14-10　　　　　　　　　　　　图 14-11

2. 叠加常用的几种形式

(1) 两个图形都是梯形，如图 14-12 所示，可把一个梯形分解为两个三角形，分别应用图乘法，然后叠加。即

$$\Delta = \frac{1}{EI}(\omega_1 y_1 + \omega_2 y_2) \tag{a}$$

其中纵坐标 y_1 和 y_2 可用下式计算

$$y_1 = \frac{2}{3}c + \frac{1}{3}d \qquad y_2 = \frac{1}{3}c + \frac{2}{3}d \tag{b}$$

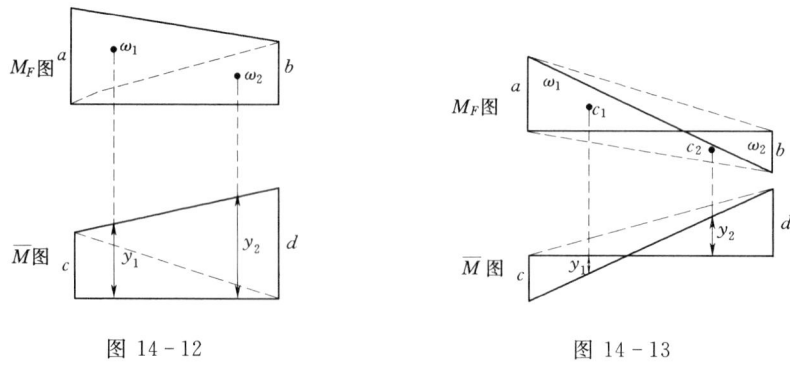

图 14-12　　　　　　　　　　　　图 14-13

如果两个直线图形具有正号和负号，如图 14-13 所示。M_F 图可改看作两个三角形：一个三角形在上边，高度为 a；一个三角形在下边，高度为 b；式（a）仍可应用，但其纵坐标 y_1 和 y_2 要用下式计算。

$$y_1 = \frac{2}{3}c - \frac{1}{3}d \qquad y_2 = \frac{2}{3}d - \frac{1}{3}c$$

(2) 图 14-14 (a) 所示为一段直杆在竖向均布荷载和杆端弯矩作用下的 M_F 图。M_F 图是由两个杆端弯矩 M_A、M_B 组成的梯形弯矩图和相应简支梁在均布荷载作用下的抛物线弯矩图叠加而成。可先把 M_F 图分解为一个梯形弯矩图 [图 14-14 (b)] 和一个抛物线弯矩图 [图 14-14 (c)] 两部分,再将两个图形分别与 $\overline{M}$ 图相乘并求和。

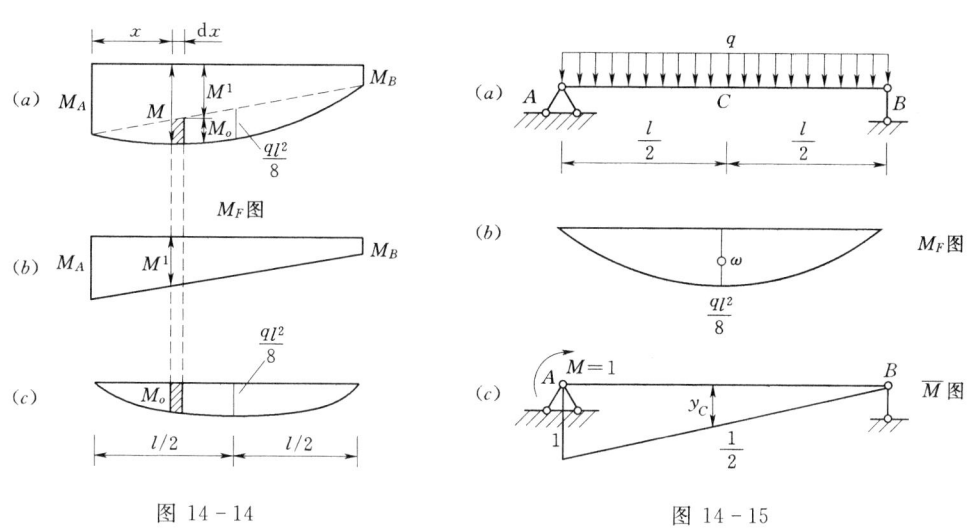

图 14-14

图 14-15

【**例 14-3**】 计算图 14-15 (a) 所示简支梁在均布荷载作用下 A 端的角位移 φ_A。$EI=$ 常数。

解:(1) 在简支架 A 端加一单位力偶,如图 14-15 (c) 所示。

(2) 分别作荷载 q 所产生的弯矩图 M_F [图 14-15 (b)] 和单位力偶作用下的弯矩图 $\overline{M_1}$ [图 14-15 (c)]。

(3) 计算 φ_A。

用图乘法公式求位移。因 M_F 图是曲线,应以 M_F 图作为 ω,在 $\overline{M}$ 图上取 y_c,将图 14-15 (b)、图 14-15 (c) 相乘得

$$\varphi_A = \frac{1}{EI}\omega y_0$$

$$= \frac{1}{EI}\left[\left(\frac{2}{3} \times l \times \frac{1}{8}ql^2\right) \times \frac{1}{2}\right] = \frac{ql^3}{24EI}(\curvearrowright)$$

【**例 14-4**】 计算图的 14-16 (a) 所示外伸梁 C 点的竖向位移 Δ_{Cy}。梁的 $EI=$ 常数。

解:(1) 在简支梁 C 端加一竖向力 $F=1$,如图 14-16 (c) 所示。

(2) 分别作荷载作用下的弯矩图 M_F [图 14-16 (b)] 和单位力所产生的弯矩图 $\overline{M}$ [图 14-16

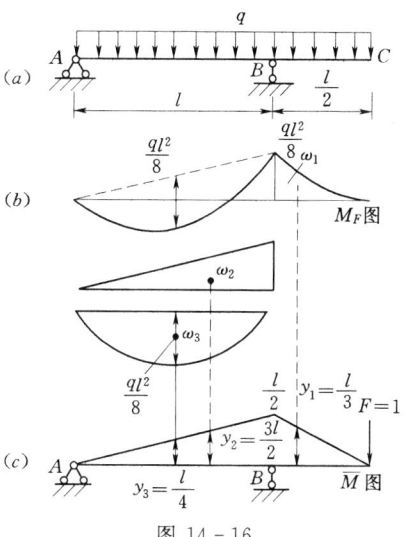

图 14-16

(c)]。

（3）计算 Δ_{Cy}。

$\overline{M}$ 图包括两段直线，所以整个梁应分为 AB 和 BC 两段分别应用图乘法计算。

M_F 图的 BC 段是标准二次抛物线为 ω_1；AB 段的 M_F 图可分解为在基线上边的三角形 ω_2 和在基线下边的抛物线 ω_3，于是由图乘法得：

$$\omega_1 = \frac{1}{3} \times \frac{l}{2} \times \frac{1}{8}ql^2 = \frac{ql^3}{48} \qquad y_1 = \frac{3}{4} \times \frac{l}{2} = \frac{3}{8}l (\text{同侧为正})$$

$$\omega_2 = \frac{1}{2}l \times \frac{1}{8}ql^2 = \frac{1}{16}ql^3 \qquad y_2 = \frac{2}{3} \times \frac{l}{2} = \frac{1}{3}l (\text{同侧为正})$$

$$\omega_3 = \frac{2}{3}l \times \frac{1}{8}ql^2 = \frac{1}{12}ql^3 \qquad y_3 = \frac{1}{2} \times \frac{l}{2} = \frac{l}{4} (\text{异侧为负})$$

$$\Delta_{Cy} = \frac{1}{EI}(\omega_1 y_1 + \omega_2 y_2 - \omega_3 y_3)$$

$$= \frac{1}{EI}\left(\frac{ql^3}{48} \times \frac{3}{8}l + \frac{1}{16}ql^3 \times \frac{l}{3} - \frac{1}{12}ql^3 \times \frac{l}{4}\right) = \frac{ql^4}{128EI}(\downarrow)$$

【例 14-5】 计算图 14-17（a）所示悬臂刚架在均布荷载作用下点 C 的竖向位移 Δ_{Cy} 和点 B 的水平位移 Δ_{Bx}。设 EI=常数。

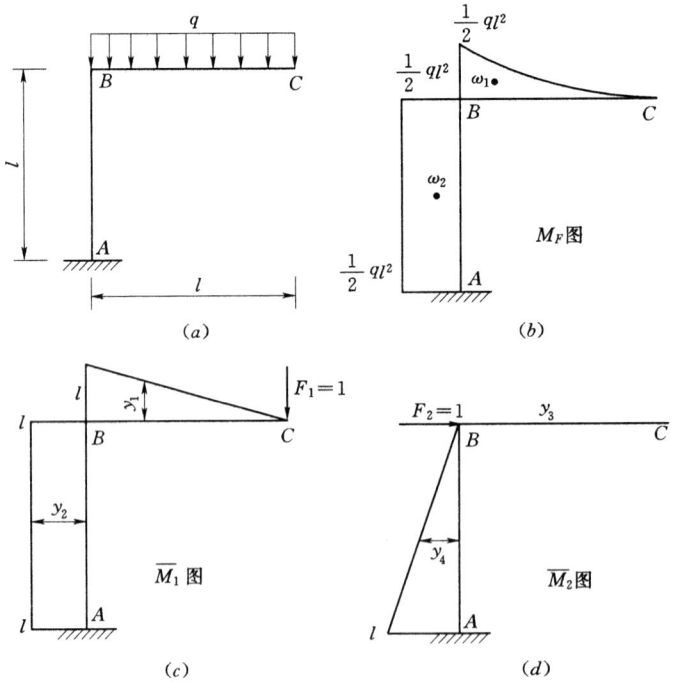

图 14-17

解：（1）在刚架 C 端加竖向单位力 $F_1=1$ [图 14-17（c）]，在 B 点加水平单位力 $F_2=1$ [图 14-17（d）]。

（2）分别作荷载作用下的 M_F 图 [图 14-17（b）]，虚设单位力作用的 $\overline{M}_1$ 图 [图 14

-17（c）]和 $\overline{M}_2$ 图 [图 14-17（d）]。

（3）计算点 C 竖向位移 Δ_{Cy} 和点 B 的水平位移 Δ_{Bx}。

应用图乘法时，AB 杆的 M_F 图和 $\overline{M}$ 图均为直线，所以可选任何一个图为 ω，在另外一个图上取 y_c 纵坐标相乘。在 BC 杆上要用 M_F 图为 ω，因为它是二次曲线，而在 $\overline{M}$ 图上取 y_c 纵坐标相乘。

$$\omega_1 = \frac{l}{3} \times \frac{ql^2}{2} = \frac{ql^3}{6} \qquad y_1 = \frac{3}{4}l \qquad y_3 = 0$$

$$\omega_2 = \frac{ql^2}{2}l = \frac{q}{2}l^3 \qquad y_2 = l \qquad y_4 = \frac{l}{2}$$

$$\Delta_{Cy} = \frac{1}{EI}(\omega_1 y_1 + \omega_2 y_2) = \frac{1}{EI}\left(\frac{ql^3}{6} \times \frac{3}{4}l + \frac{ql^3}{2}l\right) = \frac{5ql^4}{8EI}(\downarrow)$$

$$\Delta_{Bx} = \frac{1}{EI}(\omega_1 y_3 + \omega_2 y_4) = \frac{1}{EI}\left(\frac{ql^3}{6} \times 0 + \frac{ql^3}{2} \times \frac{l}{2}\right) = \frac{ql^4}{4EI}(\rightarrow)$$

【**例 14-6**】 试求图 14-18（a）所示某矩形渡槽槽身 C、D 两点的相对水平线位移（即两点沿水平方向距离的变化），各杆的 EI 为常数。

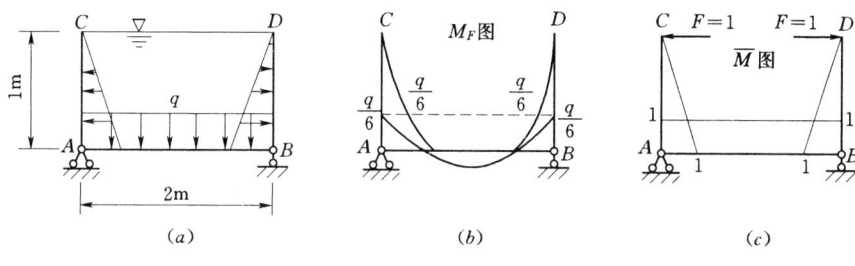

图 14-18

解：（1）在 C 点和 D 点分别加一对反向的单位水平力 [图 14-18（c）]。

（2）分别作荷载作用下的 M_F 图 [图 14-18（b）] 和单位广义力作用下的 $\overline{M}$ 图 [图 14-18（c）]。

（3）计算 Δ_{CD}。

$$\Delta_{CD} = \frac{1}{EI}\left(\frac{1}{4} \times 1 \times \frac{q}{6} \times \frac{4}{5} \times 1 \times 2 + \frac{q}{6} \times 2 \times 1 - \frac{2}{3} \times \frac{q}{2} \times 2 \times 1\right)$$

$$= \frac{1}{EI}\left(\frac{q}{15} - \frac{q}{3}\right) = -\frac{4q}{15EI}(\rightarrow\leftarrow)$$

结果为负值，说明 C、D 两点实际的相对水平位移与所设广义单位荷载指向相反，即不是相互离开而是相互靠近。

【**例 14-7**】 试计算图 14-19（a）所示组合结构梁 D 点的竖向位移。

解：本题是组合结构，在计算位移时，梁式杆 ABC、CED 只需考虑弯矩的影响，链杆 BE 只需考虑轴力的影响。

（1）画荷载作用下的 M_F、N_F 图 [图 14-19（b）]；

（2）在 D 点加单位竖向力并画 $\overline{M}$、$\overline{N}$ 图 [图 14-19（c）]；

（3）用图乘法求 Δ_D。由组合结构的位移公式，在梁式杆部分可用图乘法。位移计算如下：

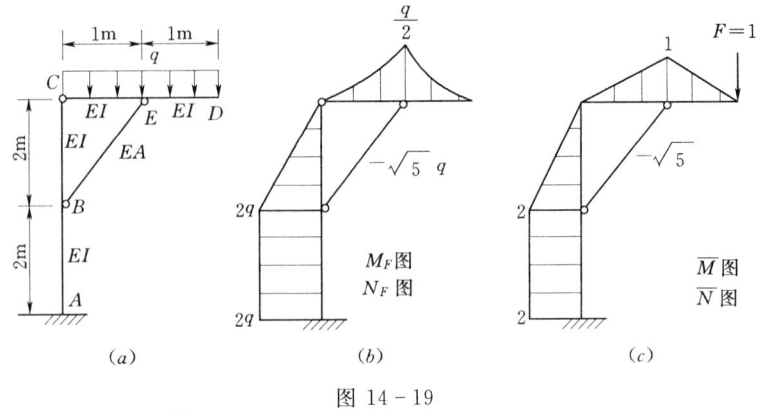

图 14-19

$$\Delta_D = \sum \frac{\omega y_c}{EI} + \frac{N_F \overline{N}}{EA} l$$
$$= \frac{1}{EI}\left(\frac{1}{3} \times \frac{q}{2} \times 1 \times \frac{3}{4} \times 1 \times 2 + \frac{1}{2} \times 2 \times 2q \times \frac{2}{3} \times 2 + 2q \times 2 \times 2\right)$$
$$+ \frac{1}{EA}(-\sqrt{5}q)(-\sqrt{5}) \times \sqrt{5} = \frac{131q}{12EI} + \frac{5\sqrt{5}q}{EA}(\downarrow)$$

计算结果为正，表明截面 D 点的实际位移与虚加单位力方向相同。

第六节 静定结构支座移动和温度改变引起的位移计算

一、支座移动引起的位移

静定结构是无多余约束的几何不变体系，当支座移动时，静定结构将发生刚体位移。如图 14-20 (a) 所示静定结构，其支座发生水平位移 C_1，竖向位移 C_2 和转角 C_3，现在要求由此引起的任一点沿任一方向的位移，例如求 k 点位移 Δ_k。

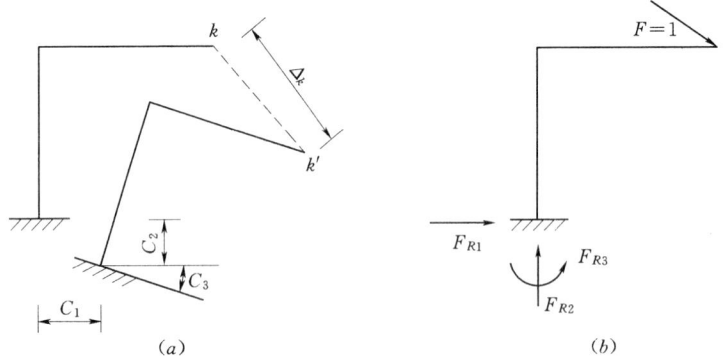

图 14-20
(a) 实际状态；(b) 虚设状态

这种位移仍用虚功原理来计算，由位移计算的一般公式即式 (14-4)

$$1 \times \Delta = \sum \int_s \overline{N} du + \sum \int_s \overline{M} d\varphi + \sum \int_s \overline{Q} d\eta - \sum \overline{F_R} C_i$$

因为以实际状态中取出的微段 ds 的变形 $du = d\varphi = d\eta = 0$，于是上式可简化为

$$\Delta = -\sum \overline{F_R} C_i \tag{14-12}$$

式中：$\overline{F_R}$ 为实际的支座位移；C_i 为与 $F=1$ 平衡的支座反力。

$\overline{F_R} C_i$ 是虚设力系的支座反力 $\overline{F_R}$ 在实际的相应支座移动 C_i 上做的虚功；两者方向一致，乘积为正，反之为负。此外，请注意上式右边还有一个负号。

【例 14-8】 图 14-21（a）所示刚架，若支座 B 发生水平移动，即 B 点向右移动一距离 a，试求 C 铰左、右两截面的相对转角 φ。

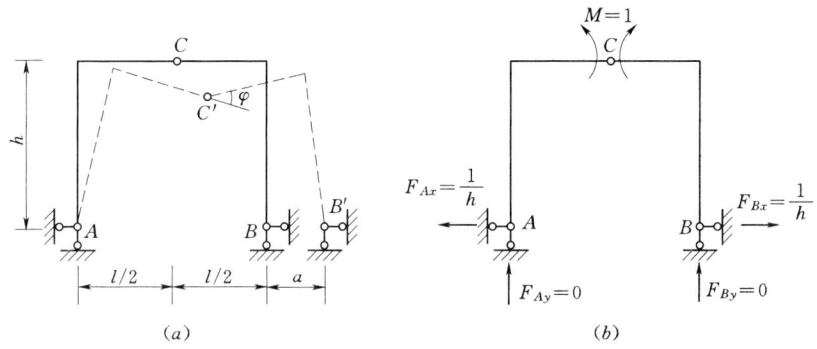

图 14-21

解：建立虚设状态。如图 14-21（b）所示，在 C 铰两侧加一对单位力偶，并求出各支座反力。利用式（14-12）即得

$$\Delta = -\sum \overline{F_R} C_i = -\left(\frac{1}{h} \times a\right) = -\frac{a}{h}(\circlearrowleft\circlearrowleft)$$

负号表示 C 铰左、右两截面相对转角的实际方向与所虚设的单位力偶的转向相反。

二、温度改变引起的位移

温度作用是指结构周围的温度发生改变时对结构的作用。对于静定结构，杆件温度变化时，不引起内力；但材料会发生膨胀和收缩，从而引起截面的应变，使结构产生变形和位移。

静定结构由于温度变化引起的位移计算，同样可采用单位荷载法。如图 14-22（a）所示结构，求 C 点的竖向位移 Δ 时，建立虚设状态 [图 14-22（b）]，即在 C 点处加一个竖向的单位集中力，这时结构的内力用 $\overline{M}$、$\overline{Q}$、$\overline{N}$ 来表示。由结构位移计算的一般公式（14-4），并注意到支座位移为零，则有

$$\Delta = \sum \int_s \overline{N} du + \sum \int_s \overline{M} d\varphi + \sum \int_s \overline{Q} d\eta$$

式中：du，$d\varphi$，$d\eta$ 为实际状态中杆件微段 dx 由于温度改变产生的截面角位移和杆件沿轴线、沿截面方向的变形。

计算中假定温度沿截面高度 h 按直线规律变化，因而杆件变形后截面仍保持为平面。由图 14-22（c）看出，截面的变形可分解为沿轴线方向的拉伸变形 du 和截面的转角 $d\varphi$，不产生剪切变形。则上式为

$$\Delta = \sum \int_s \overline{N} du + \sum \int_s \overline{M} d\varphi \tag{14-13}$$

du 和 $d\varphi$ 的计算如下：

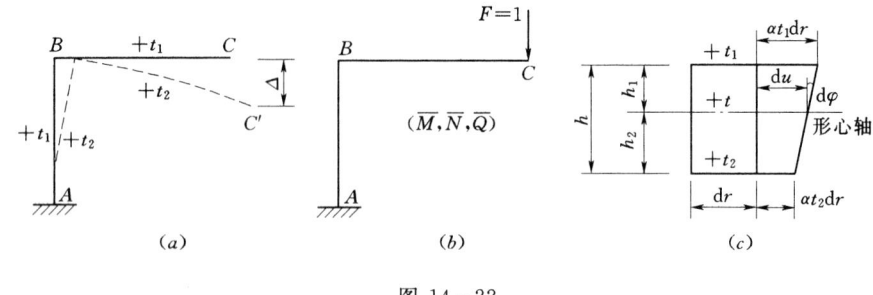

图 14-22

杆件轴线处的温度 t，当截面对称于形心轴时（即 $h_1 = h_2$）为 $t = \frac{1}{2}(t_1 + t_2)$；

截面不对称于形心轴（即 $h_1 \neq h_2$）时为 $t = \frac{t_1 h_2 + t_2 h_1}{h}$。

若以 α 表示材料的线膨胀系数，则杆件微段 $\mathrm{d}x$ 由于温度改变所产生的变形为

$$\mathrm{d}u = \alpha t \, \mathrm{d}x$$

$$\mathrm{d}\varphi = \frac{\alpha(t_1 - t_2)\mathrm{d}x}{h} = \alpha \frac{\Delta t}{h} \mathrm{d}x$$

式中：$\Delta t = (t_1 - t_2)$ 为杆件上、下两面温度改变之差。

将以上变形代入式（14-13），得

$$\Delta = \sum(\pm) \alpha \int \overline{M} \frac{\Delta t}{h} \mathrm{d}x + \sum(\pm) \alpha \int \overline{N} t \, \mathrm{d}x \tag{14-14}$$

这就是静定结构由于温度改变所引起的位移的计算公式。应用时对于式中的正负号可按如下的办法来确定，即：比较实际状态与虚拟状态的变形，若二者变形方向相同，则取正号；反之则取负号。若每一杆件沿其全长上的温度改变相同，且截面尺寸不变，则式（14-14）可写为

$$\Delta = \sum(\pm) \alpha \frac{\Delta t}{h} \omega + \sum(\pm) \alpha t \overline{N} l \tag{14-15}$$

式中：l 为杆件的长度；ω 为 $\overline{M}$ 图的面积。

必须指出，在计算由于温度改变所引起的位移时，不能略去轴向变形的影响。

【**例 14-9**】 试求图 14-23（a）所示结构由于杆件一边的温度升高 $10\,℃$ 时，在 C 点所产生的竖向位移。各杆的截面相同，且与形心轴对称。

解： 在 C 点加一竖向单位力，算出各杆的轴力并绘出图，如图 14-23（b）、（c）所示。图中虚线所示的弧线表示杆件弯曲的方向，可以看出各杆实际的弯曲变形方向都与虚拟的相反，且两杆的尺寸及温度都相同，故两杆的 ω 可合并计算。

$$\omega = l \times l + \frac{1}{2} \times l \times l = 1.5 l^2$$

$$t = \frac{1}{2}(t_1 + t_2) = \frac{1}{2} \times 10° = 5°$$

$$\Delta t = |0° - 10°| = 10°$$

温度改变使竖柱伸长，而虚拟状态则使其压缩，故轴向变形的影响一项须取负值，对

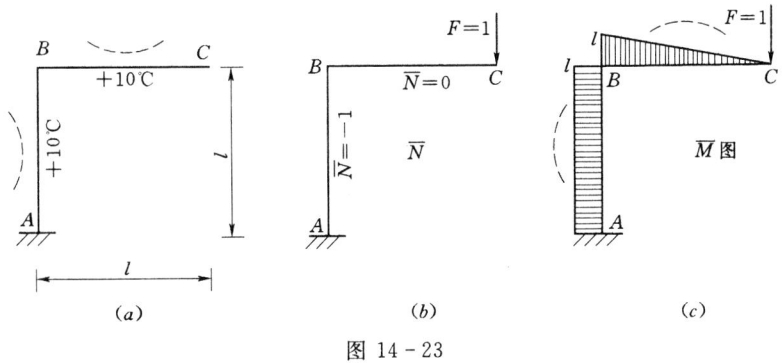

图 14-23

于弯曲变形的影响,其变形情况如前所述也应取负值。因此,C 点的竖向位移为

$$\Delta_{Cy} = -15\alpha \frac{l^2}{h} - 5\alpha l \ (\uparrow)$$

第七节 线性变形体系的互等定理

本节讨论线性变形体系常用的三个普遍定理,即功的互等定理,位移互等定理,反力互等定理。这些互等定理对结构的计算是很有用的。

一、功的互等定理

图 14-24 (a)、(b) 所示为同一线性变形体系的两种状态。在状态 I 中,外力用 F_1,内力用 M_1 表示,Δ_{21} 表示由 F_1 引起 2 点的竖向位移;在状态 II 中,外力用 F_2,内力用 M_2 表示,Δ_{12} 表示由 F_2 引起 1 点的竖向位移。

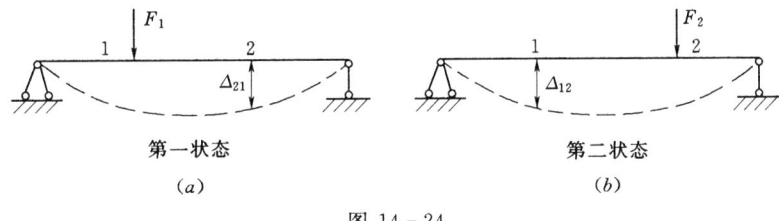

图 14-24

令状态 I 的力系在状态 II 的位移上做虚功,可写出虚功方程如下:

$$F_1 \Delta_{12} = \int_s \frac{M_1 M_2}{EI} ds \tag{a}$$

同理,令状态 II 的力系在状态 I 的位移上做虚功,可写出虚功方程如下:

$$F_2 \Delta_{21} = \int_s \frac{M_2 M_1}{EI} ds \tag{b}$$

由于上面式 (a)、式 (b) 两式右边彼此相等,所以

$$F_1 \Delta_{12} = F_2 \Delta_{21} \tag{14-16}$$

这就是功的互等定理:在任一线弹性变形体系中,第一状态的外力在第二状态位移上所做的虚功 W_{12} 等于第二状态的外力在第一状态位移上所做的虚功 W_{21}。

二、位移互等定理

位移互等定理是功的互等定理的一个特殊情况。

在图 14-25 状态Ⅰ中只有一个单位荷载 $F_1=1$，状态Ⅱ中只有一个荷载 $F_2=1$，设用 δ_{21} 表示由 $F_1=1$ 引起的在 F_2 作用点沿 F_2 方向的位移，用 δ_{12} 表示由 $F_2=1$ 引起的在 F_1 作用点沿 F_1 方向的位移，则由功的互等定理可得：

$$F_1\delta_{12} = F_2\delta_{21}$$

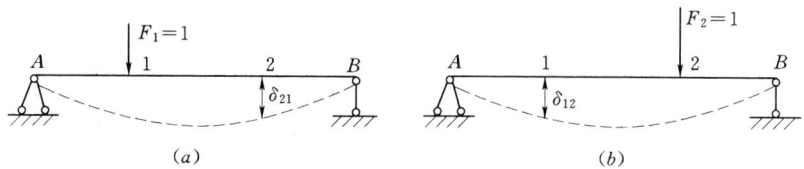

图 14-25

因为 $F_1=1$，$F_2=1$，所以

$$\delta_{12} = \delta_{21} \tag{14-17}$$

这就是位移互等定理：在任一线弹性变形体系中，由单位荷载 $F_2=1$ 引起的与荷载 F_1 相应的位移，在数值上等于单位荷载 $F_1=1$ 引起的与荷载 F_2 相应的位移。

位移互等定理同样适用于广义位移。例如，角位移与角位移，角位移与线位移三者间都存在着位移互等关系。

三、反力互等定理

反力互等定理也是功的互等定理的一个特殊情况。图 14-26 所示为同一线弹性体系的两种变形状态。

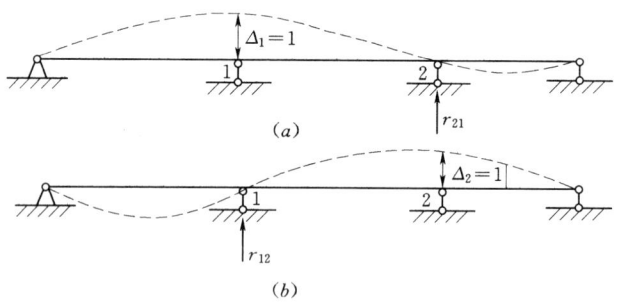

图 14-26

图 14-26(a) 表示支座 1 发生单位位移 $\Delta_1=1$，在支座 2 处引起的反力为 r_{21}；图 14-26(b) 表示支座 2 发生单位位移 $\Delta_2=1$，在支座 1 处引起的反力为 r_{12}。其他支座反力因为所对应的另一状态的支座位移都等于零而不做虚功，因此未在图中绘出。根据功的互等定理可得：

$$r_{12} = r_{21} \tag{14-18}$$

这就是反力互等定理：在任一线弹性体系中，由支座 1 的弹性位移引起的支座 2 的反力 r_{21}，在数值上等于由支座 2 的单位位移引起的支座 1 的反力 r_{12}。

同样反力互等定理也适用于广义力。

思 考 题

思 14-1 用公式 $\Delta = \sum \int_l \dfrac{\overline{M} M_F}{EI} \mathrm{d}x$ 计算梁和刚架的位移，需先写出 $\overline{M}$ 和 M_F 的表达式，在同一区段内写这两个弯矩表达式时，可否将坐标原点分别取在不同的位置？为什么？

思 14-2 是否可以用图乘法求拱式结构某处的位移？

思 14-3 图示悬臂梁跨中 D 点位移 $\Delta_D = \dfrac{\omega y_c}{EI} = \dfrac{1}{EI} \cdot \dfrac{1}{2} Fl^2 \cdot \dfrac{1}{3} \cdot \dfrac{l}{2} = \dfrac{Fl^3}{12EI}$，试问计算方法是否正确？

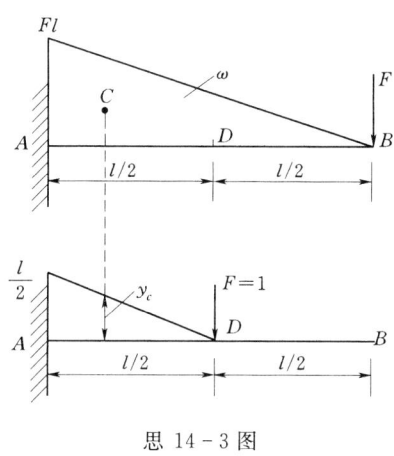

思 14-3 图

习 题

题 14-1 试用单位荷载法求图示静定结构的指定位移。设各杆 EI 为常数。

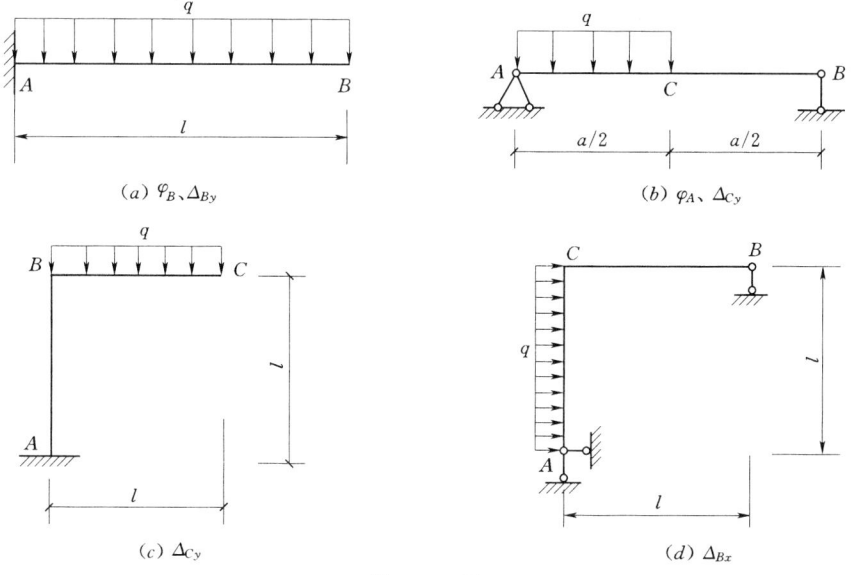

题 14-1 图

题 14-2 试求题图所示桁架结点 C 的竖向线位移 Δ_{Cy}。各杆的 EA 相同。

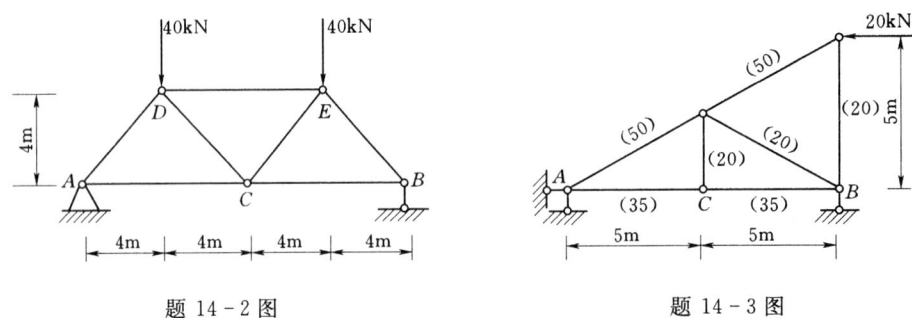

题 14-2 图   题 14-3 图

题 14-3 求图示桁架 C 点的竖向位移 Δ_{Cy}。各杆截面面积分别注于杆旁，单位 cm^2。弹性模量 $E=2.1\times 10^5 MPa$。

题 14-4 求图所示结构端点 A 的竖向位移，求 Δ_{Ay} 和转角 θ_A（各杆抗弯刚度均为 EI）。

题 14-5 用图乘法计算图所示悬臂梁在 B 点的挠度 Δ_{By}。$EI=$ 常数。

题 14-6 计算图示外伸臂梁在 C 端截面转角 φ_c，$EI=45kN\cdot m^2$。

题 14-7 用图乘法求图示刚架指定截面的位移。已知各杆 $EI=$ 常数。

题 14-8 求图示刚架在水压力作用下 C、D 两点的相对水平位移。设各杆 $EI=$ 常数。

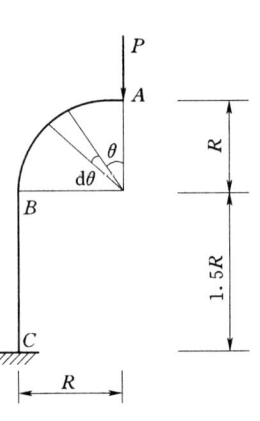

题 14-4 图

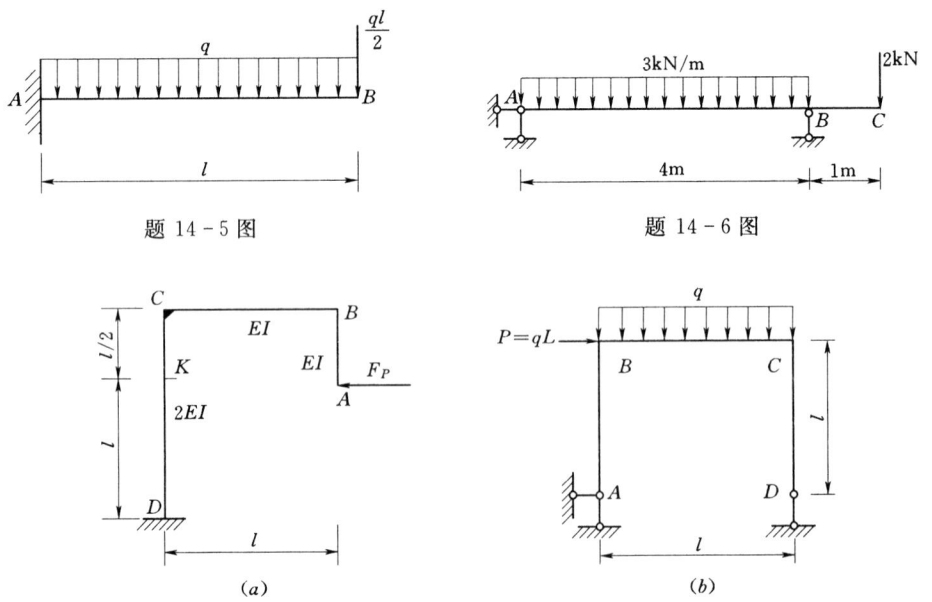

题 14-5 图   题 14-6 图

题 14-7 图
(a) Δ_{Ay}；(b) Δ_{Dx}

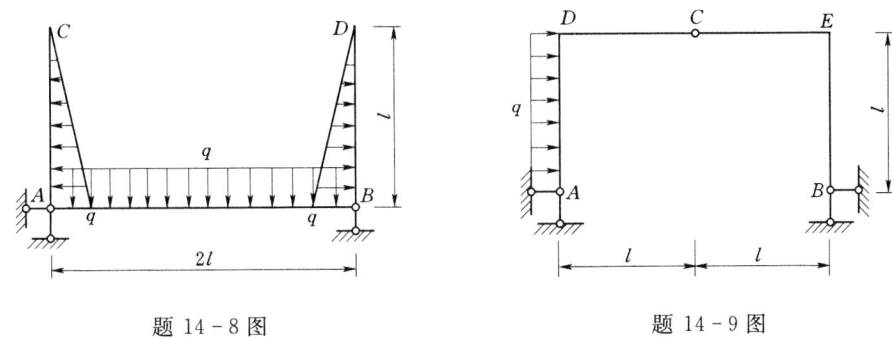

题 14-8 图 题 14-9 图

题 14-9 求图示三铰刚架在铰 C 处左、右两截面的相对转角,各杆 EI 为常数。

题 14-10 试求图示组合结构 D 端的竖向位移 Δ_{Dy}。已知 $E=2.1\times 10^4 \text{kN/cm}^2$,$I=3200\text{cm}^4$,$BE$ 杆截面 $A=26\text{cm}^2$。

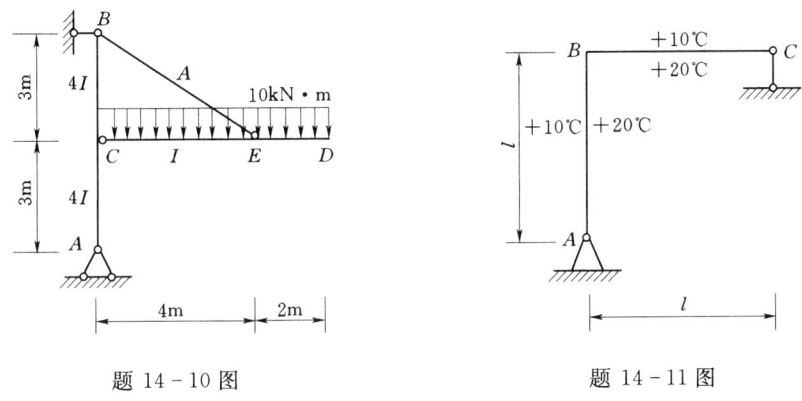

题 14-10 图 题 14-11 图

题 14-11 求图所示刚架点 B 的水平位移 Δ_{Bx}。已知刚架各杆外侧温度升高 $10^\circ C$,内侧温度升高 $20^\circ C$,各杆截面相同且截面关于形心轴对称线膨胀系数为 α。

题 14-12 求图所示刚架因温度改变引起的 D 点的水平位移。已知各杆由 18 号工字钢组成,截面高度 $h=18\text{cm}$,$\alpha=0.00001$。

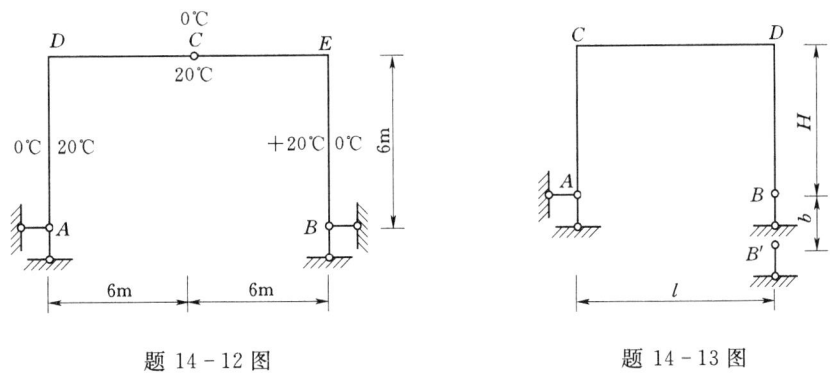

题 14-12 图 题 14-13 图

题 14-13 图所示刚架中,支座 B 有竖向沉陷 b,试求 D 点的水平位移 Δ_{Dx}。

题 14-14 图示三铰刚架右边支座的竖向位移为 $\Delta_{By}=6\text{cm}$(向下),水平位移为 Δ_{Bx}

=4cm（向右），已知 $l=12\text{m}$，$h=8\text{m}$，试求由此引起的 A 端转角 φ_A。

题 14-15 已知图示桁架的支座 B 向下移动 $\Delta_{By}=C$，试求 BD 杆的角位移 φ_{BD}。

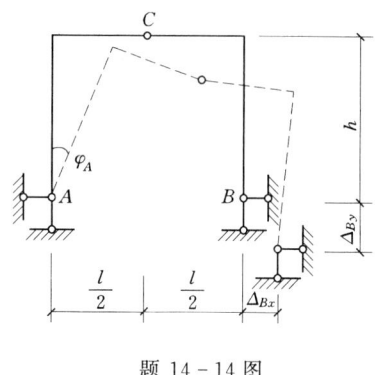

题 14-14 图

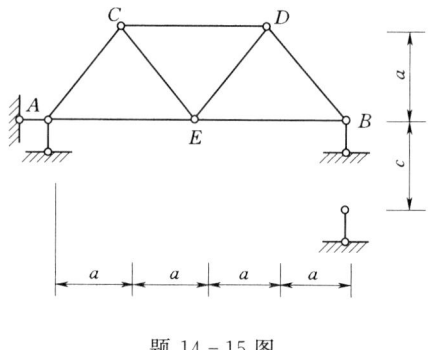

题 14-15 图

第十五章 力 法

第一节 超静定结构概述

超静定结构是具有多余约束的几何不变体系，它的全部支座反力和各截面的内力不能完全由静力平衡方程唯一地确定，必须同时考虑变形条件，建立补充方程，才能求得全部内力和支座反力。这种杆件体系称为超静定结构。工程实际中存在大量的超静定结构。如图 15-1 (a) 所示的连续梁和图 15-2 (a) 所示的桁架，其全部未知力（支座反力和内力）不能仅由静力平衡条件确定，故为超静定结构。超静定结构多余约束不是维持体系几何不变性所必要的约束。如去掉连续梁的链杆支座 B 和 C，如图 15-1 (b) 所示，切断

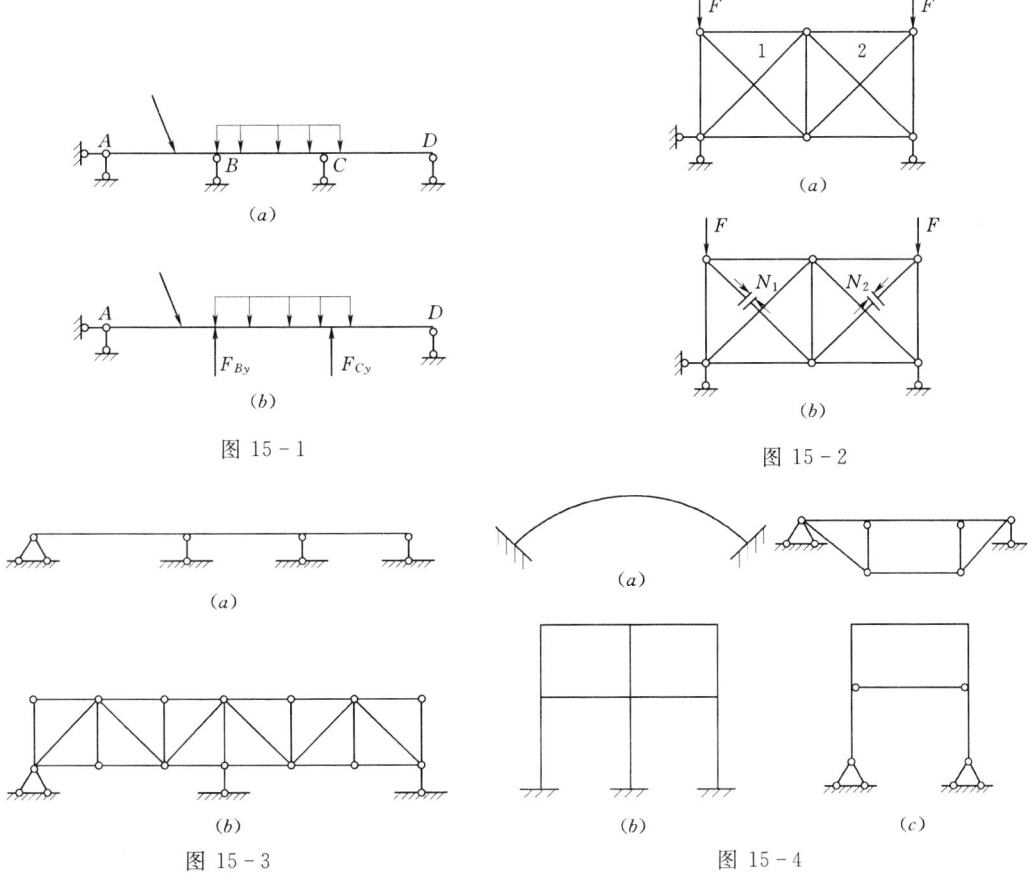

图 15-1

图 15-2

图 15-3

图 15-4

桁架中 1、2 两根链杆，如图 15-2 (b) 所示，结构仍保持其几何不变性。显然，这样的约束对于维持结构几何不变性是多余的，但多余约束可增加结构的强度和刚度。所以，超静定结构在工程上得到广泛应用。

常见的超静定结构类型有：超静定梁，如图 15-3 (a) 所示；超静定桁架，如图 15-3 (b) 所示；超静定拱，如图 15-4 (a) 所示；超静定刚架，如图 15-4 (b) 所示及超静定组合结构，如图 15-4 (c) 所示。

第二节 超静定次数的确定

超静定结构中多余约束产生的约束力称为多余未知力。通常把结构中多余约束或多余未知力的数目称为结构的超静定次数。一个超静定结构如果去掉几个约束后变成静定结构，则称此结构为几次超静定。如此确定结构超静定次数的方法称为去掉多余约束法。

从超静定结构上去掉多余约束的方式通常有以下几种：

对于外部支座：

(1) 去掉一个链杆支座，相当于去掉一个约束，如图 15-5 (a) 所示；
(2) 去掉一个固定铰支座，相当于去掉两个约束，如图 15-5 (b) 所示；
(3) 去掉一个固定端支座，相当于去掉三个约束，如图 15-5 (c) 所示；
(4) 将固定端支座改为固定铰支座，相当于去掉一个约束，如图 15-5 (d) 所示。

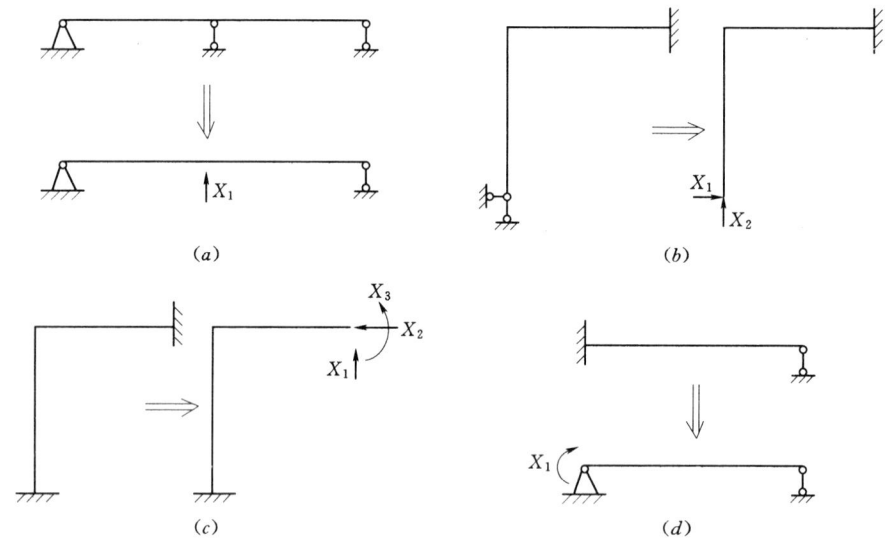

图 15-5

对于内部杆件：

(1) 切断一根链杆，相当于去掉一个约束 [图 15-2 (b)]；
(2) 拆去一个单铰，相当于去掉两个约束 [图 15-6 (a)]；
(3) 切开一个梁式杆，相当于去掉三个约束 [图 15-6 (b)]；
(4) 将刚性连接改为铰结，相当于去掉一个约束 [图 15-6 (c)]。

(5) 一个封闭无铰的框格为三次超静定。切断任意截面,相当于去掉三个约束。对多跨多层刚架可按框格数确定其超静定次数。如图 15-6 (d) 刚架为 12 次超静定,去掉全部多余约束后如图所示。

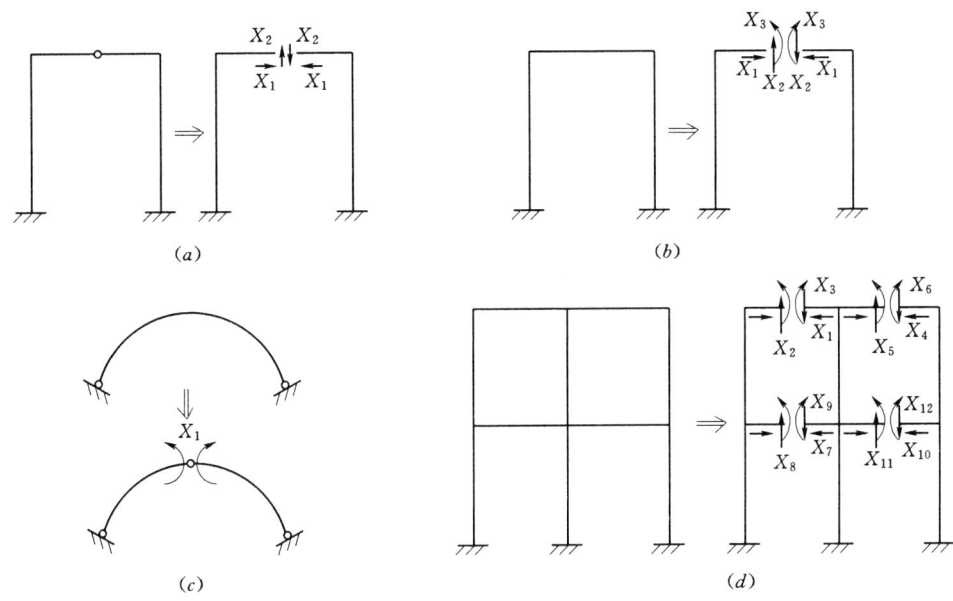

图 15-6

对超静定结构,可采取不同方式去掉其多余约束,从而得到不同的静定结构,但所能去掉的多余约束数目总是相同的。如图 15-7 (a) 所示结构,可切断一根链杆并去掉一个链杆支座变成简支刚架 [图 15-7 (b)];也可切断一根链杆并将刚性连接改为铰接 [图 15-7 (c)],都是去掉两个约束后变成静定结构,故该结构为二次超静定。但需注意的是,结构中必要约束绝不能去掉,否则结构将成为可变体系,如图 15-7 (d) 所示。

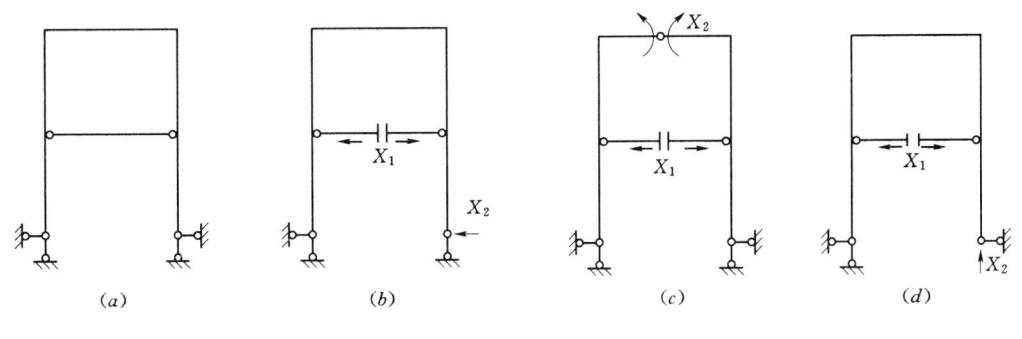

图 15-7

第三节 力法基本原理与典型方程

力法是计算超静定结构的基本方法之一。下面举例说明力法的基本原理。

一、力法的基本原理

如图15-8（a）所示，原结构为一端固定一端铰支的梁，为一次超静定结构。去掉 B 支座多余约束，代之以一个多余未知力 X_1，称为力法的**基本未知量**。去掉多余约束后得到有荷载 F 和多余未知力 X_1 共同作用的静定结构（如图15-8（c）所示悬臂梁）称为原结构的**基本结构**。如果能设法求出多余未知力 X_1，则基本结构在荷载和多余未知力 X_1 共同作用下的内力和变形完全与原结构相同。这样原超静定结构的计算将转化为在多余约束力和原荷载共同作用下的基本结构的计算问题。力法解超静定结构的思路就是使基本结构在解除约束处的位移与原结构在此处的位移完全相同。根据这种位移条件建立的力法方程则可求出多余未知力 X_1，这就是力法的基本原理。

显然，计算超静定结构的关键是求出多余未知力，也就是基本未知量。用力法计算多余未知力时，在静力平衡方程之外，尚需补充变形协调方程。图15-8（c）为图15-8（a）一次超静定结构的基本结构，设基本未知量 X_1 和荷载 F 分别单独作用在基本结构上时，B 点沿 X_1 方向的位移分别为 Δ_{11} 和 Δ_{1F} [图15-8（b）、（d）]，它们可用图乘法计算出来（均属于静定结构的位移计算）。若基本结构沿 B 端的总竖向位移用 Δ_1 表示，则由叠加原理得：

$$\Delta_1 = \Delta_{11} + \Delta_{1F}$$

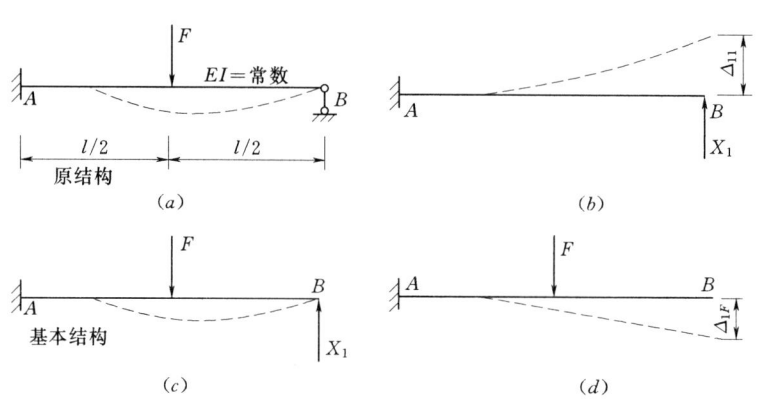

图 15-8

此结构需补充的变形协调方程应使基本结构在 B 端的竖向（即沿 X_1 方向）位移与原结构在 B 端的竖向位移相同，即 $\Delta_1 = 0$，则上式应为：

$$\Delta_{11} + \Delta_{1F} = 0$$

若以 δ_{11} 表示基本结构在单位力 $X_1 = 1$ 单独作用下沿 X_1 方向引起的位移，则有：$\Delta_{11} = \delta_{11} X_1$，故：

$$\delta_{11} X_1 + \Delta_{1F} = 0 \tag{15-1}$$

此方程称为一次超静定结构的力法典型方程。由此可求得基本未知量

$$X_1 = -\frac{\Delta_{1F}}{\delta_{11}}$$

将求出的多余未知力 X_1 和荷载 F 共同作用在基本结构上，由静力平衡方程即可计算结构的支座反力和内力，并作出内力图。通常，绘 M 图时还可利用已绘出的 $\overline{M}_1$ 和 M_F 图

用叠加法计算。

二、力法的典型方程

图 15-9 (a) 所示刚架为三次超静定结构，若取固定端支座 A 的反力 X_1、X_2、X_3 为基本未知量，可得图 15-9 (b) 所示基本结构。为求出三个基本未知量，根据基本结构上沿基本未知量方向的位移应与原结构相同的变形协调条件，可建立力法典型方程。由于固定支座 A 处没有水平位移、竖向位移和角位移，则利用叠加原理得三次超静定结构的力法典型方程为

$$\left.\begin{array}{l}\Delta_1 = \delta_{11}X_1 + \delta_{12}X_2 + \delta_{13}X_3 + \Delta_{1F} = 0 \\ \Delta_2 = \delta_{21}X_1 + \delta_{22}X_2 + \delta_{23}X_3 + \Delta_{2F} = 0 \\ \Delta_3 = \delta_{31}X_1 + \delta_{32}X_2 + \delta_{33}X_3 + \Delta_{3F} = 0\end{array}\right\}$$

力法典型方程的物理意义是：**基本结构在多余未知力和荷载共同作用下，沿各多余未知力方向的位移与原结构中对应位移相等。**

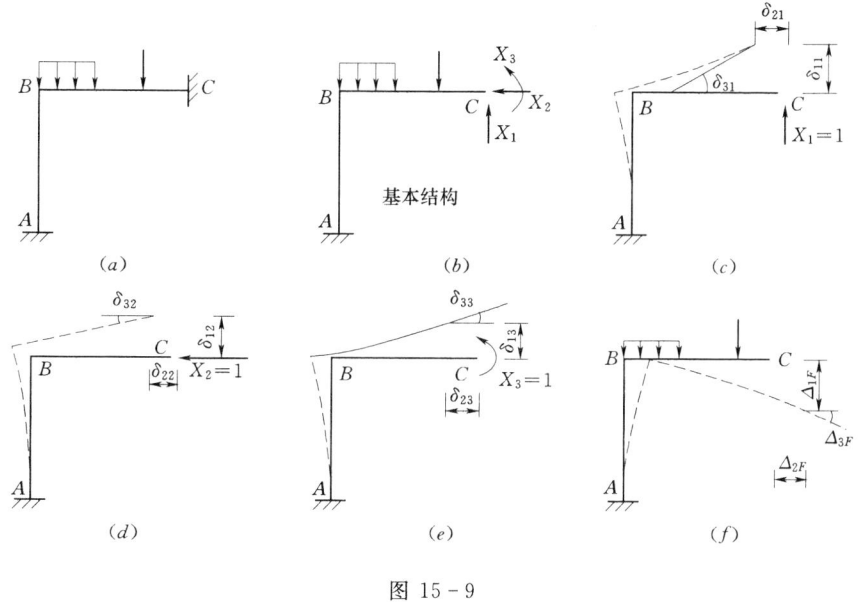

图 15-9

每个多余未知力（多余约束）都有一个相应的位移条件，对于 n 次超静定结构，有 n 个力法基本未知量，有 n 个与多余约束相应的位移条件，可建立 n 个力法典型方程。

$$\left.\begin{array}{l}\delta_{11}X_1 + \delta_{12}X_2 + \cdots + \delta_{1n}X_n + \Delta_{1F} = 0 \\ \delta_{21}X_1 + \delta_{22}X_2 + \cdots + \delta_{2n}X_n + \Delta_{2F} = 0 \\ \quad\quad\quad\quad\quad\quad \vdots \\ \delta_{k1}X_1 + \delta_{k2}X_2 + \cdots + \delta_{kn}X_n + \Delta_{kF} = 0 \\ \quad\quad\quad\quad\quad\quad \vdots \\ \delta_{n1}X_1 + \delta_{n2}X_2 + \cdots + \delta_{nn}X_n + \Delta_{nF} = 0\end{array}\right\} \quad (15-2)$$

在力法典型方程中，δ_{kk} 称为**主系数**；δ_{ki} 称为**副系数**。其物理意义是：**基本结构在

$X_i=1$ 单独作用下沿 X_k 方向产生的位移。系数与荷载无关，是基本结构的固有常数，其计算公式为：

$$\delta_{ki} = \sum \int_s \frac{\overline{M}_k \overline{M}_i}{EI} \mathrm{d}s \quad \text{或} \quad \delta_{ki} = \sum \frac{\omega_k y_i}{EI}$$

主系数 δ_{kk} 恒为正值；副系数 δ_{ki} 为代数值，且由位移互等定理知，$\delta_{ki} = \delta_{ik}$。

典型方程中，Δ_{kF} 称为**自由项**，其物理意义是：**基本结构在荷载单独作用下，沿 X_k 方向产生的位移。**

同一结构可取不同形式的力法基本结构和基本未知量，但基本结构必须是静定的。对不同形式的基本结构，基本未知量 X_k 和典型方程的含义不同，系数 δ_{ki} 和自由项 Δ_{kF} 的计算结果也不同，但力法典型方程的形式与式（15-2）完全相同。

解力法典型方程求出多余未知力后，可按静力平衡条件求解原超静定结构的反力和内力。其内力也可根据叠加原理计算。

$$M = \overline{M}_1 X_1 + \overline{M}_2 X_2 + \cdots + \overline{M}_k X_k + \cdots + \overline{M}_n X_n + M_F$$

式中：$\overline{M}_k$ 为由于 $X_k=1$，作用于基本结构产生的弯矩图；M_F 为由于荷载作用于基本结构产生的弯矩图。作出原结构的弯矩图后，再分别利用各杆件和相应结点的平衡条件计算各杆端剪力和杆端轴力，作 Q 图和 N 图。

第四节　用力法计算超静定梁、刚架、排架、桁架

一、超静定梁和刚架

组成梁和刚架的杆件都属于梁式杆件，这种杆件通常忽略剪力和轴力对位移的影响，所以用力法计算超静定梁和刚架时，力法方程中的系数和自由项的计算只考虑弯矩的影响。

【**例 15-1**】　用力法计算图 15-10（a）所示连续梁的内力并画内力图。

解：（1）选基本结构和基本未知量。

此连续梁为一次超静定结构，去掉 C 支座多余约束，代以多余未知力 X_1，基本结构见图 15-10（b）。

（2）确定立法方程。

原结构 C 支座处无竖向线位移，则力法方程应为：

$$\delta_{11} X_1 + \Delta_{1F} = 0$$

（3）计算系数和自由项。

多余约束 $X_1=1$ 与荷载分别作用时产生的弯矩图如图 15-10（c）、（d）所示。系数与自由项的计算如下：

$$\delta_{11} = \frac{2}{EI}\left(\frac{1}{2} \times a \times a \times \frac{2}{3} \times a\right) = \frac{2a^3}{3EI}$$

$$\Delta_{1F} = \frac{1}{EI} \times \frac{1}{2} \times \frac{Fa}{4} \times a \times \frac{a}{2} = \frac{Fa^3}{16EI}$$

（4）求多余未知力。

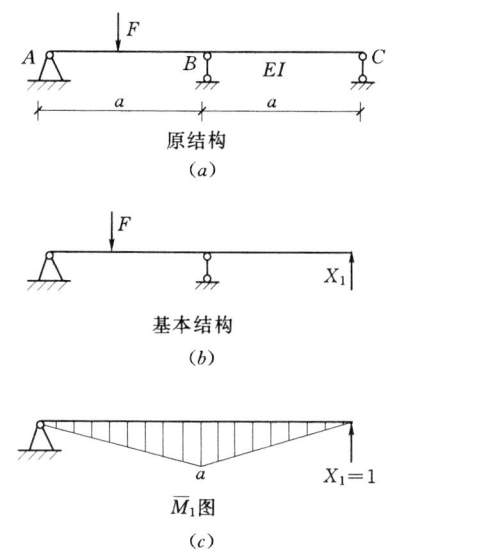
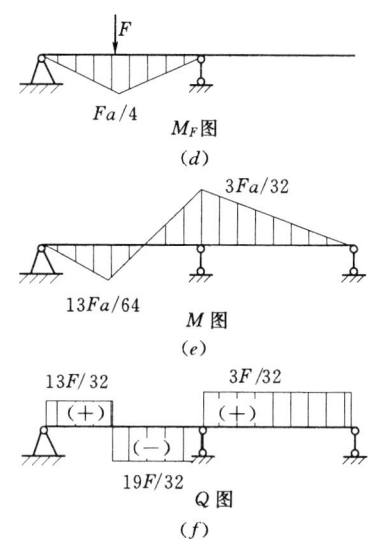

图 15-10

系数和自由项代入力法方程中，解得未知力为：

$$\frac{2a^3}{3EI}X_1 + \frac{Fa^3}{16EI} = 0 \quad X_1 = -\frac{3}{32}F$$

(5) 做内力图。

由叠加原理绘制梁的弯矩图，即由

$$M = \overline{M_1}X_1 + M_F = \overline{M_1} \times \left(-\frac{3}{32}F\right) + M_F$$

算出各杆端弯矩值，见图 15-10 (e)。

剪力图可在基本结构上按静定结构画出，见图 15-10 (f)。

力法方程中各系数与自由项都有刚度 EI，可以相约，在方程中只代入各杆刚度 EI 的相对值即可。这就说明超静定结构在荷载作用下产生的内力只与杆件截面 EI 的相对值有关，而与其绝对值无关。

【例 15-2】 图 15-11 (a) 是一水电站金属蜗壳外围钢筋混凝土结构示意图，其外围钢筋混凝土结构计算简图可视为如图 15-11 (b) 所示的超静定刚架，试用力法计算并作出其内力图。

解：(1) 取基本结构，确定基本未知量 X_1、X_2 如图 15-11 (c) 所示。

(2) 建立力法典型方程。

$$\delta_{11}X_1 + \delta_{12}X_2 + \Delta_{1F} = 0$$
$$\delta_{21}X_1 + \delta_{21}X_2 + \Delta_{2F} = 0$$

(3) 计算系数和自由项。作出 $\overline{M_1}$ 图、$\overline{M_2}$ 图和 M_F 图 [图 15-11 (d)、(e)、(f)]，取各杆抗弯刚度的相对值，令 $EI=1$，则用图乘法得：

$$\delta_{11} = \left(\frac{1}{2}a^2 \times \frac{2}{3}a + a^3\right) = \frac{4a^3}{3}$$

$$\delta_{22} = \left(\frac{1}{2}a^2 \cdot \frac{2}{3}a\right) = \frac{a^3}{3}$$

$$\delta_{12} = \delta_{21} = -\left(\frac{1}{2}a^2 a\right) = -\frac{a^3}{2}$$

$$\Delta_{1F} = \left(\frac{1}{3}\frac{qa^2}{2}a\frac{3}{4}a + \frac{qa^2}{2}aa\right) = \frac{5qa^4}{8}$$

$$\Delta_{2F} = -\left(\frac{1}{2}a^2 \frac{qa^2}{2}\right) = -\frac{qa^4}{4}$$

（4）计算基本未知量。将各系数和自由项代入力法典型方程

$$\left.\begin{array}{l}\dfrac{4a^3}{3}X_1 - \dfrac{a^3}{2}X_2 + \dfrac{5qa^4}{8} = 0 \\ -\dfrac{a^3}{2}X_1 + \dfrac{a^3}{3}X_2 - \dfrac{qa^4}{4} = 0\end{array}\right\}$$

解方程得： $X_1 = -\dfrac{3}{7}qa\,(\uparrow) \quad X_2 = \dfrac{3}{28}qa\,(\rightarrow)$

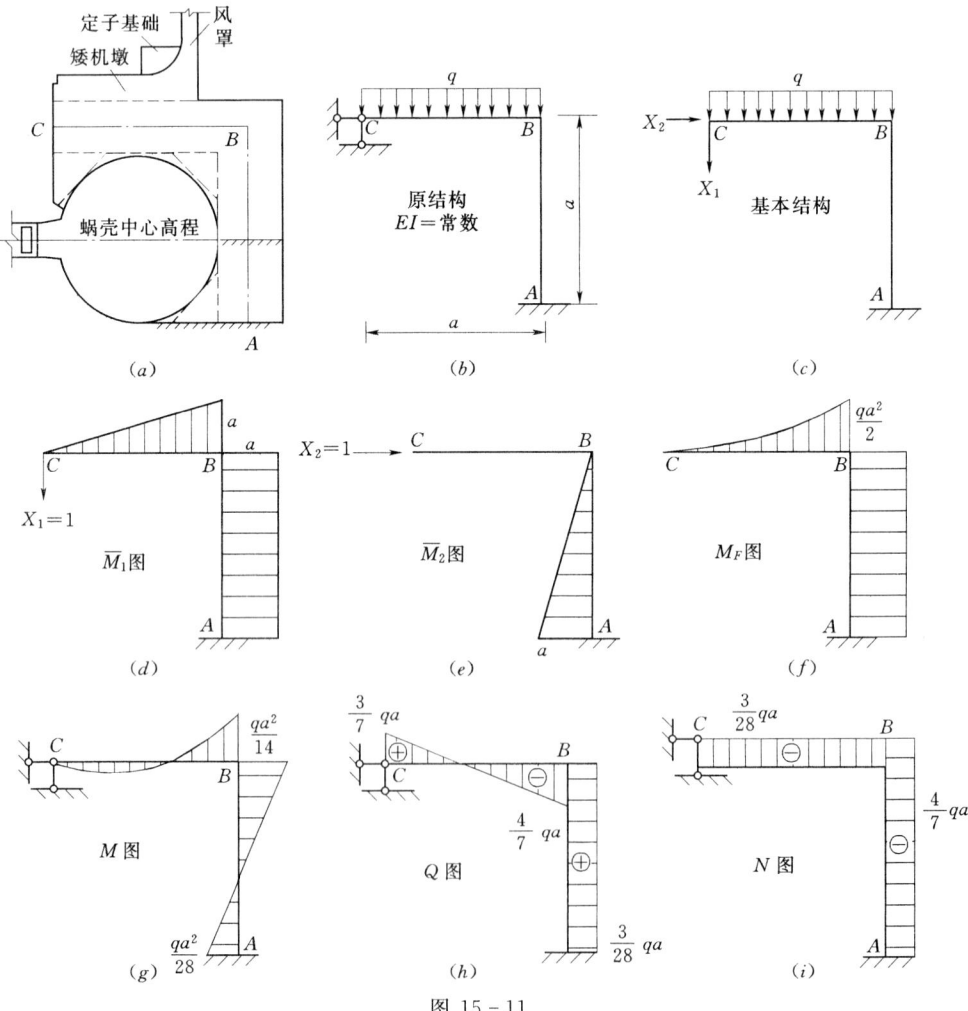

图 15-11

(5) 作内力图。由叠加法作弯矩图 [图 15-11 (g)]。

$$M_{BC} = M_{BA} = a \times \left(-\frac{3}{7}qa\right) + 0 + \frac{qa^2}{2} = \frac{1}{14}qa^2 \quad (外侧受拉)$$

$$M_{AB} = a \times \left(-\frac{3}{7}qa\right) - a \times \frac{3}{28}qa + \frac{qa^2}{2} = -\frac{1}{28}qa^2 \quad (内侧受拉)$$

再由杆件和结点的平衡条件分别求各杆端剪力 Q 和杆端轴力 N，作 Q 图、N 图，如图 15-11 (h)、(i) 所示。

二、铰接排架

装配式单层厂房的主要承重结构是屋架（或屋面大梁）、柱和基础，如图 15-12 (a) 所示。当对柱进行内力分析时，通常将屋架简化为与柱铰接刚度为无限大的链杆，柱与基础的连接视为固定端约束，这样组成的结构称为排架，见图 15-12 (b)。

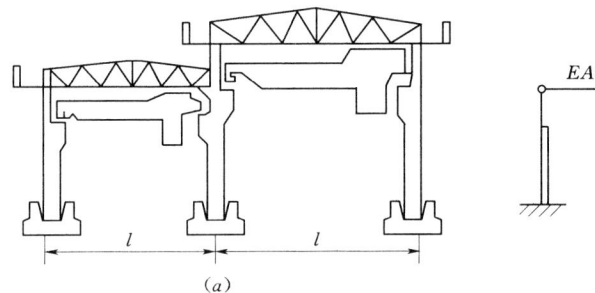
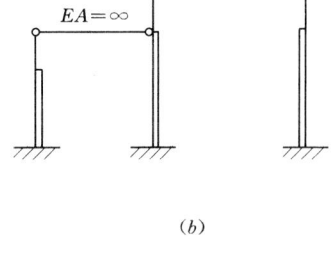

图 15-12

【例 15-3】 图 15-13 (a) 所示为一单层厂房排架的计算简图。求吊车梁传递给柱子的力所产生的附加力偶作用下的弯矩图。

解： (1) 选取基本结构和基本未知量。

此排架是一次超静定，切断链杆，代以 X_1 作为基本未知量 [图 15-13 (b)]，忽略链杆轴向变形。

(2) 列出力法方程。

基本体系在荷载和多余约束力共同作用下，应满足的条件是切口处两侧截面沿轴向的相对位移为零，即切口处两个截面沿轴向应保持连续，没有错开，也没有重叠。

力法方程为 $\quad \delta_{11}X_1 + \Delta_{1F} = 0$

(3) 计算系数和自由项。

分别绘制基本体系在荷载作用下及单位力 $X_1=1$ 作用下的弯矩图，见图 15-13 (c)、(d)。

$$\delta_{11} = 2\left[\frac{1}{EI}\left(\frac{1}{2} \times 4 \times 4\right) \times \frac{2}{3} \times 4 + \frac{1}{3EI}\left(8 \times 4 \times 8 + \frac{1}{2} \times 8 \times 8 \times \left(\frac{16}{3} + 4\right)\right)\right] = \frac{3712}{9EI}$$

$$\Delta_{1F} = \frac{1}{3EI}(20 \times 8 \times 8) = \frac{1280}{3EI}$$

(4) 求多余未知力。

把系数和自由项代入力法方程

得
$$X_1 = -\frac{\Delta_{1F}}{\delta_{11}} = -\frac{1280}{3EI} \times \frac{9EI}{3712} = -1.034\text{kN}$$

(5) 绘内力图。

利用叠加公式，得弯矩图，如图 15-13 (e) 所示。

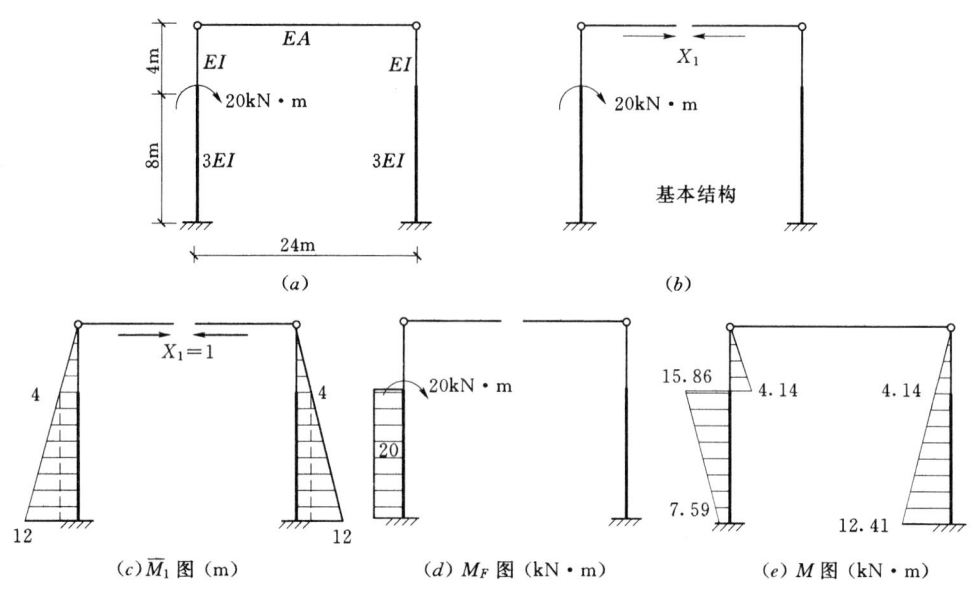

图 15-13

三、超静定桁架

桁架是由两端为铰的链杆所组成的结构，在结点荷载作用下，杆件内力只有轴力。力法方程中的系数和自由项的表达式为

$$\delta_{ii} = \sum \frac{\overline{N_i}\,\overline{N_i}\,l}{EA}$$

$$\delta_{ij} = \sum \frac{\overline{N_i}\,\overline{N_j}\,l}{EA}$$

$$\Delta_F = \sum \frac{\overline{N_i}\,N_F\,l}{EA}$$

各杆轴力的叠加公式为

$$N = \overline{N_1}X_1 + \overline{N_2}X_2 + \cdots + \overline{N_n}X_n + \cdots + N_F$$

【例 15-4】 用力法求解图示 15-14 (a) 超静定桁架各杆的轴力。各杆 EA 相同。

解：(1) 选取基本结构和基本未知量。

此桁架是一次超静定结构，切断链杆 CD，得到的静定结构为基本结构，在基本结构的切口处标注链杆 CD 的轴力 X_1 为多余约束力，如图 15-14 (b) 所示。

(2) 列出力法方程。

根据链杆 CD 切口处相对轴向位移为零的条件，列出力法方程为

$$\delta_{11}X_1 + \Delta_{1F} = 0$$

(3) 计算系数及自由项。

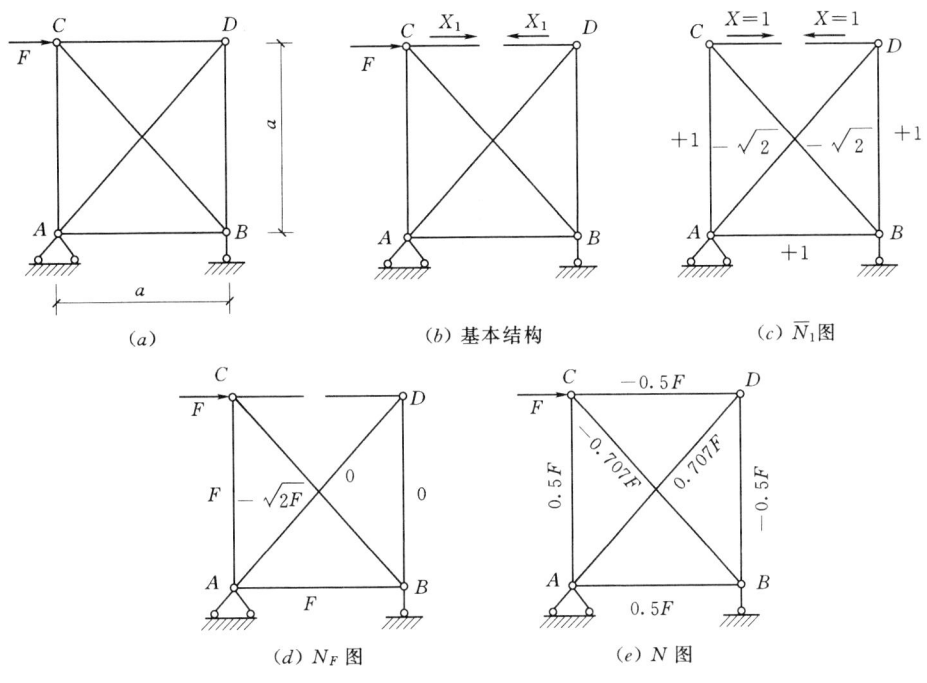

图 15 - 14

先求基本结构在单位力 $X_1=1$ 作用下各杆的轴力 $\overline{N}_1$ [图 15 - 14（c）] 及在荷载作用下各杆的轴力 N_F [图 15 - 14（d）]。则

$$\delta_{11} = \sum \frac{\overline{N}_1^2}{EA}l = \frac{1}{EA}[1\times1\times a\times 4 + (-\sqrt{2})^2\times\sqrt{2}a\times 2] = \frac{4(1+\sqrt{2})}{EA}a$$

$$\Delta_{1F} = \sum \frac{\overline{N}_1 N_F l}{EA} = \frac{1}{EA}[1\times F\times a\times 2 + (-\sqrt{2})(-\sqrt{2}F)\times\sqrt{2}a] = \frac{2(1+\sqrt{2})}{EA}Fa$$

（4）求多余约束力。

将系数及自由项代入力法方程后，求解 X_1

$$X_1 = -\frac{\Delta_{1F}}{\delta_{11}} = -\frac{1}{2}F$$

（5）计算各杆轴力。

可利用叠加公式 $N = \overline{N}_1 X_1 + N_F$ 计算出各杆的轴力值，如图 15 - 14（e）所示。

第五节 对 称 性 利 用

用力法计算超静定结构时，超静定次数越高，系数、自由项和解方程的计算工作量就越大。利用结构和荷载的对称性可简化计算。

一、对称结构、对称荷载的概念

（1）对称结构。几何形状、截面形状和尺寸、材料性质及支承情况都对于同一轴对称，称为对称结构。如图 15 - 15（a）所示刚架。

(2) 对称荷载。 结构绕对称轴对折后两部分荷载图形完全重合，此时数值相等、方向相同的荷载称**正对称荷载** [图 15-15 (b)]；而数值相等、方向相反的荷载称**反对称荷载** [图 15-15 (c)]。

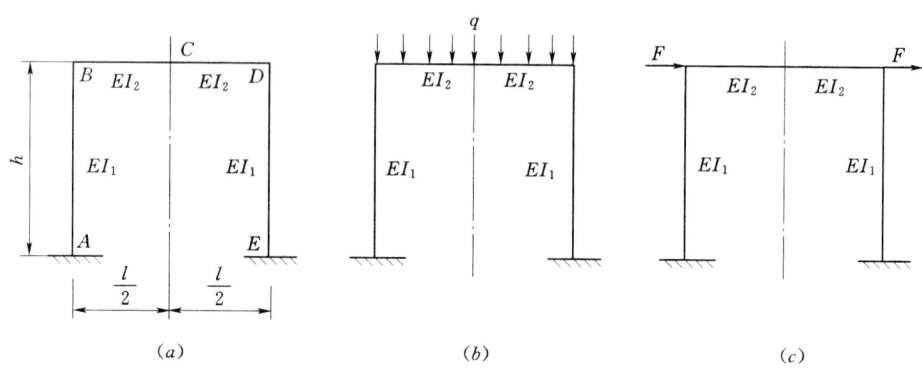

图 15-15

对称结构符合的两条结论：对称结构在正对称荷载作用下，只会产生正对称的支座反力、内力、位移；对称结构在反对称荷载作用下，只会产生反对称的支座反力、内力、位移。

二、对称性的利用

1. 选取对称的基本结构

利用对称性计算超静定结构时，应选择对称的基本结构和正对称、反对称的基本未知量，这样可使力法典型方程中的部分副系数为零。对图 15-16 (a) 所示三次超静定结构沿其对称轴切开，选取对称基本结构如图 15-16 (b) 所示。多余未知力分为正对称未知力 X_1 和 X_2，反对称未知力 X_3。所以 $\overline{M}_1$、$\overline{M}_2$ 图为正对称图形，$\overline{M}_3$ 为反对称图形。各弯

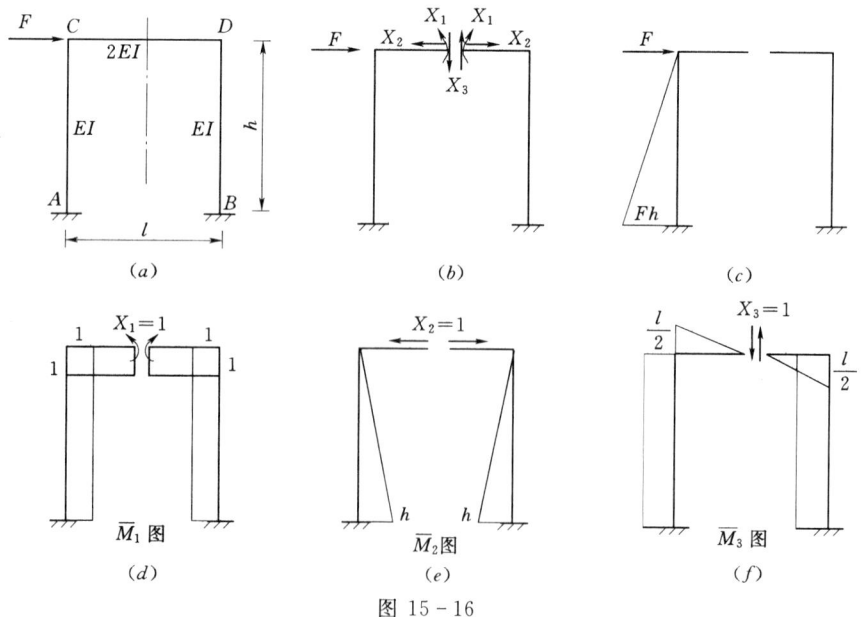

图 15-16

矩图的图乘结果中，$\delta_{13} = \delta_{31} = \delta_{23} = \delta_{32} = 0$，力法典型方程简化为两组

$$\delta_{11} X_1 + \delta_{12} X_2 + \Delta_{1F} = 0$$
$$\delta_{21} X_1 + \delta_{22} X_2 + \Delta_{2F} = 0$$
$$\delta_{33} X_3 + \Delta_{3F} = 0$$

一组仅含正对称的多余未知力，而另一组仅含反对称未知力。力法方程降价分组，得到简化。

2. 选取半结构

由于对称结构在正对称荷载作用下，内力及变形是正对称的；在反对称荷载作用下，内力及变形是反对称的。所以**对称结构在正对称荷载作用下，在对称轴的切口处只有正对称的未知力和正对称的位移；在反对称荷载作用下，在对称轴的切口处只有反对称的未知力和反对称的位移**。根据此结论，在计算对称结构时，可以沿对称轴切开，取半个结构进行计算。

（1）奇数跨对称结构。如图 15-17（a）所示刚架，在正对称荷载作用下，对称轴截面无水平线位移和角位移，只产生竖向线位移。对应该截面内力有弯矩和轴力，但无剪力。取半结构计算时，依据位移相同，受力等效的原则，可在该截面用一定向支座代替另半边结构的作用。其计算简图如图 15-17（b）所示。

如图 15-17（c）所示刚架，在反对称荷载作用下，对称轴截面上无竖向线位移，而产生水平线位移和角位移。对应该截面内力有剪力而无弯矩和轴力。取半结构计算时，可在该截面用一链杆支座代替原有约束 [图 15-17（d）]。

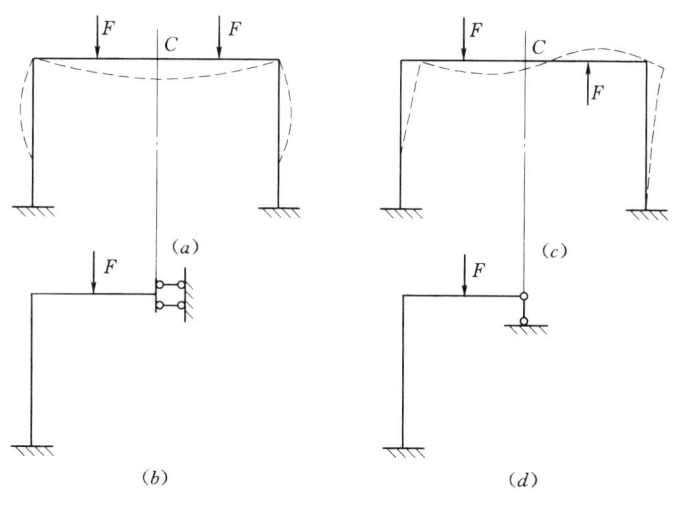

图 15-17

（2）偶数跨对称结构。如图 15-18（a）所示刚架，在正对称荷载作用下，对称轴上的结点 C 处无任何位移（忽略柱的轴向变形），对应此结点相连的横梁的 C 截面内力有 M、Q 和 N。取半结构计算时，可在该截面代之以固定端支座 [图 15-18（b）]。

如图 15-18（c）所示刚架，在反对称荷载作用下，对称轴截面上有角位移和水平位移，不考虑杆件轴向变形时无竖向线位移。对应该截面内力只有剪力 Q，而无弯矩 M 和

轴力 N。因剪力只使中间立柱产生轴力，而不影响各杆的弯矩，故可略去不计。取半结构计算时，将中间杆件一分为二，取其截面为 $\dfrac{I}{2}$，其计算简图如图 15 - 18（d）所示。

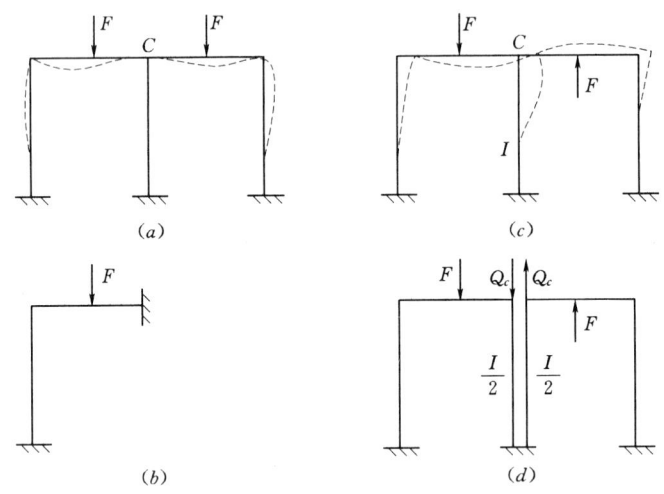

图 15 - 18

【例 15 - 5】 利用对称性作图 15 - 19（a）所示三次超静定刚架弯矩图。已知各杆 $EI=$ 常数。

解：（1）取半结构及其基本结构。

分解荷载 [图 15 - 19（b）、（c）]，正对称荷载作用时各杆均无弯矩，故只需考虑反对称荷载作用时的 M 图。

取半刚架。单跨对称结构反对称荷载作用下取半刚架如图 15 - 19（d）所示。

取基本结构。取悬臂刚架为基本结构如图 15 - 19（e）所示。

（2）建立力法典型方程。
$$\delta_{11}X_1 + \Delta_{1F} = 0$$

（3）计算系数和自由项。作 $\overline{M_1}$ 图、M_F 图 [图 15 - 19（g）、（f）]，用图乘法计算系数和自由项

$$\delta_{11} = \frac{1}{EI}\left(\frac{1}{2}\times 2^2 \times \frac{2}{3}\times 2 + 2^2 \times 4\right) = \frac{56}{3EI}$$

$$\delta_{1F} = -\frac{1}{EI}\left(\frac{1}{2}\times 20 \times 4 \times 2\right) = -\frac{80}{EI}$$

（4）求多余未知力。

解方程
$$\frac{56}{3EI}X_1 - \frac{80}{EI} = 0$$

得：
$$X_1 = 4.29 \text{kN}(\uparrow)$$

（5）作弯矩图。

先作半结构 M 图，再由反对称性作另半边结构 M 图，即得最后 M 图，如图 15 - 19（h）所示。

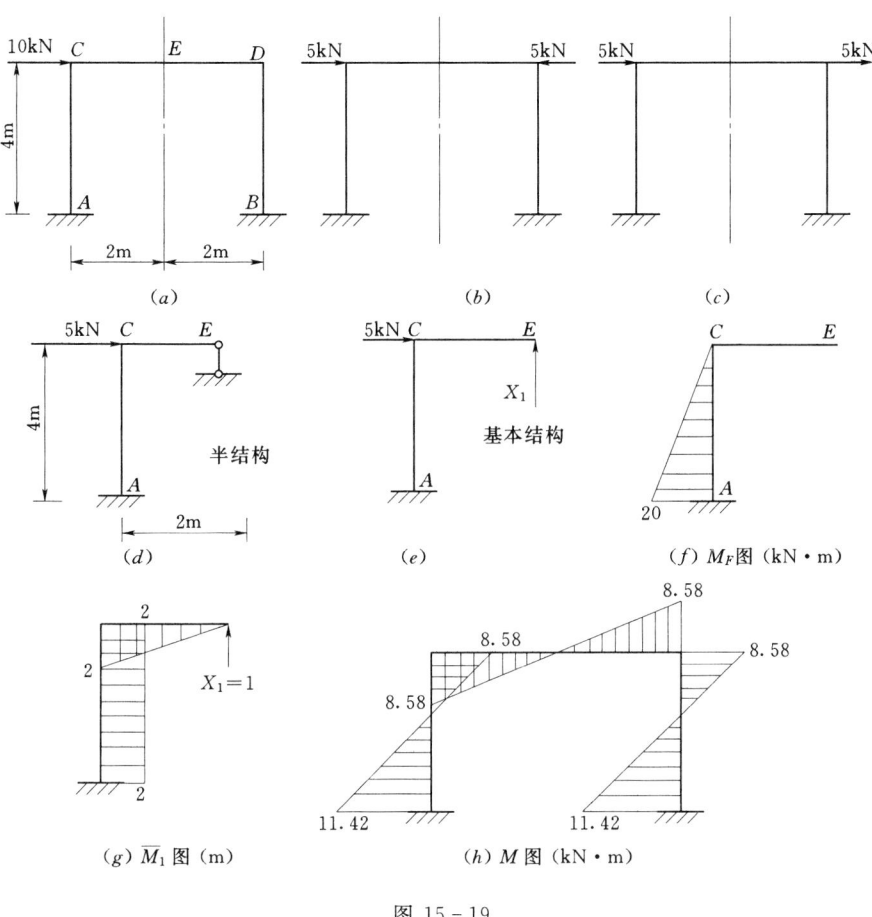

图 15-19

第六节 超静定结构位移计算、内力图校核及特性

一、超静定结构位移计算

与静定结构一样,超静定结构在荷载作用下的位移计算也可用单位荷载法。由式(14-6)的位移公式:

$$\Delta = \sum \int_s \frac{\overline{N} N_F}{EA} \mathrm{d}s + \sum \int_s \frac{\overline{M} M_F}{EI} \mathrm{d}s + \sum \int_s K \frac{\overline{Q} Q_F}{GA} \mathrm{d}s$$

式中:M_F、Q_F、N_F 为所求位移的超静定结构内力;$\overline{M}$、$\overline{Q}$、$\overline{N}$ 为虚设单位力状态下的内力。

超静定结构的内力计算较繁琐。力法计算超静定结构内力时,采用去掉原结构多余约束、选定基本结构计算的原理,基本结构在外荷载和多余未知力共同作用下产生的内力、变形与原结构完全相同。据此,超静定结构的位移计算也可转化为静定问题求解。即将虚设力状态建立在静定基本结构上。由于超静定结构的最后内力图并不因所取基本结构的不同而改变，因此，求其位移时也可任选一种便于计算的基本结构来建立虚设力状态。

如图 15-20（a）所示超静定刚架，其最后弯矩图 [图 15-20（b）] 作为实际状态的 M_F 图。若要求 CB 杆中点 F 的竖向位移 Δ_{Fy} 时，可取图 15-20（c）、（d）中任一种基本结构建立虚设状态，作 $\overline{M}$ 图，然后由图乘法求位移。显然，图 15-20（d）所示 $\overline{M}$ 图使图乘计算更简单。

$$\Delta_{Fy} = -\frac{1}{EI}\left(\frac{1}{2} \cdot \frac{a}{4}a\right)\frac{1}{2} \cdot \frac{3}{88}Fa = -\frac{3Fa^3}{1408EI}(\uparrow)$$

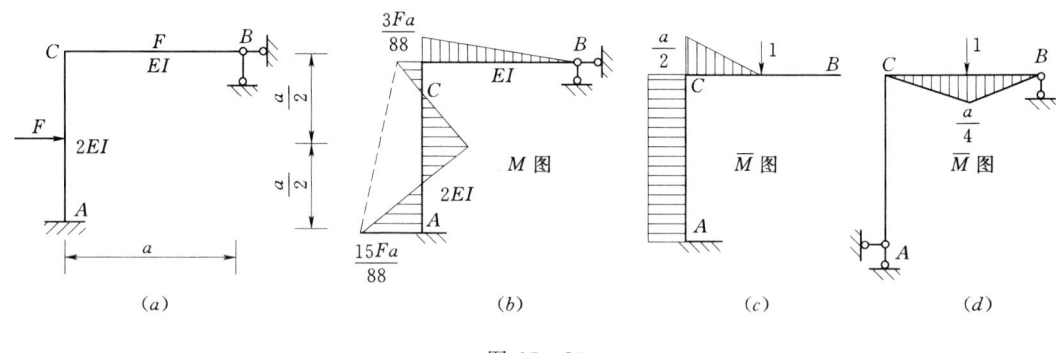

图 15-20

二、内力图校核

内力图是结构设计的依据，必须进行校核以保证其正确无误。一般从静力平衡和位移两方面来校核最后内力图。

1. 静力平衡校核

静力平衡校核是看所求各种内力是否满足结构任一部分（结点、杆件或局部结构）的静力平衡条件。校核时，截取局部结构为研究对象，将作用于其上的荷载及截面上的内力（从 M、Q、N 图中取值）看作外力，列出相应力系的平衡方程进行校核。一般截取绘内力图时未选用的研究对象校核。

2. 位移校核

超静定结构的内力图是在受力等效、位移协调的基本结构上绘出的，故还必须校核位移条件。即校核原结构各多余约束处已知的位移是否符合实际情况。超静定结构的位移计算，仍将虚设状态建立在静定基本结构上，原则上 n 个多余未知力应校核 n 个位移。为简化计算，使虚设状态的内力图尽量布满整个结构时，可用一个位移条件校核多个多余未知力。如图 15-20（b）所示弯矩图的位移校核，可取图 15-21 所示基本结构并作其 $\overline{M_1}$ 图。图乘计算结果为：

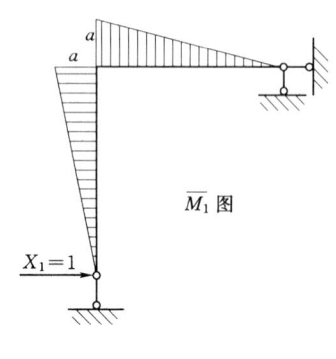

图 15-21

$$\Delta_{AH} = \frac{1}{EI_1}\left(\frac{1}{2}a^2 \cdot \frac{2}{3} \cdot \frac{3}{88}Fa\right) + \frac{1}{2EI_1}\left(\frac{1}{2} \cdot \frac{3Fa}{88}a \cdot \frac{2}{3}a + \frac{1}{2} \cdot \frac{15Fa}{88}a \cdot \frac{a}{3} - \frac{1}{2} \cdot \frac{Fa}{4}a \cdot \frac{a}{2}\right) = 0$$

说明原结构 M 图是正确的。

三、超静定结构的特性

超静定结构是具有多余约束的几何不变体系。由于多余约束的影响，超静定结构具有与静定结构不同的一些特性：

（1）除荷载之外的其他因素，如温度改变、支座移动、制造误差等都可能引起内力。

（2）内力分布比较均匀，内力峰值较小；结构的刚度较大，变形较小；多余约束破坏后仍能保持几何不变性。因而具有更强的承载能力。

（3）未知内力仅用静力平衡条件无法全部确定，还需考虑变形协调条件。内力值与结构的材料性质和截面尺寸有关。在荷载作用下，超静定结构内力只与各杆刚度的相对比值有关，而与其绝对值无关；在温度改变、支座移动等因素影响下，超静定结构的内力一般与各杆刚度的绝对值成正比。

第七节 等截面单跨超静定梁的杆端内力

用力法可计算出各种因素作用下单跨超静定梁的内力。表 15-1 中列出了一些计算成果。这些成果不仅可供设计时直接查用，而且超静定结构的其他计算方法也要使用。凡是由荷载和温度改变引起的杆端弯矩和杆端剪力，称作载常数；凡是由支座产生单位位移引起的杆端弯矩和杆端剪力，称作形常数；$i = \dfrac{EI}{l}$ 称作杆件的线刚度。规定：杆端弯矩以顺时针转向为正，反之为负（与前面截面弯矩的符号规定不同）；杆端剪力以对另一端顺时针转动为正，反之为负。

表 15-1　单跨超静定梁杆端弯矩和杆端剪力计算成果（形常数和载常数）表

编号	简图	弯矩图（绘于受拉边）	杆端弯矩值 M_{AB}	杆端弯矩值 M_{BA}	杆端剪力值 Q_{AB}	杆端剪力值 Q_{BA}
1	$\varphi_A = 1$		$\dfrac{4EI}{l} = 4i$	$\dfrac{2EI}{l} = 2i$	$-\dfrac{6EI}{l^2} = -\dfrac{6i}{l}$	$-\dfrac{6EI}{l^2} = -\dfrac{6i}{l}$
2	$\Delta = 1$		$-\dfrac{6EI}{l^2} = -\dfrac{6i}{l}$	$-\dfrac{6EI}{l^2} = -\dfrac{6i}{l}$	$\dfrac{12EI}{l^3} = \dfrac{12i}{l^2}$	$\dfrac{12EI}{l^3} = \dfrac{12i}{l^2}$
3	F at C, a, b		$-\dfrac{Fab^2}{l^2}$	$+\dfrac{Fa^2 b}{l^2}$	$\dfrac{Fb^2}{l^2}\left(1 + \dfrac{2a}{l}\right)$	$-\dfrac{Fa^2}{l^2}\left(1 + \dfrac{2b}{l}\right)$
4	F at mid-span		$-\dfrac{Fl}{8}$	$\dfrac{Fl}{8}$	$\dfrac{F}{2}$	$-\dfrac{F}{2}$
5	F, F at C, D		$-Fa\left(1 - \dfrac{a}{l}\right)$	$Fa\left(1 - \dfrac{a}{l}\right)$	F	$-F$

续表

编号	简图	弯矩图（绘于受拉边）	杆端弯矩值 M_{AB}	杆端弯矩值 M_{BA}	杆端剪力值 Q_{AB}	杆端剪力值 Q_{BA}
6			$-\dfrac{ql^2}{12}$	$\dfrac{ql^2}{12}$	$\dfrac{ql}{2}$	$-\dfrac{ql}{2}$
7			$-\dfrac{ql^2}{30}$	$\dfrac{ql^2}{20}$	$\dfrac{3ql}{20}$	$-\dfrac{7ql}{20}$
8			$-\dfrac{ql^2}{20}$	$\dfrac{ql^2}{30}$	$\dfrac{7ql}{20}$	$-\dfrac{3ql}{20}$
9			$\dfrac{Mb}{l^2}(2l-3b)$	$\dfrac{Ma}{l^2}(2l-3a)$	$-\dfrac{6ab}{l^3}M$	$-\dfrac{6ab}{l^3}M$
10			$-\dfrac{Fl}{8}$	$\dfrac{Fl}{8}$	$\dfrac{F\cos\alpha}{2}$	$-\dfrac{F\cos\alpha}{2}$
11			$-\dfrac{ql^2}{12}$	$\dfrac{ql^2}{12}$	$\dfrac{ql}{2}\cos\alpha$	$-\dfrac{ql}{2}\cos\alpha$
12			$-\dfrac{ql^2}{12\cos\alpha}$	$\dfrac{ql^2}{12\cos\alpha}$	$\dfrac{ql}{2}$	$-\dfrac{ql}{2}$
13			$-\dfrac{17ql^2}{384}$	$\dfrac{17ql^2}{384}$	$\dfrac{ql}{4}$	$-\dfrac{ql}{4}$
14	温度变化 $t_1-t_2=t'$		$-\dfrac{EIat'}{h}$ h——横截面高度 a——线膨胀系数	$-\dfrac{EIat'}{h}$	0	0
15	$\varphi_A=1$		$\dfrac{3EI}{l}=3i$	0	$-\dfrac{3EI}{l^2}=-\dfrac{3i}{l}$	$-\dfrac{3EI}{l^2}=-\dfrac{3i}{l}$

续表

编号	简 图	弯 矩 图（绘于受拉边）	杆端弯矩值 M_{AB}	M_{BA}	杆端剪力值 Q_{AB}	Q_{BA}
16			$-\dfrac{3EI}{l^2}=-\dfrac{3i}{l}$	0	$+\dfrac{3EI}{l^3}=\dfrac{3i}{l^2}$	$\dfrac{3EI}{l^3}=\dfrac{3i}{l^2}$
17			$-\dfrac{Fb(l^2-b^2)}{2l^2}$	0	$\dfrac{Fb(3l^2-b^2)}{2l^2}$	$-\dfrac{Fb^2(3l-a)}{2l^3}$
18			$-\dfrac{3Fl}{16}$	0	$\dfrac{11}{16}F$	$-\dfrac{5}{16}F$
19			$-\dfrac{3Fa}{2}\left(1-\dfrac{a}{l}\right)$	0	$F+\dfrac{3Fa(l-a)}{2l^2}$	$-F+\dfrac{3Fa(l-a)}{2l^2}$
20			$-\dfrac{ql^2}{8}$	0	$\dfrac{5}{8}ql$	$-\dfrac{3}{8}ql$
21			$-\dfrac{ql^2}{15}$	0	$\dfrac{2}{5}ql$	$-\dfrac{1}{10}ql$
22			$-\dfrac{7ql^2}{120}$	0	$\dfrac{9}{40}ql$	$-\dfrac{11}{40}ql$
23			$\dfrac{M(l^2-3b^2)}{2l^2}$	0	$-\dfrac{3M(l^2-b^2)}{2l^3}$	$-\dfrac{3M(l^2-b^2)}{2l^3}$
24			$-\dfrac{3Fl}{16}$	0	$\dfrac{11}{16}F\cos\alpha$	$-\dfrac{5}{16}F\cos\alpha$
25			$-\dfrac{ql^2}{8}$	0	$\dfrac{5ql}{8}\cos\alpha$	$-\dfrac{3ql}{8}\cos\alpha$

续表

编号	简 图	弯 矩 图（绘于受拉边）	杆端弯矩值 M_{AB}	杆端弯矩值 M_{BA}	杆端剪力值 Q_{AB}	杆端剪力值 Q_{BA}
26	温度变化 t_2 t_1 $t_1-t_2=t'$		$-\dfrac{3EIat'}{2h}$ h——横截面高度 a——线膨胀系数	0	$\dfrac{3EIat'}{2hl}$	$\dfrac{3EIat'}{2hl}$
27	$\varphi_A=1$ 或 $\Delta_A=1$ 或温度变化		0	0	0	0
28	$\varphi_A=1$		$\dfrac{EI}{l}=i$	$-\dfrac{EI}{l}=-i$	0	0
29	$\varphi_B=1$		$-\dfrac{EI}{l}=-i$	$\dfrac{EI}{l}=i$	0	0
30	F		$-\dfrac{Fl}{2}$	$-\dfrac{Fl}{2}$	F	F
31	$\dfrac{l}{2}$ F $\dfrac{l}{2}$		$-\dfrac{3Fl}{8}$	$-\dfrac{Fl}{8}$	F	0
32	q		$-\dfrac{ql^2}{3}$	$-\dfrac{ql^2}{6}$	ql	0
33	a F b		$-\dfrac{Fa(l+b)}{2l}$	$-\dfrac{Fa^2}{2l}$	F	0
34	温度变化 t_2 t_1 $t_1-t_2=t'$		$-\dfrac{EIat'}{h}$ h——横截面高度 a——线膨胀系数	$\dfrac{EIat'}{h}$	0	0
35	F		$+Pl$	0	$-F$	$-F$
36	q		$\dfrac{ql^2}{2}$	0	0	$-ql$

引用表中成果时,还须注意以下几点:

(1) 表中所列杆端弯矩和杆端剪力,图中方向与式中符号相应,即图示为实际方向。

(2) 表中形常数,是依据图示单位位移($\varphi=1$ 或 $\Delta=1$)方向算得的,若单位位移方向相反,则表中形常数应改变正负号。

(3) 表中载常数也是依据图示荷载方向和支承情况求得的,如果荷载方向相反,则式中载常数也应改变正负号;如果结构两端支座形式对调,载常数一般也应改变正负号(形载常数的正负号,应依据实际位移、荷载和支承情况所确定的 M 图、Q 图而定)。

(4) 表中一端固定一端链杆支座梁的成果,同样适用于一端固定一端固定铰支座的超静定梁,因二者形常数相同,在垂直杆轴的荷载作用下的载常数也相同。

(5) 利用表中查得的杆端内力值,用区段叠加法即可直接绘出单跨超静定梁的内力图。

思 考 题

思 15-1　从组成方面说明静定结构和超静定结构的区别,结构的超静定次数是如何确定的?

思 15-2　基本结构起什么作用?基本结构与原结构有何异同?选取基本结构的原则是什么?力法的基本未知量是什么?

思 15-3　力法典型方程以及方程中各系数和自由项的物理意义是什么?

思 15-4　在分析对称结构时,应如何简化计算?对称结构在正对称和反对称荷载作用下,可取一半结构计算的依据是什么?

习 题

题 15-1　试确定图示各结构的超静定次数。

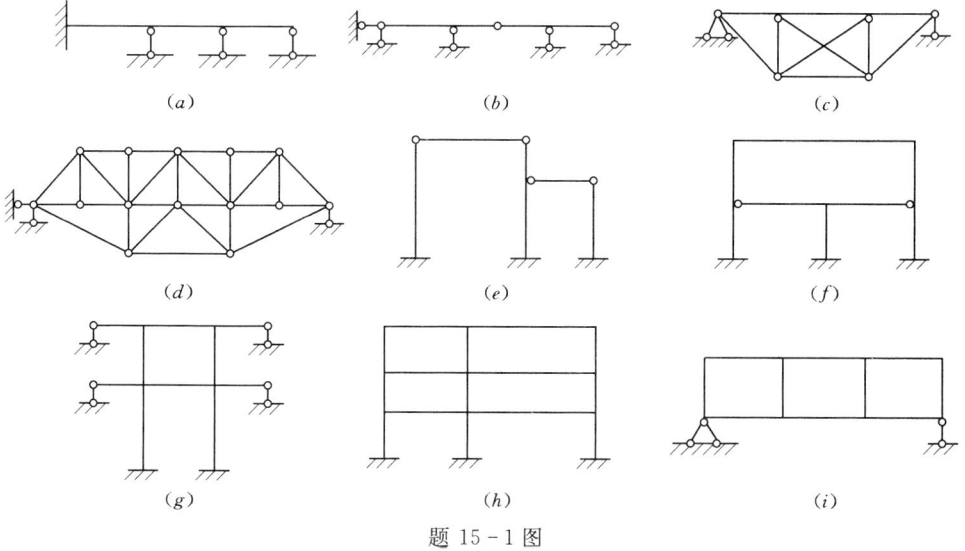

题 15-1 图

题 15-2　试用力法计算图示超静定梁，作 M 图、Q 图。

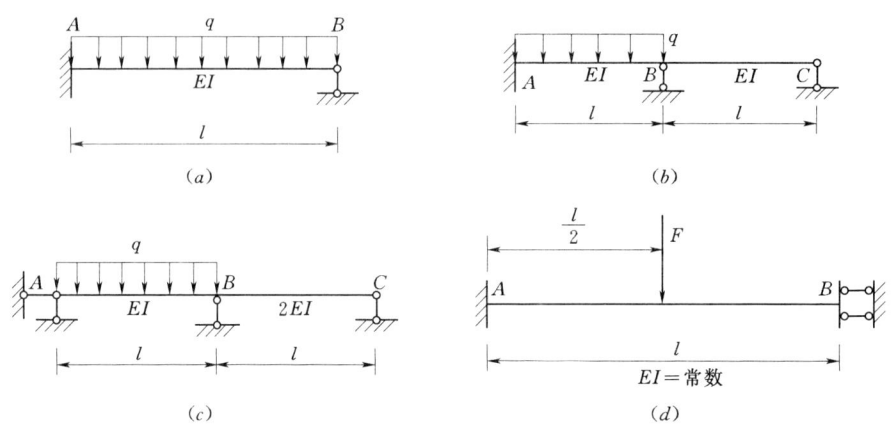

题 15-2 图

题 15-3　试用力法计算图示刚架，并作 M 图、Q 图、N 图。

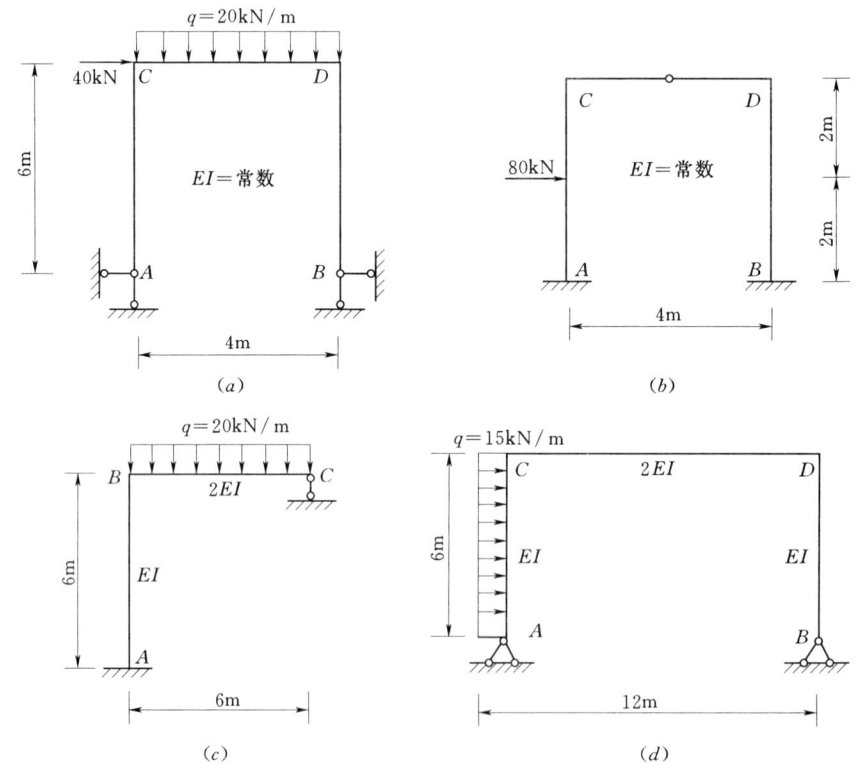

题 15-3 图

题 15-4　试用力法计算图示厂房排架，并作出其弯矩图。

题 15-5　试计算图示各对称结构，并作出弯矩图。

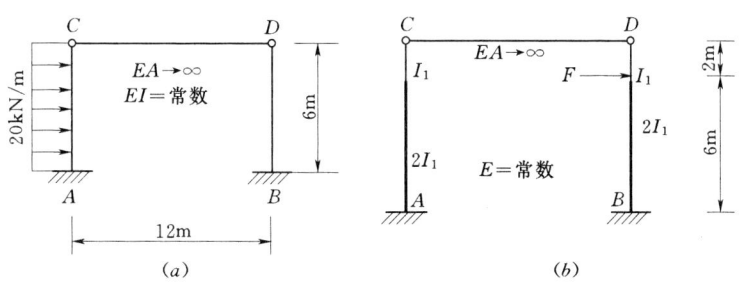

题 15-4 图

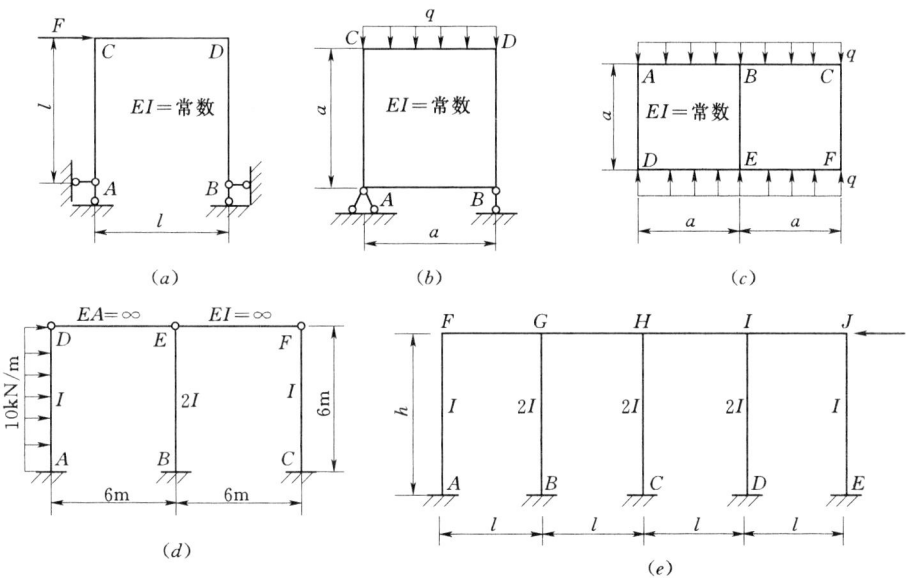

题 15-5 图

第十六章 位 移 法

第一节 位移法的基本原理

力法和位移法是计算超静定结构的两种基本方法。力法以多余约束力作为基本未知量，将超静定结构转化为静定结构计算。图 16-1 (a) 所示为一多跨多层民用房屋刚架的计算简图，图 16-1 (b) 所示为溢流式水电站厂房的计算简图，它们都是高次超静定结构的例子。用力法计算这种高次超静定结构是十分繁琐的工作，因此，人们必须寻求其他的计算方法，位移法便是在这种情况下出现的另一种基本方法。**位移法取结点位移作为基本未知量，将结构的各杆转化为单跨超静定梁，利用力法的已有成果（表 15-1）计算杆端内力，进而计算各截面的内力。** 下面说明位移法的基本思路。

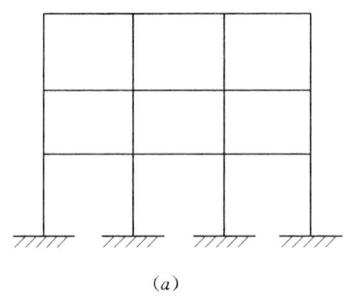 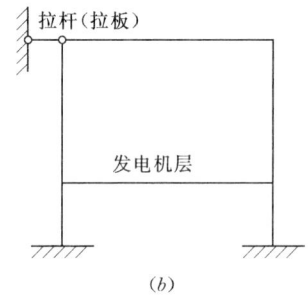

(a)　　　　　　　　　　　(b)

图 16-1

图 16-2 (a) 所示为一超静定刚架，在给定荷载作用下，将发生如图中虚线所示的变形。对于受弯直杆，通常略去轴向变形和剪切变形的影响，并假定弯曲变形是微小的，故可认为各杆两端之间的距离在变形前后保持不变。这样，在图示刚架中，由于支座 B、C 不能移动，而结点 A 分别与 B、C 两点之间的距离又都保持不变，所以结点 A 既无水平线位移，也无竖向线位移，只发生结点转角 θ_A。由于结点 A 是刚结点，根据变形协调条件，汇交于 A 结点的 AB 杆和 AC 杆的 A 端亦发生相同的转角 θ_A。如果将 A 结点看成是固定支座。则 AB 杆可看作两端固定的单跨超静定梁，其在 A 端发生转角 θ_A，如图 16-2 (b) 所示；AC 杆可看作 A 端固定、B 端铰支的单跨超静定梁受到给定荷载 F 的作用，同时其 A 端还发生了转角 θ_A，如图 16-2 (c) 所示。根据叠加原理，查表 15-1，可写出各杆端弯矩的计算公式为

$$M_{AB} = 4\frac{EI}{l}\theta_A \qquad M_{BA} = 2\frac{EI}{l}\theta_A$$

$$M_{AC} = 3\frac{EI}{l}\theta_A - \frac{3}{16}Fl \qquad M_{CA} = 0$$

由以上计算公式可看出，结点 A 的转角 θ_A 是必须先求出的未知量，称作位移法的基本未知量。只要能求出 θ_A，即可确定各杆端弯矩的值。利用平衡条件可建立位移法基本方程，求解基本未知量 θ_A。为此，取结点 A 为脱离体，如图 16-2（d）所示，其力矩平衡条件为

$$\sum M_A = 0 \qquad M_{AB} + M_{AC} = 0$$

将杆端弯矩的计算公式代入后，得

$$7\frac{EI}{l}\theta_A - \frac{3}{16}Fl = 0$$

即位移法的基本方程，由此可求出

$$\theta_A = \frac{3Fl^2}{112EI}$$

将 θ_A 代回到各杆端弯矩的计算公式中，可计算出各杆端弯矩为

$$M_{AB} = 4\frac{EI}{l} \times \frac{3Fl^2}{112EI} = \frac{3}{28}Fl$$

$$M_{BA} = 2\frac{EI}{l} \times \frac{3Fl^2}{112EI} = \frac{3}{56}Fl$$

$$M_{AC} = 3\frac{EI}{l} \times \frac{3Fl^2}{112EI} - \frac{3}{16}Fl = -\frac{3}{28}Fl$$

$$M_{CA} = 0$$

由杆端弯矩和荷载可逐杆画出弯矩图，如图 16-2（e）所示。

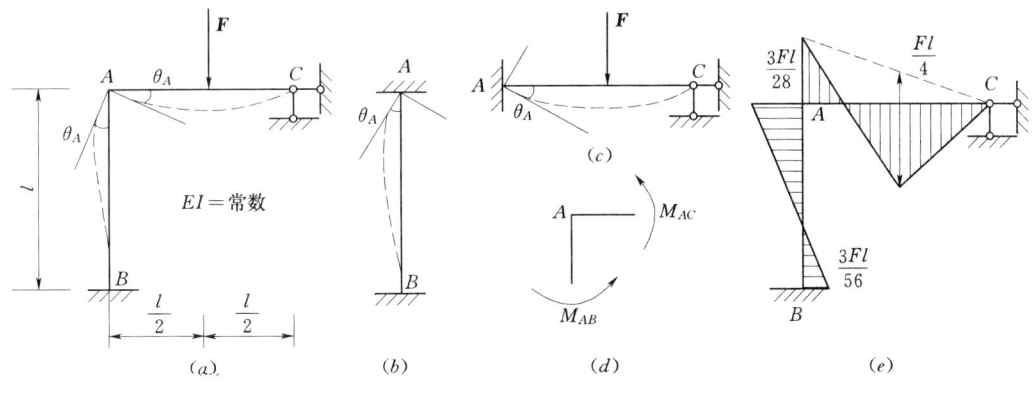

图 16-2

通过上述解题过程，用位移法计算超静定结构的基本思路可归纳如下：
(1) 分析结构的结点位移情况，确定基本未知量。
(2) 将结构的各杆拆分为单跨超静定梁，查表 15-1 写出各杆杆端弯矩的计算式。
(3) 利用平衡条件建立位移法基本方程，求解基本未知量。
(4) 将求出的基本未知量代回杆端弯矩的计算式，计算各杆端弯矩。
(5) 计算内力，作内力图。

第二节 位移法的基本未知量

如上节所述，位移法以结点位移作为基本未知量。结点位移有两种，即结点角位移（转角）和结点线位移，现分述如下。

一、结点角位移

图 16-3（a）所示刚架中，汇交于刚结点 B、C 的各杆分别在结点 B、C 处有共同的杆端转角 θ_B、θ_C，称作结点 B、C 的角位移。由前述例题中可以看出 θ_B 与 θ_C 是必须先算出的未知量。而类似 θ_A 及 θ_D 这样的转角，也可以不作为基本未知量即可求得全部杆件的内力。

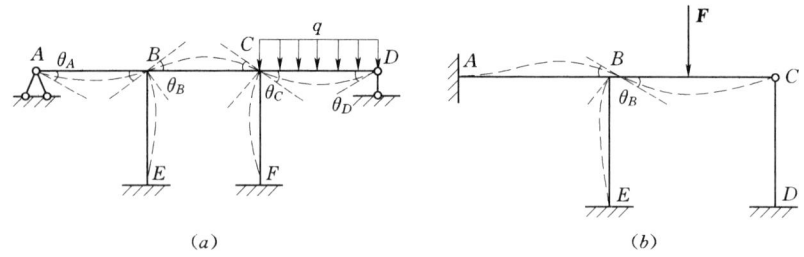

图 16-3

图 16-4 所示连续梁，结点 A、B、C、D 都没有线位移。B 和 C 是刚结点，可以转动，转角分别为 θ_B、θ_C，结点 A、D 的转角可以不取为基本未知量。只要计算出结点角位移 θ_B 和 θ_C，利用位移和内力之间的关系，即可求出杆件和结构的内力。

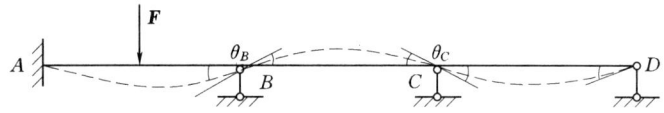

图 16-4

结论：只有刚结点的角位移作为位移法基本未知量。一个刚结点有一个角位移，图 16-3（b）所示刚架中只有一个角位移 θ_B 为基本未知量。

二、结点线位移

严格地讲，结构变形后各杆长度都将发生变化。因此，平面结构的各个可动结点都有两个线位移，通常表示为水平线位移和竖向线位移。如前所述，在轴向变形和剪切变形可以忽略，弯曲变形是微小的这一前提下，可以假定各杆长度在变形前后是不发生变化的。这样有些结构无任何结点线位移产生，例如图 16-3 所示刚架。有些结构虽然有结点线位移产生，但其中某些结点线位移是彼此相关而非独立的，在此情况下，需要确定独立的结点线位移数。通常有两种方法，现分述如下。

1. 直观确定法

对于一般刚架，独立结点线位移的数目可直接观察确定。如图 16-5（a）所示的刚架，在不考虑各杆长度变化时，结点 C 和 D 没有竖向位移而只有水平位移 Δ_C 和 Δ_D，且它们彼此相等，因而可以用同一个符号 Δ 表示，就是说这个刚架虽然 C、D 两个结点都发生了水平线位移，但独立的值只有一个，即它们的共同值 Δ，称作这个刚架的独立结点线位移。图 16-5 (b) 所示两层刚架的各结点均没有竖向位移而只有水平位移，且结点 C、D 的水平位移相同，可用 Δ_1 表示；结点 E、F 的水平位移相同，可用 Δ_2 表示。因此，这个刚架的独立结点线位移数目有两个，即 Δ_1、Δ_2。一般地，对于多层刚架（无侧向约束），独立结点线位移数等于刚架的层数。

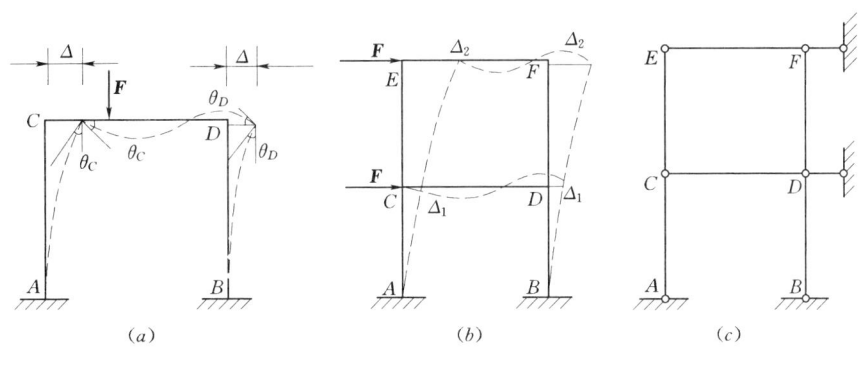

图 16-5

2. 铰化结点判定法

对于比较复杂的结构，常采用"铰化结点、增设链杆"的方法，即把结构中所有的刚结点都改为铰结点，所有的固定支座都改为铰支座。从而得到一个相应的铰结体系。若该体系为几何不变体系，则原结构的各结点无结点线位移；若该体系为几何可变或瞬变体系，则在结点处增设链杆（通常用水平或竖直链杆），使其恰好成为几何不变体系，所增设的链杆数目就是原结构的独立结点线位移数。增设链杆所在的结点（或所在的层），沿链杆方向的线位移就是原结构独立的结点线位移。例如，图 16-5 (b) 所示刚架，铰化后成为几何可变体系，在结点 D、F 处分别增设水平链杆后成为几何不变体系 [图 16-5 (c)]。由此可知，该刚架有两个独立的结点线位移，分别发生在 CD、EF 所在的层，沿水平方向。

三、位移法基本未知量的确定

综上所述，**位移法计算时，基本未知量的数目等于结构结点角位移数与独立结点线位移数的总和**。例如图 16-5 (b) 所示刚架，有 C、D、E、F 四个刚结点，其结点角位移分别为 θ_C、θ_D、θ_E、θ_F；有两个独立结点线位移分别为 Δ_1、Δ_2，所以共有六个基本未知量。

对图 16-6 (a) 所示刚架，结点 E、F 为刚结点，其角位移 θ_E、θ_F 为基本未知量。用铰化结点法确定独立的结点线位移 [图 16-6 (b)]。故原刚架结点 G 的竖向线位移 Δ_G 为基本未知量。由此得知，该刚架位移法的基本未知量共有三个。

对图 16-7 (a) 所示排架。确定角位移时，要注意结点 F 是一个组合结点，相对于杆 FG 而言是铰结点，而相对于杆 BF 和杆 FE 而言是刚结点，故杆 BF 与 EF 在 F 结点的角位移 θ_F 应作为基本未知量；用铰化结点法确定独立结点线位移 [图 16-7 (b)]，则

结点 G、E 的水平线位移 Δ_G、Δ_E 应作为基本未知量，由此得知，该排架用位移法计算时的基本未知量共有三个。

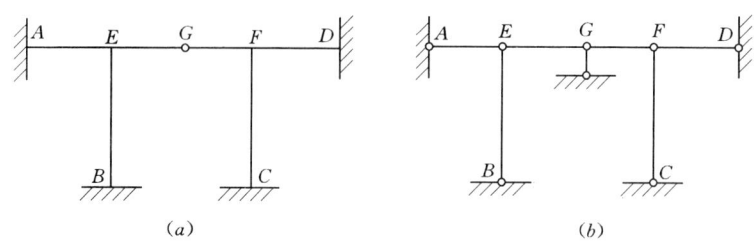

图 16-6

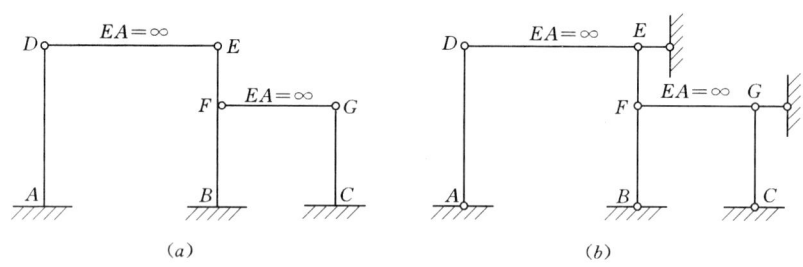

图 16-7

第三节　用位移法计算超静定结构

一、无结点线位移结构

如果结构的各结点只有转角而没有线位移，则为无结点线位移结构。用位移法计算无结点线位移结构时，在每一个刚结点处有一个转角作为基本未知量，与此对应，在每一个刚结点处又可建立一个力矩平衡方程。方程的个数与未知量的个数相等，因而可求解出全部未知量。

下面举例说明具体计算过程。

【**例 16-1**】　用位移法计算图 16-8（a）所示刚架，并作其内力图。设 $EI=$ 常量。

解：(1) 确定基本未知量。基本未知量为刚结点 B 的转角 θ_B。

(2) 列各杆杆端弯矩的计算式。

各杆线刚度取相对值，为方便计算，设 $EI=12$，则

$$i_{AB} = i_{BD} = \frac{EI}{4} = 3 \qquad i_{BC} = \frac{EI}{6} = 2$$

查表 15-1 并利用叠加原理写出各杆端弯矩的计算式为

AB 杆：
$$M_{AB} = 0$$
$$M_{BA} = 3i_{AB}\theta_B + \frac{1}{8}ql_{AB}^2 = 9\theta_B + 60$$

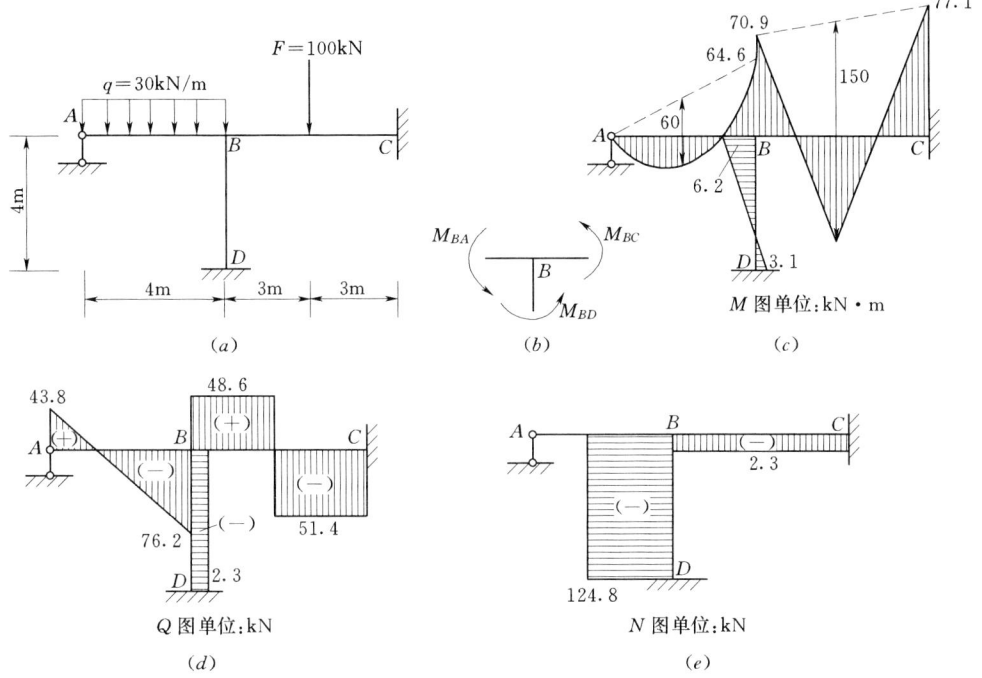

图 16-8

BC 杆：
$$M_{BC} = 4i_{BC}\theta_B - \frac{1}{8}Fl_{BC} = 8\theta_B - 75$$
$$M_{CB} = 2i_{BC}\theta_B + \frac{1}{8}Fl_{BC} = 4\theta_B + 75$$

BD 杆：
$$M_{BD} = 4i_{BD}\theta_B = 12\theta_B$$
$$M_{DB} = 2i_{BD}\theta_B = 6\theta_B$$

（3）建立位移法基本方程，求解基本未知量。取结点 B 为脱离体 [图 16-8（b）]，由力矩平衡方程：

$$\sum M_B = 0 \qquad M_{BA} + M_{BC} + M_{BD} = 0$$

即
$$9\theta_B + 60 + 8\theta_B - 75 + 12\theta_B = 0$$

解得
$$\theta_B = 0.517$$

（4）计算杆端弯矩。
$$M_{AB} = 0$$
$$M_{BA} = 9\theta_B + 60 = 9 \times 0.517 + 60 = 64.6 \text{kN} \cdot \text{m}$$
$$M_{BC} = 8\theta_B - 75 = 8 \times 0.517 - 75 = -70.9 \text{kN} \cdot \text{m}$$
$$M_{CB} = 4\theta_B + 75 = 4 \times 0.517 + 75 = 77.1 \text{kN} \cdot \text{m}$$
$$M_{BD} = 12\theta_B = 12 \times 0.517 = 6.2 \text{kN} \cdot \text{m}$$
$$M_{DB} = 6\theta_B = 6 \times 0.517 = 3.1 \text{kN} \cdot \text{m}$$

（5）计算内力，作内力图。

作弯矩图：根据杆端弯矩的值和杆上荷载情况，应用叠加法可直接画出各杆弯矩图。整个刚架的弯矩图见图 16-8 (c)。

作剪力图：取各杆为脱离体（轴力不用画出），分别建立平衡方程，可计算各杆杆端剪力，如图 16-9 (a)、(b)、(c) 所示。

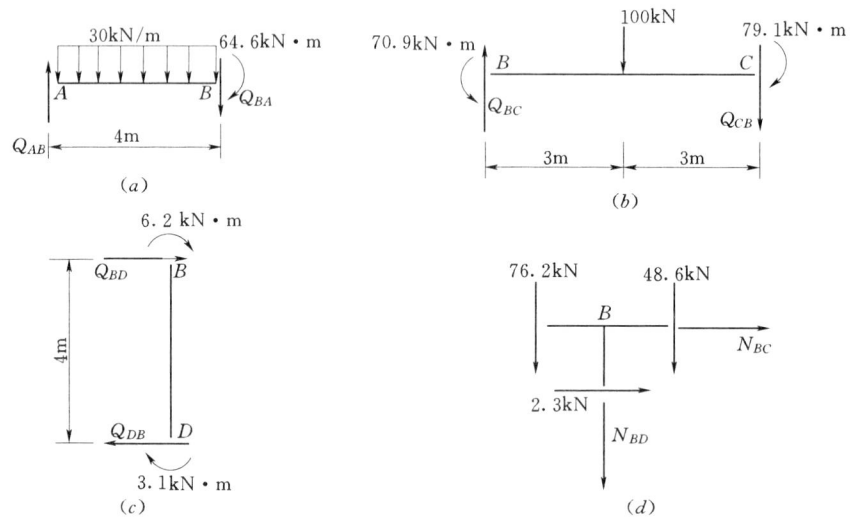

图 16-9

AB 杆，如图 16-9 (a) 所示，q=常数，此段剪力图为斜直线。

由 $\sum M_B = 0$ $\quad -Q_{AB} \times 4 - 64.6 + \dfrac{30}{2} \times 4^2 = 0 \quad Q_{AB} = 43.8 \text{kN}$

$\sum M_A = 0$ $\quad -Q_{BA} \times 4 - 64.6 - \dfrac{30}{2} \times 4^2 = 0 \quad Q_{BA} = -76.2 \text{kN}$

BC 杆，如图 16-9 (b) 所示，剪力图应为两段水平线。

$\sum M_C = 0$ $\quad -Q_{BC} \times 6 - (79.1 - 70.9) + 100 \times 3 = 0 \quad Q_{BC} = 48.6 \text{kN}$

$\sum M_B = 0$ $\quad -Q_{CB} \times 6 - (79.1 - 70.9) - 100 \times 3 = 0 \quad Q_{CB} = -51.4 \text{kN}$

BD 杆，如图 16-9 (c) 所示，剪力图为常量。

$\sum M_D = 0$ $\quad -Q_{BD} \times 4 - (6.2 + 3.1) = 0 \quad Q_{BD} = Q_{DB} = -2.3 \text{kN}$

整个刚架的剪力图见图 16-8 (d)。

作轴力图：取结点 B 为脱离体如图 16-9 (d) 所示（弯矩不用画出），已知 BA 杆的轴力等于零。

由 $\sum F_y = 0$ $\quad -N_{BD} - 76.2 - 48.6 = 0 \quad N_{BD} = +124.8 \text{kN}$

$\sum F_x = 0$ $\quad N_{BC} + 2.3 = 0 \quad N_{BC} = -2.3 \text{kN}$

整个刚架的轴力图见图 16-8 (e)。

【例 16-2】 计算图 16-10 (a) 所示连续梁，并作其弯矩图。

解：(1) 确定基本未知量。

B、C 两结点为刚性结点，未知量为 θ_B、θ_C。

(2) 列各杆杆端弯矩的计算式。

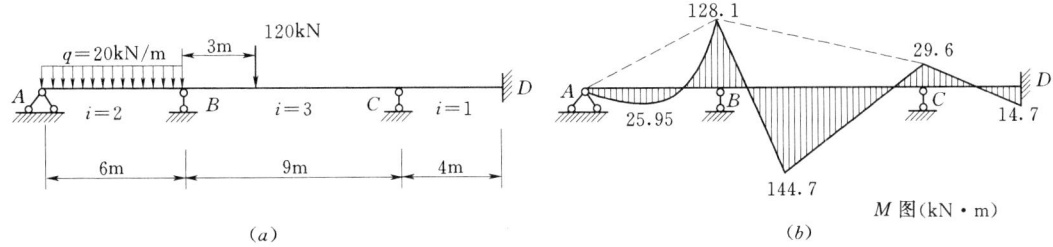

图 16-10

$$M_{AB} = 0$$

$$M_{BA} = 3i_{AB}\theta_B + \frac{1}{8}ql_{AB}^2 = 6\theta_B + \frac{1}{8} \times 20 \times 6^2 = 6\theta_B + 90$$

$$M_{BC} = 4i_{BC}\theta_B + 2i_{BC}\theta_C - \frac{120 \times 3 \times 6^2}{9^2} = 12\theta_B + 6\theta_C - 160$$

$$M_{CB} = 2i_{BC}\theta_B + 4i_{BC}\theta_C + \frac{120 \times 3^2 \times 6}{9^2} = 6\theta_B + 12\theta_C + 80$$

$$M_{CD} = 4i_{CD}\theta_C = 4\theta_C$$

$$M_{DC} = 2i_{CD}\theta_C = 2\theta_C$$

(3) 建立位移法基本方程，求解基本未知量。

利用结点 B 的平衡方程 $\sum M_B = 0$，即 $M_{BA} + M_{BC} = 0$，得

$$6\theta_B + 90 + 12\theta_B + 6\theta_C - 160 = 0$$

或
$$18\theta_B + 6\theta_C - 70 = 0 \qquad (a)$$

利用结点 C 的平衡方程 $\sum M_C = 0$，即 $M_{CB} + M_{CD} = 0$，得

$$6\theta_B + 12\theta_C + 80 + 4\theta_C = 0$$

或
$$6\theta_B + 16\theta_C + 80 = 0 \qquad (b)$$

将式 (a)、式 (b) 两式联立求解，得

$$\theta_B = 6.35 \qquad \theta_C = -7.37$$

(4) 计算各杆端弯矩并绘制弯矩图。

$M_{AB} = 0$

$M_{BA} = 6\theta_B + 90 = 6 \times 6.35 + 90 = 128.1 \text{kN} \cdot \text{m}$

$M_{BC} = 12\theta_B + 6\theta_C - 160 = 12 \times 6.35 + 6 \times (-7.37) - 160 = -128.1 \text{kN} \cdot \text{m}$

$M_{CB} = 6\theta_B + 12\theta_C + 80 = 6 \times 6.35 + 12 \times (-7.37) + 80 = 29.6 \text{kN} \cdot \text{m}$

$M_{CB} = 4\theta_C = 4 \times (-7.37) = -29.5 \text{kN} \cdot \text{m}$

$M_{CD} = 2\theta_C = 2 \times (-7.37) = -14.7 \text{kN} \cdot \text{m}$

由以上计算的杆端弯矩及荷载可以绘出连续梁的弯矩图，如图 16-10 (b) 所示。

二、有结点线位移结构

如果结构的结点有线位移，则称为有结点线位移结构。用位移法计算有结点线位移结构时，基本步骤与计算无结点线位移结构基本相同。用位移法计算有结点线位移结构与计算无结点线位移结构相比，有以下特点。

(1) 在基本未知量中,含有结点线位移。因此,在写杆端弯矩计算式时要考虑线位移的影响。

(2) 在建立基本方程时,与线位移对应的平衡方程是截取 Δ 所在层为脱离体,建立沿其方向的力的投影方程(也可称为剪力方程)。因此,还须补充写出有关杆端剪力的计算式。

一般地,用位移法计算有结点线位移结构时,基本未知量包括刚结点的角位移和独立的结点线位移。对应于每一个角位移,取其所在结点为脱离体,可建立一个力矩平衡方程;对应于每一个独立结点线位移,取其所在的层为脱离体,可建立一个投影平衡方程。平衡方程的个数与基本未知量的个数相等,故可求解出全部基本未知量。

【例 16-3】 作图 16-11(a)所示刚架的内力图。

解:(1) 确定基本未知量。

基本未知量为刚结点 C 的转角 θ_C 和横梁的水平位移 Δ。Δ 是 C、D 两点水平位移的公共值。

(2) 列各杆杆端弯矩和有关杆端剪力的计算式。

令

$$i_{CA} = i_{DB} = \frac{EI}{4} = i, \quad i_{CD} = \frac{3EI}{6} = 2i$$

$$\left.\begin{aligned}
M_{CA} &= 4i_{CA}\theta_C - \frac{6i_{CA}}{l_{CA}}\Delta = 4i\theta_C - \frac{6i}{4}\Delta = 4i\theta_C - \frac{3i}{2}\Delta \\
M_{AC} &= 2i_{CA}\theta_C - \frac{6i_{CA}}{l_{CA}}\Delta = 2i\theta_C - \frac{6i}{4}\Delta = 2i\theta_C - \frac{3i}{2}\Delta \\
M_{CD} &= 3i_{CD}\theta_C = 3(2i)\theta_C = 6i\theta_C \\
M_{BD} &= -\frac{3i_{BD}}{l_{BD}}\Delta - \frac{q}{8} \times l_{BD}{}^2 = -\frac{3i}{4}\Delta - 20 \\
Q_{CA} &= -\frac{6i_{CA}}{l_{CA}}\theta_C + \frac{12i_{CA}}{l_{CA}^2}\Delta = -\frac{6i}{4}\theta_C + \frac{12i}{4^2}\Delta = -\frac{3i}{2}\theta_C + \frac{3i}{4}\Delta \\
Q_{DB} &= \frac{3i_{DB}}{l_{DB}^2}\Delta - \frac{3}{8}ql = \frac{3i}{4^2}\Delta - \frac{3}{8} \times 10 \times 4 = \frac{3i}{16}\Delta - 15
\end{aligned}\right\} \quad (a)$$

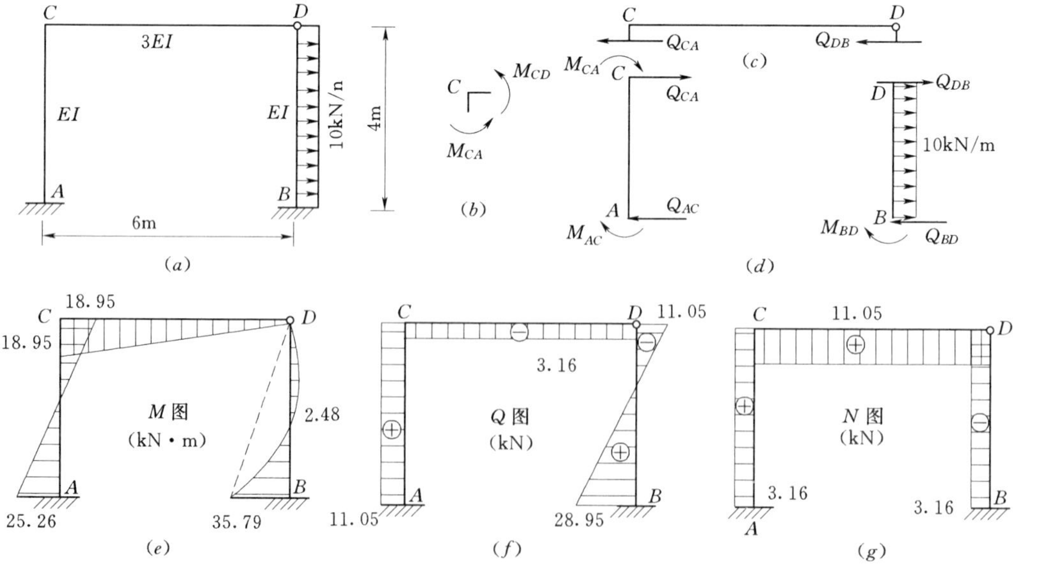

图 16-11

(3) 建立位移法基本方程，求解基本未知量。

相应于结点 C 角位移，取结点 C [图 16 – 11 (b)]，建立力矩平衡方程

由 $$\sum M_C = 0 \qquad M_{CD} + M_{CA} = 0 \qquad (b)$$

将式 (a) 中 M_{CD}、M_{CA} 杆端弯矩代入式 (b)，得

$$6i\theta_C + 4i\theta_C - \frac{3i}{2}\Delta = 0$$

$$10i\theta_C - \frac{3i}{2}\Delta = 0 \qquad (c)$$

相应于 C、D 两点水平位移，取柱顶以上横梁为脱离体 [图 16 – 11 (c)]，建立剪力平衡方程

由 $$\sum F_x = 0 \qquad -Q_{CA} - Q_{DB} = 0 \qquad (d)$$

杆端剪力分别由立柱杆端剪力求解，将杆端剪力代入式 (d) 得

$$-\frac{3i}{2}\theta_C + \frac{3i}{4}\Delta + \frac{3i}{16}\Delta - 15 = 0$$

$$-1.5i\theta_C + 0.9375i\Delta - 15 = 0 \qquad (e)$$

联立求解式 (c)、式 (e) 两式得

$$\theta_C = \frac{3.158}{i} \qquad \Delta = \frac{21.05}{i}$$

(4) 计算杆端弯矩。

$$M_{CA} = 4i\theta_C - \frac{3i}{2}\Delta = 4i \times \frac{3.158}{i} - 1.5i \times \frac{21.05}{i} = -18.95 \text{kN} \cdot \text{m}$$

$$M_{AC} = 2i\theta_C - \frac{3i}{2}\Delta = 2i \times \frac{3.158}{i} - 1.5i \times \frac{21.05}{i} = -25.26 \text{kN} \cdot \text{m}$$

$$M_{CD} = 6i\theta_C = 6i \times \frac{3.158}{i} = 18.95 \text{kN} \cdot \text{m}$$

$$M_{BD} = -\frac{3i}{4}\Delta - 20 = -\frac{3}{4}i \times \frac{21.05}{i} - 20 = -35.79 \text{kN} \cdot \text{m}$$

(5) 作内力图。

由杆端弯矩作出的 M 图，如图 16 – 11 (e) 所示。取每一杆为脱离体，用平衡条件计算杆端剪力，然后作剪力图 [图 16 – 11 (f)]。取结点 C、D 为脱离体，由结点的平衡条件计算各杆轴力，然后作轴力图 [图 16 – 11 (g)]。

【例 16 – 4】 试用位移法计算图示 16 – 12 (a) 等高排架的弯矩图。

解：(1) 确定基本未知量。

因为 12、23 两杆刚度无穷大，则 1、2、3 铰结点水平位移相等，所以独立的线位移为一个，以 Δ 表示，无角位移。

(2) 写出杆端弯矩表达式。

以 $\frac{EI}{h} = i$，则各杆的线刚度的相对值为 $i_{A1} = i_{B2} = i_{C3} = i$，则

$$M_{A1} = -\frac{3i}{h}\Delta - \frac{qh^2}{8}$$

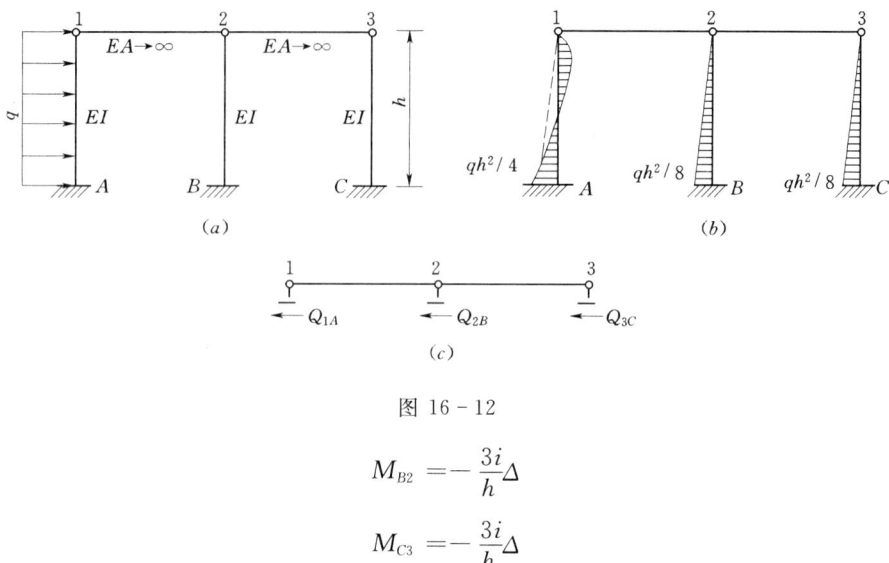

图 16 - 12

$$M_{B2} = -\frac{3i}{h}\Delta$$

$$M_{C3} = -\frac{3i}{h}\Delta$$

(3) 建立位移法方程。

分别取横梁为隔离体，如图所示。列方程为

$$\sum F_x = 0 \qquad Q_{1A} + Q_{2B} + Q_{3C} = 0$$

又

$$Q_{1A} = -\frac{3qh}{8} + \frac{3i}{h^2}\Delta$$

$$Q_{2B} = \frac{3i}{h^2}\Delta$$

$$Q_{3C} = \frac{3i}{h^2}\Delta$$

将以上各式代入上式方程中，得

$$-\frac{3qh}{8} + 3 \times \frac{3i}{h^2}\Delta = 0$$

(4) 解方程，得

$$\Delta = \frac{qh^3}{24i}$$

(5) 杆端弯矩。

$$M_{A1} = -\frac{3i}{h}\Delta - \frac{qh^2}{8} = -\frac{3i}{h} \times \frac{qh^3}{24i} - \frac{qh^2}{8} = -\frac{qh^2}{4}$$

$$M_{B2} = -\frac{3i}{h}\Delta = -\frac{3i}{h} \times \frac{qh^3}{24i} = -\frac{qh^2}{8}$$

$$M_{C3} = -\frac{3i}{h}\Delta = -\frac{3i}{h} \times \frac{qh^3}{24i} = -\frac{qh^2}{8}$$

绘制弯矩图，见图 16 - 12 (b)。

思 考 题

思 16 - 1 用位移法计算结构时，为什么能够用结点位移作为基本未知量？

思 16-2 为什么一个刚结点只有一个转角作为基本未知量？为什么铰处的转角不作为基本未知量？

思 16-3 位移法能否用于求解静定结构，为什么？

习　题

题 16-1 确定图示结构用位移法计算时的基本未知量数目。

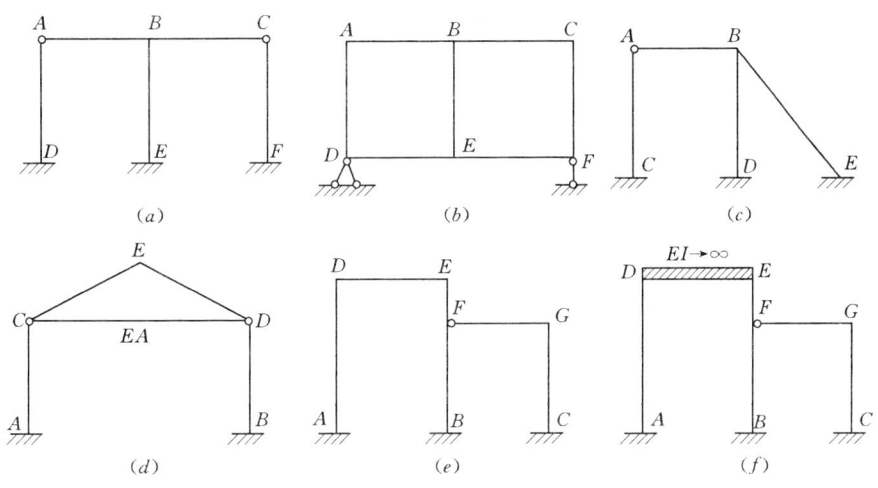

题 16-1 图

题 16-2 用位移法求解图示结构，作内力图。

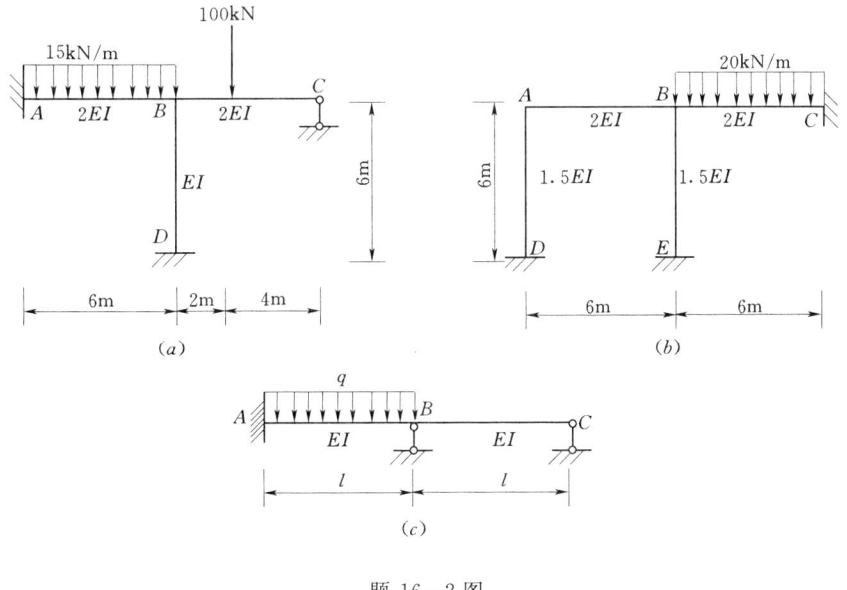

题 16-2 图

题 16-3 用位移法计算图示结构，作 M 图。设 $E=$ 常数。

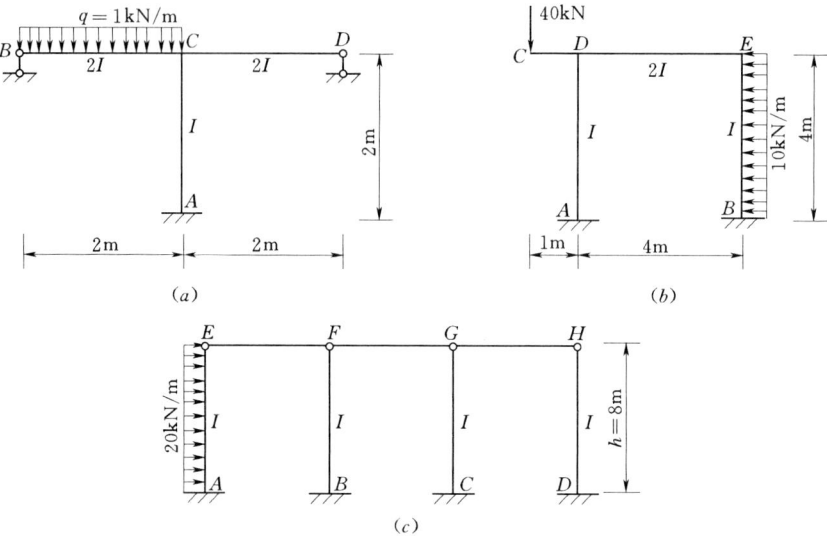

题 16-3 图

第十七章 力矩分配法

第一节 力矩分配法的基本原理

力矩分配法是针对连续梁和无结点线位移刚架,在位移法的基础上发展起来的一种渐近计算方法。其特点是不用建立基本方程求解结点位移而直接计算各杆杆端弯矩。本节介绍有关力矩分配法的基本概念和原理。

一、杆端转动刚度

杆端转动刚度表示杆端抵抗转动的能力。杆端的转动刚度用 S 表示,它在数值上等于使杆端发生单位转角时施加在该杆端的弯矩。由表 15-1 可查出等截面直杆 A 端的转动刚度 S_{AB} 值,如图 17-1 所示。

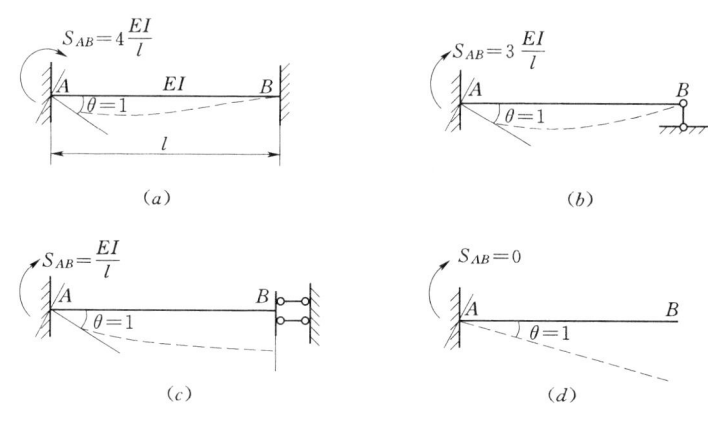

图 17-1

可以看出,杆端转动刚度的大小取决于杆件本身的线刚度和另一端的支承情况。在力矩分配法中,将发生转角的一端称为**近端**,另一端称为**远端**。设各杆线刚度 $i = \dfrac{EI}{l}$,则杆端转动刚度可表述为

远端固定 $S = 4i$

远端铰支 $S = 3i$

远端滑动 $S = i$

远端自由 $S = 0$

二、力矩的分配与传递

设有图 17-2 (a) 所示刚架,只有一个刚结点 A,无结点线位移,并且只在结点 A

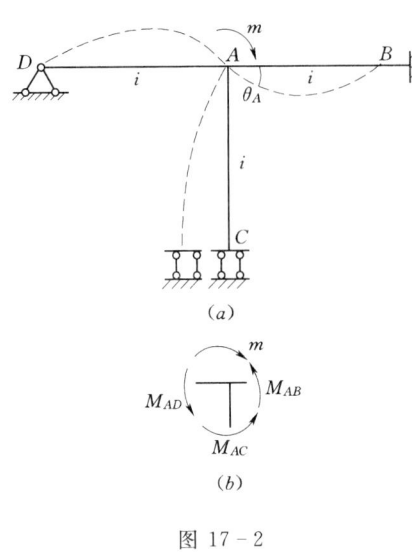

图 17-2

处受一外力矩 m 作用。作用在结点上的外力矩仍以顺时针转为正。下面利用位移法推出在此情况下各杆杆端弯矩的计算方法。

1. 近端弯矩的计算

由图 17-2（a）可知，各杆 A 端与结点 A 发生相同转角 θ_A，A 端即为各杆近端。由转动刚度的定义，各杆近端弯矩可写为

$$\left.\begin{aligned} M_{AB} &= S_{AB}\theta_A \\ M_{AC} &= S_{AC}\theta_A \\ M_{AD} &= S_{AD}\theta_A \end{aligned}\right\} \quad (a)$$

取结点 A 为脱离体 [图 17-2（b）]，由力矩平衡条件 $\sum M_A = 0$，得

$$M_{AB} + M_{AC} + M_{AD} = m$$

将式（a）中各值代入上式得

$$(S_{AB} + S_{AC} + S_{AD})\theta_A = m$$

由此可求得

$$\theta_A = \frac{m}{S_{AB} + S_{AC} + S_{AD}} = \frac{m}{\sum_A S}$$

式中：$\sum\limits_A S$ 表示汇交于结点 A 的各杆端转动刚度之和。

将求得的 θ_A 代入式（a），得各杆近端弯矩为

$$\left.\begin{aligned} M_{AB} &= S_{AB}\theta_A = \frac{S_{AB}}{\sum\limits_A S} = \mu_{AB}m \\ M_{AC} &= S_{AC}\theta_A = \frac{S_{AC}}{\sum\limits_A S} = \mu_{AC}m \\ M_{AD} &= S_{AD}\theta_A = \frac{S_{AD}}{\sum\limits_A S} = \mu_{AD}m \end{aligned}\right\} \quad (b)$$

式（b）表明，各杆近端弯矩与该杆端转动刚度成正比。可用下列公式统一表示为

$$M_{Aj} = \mu_{Aj}m$$

$$\mu_{Aj} = \frac{S_{Aj}}{\sum\limits_A S}$$

μ_{Aj} 称为各杆在近端的**分配系数**。其中 j 代表各杆的远端，在本例中分别为 B、C、D。汇交于同一结点的各杆分配系数之和应等于 1，即

$$\sum \mu_{Aj} = \mu_{AB} + \mu_{AC} + \mu_{AD} = 1$$

由上述可见，作用在结点 A 的外力矩 m，按各杆的分配系数分配给各杆的近端。因而近端弯矩又称作**分配弯矩**。

2. 远端弯矩的计算

在图 17-2 (a) 中，结点 A 在外力矩 m 的作用下发生转角 θ_A，使各杆两端产生弯矩。由表 15-1 可查出它们的值为

$$M_{AB} = 4i\theta_A \qquad M_{BA} = 2i\theta_A$$
$$M_{AC} = i\theta_A \qquad M_{CA} = -i\theta_A$$
$$M_{AD} = 3i\theta_A \qquad M_{DA} = 0$$

用 C_{Aj} 表示杆端发生转角时远端弯矩与近端弯矩的比值，称为近端向远端的传递系数，用符号 C 表示。传递系数的值随远端约束情况而异，远端为不同约束时如图 17-2 (a) 所示的情况，传递系数的值分别为

远端固定 $\qquad\qquad C_{AB} = \dfrac{1}{2}$

远端滑动 $\qquad\qquad C_{AC} = -1$

远端铰支 $\qquad\qquad C_{AD} = 0$

由此，远端弯矩可视为近端向远端的传递，各杆远端弯矩又称为**传递弯矩**。可用下式计算

$$M_{jA} = C_{Aj} M_{Aj}$$

即传递弯矩等于分配弯矩乘以传递系数。

综上所述，对于只有一个刚结点的无结点线位移结构，当其只在刚结点上受外力矩作用时，各杆近端弯矩等于外力矩乘以该杆的分配系数，称为力矩的分配；各杆远端弯矩等于其近端弯矩乘以传递系数，称为力矩的传递。

图 17-2 (a) 所示刚架，各杆端弯矩的具体计算如下：

计算分配系数：设各杆线刚度 $i=$ 常数

已知 $\qquad S_{AB} = 4i \qquad S_{AC} = i \qquad S_{AD} = 3i \qquad$ 则 $\sum\limits_A S = 8i$

由此 $\qquad \mu_{AB} = \dfrac{1}{2} \qquad \mu_{AC} = \dfrac{1}{8} \qquad \mu_{AD} = \dfrac{3}{8}$

近端弯矩 $\quad M_{AB} = \dfrac{1}{2}m \quad M_{AC} = \dfrac{1}{8}m \quad M_{AD} = \dfrac{3}{8}m$

远端弯矩 $\quad M_{BA} = \dfrac{1}{4}m \quad M_{CA} = -\dfrac{1}{8}m \quad M_{DA} = 0$

三、力矩分配法的基本概念

1. 单结点的力矩分配

（1）固定状态。以图 17-3 (a) 所示连续梁为例，在荷载作用之前，先在刚结点 B 加上一个阻止转动的约束，称为附加刚臂，使结点 B 不能转动，由此各杆可分别视为 B 端为固定端的单跨超静定梁〔图 17-3 (b)〕。然后作用荷载，由表 15-1 可查出荷载作用下各杆的杆端弯矩，称为**固端弯矩**，用 M^F 表示。设附加刚臂的约束力矩用 M_B 表示，以顺时针转为正。取结点 B 为脱离体〔图 17-3 (c)〕，由力矩平衡条件 $\sum M_B = 0$ 得

$$M_B = M_{BA}^F + M_{BC}^F = \sum M_{Bj}^F$$

即**附加刚臂的约束力矩等于结点处各杆端的固端弯矩的代数和**。由此也可看出，附加刚臂

对图 17-3（a）所示连续梁的影响相当于在结点 B 处加了一个外力矩 M_B。

（2）放松状态。在原结构 B 点上本来是没有约束刚臂，也不存在约束力矩 M_B，所以必须将 M_B 的影响消除。因此，再将约束力矩 M_B 反向单独作用在基本结构上，恢复结点的角位移，形成放松状态，通过力矩分配，求出放松状态杆端的弯矩。远端弯矩可传递进行计算。分配弯矩与传递弯矩用 M' 表示。

将固定状态和放松状态的杆端弯矩叠加就可以得到结构的实际杆端弯矩〔图 17-3（d）〕。例如

$$M_{AB} = M_{AB}^F + M'_{AB}$$

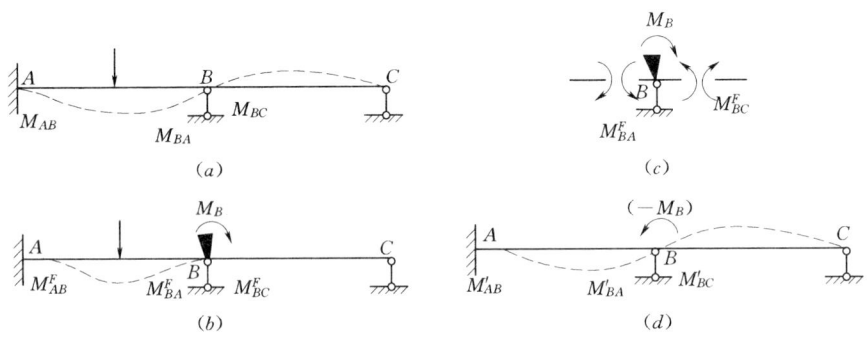

图 17-3

概括以上，对于只具有一个刚结点的无结点线位移结构，受一般荷载作用时，其计算过程分为三步计算：第一，在刚结点 B 上附加刚臂将每一杆改造为单跨梁，计算固端弯矩，并由刚结点力矩平衡条件计算附加刚臂处的约束力矩；第二，单独在附加刚臂处加与约束力矩反向的力偶矩进行分配与传递，以消除附加刚臂的影响；第三，叠加各杆端的固端弯矩与分配弯矩（或传递弯矩）的代数和即为实际的杆端弯矩。这种计算方法称为力矩分配法。

2. 多结点的力矩分配

（1）固定状态。固定结构的刚结点，将每一杆改造为单跨梁，形成固定状态，求出固定状态下的杆端弯矩与附加刚臂上的约束力矩。

（2）放松状态。为了使受力状态与实际相同，必须消除附加刚臂上的约束力矩。每次放松一个结点（其余结点仍固定）进行力矩分配与传递。对每个结点轮流放松，经多次循环，直至各结点约束力矩趋近零时，即可停止分配和传递。实际计算一般进行 2～3 个循环就可获得足够精度。

（3）叠加。最后把各杆端固端弯矩和各轮的分配弯矩与传递弯矩叠加，即得到最后杆端弯矩。

第二节　用力矩分配法计算连续梁和无结点线位移刚架

上节介绍了力矩分配法的基本运算。对于具有多个结点的连续梁和无结点线位移刚

架，只要逐次对每一刚结点应用上节的基本运算，就可求出杆端弯矩。下面结合具体例子加以说明。

【例 17 - 1】 图 17 - 4（a）所示连续梁，用力矩分配法作弯矩图。

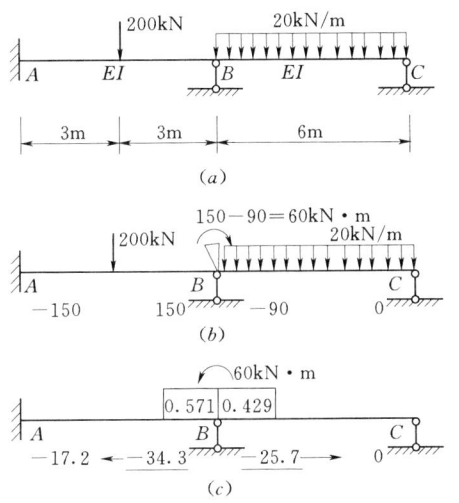

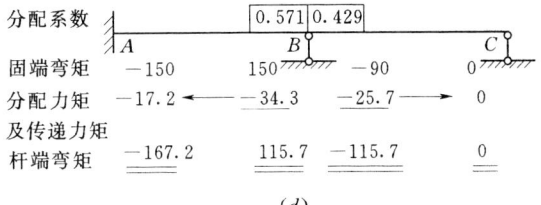

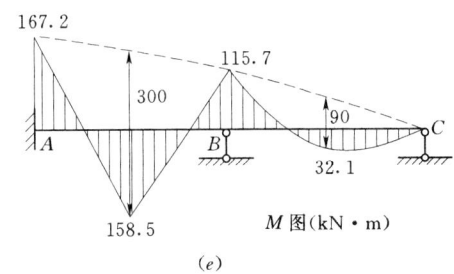

图 17 - 4

解：（1）在结点 B 附加刚臂 [图 17 - 4（b）]。

查表 15 - 1 计算荷载作用下的固端弯矩，写在各杆端的下方：

$$M_{AB}^F = -\frac{Fl}{8} = -\frac{200 \times 6}{8} = -150 \text{kN} \cdot \text{m}$$

$$M_{BA}^F = \frac{Fl}{8} = \frac{200 \times 6}{8} = 150 \text{kN} \cdot \text{m}$$

$$M_{BC}^F = -\frac{ql^2}{8} = -\frac{20 \times 6^2}{8} = -90 \text{kN} \cdot \text{m}$$

$$M_{CB}^F = 0$$

计算约束力矩 $M_B = 150 - 90 = 60 \text{kN} \cdot \text{m}$

（2）在结点 B 上加（$-M_B$）如图 17 - 4（c）所示。计算分配弯矩和传递弯矩。

杆 AB 和 BC 的线刚度相等， $i = \dfrac{EI}{6}$

转动刚度： $S_{BA} = 4i \quad S_{BC} = 3i \quad \sum_B S = 4i + 3i = 7i$

分配系数： $\mu_{BA} = \dfrac{4i}{7i} = 0.571 \quad \mu_{BC} = \dfrac{3i}{7i} = 0.429$

校核： $\mu_{BA} + \mu_{BC} = 0.571 + 0.429 = 1$

分配系数写在结点 B 处各杆端上面的方框内。

分配弯矩： $M'_{BA} = 0.571 \times (-60) = -34.3 \text{kN} \cdot \text{m}$

$M'_{BC} = 0.429 \times (-60) = -25.7 \text{kN} \cdot \text{m}$

分配弯矩写在各杆端处并在下面画一横线，表示已进行分配，横线以上的力矩平衡。

传递弯矩： $M'_{AB} = \frac{1}{2}M'_{BA} = \frac{1}{2} \times (-34.3) = -17.2 \text{kN} \cdot \text{m}$

$$M'_{CB} = 0$$

将结果按图 17-4（d）写出，并用箭头表示力矩传递的方向。

(3) 将以上结果叠加，即得到最后的杆端弯矩。

实际计算时，可将以上计算过程汇集在一起，按图 17-4（d）所示的格式演算。下面画双横线表示最后结果。根据杆端弯矩，可作出 M 图，如图 17-4（e）所示。

【例 17-2】 作图 17-5（a）所示连续梁的弯矩图。

解：(1) 在刚结点 B、C 处附加刚臂（刚臂不必画出），计算各杆固端弯矩 [图 17-5（b）]。

$$M_{AB}^F = -\frac{ql^2}{12} = -\frac{20 \times 6^2}{12} = -60 \text{kN} \cdot \text{m}$$

$$M_{BA}^F = \frac{ql^2}{12} = \frac{20 \times 6^2}{12} = 60 \text{kN} \cdot \text{m}$$

$$M_{BC}^F = -\frac{Fl}{8} = -\frac{100 \times 8}{8} = -100 \text{kN} \cdot \text{m}$$

$$M_{CB}^F = \frac{Fl}{8} = \frac{100 \times 8}{8} = 100 \text{kN} \cdot \text{m}$$

DC 杆上无荷载，其固端弯矩为零。见图 17-5（b）中第一行。

(2) 计算各杆端分配系数。

将汇交于每一结点的各杆视为一个单结点的结构，分别计算各杆端的分配系数。

结点 B： $S_{BA} = 4i_{BA} = 4 \times \frac{1}{6} = 0.667$ $S_{BC} = 4i_{BC} = 4 \times \frac{2}{8} = 1$

所以 $\mu_{BA} = \frac{0.667}{0.667+1} = 0.4$ $\mu_{BC} = \frac{0.667}{0.667+1} = 0.6$

结点 C： $S_{CB} = 4i_{CB} = 4 \times \frac{2}{8} = 1$ $S_{CD} = 3i_{CD} = 3 \times \frac{1}{6} = 0.5$

所以 $\mu_{CB} = \frac{1}{1+0.5} = 0.667$ $\mu_{CD} = \frac{0.5}{1+0.5} = 0.333$

分配系数写在各自杆端上面的方框内，见图 17-5（b）。

(3) 逐次对各结点进行分配和传递。

每次分配一个结点，分配结点的先后顺序可以任取，一般先从约束力矩较大的结点开始。本题先从 C 结点开始，在此点施加一反向的约束力矩，其他结点固定不动。

结点 C 的约束力矩 $M_C = M_{CB}^F + M_{CD}^F = 100 \text{kN} \cdot \text{m}$

结点 C 近端的分配弯矩 $M'_{CB} = 0.667 \times (-100) = -66.7 \text{kN} \cdot \text{m}$

$$M'_{CD} = 0.333 \times (-100) = -33.3 \text{kN} \cdot \text{m}$$

远端的传递弯矩为 $M'_{BC} = \frac{1}{2}M'_{CB} = \frac{1}{2} \times (-66.7) = -33.4 \text{kN} \cdot \text{m}$

$$M'_{DC} = 0 \times M'_{CD} = 0$$

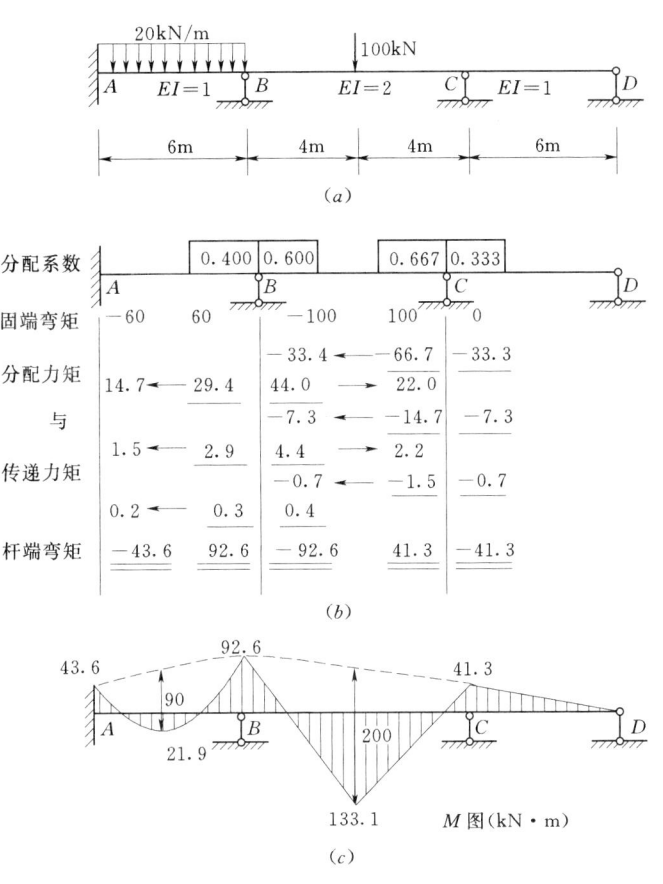

图 17-5

经过分配和传递，结点 C 已经平衡，可在分配弯矩的下面画一横线，表示横线以上的结点力矩总和已等于零。然后再固定结点 C 放松结点 B。

结点 B 的约束力矩　　$M_B = 60 - 100 - 33.4 = -73.4 \text{kN} \cdot \text{m}$

结点 B 近端的分配弯矩为　　$M'_{BA} = 0.4 \times 73.4 = 29.4 \text{kN} \cdot \text{m}$

$$M'_{BC} = 0.6 \times 73.4 = 44 \text{kN} \cdot \text{m}$$

远端传递弯矩为　　$M'_{AB} = \frac{1}{2} M'_{BA} = \frac{1}{2} \times 29.4 = 14.7 \text{kN} \cdot \text{m}$

$$M'_{CB} = \frac{1}{2} M'_{BC} = \frac{1}{2} \times 44.0 = 22 \text{kN} \cdot \text{m}$$

此时，结点 B 已经平衡。以上完成了力矩分配法的第一轮循环。但由于力矩的传递，使结点 C 又出现了新的约束力矩 $M_C = 22 \text{kN} \cdot \text{m}$，不过已比最初的约束力矩小了许多。按照完全相同的步骤，继续进行第二轮循环后，C 点的约束力矩已为 $M_C = 2.2 \text{kN} \cdot \text{m}$，进行第三轮循环后，$M_C$ 已经非常小，可略去不计。将每一轮计算结果均记录在图 17-5(b) 中，可以看出，结点约束力矩的衰减进程是很快的。如此经过若干轮循环后，到约束力矩小到可以略去不计时，便可停止循环。此时，结构已接近恢复到原来状况。一般进行二到三轮后，即可达到精度要求。

(4) 叠加计算杆端弯矩。

将各杆端固端弯矩、历次的分配弯矩或传递弯矩叠加，即得到该杆端实际的杆端弯矩。

(5) 根据杆端弯矩，可画出 M 图，如图 17-5（c）所示。

【例 17-3】 作图 17-6（a）所示刚架的内力图。各杆 E = 常数。

解：（1）固端弯矩。

$$M_{BA}^F = \frac{ql^2}{8} = \frac{20 \times 4^2}{8} = 40 \text{kN} \cdot \text{m}$$

$$M_{BC}^F = -\frac{ql^2}{12} = -\frac{20 \times 5^2}{12} = -41.7 \text{kN} \cdot \text{m}$$

$$M_{CB}^F = \frac{ql^2}{12} = \frac{20 \times 5^2}{12} = 41.7 \text{kN} \cdot \text{m}$$

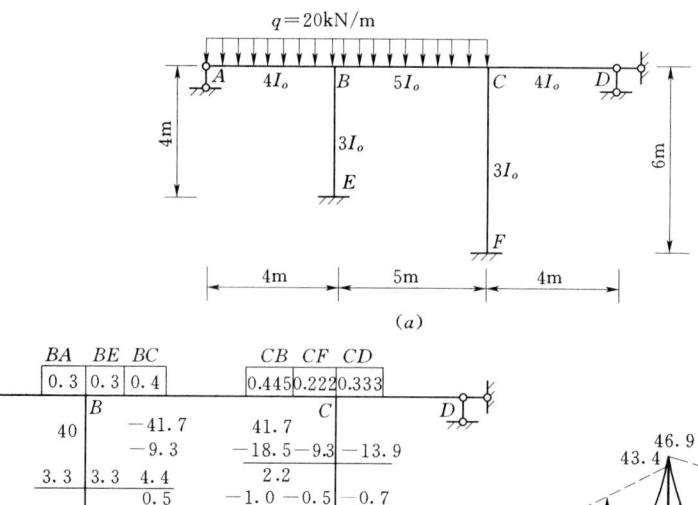

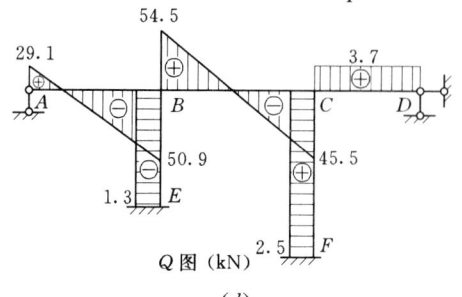

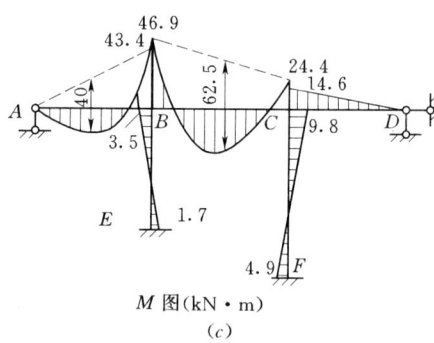

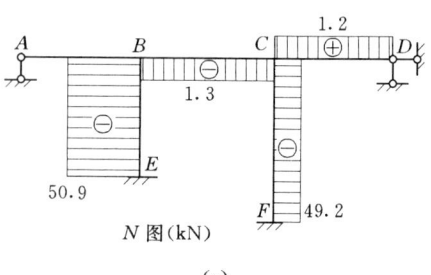

图 17-6

(2) 分配系数。设 $EI_0=1$，各杆线刚度及杆端转动刚度为

$$i_{AB}=\frac{4EI_0}{4}=1 \qquad S_{BA}=3i_{BA}=3$$

$$i_{BC}=\frac{5EI_0}{5}=1 \qquad S_{BC}=4i_{BC}=4=S_{CB}$$

$$i_{BE}=\frac{3EI_0}{4}=\frac{3}{4} \qquad S_{BE}=4i_{BE}=3$$

$$i_{CD}=\frac{4EI_0}{4}=1 \qquad S_{CD}=3i_{CD}=3$$

$$i_{CF}=\frac{3EI_0}{6}=\frac{1}{2} \qquad S_{CF}=4i_{CF}=2$$

结点 B：$\qquad \sum_B S=S_{BA}+S_{BC}+S_{BE}=3+4+3=10$

分配系数 $\qquad \mu_{BA}=0.3 \qquad \mu_{BC}=0.4 \qquad \mu_{BE}=0.3$

结点 C：$\qquad \sum_C S=S_{CB}+S_{CD}+S_{CF}=4+3+2=9$

分配系数 $\qquad \mu_{CB}=0.445 \qquad \mu_{CD}=0.333 \qquad \mu_{CF}=0.222$

(3) 分配与传递。按 C、B 顺序分配两轮，计算过程如图 17-6 (b) 所示。

(4) 内力图。根据杆端弯矩可作出 M 图，Q 图与 N 图的绘制与前面位移法相同。该刚架的内力图见图 17-6 (c)、(d)、(e)。

【**例 17-4**】 图 17-7 (a) 所示为一带悬臂的连续梁，试作 M 图。

解：本例主要说明悬臂的处理。

(1) 固端弯矩。

悬臂杆 DE 是静定部分，可将 DE 部分截去，以切口截面上的弯矩和剪力作为外力施加于结点 D 上，D 处化为铰支座处理，如图 17-7 (b) 所示。DE 部分内力图按悬臂梁绘出。作用在 D 支座的集中力为支座直接承受，不引起内力，M_{DE} 作为外荷载将引起 CD 杆产生固端弯矩。各杆固端弯矩计算如下：

$$M_{AB}^F=0 \qquad M_{BA}^F=0$$

$$M_{BC}^F=-\frac{ql^2}{12}=-\frac{20\times 4^2}{12}=-26.67\text{kN}\cdot\text{m}$$

$$M_{CB}^F=\frac{ql^2}{12}=\frac{20\times 4^2}{12}=26.67\text{kN}\cdot\text{m}$$

$$M_{CD}^F=-\frac{3Fl}{16}+\frac{M}{2}=-\frac{3\times 60\times 4}{16}+\frac{40}{2}=-25\text{kN}\cdot\text{m}$$

$$M_{DC}^F=40\text{kN}\cdot\text{m}$$

(2) 分配系数、分配与传递计算过程如图 17-7 (c) 所示。

(3) 作弯矩图。由计算结果绘制 M 图，M 图如图 17-7 (d) 所示。

【**例 17-5**】 图 17-8 (a) 表示一双孔钢筋混凝土输水涵洞的剖面图，此涵洞结构由顶板、边墙和地板组成。试用结构的对称性绘所示刚架的弯矩图。EI = 常数。

解：首先选取半边刚架作计算简图。由于该刚架系双孔箱形涵洞结构，它具有两条对称轴，即横向轴 $x-x$，和竖向轴 $y-y$，见图 17-8 (b)，因此，沿两对轴各取半边刚架，

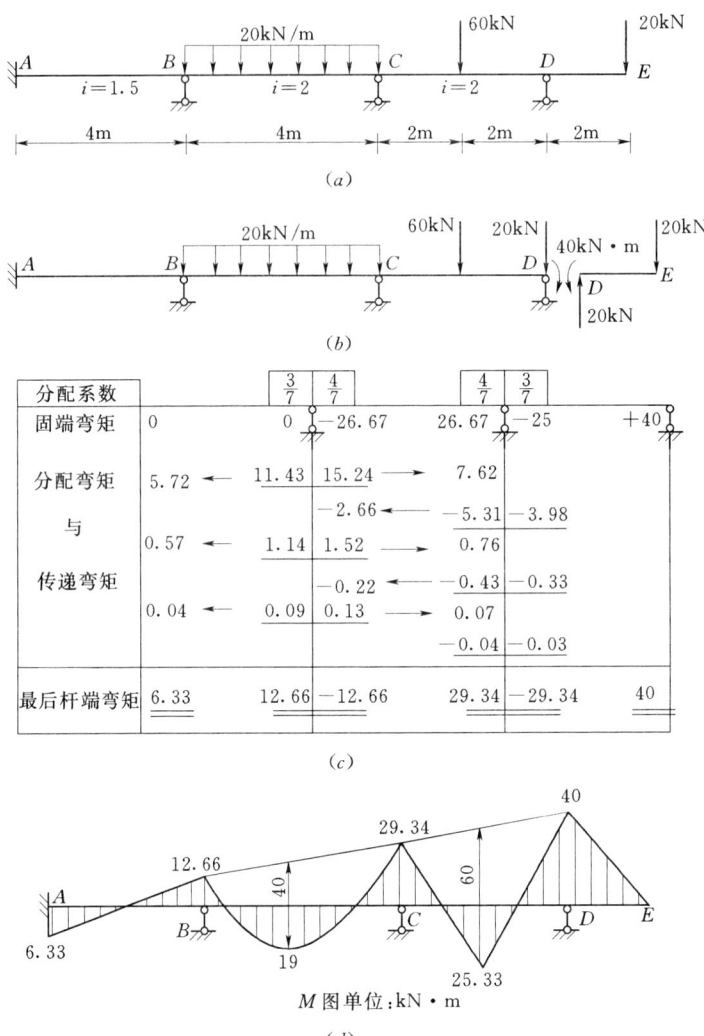

图 17-7

实际上是原刚架的 1/4 部分作为计算简图，如图 17-8（c）所示，结构简化为单结点结构计算。

（1）固端弯矩。

$$M_{AG}^F = \frac{1}{3}ql^2 = \frac{q}{3} \times 1.5^2 = 0.75q$$

$$M_{GA}^F = \frac{1}{6}ql^2 = \frac{q}{6} \times 1.5^2 = 0.375q$$

$$M_{AB}^F = -\frac{1}{12}ql^2 = -\frac{q}{12} \times 4^2 = -1.333q$$

$$M_{BA}^F = \frac{1}{12}ql^2 = \frac{q}{12} \times 4^2 = 1.333q$$

（2）分配系数。

$$S_{AG} = i_{AG} = \frac{EI}{1.5} \qquad S_{AB} = 4i_{AB} = 4 \times \frac{EI}{4} = EI$$
$$\mu_{AG} = 0.4 \qquad \mu_{AB} = 0.6$$

(3) 计算过程如图 17-8 (d) 所示。

(4) 利用对称性作出其弯矩图，如图 17-8 (e) 所示。

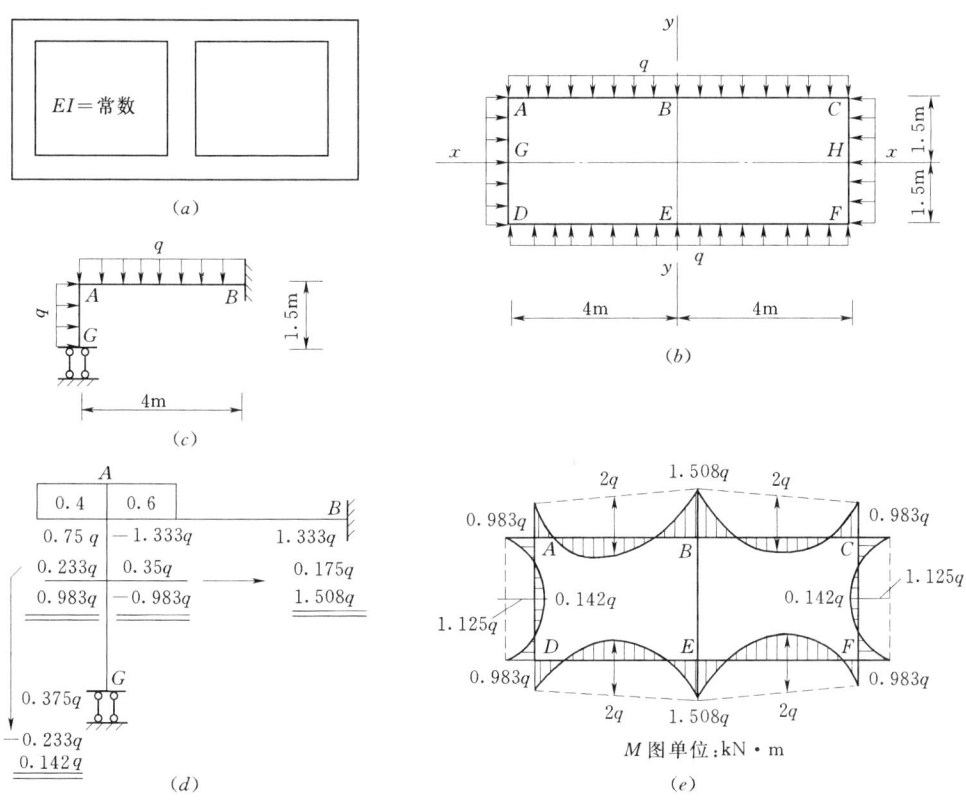

图 17-8

第三节 无剪力分配法简介

无剪力分配法可以称为是特殊情况下的力矩分配法。在特定的条件下，无剪力分配法可用于求解有结点线位移刚架。单跨对称刚架是工程实际中常见的一种结构形式，按其层数的多少，可分为单跨单层刚架及单跨多层刚架。单跨单层刚架多用于普通厂房、闸门启闭机架以及桥梁的支架等。单跨多层刚架则多用于进水塔或渡槽支架等，如图 17-9 所示。单跨对称刚架在反对称荷载作用下，由于刚架有侧移，可用无剪力分配法进行计算。在本节中，主要介绍无剪力分配法的应用条件和计算方法。

一、无剪力分配法的应用条件

图 17-10 (a) 所示刚架为有结点线位移的刚架，但它具有如下特点：

(1) 立柱只有一根（各层立柱在同一条直线上）。

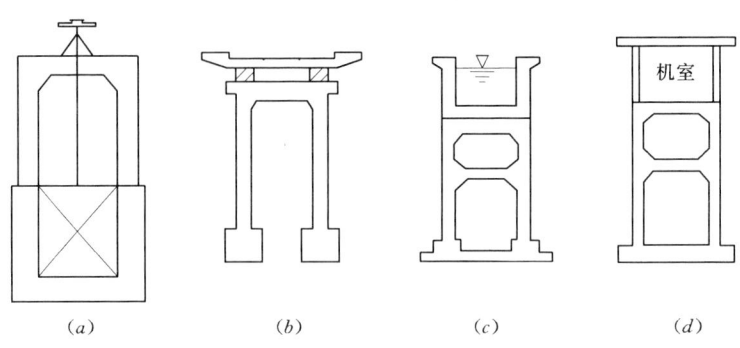

图 17-9

(a) 闸门启闭机架；(b) 桥架；(c) 渡槽支架；(d) 进水塔架

(2) 横梁外端的链杆支承与立柱平行。

由此，无论作用什么荷载，立柱的剪力是静定的，可由平衡条件直接求出，图 17-10(b) 为各层立柱的剪力图。这种杆件称为**剪力静定杆**。无剪力分配法的应用条件是：**立柱为剪力静定杆件**。

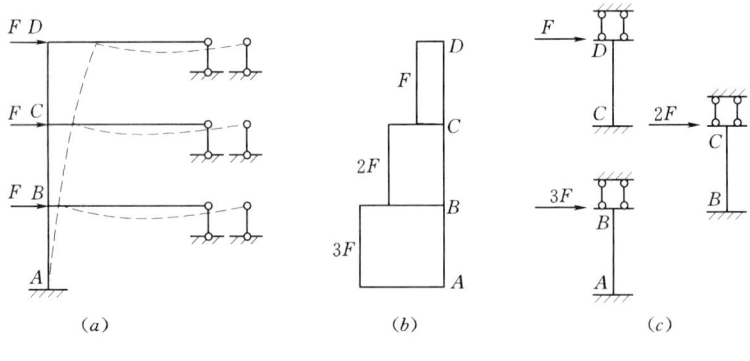

图 17-10

二、无剪力分配法的实用计算

图 17-11(a) 所示刚架，用无剪力分配法计算时，计算过程仍分为三步计算：第一步是在刚结点 A 附加刚臂（只阻止结点的转动，不阻止线位移），然后作用荷载（其变形如图 17-11(b) 所示），计算固端弯矩，约束力矩 M_A；第二步是单独在刚结点 A 加 $(-M_A)$，在允许线位移的情况下进行分配和传递［其变形情况见图 17-11(c)］；第三步将上两步计算的结果叠加即得出原刚架的杆端弯矩。

下面说明其计算方法：

(1) 固端弯矩。由图 17-11(b) 可以看出：横梁在水平方向的移动属于刚体移动，在垂直于杆件的荷载作用下，可直接查表 15-1 计算固端弯矩；立柱的变形情况与下端固定、上端滑动杆的变形相同。所以，在计算固端弯矩时，将每层立柱均视为上端滑动、下端固定的杆。此时，立柱为剪力静定杆件。注意：每层立柱上端截面的剪力也必须作为杆上的荷载。例如，图 17-10(a) 所示刚架中各层立柱所受的荷载如图 17-10(c) 所示。

(2) 分配系数。由图 17-11(c) 可以看出：横梁相当于刚体移动一段距离后再进行

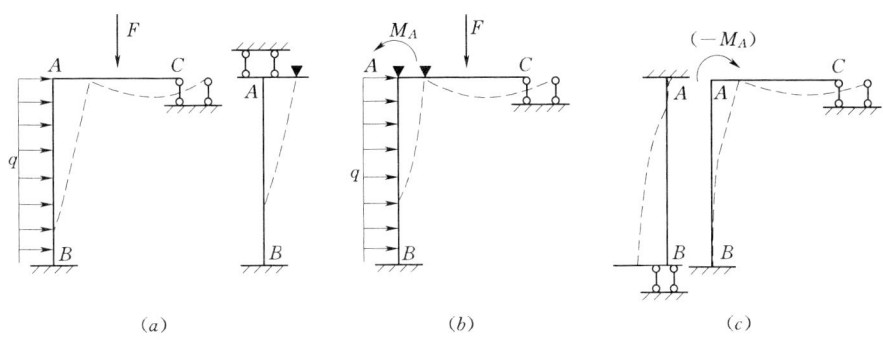

图 17-11

分配和传递，故仍按远端铰支计算；立柱的变形与近端固定、远端滑动杆的变形相当，所以在计算分配系数时，将每层立柱均视为近端固定、远端滑动的杆件。此时，立柱的转动刚度 $S=i$，传递系数 $C=-1$，剪力等于零。总之，用无剪力分配法计算符合应用条件的有结点线位移刚架时，仍可按力矩分配法的计算步骤进行。只是在计算固端弯矩时，将每层立柱均视为上端滑动、下端固定的杆，且上端截面的剪力也作为荷载；在计算分配系数时，每层立柱均视为近端固定、远端滑动的杆。由于在结点力矩（$-M_A$）作用下对立柱的分配和传递是在不产生剪力的情况下进行的，所以称为无剪力分配法。

【例 17-6】 作图 17-12 (a) 所示刚架的弯矩图。

解：由于刚架是对称结构，在图 17-12 (a) 所示荷载作用下可按图 17-12 (b) 所

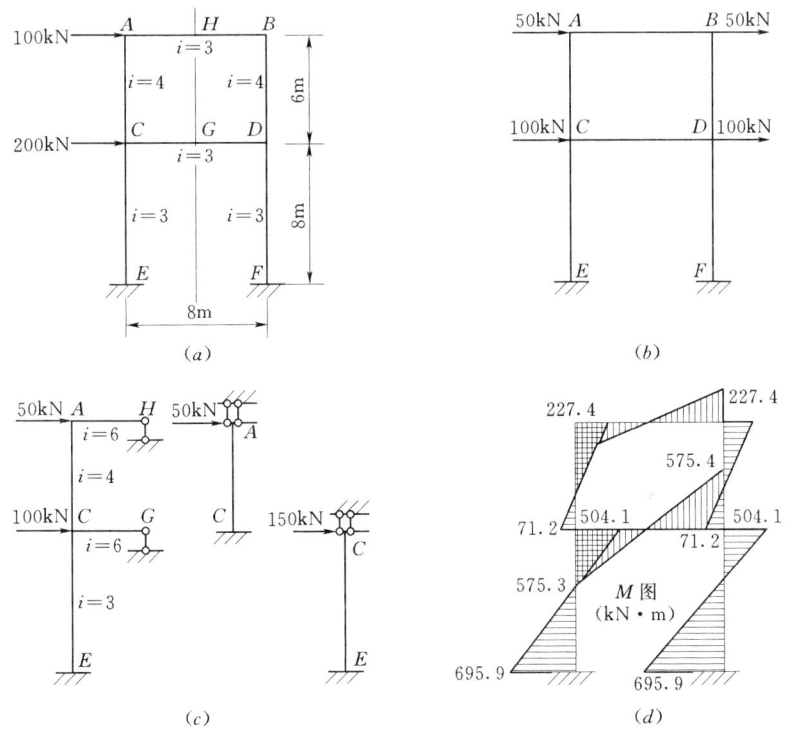

图 17-12

示反对称荷载计算。利用对称性取半刚架如图 17-12（c）所示。由于横梁长度减少一半，故线刚度增加一倍。

（1）计算固端弯矩。立柱 AC、CE 为剪力静定杆件，由平衡方程可求得各杆上端截面的剪力为

$$Q_{AC} = 50\text{kN} \qquad Q_{CE} = 150\text{kN}$$

将杆端剪力看作荷载如图 17-12（c）所示。则

$$M_{AC}^F = M_{CA}^F = -\frac{Fl}{2} = -\frac{1}{2} \times 50 \times 6 = -150\text{kN} \cdot \text{m}$$

$$M_{CE}^F = M_{EC}^F = -\frac{Fl}{2} = -\frac{1}{2} \times 150 \times 8 = -600\text{kN} \cdot \text{m}$$

（2）计算分配系数。

结点 A $\qquad S_{AC} = i = 4 \qquad S_{AH} = 3 \times 6 = 18 \qquad \sum_A S = 22$

所以 $\qquad \mu_{AC} = \dfrac{4}{22} = 0.182 \qquad \mu_{AH} = \dfrac{18}{22} = 0.818$

结点 C $\quad S_{CA} = i = 4 \qquad S_{CE} = i = 3 \qquad S_{CG} = 3 \times 6 = 18 \qquad \sum_C S = 25$

所以 $\qquad \mu_{CA} = \dfrac{4}{25} = 0.16 \qquad \mu_{CE} = \dfrac{3}{25} = 0.12 \qquad \mu_{CG} = \dfrac{18}{25} = 0.72$

（3）力矩的分配和传递。

计算过程如图 17-13 所示。为计算方便将其转 90°列表，按 $C \to A \to C \to A$ 的顺序进行两轮循环。

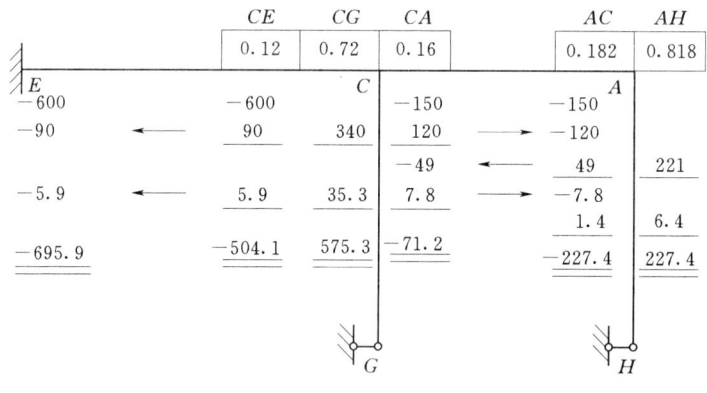

图 17-13

（4）绘制弯矩图。

弯矩图如图 17-12（d）所示。

第四节　超静定结构在支座移动和温度改变时的计算

超静定结构在发生支座移动或温度改变时，将使结构产生内力。由于支座移动或温度

改变所引起的内力，也可以用力矩分配法计算。其计算步骤与荷载作用时一样，不同的只是固端弯矩的计算，例如，由荷载产生的固端弯矩改变成由已知位移或温度改变产生的"固端弯矩"。可查表 15-1 计算固端弯矩。下面分别举例说明具体计算。

一、支座移动时的计算

【例 17-7】 作图 17-14（a）所示连续梁（支座 C 下沉 $\Delta = 1\text{cm}$）的弯矩图。$EI = 1.4 \times 10^5 \text{kN} \cdot \text{m}^2$。

解：(1) 固端弯矩的计算。

设在结点 B、C 处附加刚臂后，结点 C 下沉 Δ，各杆变形如图 17-14（b）所示。

AB 杆两端无位移，则 $M_{AB}^F = M_{BA}^F = 0$

BC 杆 C 端向下位移 Δ，查表 15-1 得

$$M_{BC}^F = M_{CB}^F = -\frac{6EI}{l^2}\Delta = -\frac{6 \times 1.4 \times 10^5}{36} \times 0.01 = -233.3 \text{kN} \cdot \text{m}$$

$$M_{CD}^F = \frac{3EI}{l^2}\Delta = -\frac{3 \times 1.4 \times 10^5}{36} \times 0.01 = 116.7 \text{kN} \cdot \text{m}$$

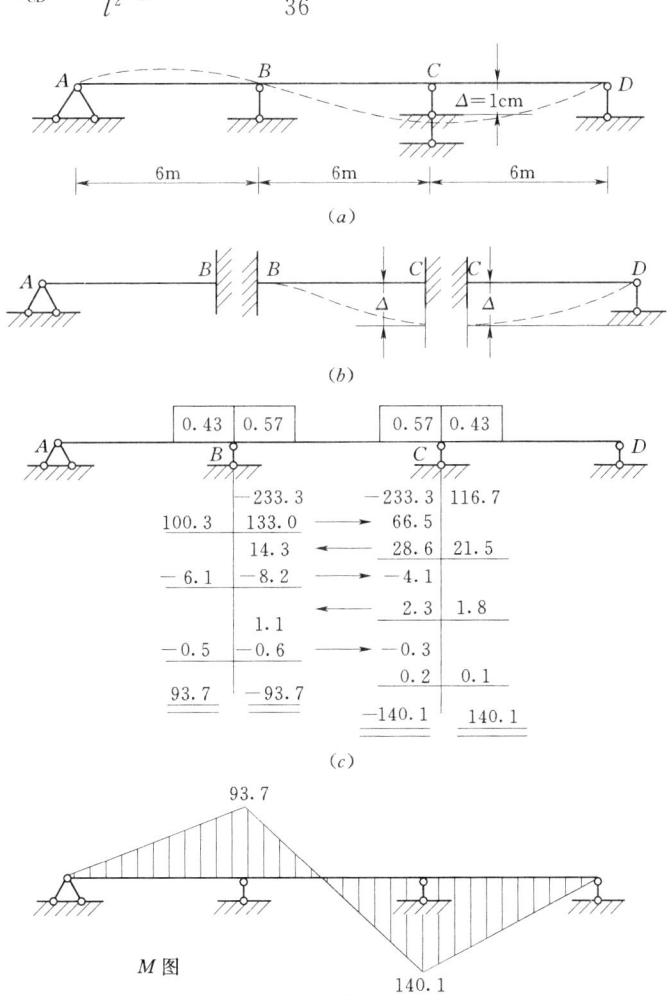

图 17-14

$$M_{DC}^F = 0$$

(2) 分配系数及计算过程如图 17-14（c）所示。

(3) 弯矩图如图 17-14（d）所示。

由此例可看出支座移动时结构的内力与刚度 EI 的实际值有关。

二、温度改变时的计算

温度改变时的计算，与支座移动时的计算基本相同。需要注意的是：温度改变不仅使杆发生弯曲，还使杆的长度发生改变。由于杆长的改变，使得其他杆件两端可能发生与杆轴垂直的相对线位移。所以，温度改变时，固端弯矩由两项组成，一项根据内外侧温差计算，一项根据两端相对线位移计算。

【例 17-8】 图 17-15（a）所示刚架由于温度改变而产生弯矩，作其 M 图。图中所标温度为温度变化值。各杆截面尺寸相同，截面高度 $h=0.6m$。

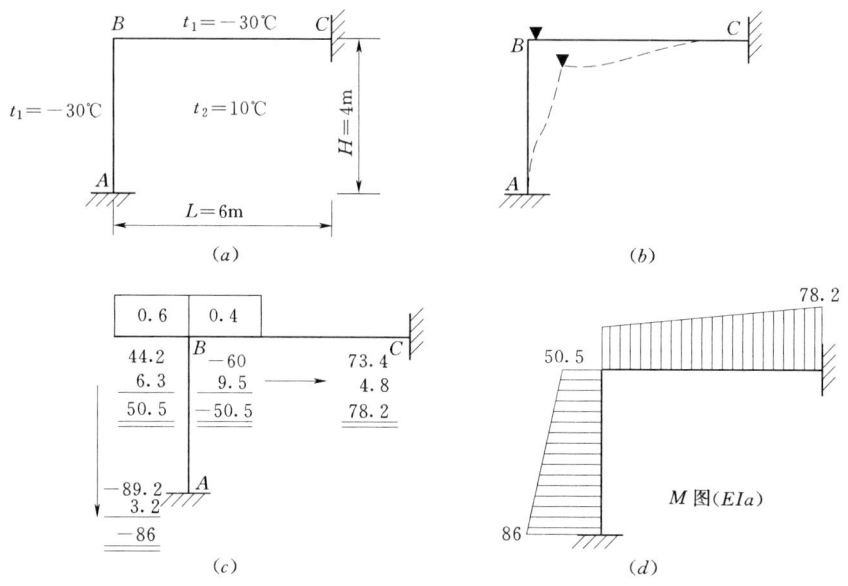

图 17-15

解：(1) 固端弯矩的计算。各杆内外侧温度差相等为

$$\Delta t = t_1 - t_2 = -30 - 10 = -40℃$$

各杆轴线平均温度改变值也相等为

$$t_0 = \frac{t_1 + t_2}{2} = \frac{-30 + 10}{2} = -10℃$$

各杆长度变化　　AB 杆　　缩短　　$\alpha t_0 H = 40\alpha$

　　　　　　　　BC 杆　　缩短　　$\alpha t_0 l = 60\alpha$

各杆两端产生的相对线位移（绕杆顺时针转为正）为：$\Delta_{BA} = 60\alpha$　$\Delta_{BC} = -40\alpha$

如图 17-15（b）所示。由表 15-1 查得各杆固端弯矩为

$$M_{AB}^F = \frac{EI\alpha\Delta t}{h} - \frac{6EI}{H^2}\Delta_{BA} = -\frac{40}{0.6}EI\alpha - \frac{6EI}{4^2} \times (60\alpha) = -89.2EI\alpha$$

$$M_{BA}^F = -\frac{EI\alpha\Delta t}{h} - \frac{6EI}{H^2}\Delta_{BA} = -\frac{-40}{0.6}EI\alpha - \frac{6EI}{4^2}\times(60\alpha) = 44.2EI\alpha$$

$$M_{BC}^F = -\frac{EI\alpha\Delta t}{h} - \frac{6EI}{l^2}\Delta_{BC} = -\frac{40}{0.6}EI\alpha - \frac{6EI}{6^2}\times(-40\alpha) = -60EI\alpha$$

$$M_{CB}^F = -\frac{EI\alpha\Delta t}{h} - \frac{6EI}{l^2}\Delta_{BC} = -\frac{-40}{0.6}EI\alpha - \frac{6EI}{6^2}\times(-40\alpha) = 73.4EI\alpha$$

（2）分配系数及计算过程如图 17-15（c）所示。

（3）M 图如图 17-15（d）所示。

思 考 题

思 17-1 什么叫转动刚度？分配系数与转动刚度有什么关系，为什么每一个结点的分配系数之和为 1？

思 17-2 为什么力矩分配法只能用于求解无结点线位移结构？

思 17-3 在多结点的力矩分配过程中，为什么每次只放松一个结点，另一个结点要保持固定？为什么还可以隔结点进行力矩分配？

思 17-4 无剪力分配法的应用条件是什么？

思 17-5 支座移动、温度改变时的计算与荷载作用时的计算有什么不同？

习 题

题 17-1 用力矩分配法作图示梁的内力图，并求支座反力。设 E＝常数。

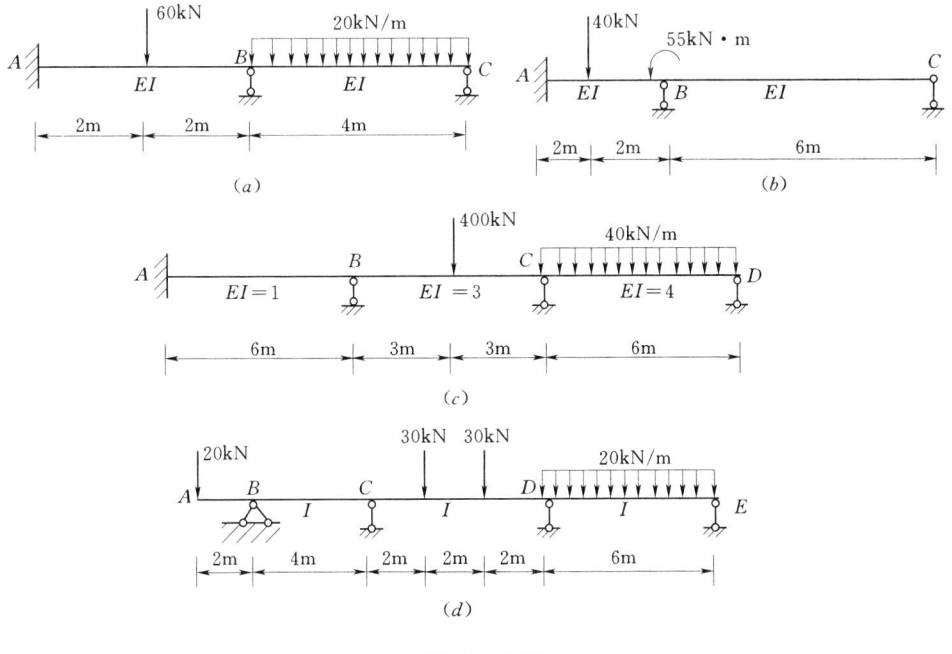

题 17-1 图

题 17-2 用力矩分配法计算图示刚架的内力，作内力图。

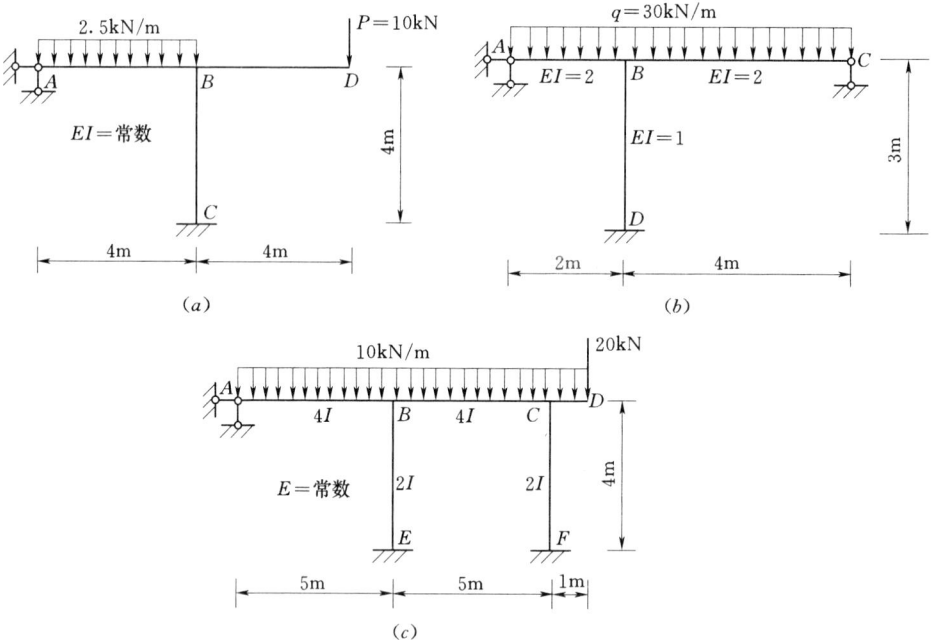

题 17-2 图

题 17-3 试用力矩分配法并利用对称性计算图示刚架,绘制其弯矩图。设 $E=$ 常数。

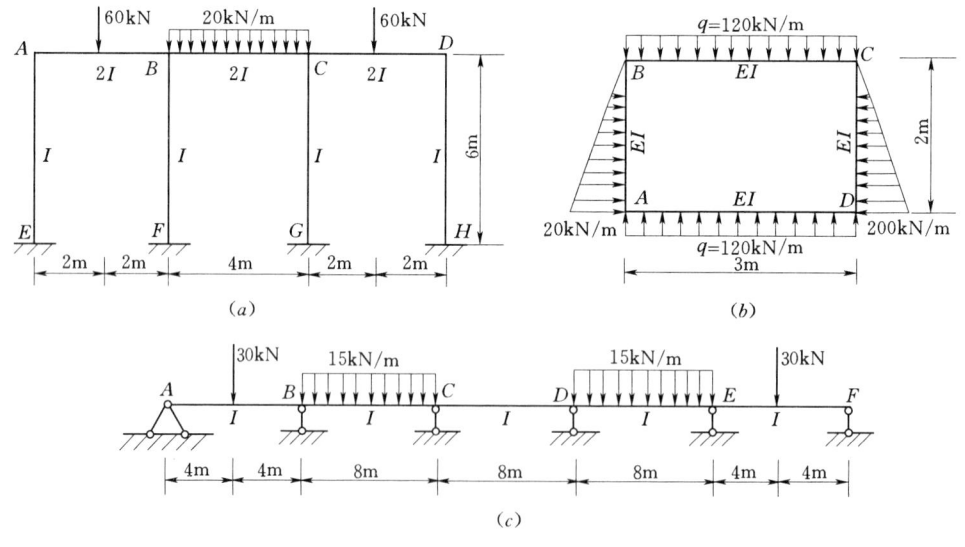

题 17-3 图

题 17-4 用无剪力分配法作图示结构的 M 图。

题 17-5 图示刚架,设支座 B 下沉 $\Delta_B = 0.5\text{cm}$,求作 M 图。

题 17-6 求图示刚架在温度改变时的弯矩图。设 $EI = 1.4 \times 10^5 \text{kN} \cdot \text{m}^2$,截面高度 $h = 0.6\text{m}$,温度膨胀系数 $\alpha = 1 \times 10^{-5}$。

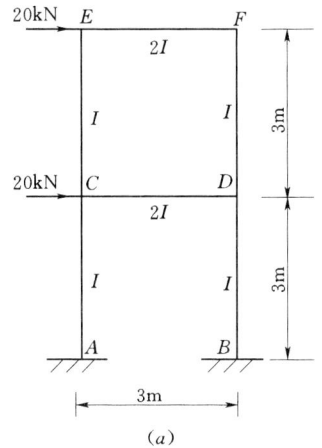
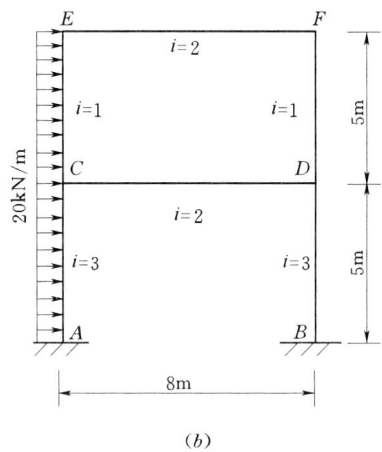

题 17-4 图

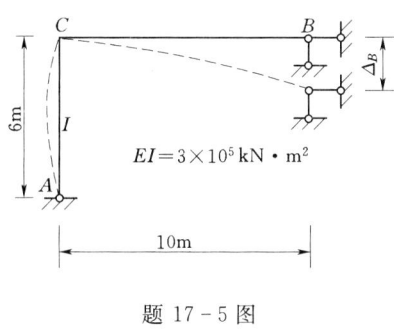
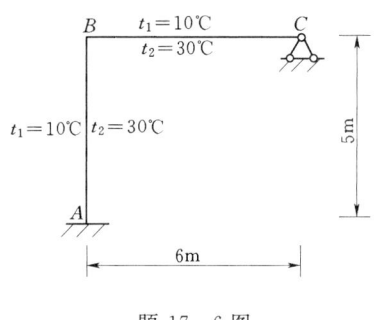

题 17-5 图　　　　　　　　　　题 17-6 图

第十八章 影 响 线

第一节 影响线的概念

前面讨论的各种计算问题中,结构所受荷载的大小、方向和作用位置均固定不变,称为**恒荷载**,或称**永久荷载**。除恒载作用外,实际工程结构还常承受活荷载作用,活荷载又可分为移动荷载和可动荷载两类。例如,桥梁上行驶的车辆荷载,厂房中的吊车荷载等都属移动荷载,而人群、风、雪等则属可动荷载。

进行结构设计时,需要考虑恒载和活载的共同作用。为叙述方便,本章把**反力、内力、位移等量统称为量值**。结构在活荷载作用下各量值都随荷载位置的移动而变化,在设计中须计算使量值达到最大值时荷载的最不利位置。如图18-1所示简支梁,汽车荷载自左向右移动时,梁的支座反力和各截面内力都将随荷载移动而变化,左支座反力 F_{Ay} 逐渐减小,右支座反力 F_{By} 逐渐增大。研究活荷载对结构的影响时,每次只能讨论某一个量值。

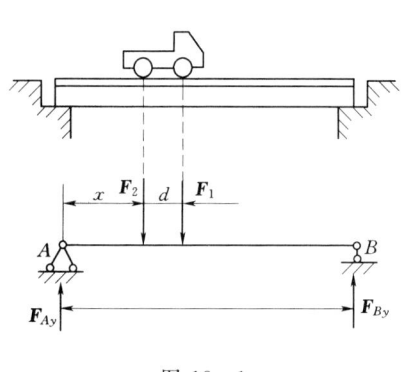

图 18-1

工程实际中遇到的移动荷载通常由一系列大小不等、间距不变的平行荷载或连续分布的竖向荷载组合而成,但它们通常都具有大小和方向保持不变的特性。为简便起见,先研究一个方向不变的竖向单位移动荷载 $F=1$ 对结构某量值的影响,再由叠加原理进一步研究实际移动荷载组对该量值的影响。**当一个定向单位荷载沿结构移动时,表示某量值变化规律的函数图形,称为该量值的影响线**。本章介绍绘制静定梁影响线的基本方法(静力法)、量值最不利荷载位置的确定及简支梁和连续梁的内力包络图。

第二节 静力法作静定梁的影响线

静力法绘制静定梁的影响线时,先选取坐标系,将单位荷载布置在梁的任意 x 位置;根据静力平衡条件建立所研究量值与 x 之间的函数关系,称为影响线方程;再由影响线方程绘制量值影响线。下面由具体例题说明如何用静力法绘制静定梁各量值的影响线。

一、简支梁的影响线

1. 支座反力的影响线

如图 18-2 (a) 所示,首先选定坐标系 xAy,将移动荷载 $F=1$ 暂时固定在 x 位置,假设支座反力以向上为正,则由梁的平衡条件 $\sum M_B=0$,可得 A 支座反力的影响线方程为

$$F_{Ay} = F\frac{l-x}{l} = \frac{l-x}{l} \qquad (0 \leqslant x \leqslant l)$$

由该方程作量值 F_{Ay} 的影响线,如图 18-2 (b) 所示。

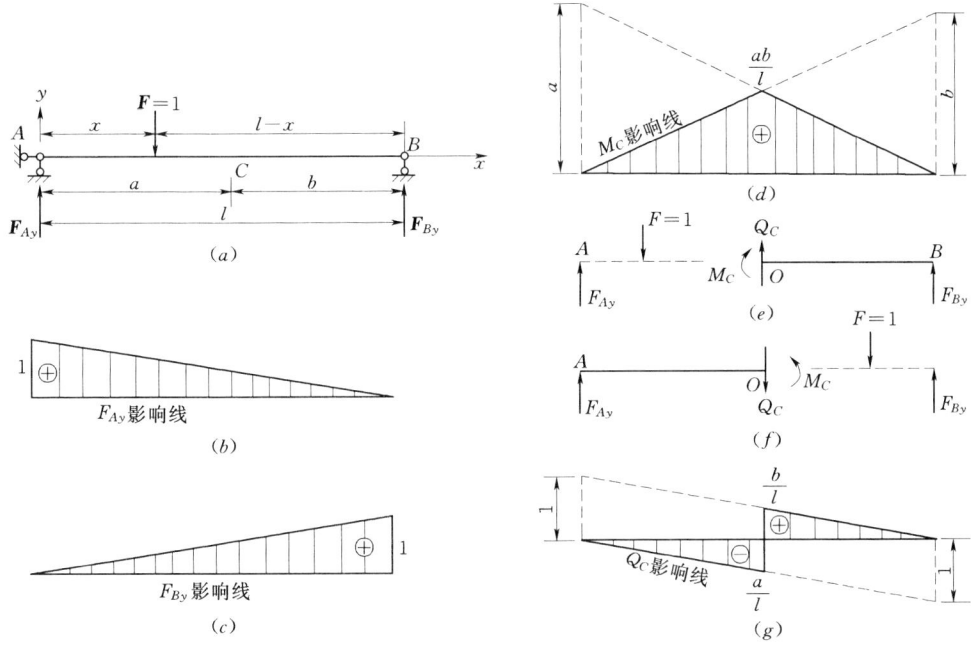

图 18-2

同理,可由平衡条件 $\sum M_A=0$ 得 B 支座反力的影响线方程为

$$F_{By} = F\frac{x}{l} = \frac{x}{l} \qquad (0 \leqslant x \leqslant l)$$

由方程作量值 F_{By} 的影响线,如图 18-2 (c) 所示。

2. 内力影响线

静力法作图 18-2 (a) 所示简支梁任意截面 C 的内力影响线,仍需先列出影响线方程。由于荷载 $F=1$ 在 C 截面左、右两侧移动时,影响线方程不相同,因而方程应分段建立。

当 $F=1$ 作用在 AC 梁段时,取 CB 梁段为研究对象 [图 18-2 (e)],得影响线方程为

$$Q_C = -F_{By} = -\frac{x}{l} \quad (0 \leqslant x < a) \quad M_C = F_{By}b = \frac{x}{l}b \quad (0 \leqslant x \leqslant a)$$

当 $F=1$ 作用在 CB 梁段时,取 AC 梁段为研究对象 [图 18-2 (f)],得影响线方程为

$$Q_C = +F_{Ay} = \frac{l-x}{l} \quad (a < x \leqslant l) \quad M_C = F_{Ay}a = \frac{l-x}{l}a \quad (a \leqslant x \leqslant l)$$

分别作影响线如图 18-2（d）、（g）所示。由图可见，Q_C、M_C 影响线分别由左右两段斜直线组成，且各斜直线与对应梁段内的反力影响线有关，因而可利用反力影响线绘制内力影响线。如

Q_C 影响线：AC 梁段 Q_C 影响线为将该段 F_{By} 影响线反号绘出；CB 梁段 Q_C 影响线即该梁段 F_{Ay} 影响线，在 C 截面 Q_C 影响线有突变，突变值为单位力 $F=1$。

M_C 影响线：AC 梁段 M_C 影响线为将该段 F_{By} 影响线扩大 b 倍绘出；CB 梁段 M_C 影响线为将该段 F_{Ay} 影响线扩大 a 倍绘出，在 C 截面 M_C 影响线有尖角竖标为 $\frac{ab}{l}$。

由于作影响线时，假定荷载 $F=1$ 为无因次量。因此，支座反力 F_{Ay}、F_{By} 和剪力 Q_C 影响线的竖标也是无因次的；M_C 影响线的竖标的因次是 [长度]。

二、外伸梁的影响线

作外伸梁的影响线时，一般取左端支座 A 为坐标原点，横坐标 x 以向右为正 [图 18-3（a）]。支座反力 F_{Ay}、F_{By} 及跨中各截面的内力 Q_C、M_C 影响线方程与简支梁完全相同，只是 $F=1$ 的作用范围扩大到 $(-l_1 \leqslant x \leqslant l+l_2)$。因此，作各量值影响线时只需先作简支梁段的影响线，再将此影响线向两外伸端延长，即可得到外伸梁各量值影响线 [图 18-3（b）、（c）、（d）、（e）]。

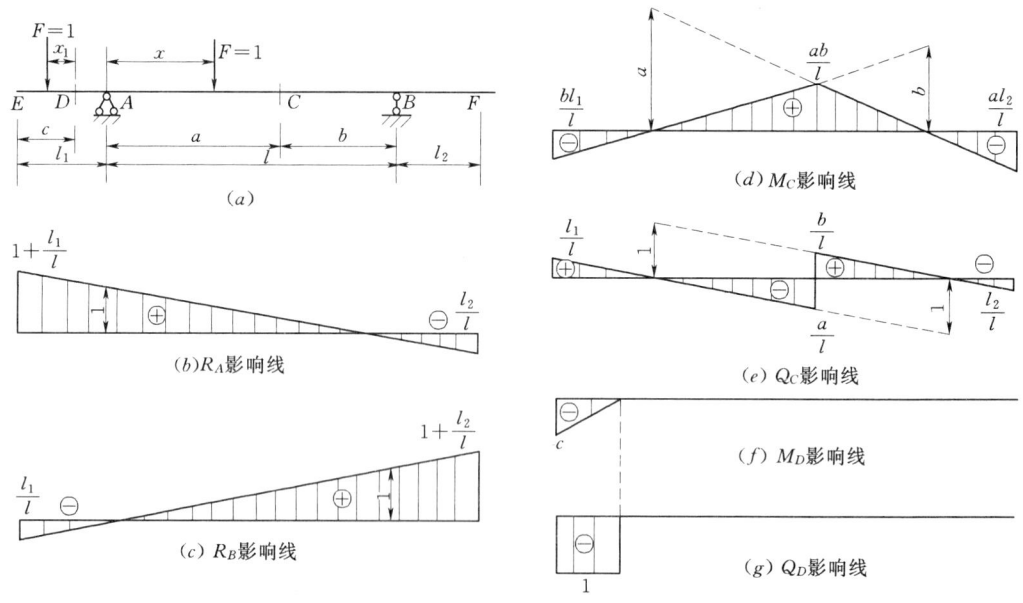

图 18-3

外伸梁段各截面的内力影响线与悬臂梁相同。现以 D 截面为例来说明，为简便起见，取 D 截面为坐标原点，以 x_1 表示 $F=1$ 到原点 D 的距离，并令 x_1 以向左外伸方向为正 [图 18-3（a）]。

当 $F=1$ 位于 D 以右部分时，则有

$$Q_D = 0 \quad M_D = 0$$

当 $F=1$ 位于 D 以左部分时,则有

$$Q_D = -1 \quad (0 < x_1 \leqslant c) \quad M_D = -x_1 \quad (0 \leqslant x_1 \leqslant c)$$

由方程作 Q_D、M_D 影响线如图 18-3 (f)、(g) 所示。显然,只有荷载移动到截面的外伸端侧时,才对该截面内力产生影响。

第三节 影响线的应用

一、利用影响线求量值

1. 集中荷载作用

影响线上的竖标 y 表示当单位移动荷载 $F=1$ 作用于该截面时量值的大小。由此,当荷载 F 作用于该截面时量值应为 Fy。如图 18-4 (a) 所示简支梁作用一组固定荷载,根据叠加原理,C 截面剪力应为:

$$Q_C = F_1 y_1 + F_2 y_2 + F_3 y_3$$

一般情况,结构在一组平行荷载 F_1、F_2、$\cdots$、F_n 共同作用下某量值 S 的计算式为

$$S = F_1 y_1 + F_2 y_2 + \cdots + F_n y_n = \sum_{i=1}^{n} F_i y_i \tag{18-1}$$

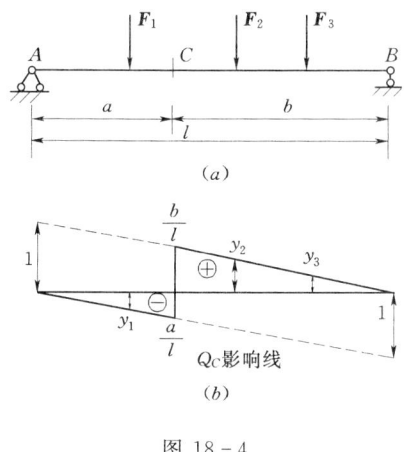

图 18-4

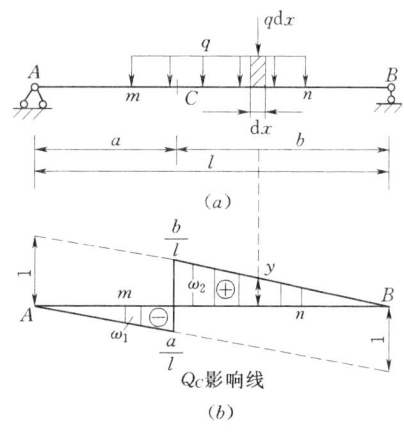

图 18-5

2. 均布荷载作用

梁上有固定的均布荷载作用时,也可利用影响线求量值。如图 18-5 (a) 所示,此时将均布荷载分解为无穷多个微小的集中荷载 $q\mathrm{d}x$,由式 (18-1) 可知,微小的集中荷载 $q\mathrm{d}x$ 对量值的影响为 $\mathrm{d}s = q\mathrm{d}x y$,其中 y 表示影响线上与 $q\mathrm{d}x$ 对应的竖标 [图 18-5 (b)],对此积分即得均布荷载作用对量值的影响:

$$S = \int_m^n yq\mathrm{d}x = q\int_m^n y\mathrm{d}x = q\omega \tag{18-2}$$

式中:ω 表示影响线在均布荷载作用范围内的面积,该面积依影响线的正负取代数值。

如图 18-5 (b) 所示 C 截面剪力值为:$Q_C = q\omega = q(\omega_2 - \omega_1)$。

若梁上有多个集中荷载和均布荷载同时作用时,则对量值的影响为

$$S = \sum_{i=1}^{n} F_i y_i + \sum_{i=1}^{n} q_i \omega_i \qquad (18-3)$$

【例 18-1】 试用影响线求图 18-6（a）所示外伸梁 C 截面的弯矩值。

解：(1) 作 M_C 影响线，求各有关 y 值 [图 18-6（b）]。

(2) 由式 (18-3) 求 M_C。

$$M_C = \sum_{i=1}^{n} F_i y_i + q\omega = 8 \times 1 + 10 \times 0.5 - 3 \times 1.5 + 2 \times \frac{1 \times 2 - 1.5 \times 3}{2} = 6 \text{kN} \cdot \text{m}$$

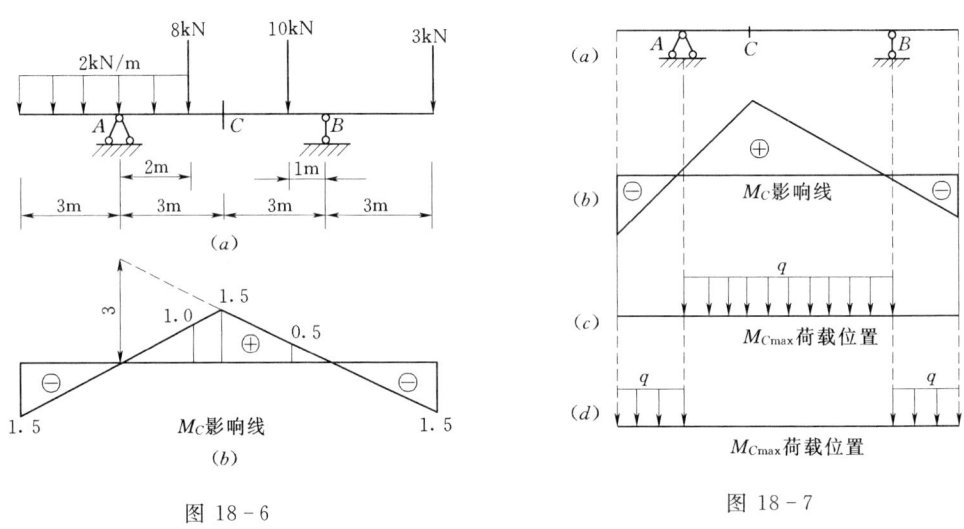

图 18-6

图 18-7

二、确定最不利荷载位置

在移动荷载作用下,结构上的各量值一般都随荷载的移动而变化。**使量值产生最大或最小值时的移动荷载作用位置,称为该量值的最不利荷载位置**。结构设计时,往往要知道某量值的最大（小）值及其最不利荷载位置。利用影响线可以计算移动荷载对量值的影响,并确定最不利荷载位置。

1. 任意布置的均布荷载

对于可任意布置的均布活荷载（如人群荷载等）,其最不利荷载位置较易确定。由式 (18-2) 知,将均布活荷载布满对应影响线正（负）值面积区段时,量值产生最大（小）值 S_{max}（S_{min}）。如图 18-7 所示 M_C 的最不利荷载位置。

2. 集中荷载

对于移动的集中荷载,根据式 (18-1) 可知,当 $\sum F_i y_i$ 为最大值时,相应的荷载位置即为 S 的最不利荷载位置。可以证明,此时必有一集中荷载位于影响线顶点,通常将这一荷载称为**临界荷载**,用 F_K 表示。因此,量值的最不利荷载位置可用试算法确定。F_K 常为靠近合力数值最大的集中荷载处。

【例 18-2】 试求图 18-8（a）所示公路桥在汽—15 级车队荷载作用下截面 C 的最大弯矩 M_{Cmax} 及其最不利荷载位置。

解：汽—15 级车队荷载中,最重车后轮压力 130kN 位于荷载密集处,可取为临界荷

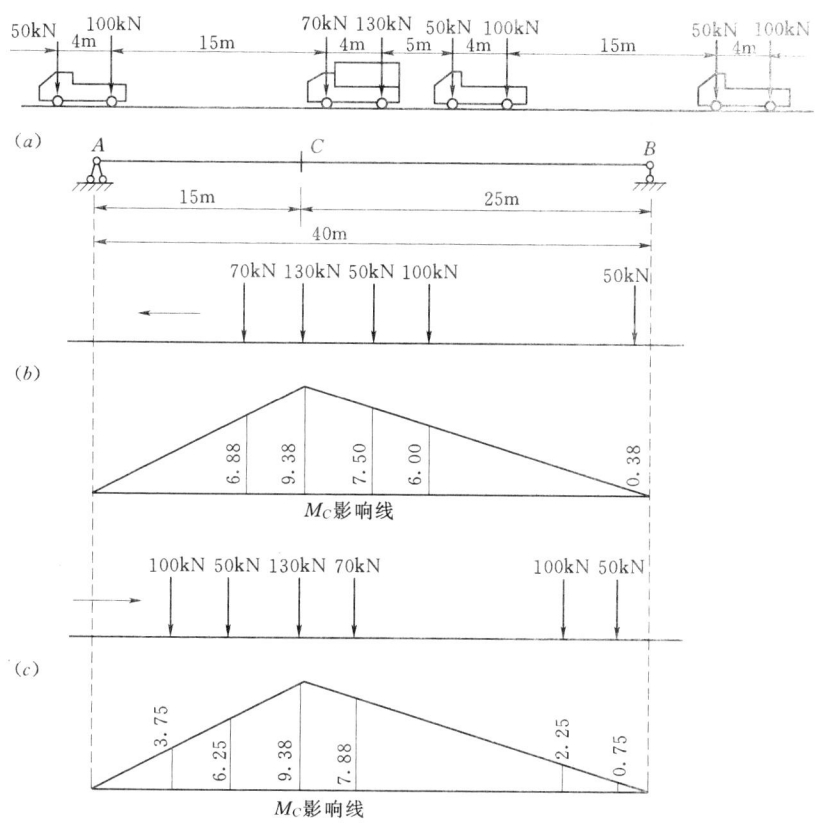

图 18-8

载 F_K，其余荷载不必试算。利用影响线求 M_{Cmax} 时，将 $F_K=130\text{kN}$ 置于影响线顶点（C 截面），因车队左行、右行时荷载序列不同，故其荷载的布置有两种情况。

（1）车队向左行驶［图 18-8（b）］时：
$M_C = 70 \times 6.88 + 130 \times 9.38 + 50 \times 7.5 + 100 \times 6 + 50 \times 0.38 = 2695 \text{kN} \cdot \text{m}$

（2）车队向右行驶［图 18-8（c）］时：
$M_C = 100 \times 3.75 + 50 \times 6.25 + 130 \times 9.38 + 70 \times 7.88$
$\quad + 100 \times 2.25 + 50 \times 0.75 = 2721 \text{kN} \cdot \text{m}$

比较可知，$M_{Cmax}=2721\text{kN} \cdot \text{m}$，最不利荷载位置如图 18-8（c）所示。

第四节 简支梁的内力包络图和绝对最大弯矩

一、简支梁的内力包络图

设计活载作用下的简支梁时，需要知道各个截面的内力最大值。**反映全梁各截面可能发生内力最大值范围的图形称为简支梁的内力包络图**。绘制简支梁的内力包络图时，一般先将梁等分为 10～20 段；再用试算法确定各等分截面的内力最大值；最后按比例绘出内力包络图。例如，吊车梁上作用两台吊车荷载[图 18-9 (a)]，绘出其弯矩和剪力包络图，如图 18-9 (b)、(c) 所示。

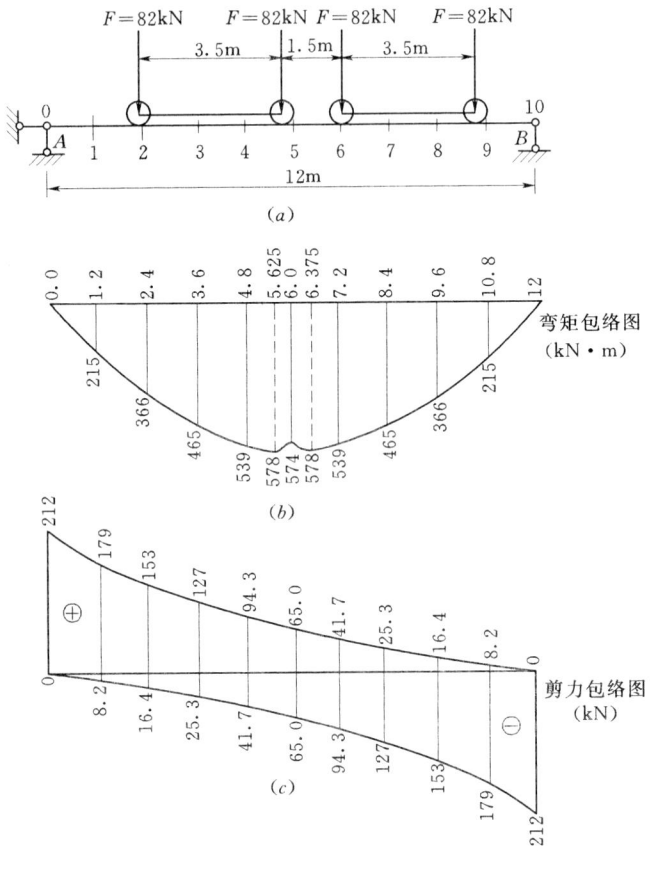

图 18-9

必须指出，上述内力包络图仅考虑活载作用，结构设计时还须将其与恒载作用下的内力图相叠加，恒载与活载共同作用下的内力包络图才是结构设计的依据。

二、简支梁的绝对最大弯矩

弯矩包络图是各截面最大弯矩连成的曲线。**弯矩包络图上的最大竖标是整个梁中各截面最大弯矩中的最大值，称为绝对最大弯矩 $M_{\max}$。** $M_{\max}$ 是考虑活载作用时结构设计的重要依据。绝对最大弯矩 $M_{\max}$ 发生在跨中截面附近，通常不用弯矩包络图确定 $M_{\max}$，这种方法工作量大，且精确度不高。下面介绍用解析法计算简支梁的绝对最大弯矩。

在移动荷载作用下，有两个可变因素影响简支梁的绝对最大弯矩，即移动荷载的位置和产生 $M_{\max}$ 的截面位置。由于梁的弯矩图的顶点总是发生在集中荷载作用处，可以断定 $M_{\max}$ 也必定发生在某集中荷载作用处。计算时，可在移动荷载中假定某一荷载为临界荷载 F_K，可用求弯矩极值的方法确定产生相应最大弯矩的截面位置。

如图 18-10 (a) 所示简支梁上作用一组移动荷载，设相应最大弯矩 M_x 发生在临界荷载 F_K 作用的 x 截面处，F_R 代表梁上所有荷载的合力，设其位于 F_K 右侧 a 处，此时取

a 为正值（若 F_R 在 F_K 左侧，则 a 为负值）。由平衡方程 $\sum M_B = 0$，可求得 A 支座反力 F_{Ay} 为

$$F_{Ay} = \frac{F_R(l-x-a)}{l} \tag{a}$$

以 x 梁段为研究对象 [图 18-10（b）]，由其平衡条件得 x 截面弯矩为

$$M_x = F_{Ay}x - M_K = \frac{F_R(l-x-a)x}{l} - M_K \tag{b}$$

式中：M_K 为 F_K 以左梁上荷载对 F_K 作用点的力矩之和，当梁上移动荷载的数量不变时，合力 F_R 和 M_K 均为常数。

为求 M_x 的极大值，令 $\dfrac{\mathrm{d}M_x}{\mathrm{d}x} = \dfrac{F_R}{l}(l-a-2x) = 0$，由此可得最大弯矩 M_x 的截面位置

$$x = \frac{l-a}{2} \tag{18-4}$$

该式表明，将 F_K 与梁上荷载的合力 F_R 对称分布在梁跨中截面左右两侧时，F_K 所在截面的弯矩为最大值

$$M_{\max} = \frac{F_R(l-a)^2}{4l} - M_K = \frac{F_R}{l}x^2 - M_K \tag{18-5}$$

在移动荷载行列中试选若干个可能的临界荷载，逐一计算对应的最大弯矩，从中确定梁的绝对最大弯矩。简支梁的绝对最大弯矩一般发生在梁跨中截面附近，为简化计算，可取使梁跨中截面产生最大弯矩时的临界荷载作为计算绝对最大弯矩的临界荷载 F_K，多数情况下结果是正确的。

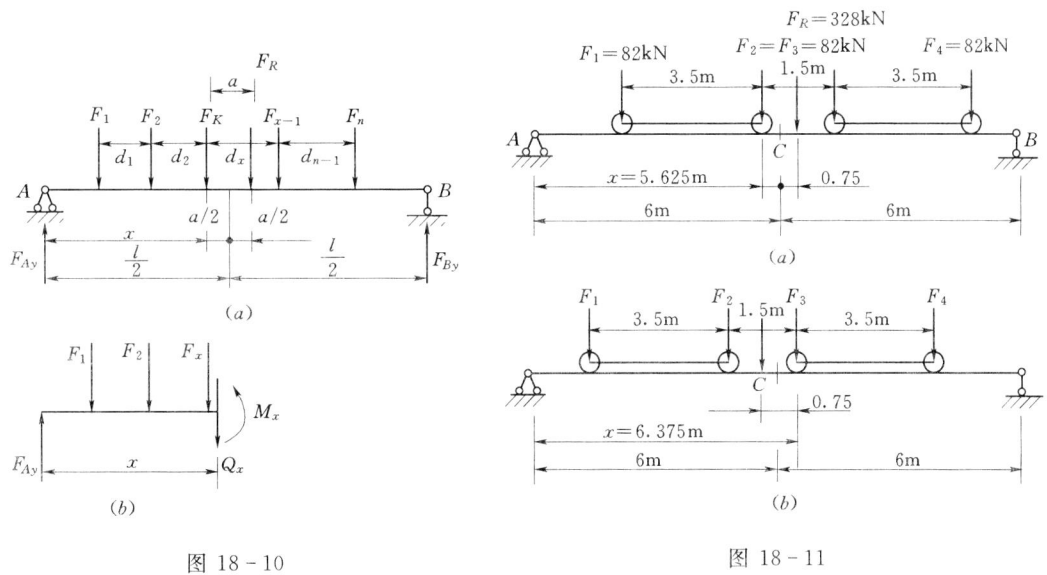

图 18-10   图 18-11

【例 18-3】 求图 18-11（a）所示吊车梁的绝对最大弯矩 $M_{\max}$。

解：（1）确定临界荷载 F_K。由结构和荷载对称性可知，跨中截面的临界荷载为 F_2 或 F_3。先取 $F_K = F_2$。

(2) 求绝对最大弯矩 M_{max}。此时合力 $F_R = 82 \times 4 = 328 \text{kN} \cdot \text{m}$,$F_R$ 在 F_K 右侧,$a = 0.75\text{m}$,[图 18-11 (a)]

M_{max} 作用截面: $\quad x = \dfrac{l-a}{l} = \dfrac{1}{2}(12-0.75) = 5.625\text{m}$

求得: $M_{max} = \dfrac{F_R}{l}x^2 - M_K = \dfrac{328}{12} \times 5.625^2 - 82 \times 3.5 = 578 \text{kN} \cdot \text{m}$

(3) 若以 $F_K = F_3$,则 $a = -0.75\text{m}$ [图 18-11 (b)],$x = 6.375\text{m}$,$M_{max} = 578 \text{kN} \cdot \text{m}$

故吊车梁的绝对最大弯矩为 $578 \text{kN} \cdot \text{m}$,为图 18-9 (b) 所示弯矩包络图中的最大竖标。

第五节　连续梁的内力包络图

连续梁的内力包络图表示在恒载和活载共同作用下,各截面内力的变化范围。可据此合理地选择连续梁截面,也可为钢筋混凝土梁配置钢筋提供依据。

连续梁承受恒载和活载共同作用时,必须计算各截面可能产生的最大内力(最大正、负弯矩和最大正、负剪力),以此作为结构设计的依据。对其任一截面,在恒载作用下的弯矩和剪力是固定不变的,而活载引起的弯矩和剪力则随荷载位置不同而变化。因而,求连续梁最大内力的关键在于确定活荷载的影响。考虑活荷载作用时,通常按每一跨单独布满均布荷载的情况,逐一作出其相应的弯矩图或剪力图;然后对于每一截面,将这些弯矩图或剪力图中该截面的正值与恒载相应的内力叠加,得该截面的最大内力;将同一截面所有弯矩图和剪力图中该截面的负值与恒载相应的内力叠加,得该截面的最小内力;将各截面的最大和最小内力按同一比例用竖标表示,并分别连成曲线,所形成的图形称为连续梁的内力包络图。在实际绘制剪力包络图时,因为主要考虑支座附近截面的剪力值,所以一般只计算各跨支座附近截面上的最大剪力和最小剪力,将每跨两端相应的竖标以直线相连,可近似作出连续梁的剪力包络图。

下面举例说明绘制连续梁内力包络图的详细步骤和方法。

【例 18-4】 试作图 18-12 (a) 所示三跨等截面连续梁的内力包络图。已知梁上的均布恒荷载 $q = 16 \text{kN/m}$,均布活荷载 $p = 30 \text{kN/m}$。

解:1. 作弯矩包络图

(1) 用力矩分配法作出恒载作用下的弯矩图 [图 18-12 (b)] 和每跨分别单独作用均布活载时的弯矩图 [图 18-12 (c)、(d)、(e)]。

(2) 将梁各跨等分为若干段(本例将每跨四等分段),然后分别将恒载作用的弯矩图中各等分截面的弯矩与活载作用的三个弯矩图中同一截面的同号或异号弯矩相加,求得各等分截面的最大弯矩 M_{max} 和最小弯矩 M_{min}。如 B 支座处:

$$M_{max} = -25.6 + 8.0 = -17.6 \text{kN/m}$$
$$M_{min} = -25.6 - 31.98 - 24 = -81.6 \text{kN/m}$$

(3) 分别将各等分截面的 M_{max} 和 M_{min} 连成曲线,即为其弯矩包络图 [图 18-12 (f)]。

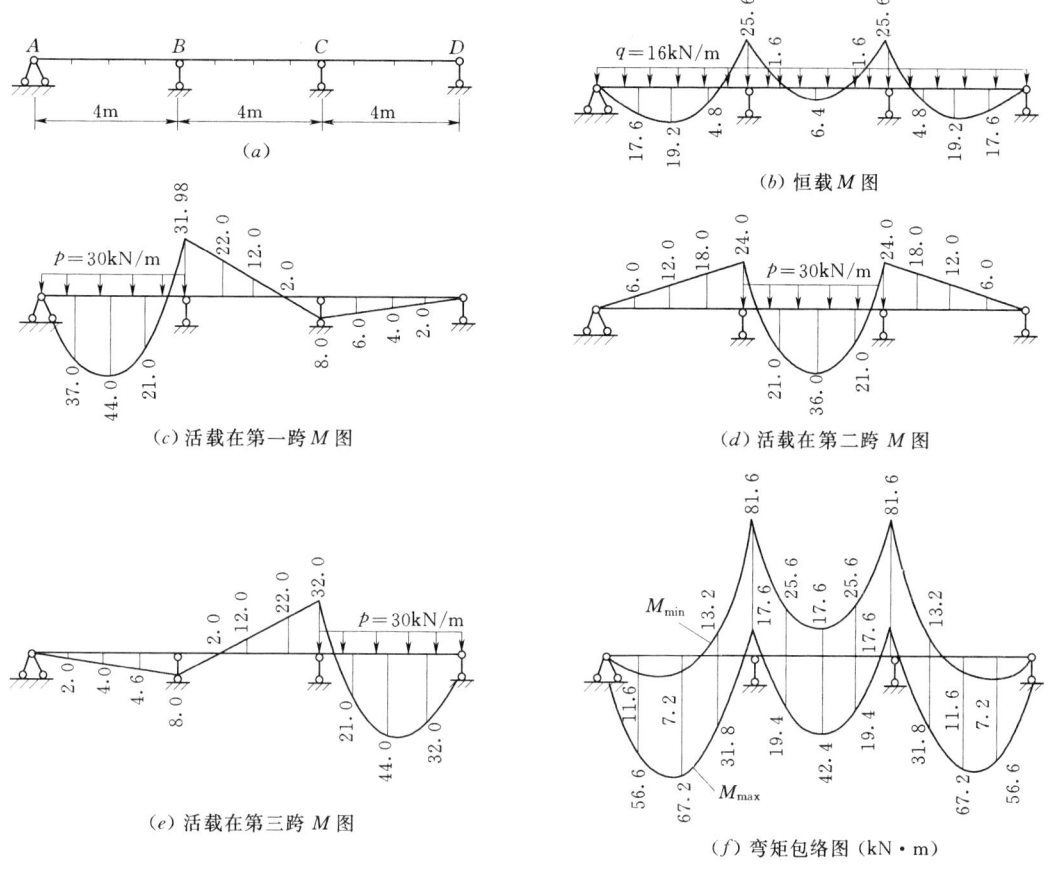

图 18-12

2. 作剪力包络图

(1) 根据恒载作用下的弯矩图 [图 18-12 (b)] 可作其剪力图 [图 18-13 (b)]，由活载作用下的各弯矩图 [图 18-12 (c)、(d)、(e)] 可作相应的剪力图 [图 18-13 (c)、(d)、(e)]。

(2) 将图 18-13 (b) 中各支座左右两边截面的剪力分别与图 18-13 (c)、(d)、(e) 中对应截面同号或异号剪力相加，求得各等分截面的最大剪力 Q_{max} 和最小剪力 Q_{min}。如 B 支座左侧截面处：

$$Q_{max}^{左} = -38.4 + 2.0 = -36.4 \text{kN} \cdot \text{m}$$
$$Q_{min}^{左} = -38.4 - 68.0 - 6.0 = -112.4 \text{kN} \cdot \text{m}$$

(3) 分别将各等分截面的 Q_{max} 和 Q_{min} 连成直线，即为其近似的剪力包络图 [图 18-13 (f)]。

以上叠加结果恰与各量值的最不利荷载位置相符。实际工程设计时，对于三跨以上的连续梁，计算移动荷载作用下的相应量值时，还可查阅有关计算手册。

(a)

(b) 恒载Q图

(c) 活载在第一跨Q图

(d) 活载在第二跨Q图

(e) 活载在第三跨Q图

(f) 剪力包络图(kN)

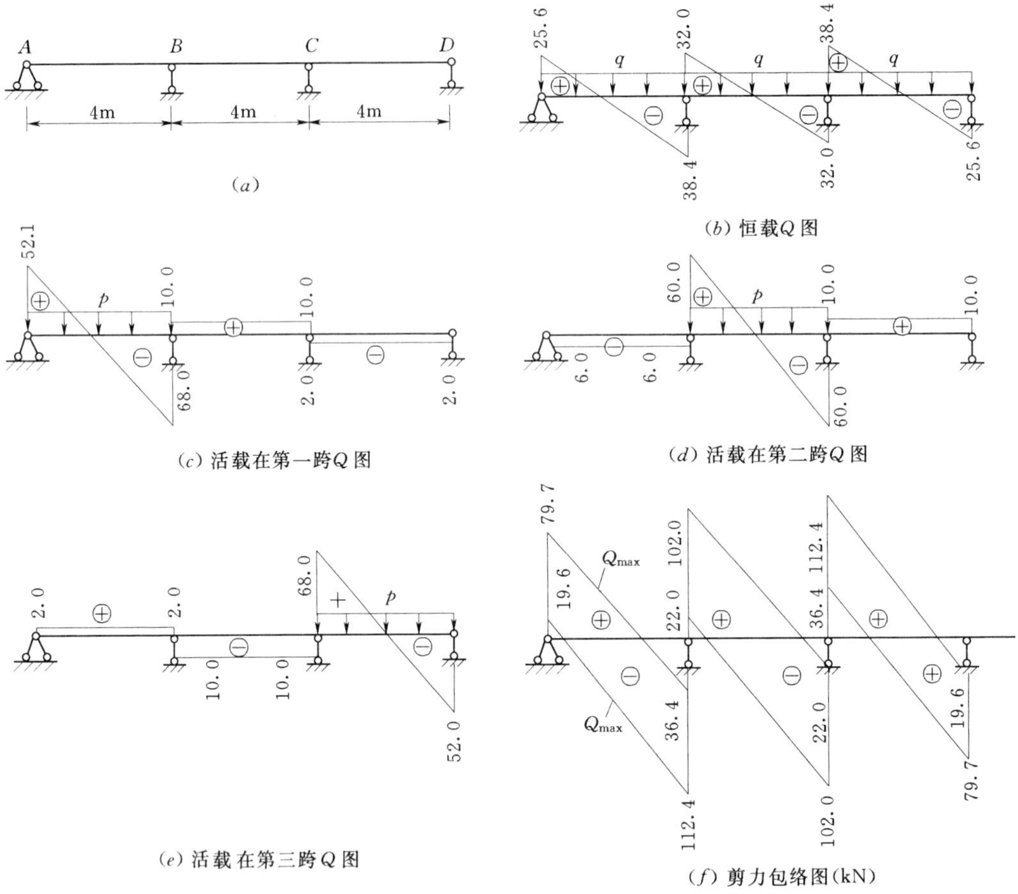

图 18-13

思　考　题

思 18-1　什么是影响线？影响线图中的横坐标和纵坐标的物理意义是什么？

思 18-2　绘制影响线时为什么要用无因次的单位荷载？影响线中的竖标 y 与单位荷载有什么联系？

思 18-3　图示分别是简支梁 C 截面的剪力影响线和固定荷载 $F=1$ 作用在截面 C 的

Q_C影响线　　　Q_C 图

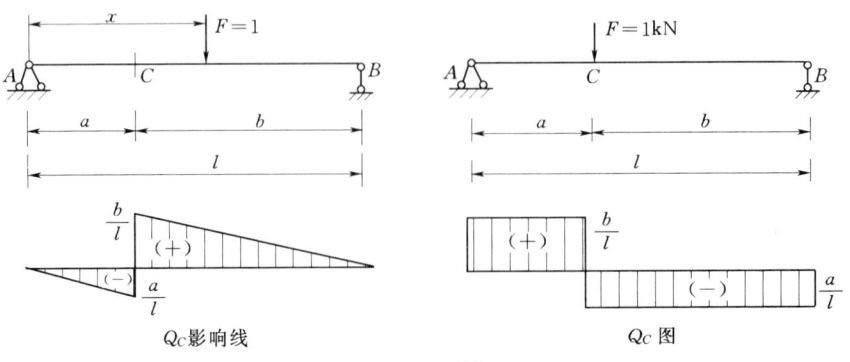

思 18-3 图

剪力图：

(1) 两图在 C 点均有突变，它们各有什么含义？

(2) 利用 Q_C 影响线如何求固定荷载 F 作用在 C 截面的 $Q_C^{左}$ 和 $Q_C^{右}$ 值？

思 18-4　试举例分析内力图、影响线、包络图三者之间的区别。

思 18-5　何为最不利荷载位置？何为临界位置？两者之间有什么区别？

思 18-6　绝对最大弯矩与跨中截面最大弯矩有何区别？在什么情况下两者是一样的？

习　题

题 18-1　试用静力法绘出图示各梁的指定量值影响线。

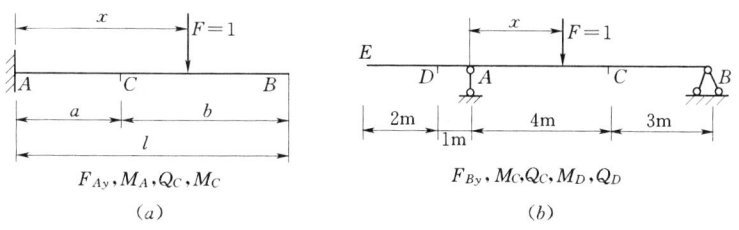

题 18-1 图

题 18-2　试利用影响线求下列结构在图示固定荷载作用下指定量值的大小。

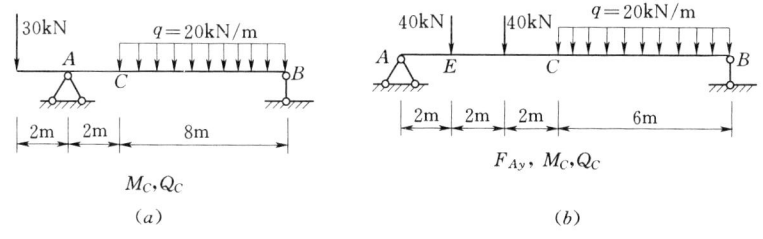

题 18-2 图

题 18-3　试求图示吊车梁在移动吊车荷载作用下的 M_C、Q_C 的最不利荷载位置，并计算其最大值、最小值。

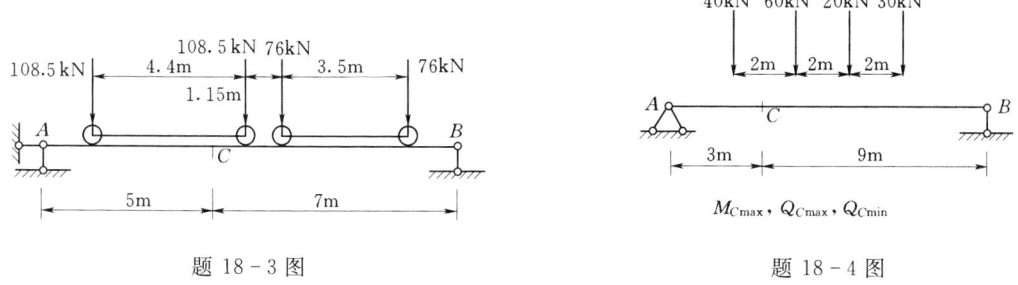

题 18-3 图　　　　　　　　题 18-4 图

题 18-4　试求简支梁移动荷载作用下截面 C 的最大弯矩、最大正剪力和最大负剪力。

题 18-5　试求图示简支梁在移动荷载作用下的绝对最大弯矩 $M_{\max}$，并与跨中截面 C

的最大弯矩 $M_{C\max}$ 比较。

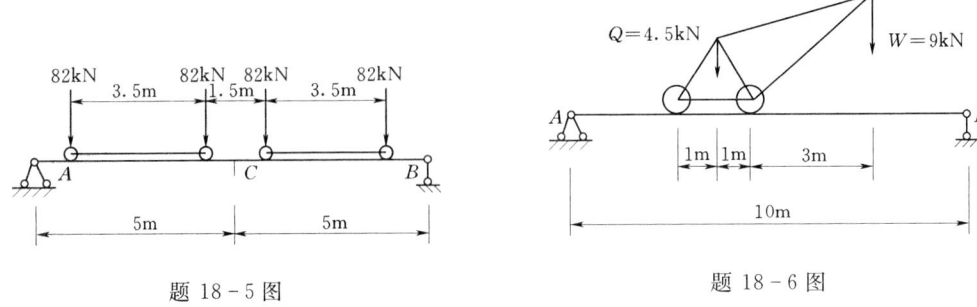

题 18-5 图

题 18-6 图

题 18-6 图示为一吊车轨道梁，试求吊车梁在吊车荷载作用下的绝对最大弯矩。

题 18-7 图示两跨等截面连续梁，设梁承受均布恒荷载 $q=20\text{kN/m}$，并作用可任意布置的均布活荷载 $p=40\text{kN/m}$。试绘出该梁的弯矩和剪力包络图。（取 1/4 跨为一个计算截面）

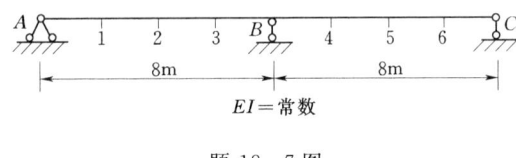

题 18-7 图

附录　型钢规格和截面特性

附表 1　　热轧等边角钢截面特性（按 GB9787—88）

型号	圆角 r	形心距 z_0	截面面积	质量	惯性矩 I_x	截面抵抗矩 W_x^{max}	截面抵抗矩 W_x^{min}	回转半径 i_x	回转半径 i_{x_0}	回转半径 i_{y_0}	i_y, 当 a 为下列数值 6mm	8mm	10mm	12mm
	mm	mm	cm²	kg/m	cm⁴	cm³	cm³	cm	cm	cm	cm	cm	cm	cm
∟20×3	3.5	6.0	1.13	0.89	0.40	0.67	0.29	0.59	0.75	0.39	1.08	1.16	1.25	1.34
4		6.4	1.46	1.15	0.50	0.78	0.36	0.58	0.73	0.38	1.11	1.19	1.28	1.37
∟25×3	3.5	7.3	1.43	1.12	0.82	1.12	0.46	0.76	0.95	0.49	1.28	1.36	1.44	1.53
4		7.6	1.86	1.46	1.03	1.36	0.59	0.74	0.93	0.48	1.30	1.38	1.46	1.55
∟30×3		8.5	1.75	1.37	1.46	1.72	0.68	0.91	1.15	0.59	1.47	1.55	1.63	1.71
4		8.9	2.28	1.79	1.84	2.06	0.87	0.90	1.13	0.58	1.49	1.57	1.66	1.74
∟36×3	4.5	10.0	2.11	1.66	2.58	2.58	0.99	1.11	1.39	0.71	1.71	1.75	1.86	1.95
4		10.4	2.76	2.16	3.29	3.16	1.28	1.09	1.38	0.70	1.73	1.81	1.89	1.97
5		10.7	3.38	2.65	3.95	3.70	1.56	1.08	1.36	0.70	1.74	1.82	1.91	1.99
∟40×3		10.9	2.36	1.85	3.59	3.30	1.23	1.23	1.55	0.79	1.85	1.93	2.01	2.09
4		11.3	3.09	2.42	4.60	4.07	1.60	1.22	1.54	0.79	1.88	1.96	2.04	2.12
5		11.7	3.79	2.98	5.53	4.73	1.96	1.21	1.52	0.78	1.90	1.98	2.06	2.14
∟45×3	5	12.2	2.66	2.09	5.17	4.24	1.58	1.40	1.76	0.90	2.06	2.14	2.21	2.29
4		12.6	3.49	2.74	6.65	5.28	2.05	1.38	1.74	0.89	2.08	2.16	2.24	2.32
5		13.0	4.29	3.37	8.04	6.19	2.51	1.37	1.72	0.88	2.11	2.18	2.26	2.34
6		13.3	5.08	3.99	9.33	7.0	2.95	1.36	1.70	0.88	2.12	2.20	2.28	2.36
∟50×3	5.55	13.4	2.97	2.33	7.18	5.36	1.96	1.55	1.96	1.00	2.26	2.33	2.41	2.49
4		13.8	3.90	3.06	9.26	6.71	2.56	1.54	1.94	0.99	2.28	2.35	2.43	2.51
5		14.2	4.80	3.77	11.21	7.89	3.13	1.53	1.92	0.98	2.30	2.38	2.45	2.53
6		14.6	5.69	4.47	15.05	8.94	3.60	1.52	1.91	0.98	2.32	2.40	2.48	2.56
∟56×3	6	14.8	3.34	2.26	10.19	6.89	2.46	1.75	2.20	1.13	2.49	2.57	2.64	2.71
4		15.3	4.39	3.45	13.18	8.63	3.24	1.73	2.18	1.11	4.52	2.59	2.67	2.75
5		15.7	5.42	4.25	16.02	10.2	3.97	1.72	2.17	1.10	2.54	2.62	2.69	2.77
8		16.8	8.37	6.57	23.63	14.0	6.03	1.68	2.11	1.09	2.60	2.67	2.75	2.83
∟63×4	7	17.0	4.98	3.91	19.03	11.2	4.13	1.96	2.46	1.26	2.80	2.87	2.94	3.02
5		17.4	6.14	4.82	23.17	13.3	5.08	1.94	2.45	1.25	2.82	2.89	2.97	3.04
6		17.8	7.29	5.72	27.12	15.2	6.0	1.93	2.43	1.24	2.84	2.91	2.99	3.06
8		18.5	9.52	7.47	34.46	18.6	7.75	1.90	2.40	1.23	2.87	2.95	3.02	3.10
10		19.3	11.66	9.15	41.09	21.3	9.39	1.88	2.36	1.22	2.91	2.99	3.07	3.15
∟70×4	8	18.6	5.57	4.37	26.39	14.2	5.14	2.18	2.74	1.40	3.07	3.14	3.21	3.28
5		19.1	6.88	5.40	32.21	16.8	6.32	2.16	2.73	1.39	3.09	3.17	3.24	3.31
6		19.5	8.16	6.41	37.77	19.4	7.48	2.15	2.71	1.38	3.11	3.19	3.26	3.34
7		19.9	9.42	7.40	43.09	21.6	8.59	2.14	2.69	1.38	3.13	3.21	3.28	3.36
8		20.3	10.7	8.37	48.17	23.8	9.68	2.12	2.68	1.37	3.15	3.23	3.30	3.38

续表

型号	圆角 r	形心距 z_0	截面面积	质量	惯性矩 I_x	截面抵抗矩 W_x^{max}	截面抵抗矩 W_x^{min}	回转半径 i_x	回转半径 i_{x_0}	回转半径 i_{y_0}	i_y,当 a 为下列数值 6mm	8mm	10mm	12mm
	mm		cm²	kg/m	cm⁴	cm³		cm			cm			
∟75×5	9	20.4	7.41	5.82	39.97	19.6	7.32	2.33	2.92	1.50	3.30	3.37	3.45	3.52
∟75×6		20.7	8.79	6.91	46.95	22.7	8.64	2.31	2.90	1.49	3.31	3.38	3.46	3.53
∟75×7		21.1	10.16	7.98	53.57	25.4	9.93	2.30	2.89	1.48	3.33	3.40	3.48	3.55
∟75×8		21.5	11.50	9.03	59.96	27.9	11.2	2.28	2.88	1.47	3.35	3.42	3.50	3.57
∟75×10		22.2	14.13	11.09	71.98	32.4	13.6	2.26	2.84	1.46	3.38	3.46	3.53	3.61
∟80×5	9	21.5	7.91	6.21	48.79	22.7	8.34	2.48	3.13	1.60	3.49	3.56	3.63	3.71
∟80×6		21.9	9.40	7.38	57.35	26.1	9.87	2.47	3.11	1.59	3.51	3.58	3.65	3.72
∟80×7		22.3	10.86	8.53	65.58	29.4	11.4	2.46	3.10	1.58	3.53	3.60	3.67	3.75
∟80×8		22.7	12.30	9.66	73.49	32.4	12.8	2.44	3.08	1.57	3.55	3.62	3.69	3.77
∟80×10		23.5	15.13	11.67	88.43	37.6	15.6	2.42	3.04	1.56	3.59	3.66	3.74	3.81
∟90×6	10	24.4	10.64	8.35	82.77	33.9	12.6	2.79	3.51	1.80	3.91	3.98	4.05	4.13
∟90×7		24.8	12.30	9.66	94.83	38.2	14.5	2.78	3.50	1.78	3.93	4.00	4.07	4.15
∟90×8		25.2	13.94	10.95	106.47	42.1	16.4	2.76	3.48	1.78	3.95	4.02	4.09	4.17
∟90×10		25.9	17.17	13.48	128.58	49.7	20.1	2.74	3.45	1.76	3.98	4.05	4.13	4.20
∟90×12		26.7	20.31	15.94	149.22	56.0	23.6	2.71	3.41	1.75	4.02	4.10	4.17	4.25
∟100×6	12	26.7	11.93	9.37	114.95	43.1	15.7	3.10	3.90	2.00	4.30	4.37	4.44	4.51
∟100×7		27.1	13.80	10.83	131.86	48.6	18.1	3.09	3.89	1.99	4.31	4.39	4.46	4.53
∟100×8		27.6	15.64	12.28	148.24	53.7	20.5	3.08	3.88	1.98	4.34	4.41	4.48	4.56
∟100×10		28.4	19.26	15.12	179.51	63.2	25.1	3.05	3.84	1.96	4.38	4.45	4.52	4.60
∟100×12		29.1	22.80	17.90	208.90	71.9	29.5	3.03	3.81	1.95	4.41	4.49	4.56	4.63
∟100×14		29.9	26.26	20.61	236.53	79.1	33.7	3.00	3.77	1.94	4.45	4.53	4.60	4.68
∟100×16		30.6	29.63	23.26	262.53	89.6	37.8	2.98	3.74	1.94	4.49	4.56	4.64	4.72
∟110×7	12	29.6	15.20	11.93	177.16	59.9	22.0	3.41	4.30	2.20	4.72	4.79	4.86	4.92
∟110×8		30.1	17.24	13.53	199.46	64.7	25.0	3.40	4.28	2.19	4.75	4.82	4.89	4.96
∟110×10		30.9	21.26	16.69	242.19	78.4	30.6	3.38	4.25	2.17	4.78	4.86	4.93	5.00
∟110×12		31.6	25.20	19.78	282.55	89.4	36.0	3.35	4.22	2.15	4.81	4.89	4.96	5.03
∟110×14		32.4	29.06	22.81	320.71	99.2	41.3	3.32	4.18	2.14	4.85	4.93	5.00	5.07
∟125×8	14	33.7	19.75	15.50	297.03	88.1	32.5	3.88	4.88	2.50	5.34	5.41	5.48	5.55
∟125×10		34.5	24.37	19.13	361.67	105	40.0	3.85	4.85	2.48	5.38	5.45	5.52	5.58
∟125×12		35.3	28.91	22.69	423.16	120	41.2	3.83	4.82	2.46	5.41	5.48	5.56	5.63
∟125×14		36.1	33.37	26.19	481.65	133	54.2	3.80	4.78	2.45	5.45	5.52	5.60	5.67
∟140×10	14	38.2	27.37	21.49	514.65	135	50.6	4.34	5.46	2.78	5.98	6.05	6.12	6.19
∟140×12		39.0	32.51	25.52	603.58	155	59.8	4.31	5.43	2.76	6.02	6.09	6.16	6.23
∟140×14		39.8	37.56	29.49	688.81	173	68.7	4.28	5.40	2.75	6.05	6.12	6.20	6.27
∟140×16		40.6	42.54	33.39	770.24	190	77.5	4.26	5.36	2.74	6.09	6.16	6.24	6.31
∟160×10	16	43.1	31.50	24.73	779.53	180	66.7	4.98	6.27	3.20	6.78	6.85	6.92	6.99
∟160×12		43.9	37.44	29.39	916.58	208	79.0	4.95	6.24	3.18	6.82	6.89	6.96	7.02
∟160×14		44.7	43.30	33.99	1048.36	234	90.9	4.92	6.20	3.16	6.85	6.92	6.99	7.07
∟160×16		45.5	49.07	38.52	1175.08	258	103	4.89	6.17	3.14	6.89	6.96	7.03	7.10
∟180×12	16	48.9	42.24	33.16	1321.35	271	101	5.59	7.05	3.58	7.63	7.70	7.77	7.84
∟180×14		49.7	48.90	38.38	1514.48	305	116	5.56	7.02	3.56	7.66	7.73	7.81	7.87
∟180×16		50.5	55.47	43.54	1700.99	338	131	5.54	6.98	3.55	7.70	7.77	7.84	7.91
∟180×18		51.3	61.96	48.63	1875.12	365	146	5.50	6.94	3.51	7.73	7.80	7.87	7.94
∟200×14	18	54.6	54.64	42.89	2103.55	387	145	6.20	7.82	3.98	8.47	8.53	8.60	8.67
∟200×16		55.4	62.01	48.68	2366.15	428	164	6.18	7.79	3.96	8.50	8.57	8.64	8.71
∟200×18		56.2	69.30	54.40	2620.64	467	182	6.15	7.75	3.94	8.54	8.61	8.67	8.75
∟200×20		56.9	76.51	60.05	2867.30	503	200	6.12	7.72	3.93	8.56	8.64	8.71	8.78
∟200×24		58.7	90.66	71.17	3338.25	570	236	6.07	7.64	3.90	8.65	8.73	8.80	8.87

附表 2　热轧不等边角钢截面特性（按 GB9787—88）

型号	圆角 r	重心距 z_x (mm)	重心距 z_y (mm)	截面面积 (cm²)	质量 (kg/m)	惯性矩 I_x (cm⁴)	惯性矩 I_y (cm⁴)	回转半径 i_x (cm)	回转半径 i_y (cm)	回转半径 i_{y_0} (cm)	双角钢 i_{y1} 当 a 为下列数值 6mm	8mm	10mm	12mm	双角钢 i_{y2} 当 a 为下列数值 6mm	8mm	10mm	12mm
L25×16×3	3.5	4.2	8.6	1.16	0.91	0.22	0.78	0.44	0.70	0.34	0.84	0.93	1.02	1.11	1.40	1.48	1.57	1.65
L25×16×4	3.5	4.6	9.0	1.50	1.18	0.27	0.77	0.43	0.88	0.34	0.87	0.96	1.05	1.14	1.42	1.51	1.60	1.68
L32×20×3	4	4.9	10.8	1.49	1.17	0.46	1.53	0.55	1.01	0.43	0.97	1.05	1.14	1.22	1.71	1.79	1.88	1.96
L32×20×4	4	5.3	11.2	1.94	1.52	0.57	1.93	0.54	1.00	0.42	0.99	1.08	1.16	1.25	1.74	1.82	1.90	1.99
L40×25×3	4	5.9	13.2	1.89	1.48	0.93	3.08	0.70	1.28	0.54	1.13	1.21	1.30	1.38	2.06	2.14	2.22	2.31
L40×25×4	4	6.3	13.7	2.47	1.94	1.18	3.93	0.69	1.26	0.54	1.16	1.24	1.32	1.41	2.09	2.17	2.26	2.34
L45×28×3	5	6.4	14.7	2.15	1.69	1.34	4.45	0.79	1.44	0.61	1.23	1.31	1.39	1.47	2.28	2.36	2.44	2.52
L45×28×4	5	6.8	15.1	2.81	2.20	1.70	5.69	0.78	1.42	0.60	1.25	1.33	1.41	1.50	2.30	2.38	2.46	2.55
L50×32×3	5.5	7.3	16.0	2.43	1.91	2.02	6.24	0.91	1.60	0.70	1.38	1.45	1.53	1.61	2.49	2.56	2.64	2.72
L50×32×4	5.5	7.7	16.5	3.18	2.49	2.58	8.02	0.90	1.59	0.69	1.40	1.48	1.56	1.64	2.52	2.59	2.67	2.75
L56×36×3	6	8.0	17.8	2.74	2.15	2.92	8.88	1.03	1.80	0.79	1.51	1.58	1.66	1.74	2.75	2.83	2.90	2.98
L56×36×4	6	8.5	18.2	3.59	2.82	3.76	11.45	1.02	1.79	0.79	1.54	1.62	1.69	1.77	2.77	2.85	2.93	3.01
L56×36×5	6	8.8	18.7	4.42	3.47	4.49	13.86	1.01	1.77	0.78	1.55	1.63	1.71	1.79	2.80	2.87	2.96	3.04
L63×40×4	7	9.2	20.4	4.06	3.18	5.23	16.49	1.14	2.02	0.88	1.67	1.74	1.82	1.90	3.09	3.16	3.24	3.32
L63×40×5	7	9.5	20.8	4.99	3.92	6.31	20.02	1.12	2.00	0.87	1.68	1.76	1.83	1.91	3.11	3.19	3.27	3.35
L63×40×6	7	9.9	21.2	5.91	4.64	7.29	23.36	1.11	1.98	0.86	1.70	1.78	1.86	1.94	3.13	3.21	3.29	3.37
L63×40×7	7	10.3	21.5	6.80	5.34	8.24	26.53	1.10	1.96	0.86	1.73	1.80	1.88	1.97	3.15	3.23	3.30	3.39

续表

型号	圆角 r	重心距 z_x (mm)	重心距 z_y (mm)	截面面积 cm²	质量 kg/m	惯性矩 I_x cm⁴	惯性矩 I_y cm⁴	回转半径 i_x cm	回转半径 i_y cm	回转半径 i_{y_0} cm	i_{y_1},当 a 为下列数值 6mm	8mm	10mm	12mm	i_{y_2},当 a 为下列数值 6mm	8mm	10mm	12mm
L70×45× 4	7.5	10.2	22.4	4.55	3.57	7.55	23.17	1.29	2.26	0.98	1.84	1.92	1.99	2.07	3.40	3.48	3.56	3.62
5		10.6	22.8	5.61	4.40	9.13	27.95	1.28	2.23	0.98	1.86	1.94	2.01	2.09	3.41	3.49	3.57	3.64
6		10.9	23.2	6.65	5.22	10.62	32.54	1.26	2.21	0.98	1.88	1.95	2.03	2.11	3.43	3.51	3.58	3.66
7		11.3	23.6	7.66	6.01	12.01	37.22	1.25	2.20	0.97	1.90	1.98	2.06	2.14	3.45	3.53	3.61	3.69
L75×50× 5	8	11.7	24.0	6.13	4.81	12.61	34.86	1.44	2.39	1.10	2.05	2.13	2.20	2.28	3.60	3.68	3.76	3.83
6		12.1	24.4	7.26	5.70	14.70	41.12	1.42	2.38	1.08	2.07	2.15	2.22	2.30	3.63	3.71	3.78	3.86
8		12.9	25.2	9.47	7.43	18.53	52.39	1.40	2.35	1.07	2.12	2.10	2.27	2.35	3.67	3.75	3.83	3.91
10		13.6	26.0	11.6	9.10	21.96	62.71	1.38	2.33	1.06	2.16	2.23	2.31	2.40	3.72	3.80	3.88	3.96
L80×50× 5	8	11.4	26.0	6.88	5.01	12.82	41.96	1.42	2.56	1.10	2.02	2.09	2.17	2.24	3.87	3.95	4.02	4.10
6		11.8	26.5	7.56	5.94	14.95	49.49	1.41	2.55	1.08	2.04	2.12	2.19	2.27	3.90	3.98	4.06	4.14
7		12.1	26.9	8.72	6.85	16.96	56.16	1.39	2.54	1.08	2.06	2.13	2.21	2.28	3.92	4.00	4.08	4.15
8		12.5	27.3	9.87	7.75	18.85	62.83	1.38	2.52	1.07	2.08	2.15	2.23	2.31	3.94	4.02	4.10	4.18
L90×56× 5	9	12.5	29.1	7.21	5.66	18.32	60.45	1.59	2.90	1.23	2.22	2.29	2.37	2.44	4.32	4.40	4.47	4.55
6		12.9	29.5	8.56	6.72	21.42	71.03	1.58	2.88	1.23	2.24	2.32	2.39	2.46	4.34	4.42	4.49	4.57
7		13.3	30.0	9.88	7.76	24.36	81.01	1.57	2.86	1.22	2.26	2.34	2.41	2.49	4.37	4.45	4.52	4.60
8		13.6	30.4	11.18	8.78	27.15	91.03	1.56	2.85	1.21	2.28	2.35	2.43	2.50	4.39	4.47	4.55	4.62

续表

型号	圆角 r	重心距 z_x (mm)	重心距 z_y (mm)	截面面积 (cm²)	质量 (kg/m)	惯性矩 I_x (cm⁴)	惯性矩 I_y (cm⁴)	回转半径 i_x (cm)	回转半径 i_y (cm)	回转半径 i_{y0} (cm)	i_{y1}，当 a 为下列数值 6mm	8mm	10mm	12mm	i_{y2}，当 a 为下列数值 6mm	8mm	10mm	12mm
L100×63× 6	10	14.3	32.4	9.62	7.55	30.94	99.06	1.79	3.21	1.38	2.49	2.56	2.63	2.71	4.78	4.85	4.93	5.00
7		14.7	32.8	11.11	8.72	35.26	113.45	1.78	3.20	1.38	2.51	2.58	2.66	2.73	4.80	4.87	4.95	5.03
8		15.0	33.2	12.58	9.88	39.39	127.37	1.77	3.18	1.37	2.52	2.60	2.67	2.75	4.82	4.89	4.97	5.05
10		15.8	34.0	15.46	12.14	47.12	153.81	1.74	3.15	1.35	2.57	2.64	2.72	2.79	4.86	4.94	5.02	5.09
L100×80× 6		19.7	29.5	10.64	8.35	61.24	107.04	2.40	3.17	1.72	3.30	3.37	3.44	3.52	4.54	4.61	4.69	4.76
7		20.1	30.0	12.30	9.66	70.08	123.73	2.39	3.16	1.72	3.32	3.39	3.46	3.54	4.57	4.64	4.71	4.79
8		20.5	30.4	13.94	10.95	78.58	137.92	2.37	3.14	1.71	3.34	3.41	3.48	3.56	4.59	4.66	4.74	4.81
10		21.3	31.2	17.17	13.48	94.65	166.87	2.35	3.12	1.69	3.38	3.45	3.53	3.60	4.63	4.70	4.78	4.85
L110×70× 6		15.7	35.3	10.64	8.35	42.92	133.37	2.01	3.54	1.54	2.74	2.81	2.88	2.97	5.22	5.29	5.36	5.44
7		16.1	35.7	12.30	9.66	49.01	153.00	2.00	3.53	1.53	2.76	2.83	2.90	2.98	5.24	5.31	5.39	5.46
8		16.5	36.2	13.94	10.95	54.87	172.04	1.98	3.51	1.53	2.78	2.85	2.93	3.00	5.26	5.34	5.41	5.49
10		17.2	37.0	17.17	13.47	65.88	208.39	1.96	3.48	1.51	2.81	2.89	2.96	3.04	5.30	5.38	5.46	5.53
L125×80× 7	11	18.0	40.1	14.10	11.07	74.42	227.98	2.30	4.02	1.76	3.11	3.18	3.25	3.32	5.89	5.97	6.04	6.12
8		18.4	40.6	16.99	12.55	83.49	256.67	2.28	4.01	1.75	3.13	3.20	3.27	3.34	5.92	6.00	6.07	6.15
10		19.2	41.4	19.71	15.47	100.67	312.04	2.26	3.98	1.74	3.17	3.24	3.31	3.38	5.96	6.04	6.11	6.19
12		20.0	42.2	23.35	18.33	116.67	364.41	2.24	3.95	1.72	3.21	3.28	3.35	3.43	6.00	6.08	6.15	6.23

续表

型号	圆角 r	重心距 z_x mm	重心距 z_y mm	截面面积 cm²	质量 kg/m	惯性矩 I_x cm⁴	惯性矩 I_y cm⁴	回转半径 i_x cm	回转半径 i_y cm	回转半径 i_{y0} cm	i_{y1},当 a 为下列数值 (cm) 6mm	8mm	10mm	12mm	i_{y2},当 a 为下列数值 (cm) 6mm	8mm	10mm	12mm
L140×90×8	12	20.4	45.0	18.04	14.16	120.69	365.64	2.59	4.50	1.98	3.49	3.56	3.63	3.70	6.58	6.65	6.72	6.79
L140×90×10	12	21.2	45.8	22.26	17.46	146.03	445.50	2.56	4.47	1.96	3.52	3.59	3.66	3.74	6.62	6.69	6.77	6.84
L140×90×12	12	21.9	46.6	26.40	20.72	169.79	521.59	2.54	4.44	1.95	3.55	3.62	3.70	3.77	6.66	6.74	6.81	6.89
L140×90×14	12	22.7	47.4	30.47	23.91	192.10	594.10	2.51	4.42	1.94	3.59	3.67	3.74	3.81	6.70	6.78	6.85	6.93
L160×100×10	13	22.8	52.4	25.32	19.87	206.03	668.69	2.85	5.14	2.19	3.84	3.91	3.98	4.05	7.56	7.63	7.70	7.78
L160×100×12	13	23.6	53.2	30.05	23.59	239.06	784.91	2.82	5.11	2.17	3.88	3.95	4.02	4.09	7.60	7.67	7.75	7.82
L160×100×14	13	24.3	54.0	34.71	27.25	271.20	896.30	2.80	5.08	2.16	3.91	3.98	4.05	4.12	7.64	7.71	7.79	7.86
L160×100×16	13	25.1	54.8	39.28	30.84	301.65	1003.04	2.77	5.05	2.16	3.95	4.02	4.09	4.17	7.68	7.75	7.83	7.91
L180×110×10	14	24.4	58.9	28.37	22.27	278.11	956.25	3.13	5.80	2.42	4.16	4.23	4.29	4.36	8.47	8.56	8.63	8.71
L180×110×12	14	25.2	59.6	33.71	26.46	325.03	1124.72	3.10	5.78	2.40	4.19	4.26	4.33	4.40	8.53	8.61	8.68	8.76
L180×110×14	14	25.9	60.6	38.97	30.59	369.55	1286.91	3.08	5.75	2.39	4.22	4.29	4.36	4.43	8.57	8.65	8.72	8.80
L180×110×16	14	26.7	61.4	44.14	34.65	410.85	1443.06	3.06	5.72	2.38	4.26	4.33	4.40	4.47	8.61	8.69	8.76	8.84
L200×125×12	14	28.3	65.4	37.91	29.76	483.16	1570.90	3.57	6.44	2.74	4.75	4.81	4.88	4.95	9.39	9.47	9.54	9.61
L200×125×14	14	29.1	66.2	43.87	34.44	550.83	1800.97	3.54	6.41	2.73	4.78	4.85	4.92	4.99	9.43	9.50	9.58	9.65
L200×125×16	14	29.9	67.0	49.74	39.05	616.44	2023.35	3.52	6.38	2.71	4.82	4.89	4.96	5.03	9.47	9.54	9.62	9.69
L200×125×18	14	30.6	67.8	55.53	43.59	677.19	2238.30	3.49	6.35	2.70	4.85	4.92	4.99	5.07	9.51	9.58	9.66	9.74

附表 3 热轧普通工字钢截面特性（按 GB706—88 计算）

- h ——高度
- b ——翼缘宽度
- t_w ——腹板厚度
- t ——翼缘平均厚度
- r ——内圆弧半径
- r_1 ——翼端圆弧半径
- I ——同惯性矩
- W ——截面抵抗矩
- S ——半截面面积矩
- i ——回转半径

型号	尺寸 (mm)						截面面积 (cm^2)	质量 (kg/m)	x-x				y-y		
	h	b	t_w	t	r	r_1			I_x (cm^4)	W_x (cm^3)	S_x (cm^3)	i_x (cm)	I_y (cm^4)	W_y (cm^3)	i_y (cm)
10	100	68	4.5	7.6	6.5	3.3	14.33	11.25	245	49.0	28.2	4.14	32.8	9.6	1.51
12.6	126	74	5.0	8.4	7.0	3.5	18.10	14.21	488	77.4	44.4	5.19	46.9	12.7	1.61
14	140	80	5.5	9.1	7.5	3.8	21.50	16.88	712	101.7	58.4	5.75	64.3	16.1	1.73
16	160	88	6.0	9.9	8.0	4.0	26.11	20.50	1127	140.9	80.8	6.57	93.1	21.1	1.89
18	180	94	6.5	10.7	8.5	4.3	30.74	24.13	1669	185.4	106.5	7.37	122.9	26.2	2.00
20 a	200	100	7.0	11.4	9.0	4.5	35.55	27.91	2369	236.9	136.1	8.16	157.9	31.6	2.11
20 b	200	102	9.0	11.4	9.0	4.5	39.55	31.05	2502	250.2	146.1	7.95	169.0	33.1	2.07
22 a	220	110	7.5	12.3	9.5	4.8	42.10	33.05	3406	309.8	177.7	8.99	225.9	41.1	2.32
22 b	220	112	9.5	12.3	9.5	4.8	46.50	36.50	3583	325.8	189.8	8.78	240.2	42.9	2.27
25 a	250	116	8.0	13.0	10.0	5.0	48.51	38.08	5017	401.4	230.7	10.17	280.4	48.4	2.40
25 b	250	118	10.0	13.0	10.0	5.0	53.51	42.01	5278	422.2	246.3	9.93	297.3	50.4	2.36
28 a	280	122	8.5	13.7	10.5	5.3	55.37	43.47	7115	508.2	292.7	11.34	344.1	56.4	2.49
28 b	280	124	10.5	13.7	10.5	5.3	60.97	47.86	7481	534.4	312.3	11.08	363.8	58.7	2.44

续表

型号	h	b	t_w	t	r	r_1	截面面积 (cm²)	质量 (kg/m)	I_x (cm⁴)	W_x (cm³)	S_x (cm³)	i_x (cm)	I_y (cm⁴)	W_y (cm³)	i_y (cm)
				尺寸(mm)								x—x		y—y	
32a	320	130	9.5	15.0	11.5	5.8	67.12	52.69	11080	692.5	400.5	12.85	459.0	70.6	2.62
32b		132	11.5				73.52	57.71	11626	726.7	426.1	12.58	483.8	73.3	2.57
32c		134	13.5				79.92	62.74	12173	760.8	451.7	12.34	510.1	76.1	2.53
36a	360	136	10.0	15.8	12.0	6.0	76.44	60.00	15796	877.6	508.8	14.38	554.9	81.6	2.69
36b		138	12.0				83.64	65.66	16574	920.8	541.2	14.08	583.6	84.6	2.64
36c		140	14.0				90.84	71.31	17351	964.0	573.6	13.82	614.0	87.7	2.60
40a	400	142	10.5	16.5	12.5	6.3	86.07	67.56	21714	1085.7	631.2	15.88	659.9	92.9	2.77
40b		144	12.5				94.07	73.84	22781	1139.0	671.2	15.56	692.8	96.2	2.71
40c		146	14.5				102.07	80.12	23847	1192.4	711.2	15.29	727.5	99.7	2.67
45a	450	150	11.5	18.0	13.5	6.8	102.40	80.38	32241	1432.9	836.4	17.74	855.0	114.0	2.89
45b		152	13.5				111.40	87.45	33759	1500.4	887.1	17.41	895.4	117.8	2.84
45c		154	15.5				120.40	94.51	35278	1567.9	937.7	17.12	938.0	121.8	2.79
50a	500	158	12.0	20.0	14.0	7.0	119.25	93.61	46472	1858.9	1084.1	19.74	1121.5	142.0	3.07
50b		160	14.0				129.25	101.46	48556	1942.2	1146.6	19.38	1171.4	146.4	3.01
50c		162	16.0				139.25	109.31	50639	2005.6	1209.1	19.07	1223.9	151.1	2.96
56a	560	166	12.5	21.0	14.5	7.3	135.38	106.27	65576	2342.0	1368.8	22.01	1365.8	164.6	3.18
56b		168	14.5				146.58	115.06	68503	2446.5	1447.2	21.62	1423.8	169.5	3.12
56c		170	16.5				157.78	123.85	71430	2551.1	1525.6	21.28	1484.8	174.7	3.07
63a	630	176	13.0	22.0	15.0	7.5	154.59	121.36	94004	2984.3	1747.4	24.66	1702.4	193.5	3.18
63b		178	15.0				167.19	131.25	98171	3116.6	1846.6	24.23	1770.7	199.0	3.25
63c		180	17.0				179.79	141.14	102339	3248.9	1945.9	23.86	1842.4	204.7	3.20

附表 4　热轧普通槽钢截面特性（按 GB707—88 计算）

- I ——截面惯性矩
- W ——截面抵抗矩
- S ——半截面面积矩
- i ——回转半径
- z_0 ——形心距离

- h ——高度
- b ——翼缘宽度
- d ——腹板厚度
- t ——翼缘平均厚度
- r ——内圆弧半径
- r_1 ——翼端圆弧半径

型号	尺　寸 (mm)						截面面积 (cm^2)	质量 (kg/m)	x—x					y—y					y_1—y_1	z_0 (cm)
	h	b	d	t	r	r_1			I_x (cm^4)	W_x cm^3	S_x cm^3	i_x (cm)		I_y (cm^4)	W_{ymin} cm^3	W_{ymax} cm^3	i_y (cm)		I_{y1} (cm^4)	
5	50	37	4.5	7.0	7.0	3.5	6.92	5.44	26.0	10.4	6.4	1.94		8.3	3.5	6.2	1.10		20.9	1.35
6.3	63	40	4.8	7.5	7.5	3.75	8.45	6.63	51.2	16.3	9.8	2.46		11.9	4.6	8.5	1.19		28.3	1.39
8	80	43	5.0	8.0	8.0	4.0	10.24	8.04	101.3	25.3	15.1	3.14		16.6	5.8	11.7	1.27		37.4	1.42
10	100	48	5.3	8.5	8.5	4.25	12.74	10.00	198.3	39.7	23.5	3.94		25.6	7.8	16.9	1.42		54.9	1.52
12.6	126	53	5.5	9.0	9.0	4.5	15.69	12.31	388.5	61.7	36.4	4.98		38.0	10.3	23.9	1.56		77.8	1.59
14 a	140	58	6.0	9.5	9.5	4.75	18.51	14.53	563.7	80.5	47.5	5.52		53.2	13.0	31.2	1.70		107.2	1.71
14 b	140	60	8.0	9.5	9.5	4.75	21.31	16.73	609.4	87.1	52.4	5.35		61.2	14.1	36.6	1.69		120.6	1.67
16 a	160	63	6.5	10.0	10.0	5.0	21.95	17.23	866.2	108.3	63.9	6.28		73.4	16.3	40.9	1.83		144.1	1.79
16 b	160	65	8.5	10.0	10.0	5.0	25.15	19.75	934.5	116.8	70.3	6.10		83.4	17.6	47.6	1.82		160.8	1.75
18 a	180	68	7.0	10.5	10.5	5.25	25.69	20.17	1272.7	141.4	83.5	7.04		98.6	20.0	52.3	1.96		189.7	1.88
18 b	180	70	9.0	10.5	10.5	5.25	29.29	22.99	1369.9	152.2	91.6	6.84		111.0	21.5	60.4	1.95		210.1	1.84
20 a	200	73	7.0	11.0	11.0	5.5	28.83	22.63	1780.4	178.0	104.7	7.86		128.0	24.2	63.8	2.11		244.0	2.01
20 b	200	75	9.0	11.0	11.0	5.5	32.83	25.77	1913.7	191.4	114.7	7.64		143.6	25.9	73.7	2.09		268.4	1.95

续表

型号	尺寸(mm)						截面面积 (cm²)	质量 (kg/m)	I_x (cm⁴)	W_x (cm³)	S_x (cm³)	i_x (cm)	I_y (cm⁴)	W_{ymin} (cm³)	W_{ymax} (cm³)	i_y (cm)	I_{y1} (cm⁴)	z_0 (cm)
	h	b	d	t	r	r_1												
22 a	220	77	7.0	11.5	11.5	5.75	31.84	24.99	2393.9	217.6	127.6	8.67	157.8	28.2	75.1	2.23	289.2	2.10
22 b	220	79	9.0	11.5	11.5	5.75	36.24	28.45	2571.3	233.8	139.7	8.42	176.5	30.1	86.8	2.21	326.3	2.03
25 a	250	78	7.0	12.0	12.0	6.0	34.91	27.40	3359.1	268.7	157.8	9.81	175.9	30.7	85.1	2.24	324.8	2.07
25b	250	80	9.0	12.0	12.0	6.0	39.91	31.33	3619.5	289.6	173.5	9.62	196.4	32.7	98.5	2.22	355.1	1.99
25c	250	82	11.0	12.0	12.0	6.0	44.91	35.25	3880.0	310.4	189.1	9.30	215.9	34.6	110.1	2.19	388.6	1.96
28 a	280	82	7.5	12.5	12.5	6.25	40.02	30.42	4752.5	339.5	200.2	10.90	217.9	35.7	104.1	2.33	393.3	2.09
28b	280	84	9.5	12.5	12.5	6.25	45.62	35.81	5118.4	365.6	219.8	10.59	241.5	37.9	119.3	2.30	428.5	2.02
28c	280	86	11.5	12.5	12.5	6.25	51.22	40.21	5484.3	391.7	239.4	10.35	264.1	40.0	132.6	2.27	467.3	1.99
32 a	320	88	8.0	14.0	14.0	7.0	48.50	30.07	7510.6	469.4	276.9	12.44	304.7	46.4	136.2	2.51	547.5	2.24
32b	320	90	10.0	14.0	14.0	7.0	54.90	43.10	8056.8	503.5	302.5	12.11	335.6	49.1	155.0	2.47	592.9	2.16
32c	320	92	12.0	14.0	14.0	7.0	61.30	48.12	8602.9	537.7	328.1	11.85	365.0	51.6	171.5	2.44	642.7	2.13
36 a	360	96	9.0	16.0	16.0	8.0	60.89	47.80	11874.1	659.7	389.9	13.96	455.0	63.6	186.2	2.73	818.5	2.44
36b	360	98	11.0	16.0	16.0	8.0	68.09	50.45	12651.7	702.9	422.3	13.63	496.7	66.9	209.2	2.70	880.5	2.37
36c	360	100	13.0	16.0	16.0	8.0	75.29	59.10	13429.3	746.1	454.7	13.36	536.6	70.0	229.5	2.67	948.0	2.34
40 a	400	100	10.5	18.0	18.0	9.0	75.04	58.91	17577.7	878.9	524.4	15.30	592.0	78.8	237.6	2.81	1057.9	2.49
40b	400	102	12.5	18.0	18.0	9.0	83.04	65.19	18644.4	932.2	564.4	14.98	640.6	82.6	262.4	2.78	1135.8	2.44
40c	400	104	14.5	18.0	18.0	9.0	91.04	71.47	19711.0	985.6	604.4	14.71	687.8	86.2	284.4	2.75	1220.3	2.42

图书在版编目（CIP）数据

工程力学/杨慧丽主编．—北京：中国水利水电出版社，
2007（2021.1重印）
 21世纪高职高专教育统编教材
 ISBN 978－7－5084－4387－4

Ⅰ．工… Ⅱ．杨… Ⅲ．工程热力学-高等学校：技术学校-
教材　Ⅳ．TB12

中国版本图书馆CIP数据核字（2007）第020277号

书　　名	*21世纪高职高专教育统编教材* **工程力学**
作　　者	主编　杨慧丽　副主编　叶建海
出版发行	中国水利水电出版社 （北京市海淀区玉渊潭南路1号D座　100038） 网址：www.waterpub.com.cn E-mail：sales@waterpub.com.cn 电话：（010）68367658（营销中心）
经　　售	北京科水图书销售中心（零售） 电话：（010）88383994、63202643、68545874 全国各地新华书店和相关出版物销售网点
排　　版	中国水利水电出版社微机排版中心
印　　刷	清淞永业（天津）印刷有限公司
规　　格	184mm×260mm　16开本　21.75印张　516千字
版　　次	2007年3月第1版　2021年1月第7次印刷
印　　数	20001—22000册
定　　价	**49.50元**

凡购买我社图书，如有缺页、倒页、脱页的，本社营销中心负责调换

版权所有·侵权必究